농산물 품질 관리사 한권으로 끝내기

- 독학으로 합격이 가능한 필수교재
- 합격에 필요한 핵심이론 완벽정리
- 기출문제 수록

- 제1과목 농산물품질관리 실무
- 제2과목 농산물 등급판정 실무

선영학 / 이영복 편저

2차
필답형
실기

최신개정
출제경향
반영

최신개정
출제경향
반영

기출문제
동영상
10일 무료

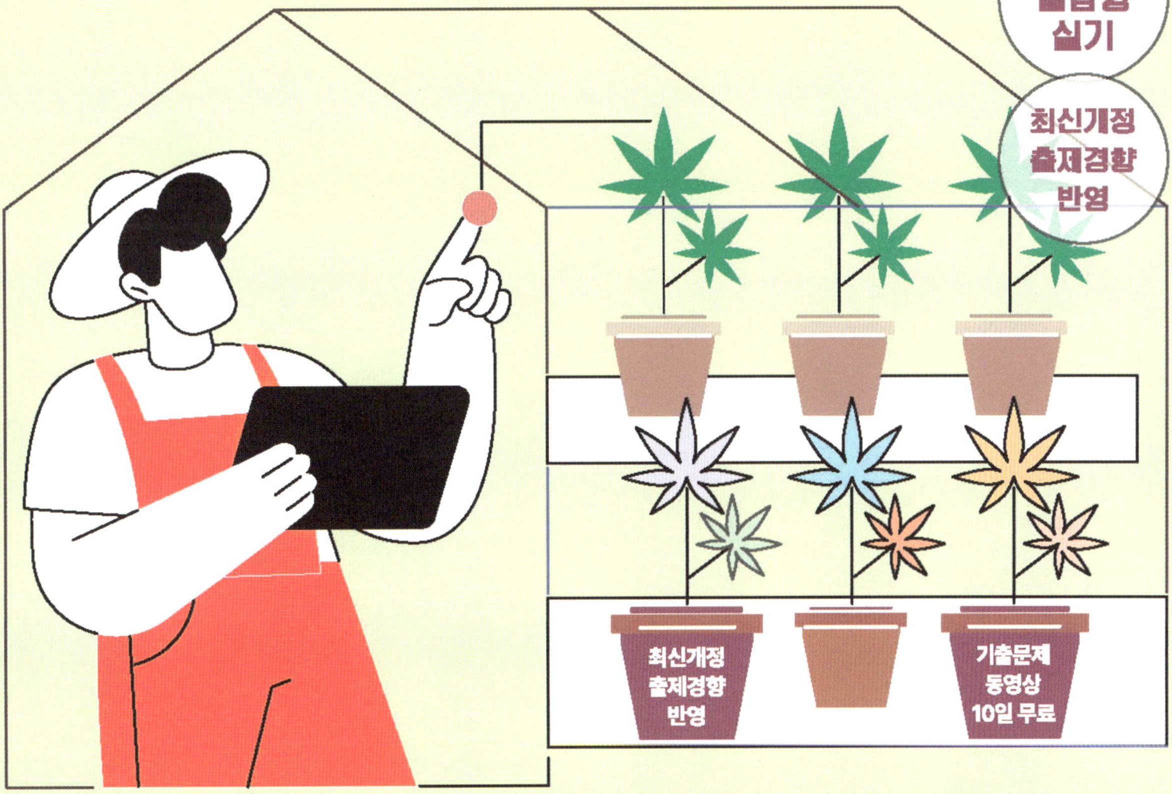

동영상 강의 mainedu.co.kr

머리말

농산물품질관리사는 농산물의 수확부터 최종 소비에 이르는 전 과정을 아우르며 우리 식탁의 안전과 유통 질서를 책임지는 국가공인 농업 전문 자격입니다.

현재 우리 농산물 유통 시장은 급격한 변화와 도전에 직면해 있습니다.

첫째, 고도화된 수확 후 관리 기술이 절실합니다. 저온 저장 및 유통 과정에서의 관리 미숙으로 인한 상품의 변패와 감손은 농가의 소득 저하와 안전성 문제로 직결됩니다.

둘째, 공정한 상품성 평가가 우선되어야 합니다. 표준규격에 기반한 객관적인 평가는 유통 효율을 높이고 생산자와 소비자 간의 두터운 신뢰를 구축하는 토대입니다.

셋째, 불합리한 유통 구조의 혁신이 필요합니다. 복잡한 단계로 인해 발생하는 높은 소비자 가격과 낮은 생산자 수취 가격의 격차를 줄이기 위해 유통 전 과정의 체계화가 시급합니다.

이처럼 농업 현장에서 농산물품질관리사의 역할이 중요해짐에 따라, 자격시험의 난이도 또한 높아지며 전문 자격으로서의 위상이 더욱 공고해지고 있습니다.

높아진 시험의 문턱 앞에서 고민하는 수험생 여러분을 위해, 본서는 철저한 기출문제 분석과 최신 출제 트렌드를 정밀하게 반영하여 출간되었습니다. 이 한 권의 책이 수험생 여러분의 막막함을 해소하고, 합격이라는 목표를 향해 나아가는 든든한 나침반이 되기를 간절히 소망합니다.

본서의 출간을 위해 마음을 모아주신 메인에듀 관계자분들과 보이지 않는 곳에서 애써주신 모든 분의 노고에 진심으로 감사드립니다

"오늘 걷지 않으면, 내일은 뛰어야 합니다."

오늘도 묵묵히 내일을 일구는 여러분의 발걸음이 반드시 '합격' 이라는 값진 열매로 맺어지기를 진심으로 기원합니다.

감사합니다.

저자

이영복

농산물품질관리사 시험 안내

1. 기본정보

* 개요

농산물 원산지 표시 위반 행위가 매년 급증함에 따라 소비자와 생산자의 피해를 최소화하며 원산지 표시의 신뢰성을 확보함으로써 농산물의 생산자 및 소비자를 보호하고 농산물의 유통질서를 확립하기 위하여 도입되었다.

* 변천과정
- 2004년 ~ 2007년(제1회 ~ 제4회)국립농산물품질관리원 시행
- 2008년 제5회 자격시험부터 한국산업인력공단에서 시행

* 수행직무
- 농산물의 등급판정
- 농산물의 출하시기 조절, 품질관리기술 등에 대한 자문
- 그 밖에 농산물의 품질향상 및 유통효율화에 관하여 필요한 업무로서 농림수산식품부령이 정하는 업무

* 소관부처명 : 농림축산식품부(식생활소비정책과)
* 시행기관 : 한국산업인력공단

2. 시험 정보

1) 응시자격 및 결격 사유
* 응시자격 : 제한 없음 / 결격사유 : 없음
  ○ 단, 「농수산물 품질관리법」 제109조에 따라 농산물품질관리사의 자격이 취소된 자로 그 취소된 날부터 2년이 경과*하지 아니한 자는 시험에 응시할 수 없음(「농수산물품질관리법」 제107조제2항)
* 시험시행일 기준 : 시험시행일 이전에 결격사유가 해제된 경우 원서접수 가능

2) 응시원서 접수 : 인터넷 접수만 가능(모바일웹브라우저 가능, 모바일 앱 불가)

○ Q-Net 농산물품질관리사(http://www.Q-Net.or.kr/site/nongsanmul)홈페이지에서 접수

※ 인터넷 활용불가능자의 내방접수(공단지부 · 지사)를 위해 원서접수 도우미 지원

※ 단체접수는 불가함

○ 원서접수 시 최근 6개월 이내에 촬영한 여권용 사진(3.5㎝×4.5㎝)을 파일(JPG·JPEG 파일, 사이즈: 150 X 200 이상, 300DPI 권장, 200KB 이하)로 등록 (기존 큐넷 회원의 경우 마이페이지에서 사진수정 등록)

○ 수험자는 접수완료(수수료 결제) 후, 수험표를 출력하여 접수여부를 확인

3) 시험과목 및 시험시간

구분	교시	시험과목	시험시간	시험방법
제1차 시험	1교시	① 관계 법령 (법, 시행령, 시행규칙) – 「농수산물 품질관리법」 – 「농수산물 유통 및 가격안정에 관한 법률」 – 「농수산물의 원산지 표시에 관한 법률」 ② 원예작물학 – 원예작물학 개요 – 과수 · 채소 · 화훼작물 재배법 등 ③ 수확 후 품질관리론 – 수확 후의 품질관리 개요 – 수확 후의 품질관리 기술 등 ④ 농산물유통론 – 농산물 유통구조 – 농산물 시장구조 등	09:30 ~ 11:30 (120분)	객관식 4지 택일형

		① 농산물 품질관리 실무		
제2차 시험	1교시	– 「농수산물 품질관리법」 – 「농수산물의 원산지 표시에 관한 법률」 – 수확 후 품질관리기술 ② 농산물 등급판정 실무 – 「농산물 표준규격」 – 등급, 고르기, 결점과 등	09:30 ~ 10:50 (80분)	주관식 (단답형 및 서술형)

- 시험과 관련하여 법률·규정 등을 적용하여 정답을 구하여야 하는 문제는 <u>시험시행일을 기준으로 시행 중인 법률·기준 등을 적용</u>하여 그 정답을 구하여야 함
- 관련법령의 경우 수산물 분야는 제외

4) 시험방법
* 제1차 시험 : 객관식 4지 택일형(과목당 25문항)
* 제2차 시험 : 주관식 서술형 및 단답형

5) 합격자 결정

구분	합격 결정 기준
제1차 시험	각 과목 100점을 만점으로 하여 각 과목 40점 이상의 점수를 획득한 사람 중 평균점수가 60점 이상인 사람을 합격자로 결정
제2차 시험	제1차 시험에 합격한 사람(제1차 시험이 면제된 사람 포함)을 대상으로 100점을 만점으로 하여 60점 이상인 자를 합격자로 결정

목차

제1과목

농산물품질관리
실무

Part 01

농수산물품질관리법

1장 / 총칙

1. 목적

이 법은 농수산물의 적절한 품질관리를 통하여 농수산물의 안전성을 확보하고 상품성을 향상하며 공정하고 투명한 거래를 유도함으로써 농어업인의 소득 증대와 소비자 보호에 이바지하는 것을 목적으로 한다.

2. 용어의 정의

(1) 이 법에서 사용하는 용어의 뜻은 다음과 같다.

1) "농수산물"이란 다음 각 목의 농산물과 수산물을 말한다.
 ① 농산물: 「농업·농촌 및 식품산업 기본법」 제3조제6호가목의 농산물
 ② 수산물: 「수산업·어촌 발전 기본법」 제3조제1호가목에 따른 어업활동 및 같은 호 마목에 따른 양식업활동으로부터 생산되는 산물(「소금산업 진흥법」 제2조제1호에 따른 소금은 제외한다)
2) "생산자단체"란 「농업·농촌 및 식품산업 기본법」 제3조제4호, 「수산업·어촌 발전 기본법」 제3조제5호의 생산자단체와 그 밖에 농림축산식품부령 또는 해양수산부령으로 정하는 단체를 말한다.
3) "물류표준화"란 농수산물의 운송·보관·하역·포장 등 물류의 각 단계에서 사용되는 기기·용기·설비·정보 등을 규격화하여 호환성과 연계성을 원활히 하는 것을 말한다.
4) "농산물우수관리"란 농산물(축산물은 제외한다. 이하 이 호에서 같다)의 안전성을

확보하고 농업환경을 보전하기 위하여 농산물의 생산, 수확 후 관리(농산물의 저장·세척·건조·선별·박피·절단·조제·포장 등을 포함한다) 및 유통의 각 단계에서 작물이 재배되는 농경지 및 농업용수 등의 농업환경과 농산물에 잔류할 수 있는 농약, 중금속, 잔류성 유기오염물질 또는 유해생물 등의 위해요소를 적절하게 관리하는 것을 말한다.

5) "이력추적관리"란 농수산물(축산물은 제외한다. 이하 이 호에서 같다)의 안전성 등에 문제가 발생할 경우 해당 농수산물을 추적하여 원인을 규명하고 필요한 조치를 할 수 있도록 농수산물의 생산단계부터 판매단계까지 각 단계별로 정보를 기록·관리하는 것을 말한다.

6) "지리적표시"란 농수산물 또는 제13호에 따른 농수산가공품의 명성·품질, 그 밖의 특징이 본질적으로 특정 지역의 지리적 특성에 기인하는 경우 해당 농수산물 또는 농수산가공품에 표시하는 다음 각 목의 것을 말한다.
   ① 농수산물의 경우 해당 농수산물이 그 특정 지역에서 생산되었음을 나타내는 표시
   ② 농수산가공품의 경우 다음의 구분에 따른 사실을 나타내는 표시
      ㉠ 「수산업법」 제40조에 따라 어업허가를 받은 자가 어획한 어류를 원료로 하는 수산가공품: 그 특정 지역에서 제조 및 가공된 사실
      ㉡ 그 외의 농수산가공품: 그 특정 지역에서 생산된 농수산물로 제조 및 가공된 사실

7) "동음이의어 지리적표시"란 동일한 품목에 대하여 지리적표시를 할 때 타인의 지리적표시와 발음은 같지만 해당 지역이 다른 지리적표시를 말한다.

8) "지리적표시권"이란 이 법에 따라 등록된 지리적표시(동음이의어 지리적표시를 포함한다. 이하 같다)를 배타적으로 사용할 수 있는 지식재산권을 말한다.

9) "유전자변형농수산물"이란 인공적으로 유전자를 분리하거나 재조합하여 의도한 특성을 갖도록 한 농수산물을 말한다.

10) "유해물질"이란 농약, 중금속, 항생물질, 잔류성 유기오염물질, 병원성 미생물, 곰팡이 독소, 방사성물질, 유독성 물질 등 식품에 잔류하거나 오염되어 사람의 건강에 해를 끼칠 수 있는 물질로서 총리령으로 정하는 것을 말한다.
   ① 농약
   ② 중금속
   ③ 항생물질
   ④ 잔류성 유기오염물질
   ⑤ 병원성 미생물

⑥ 생물 독소

⑦ 방사능

⑧ 그 밖에 식품의약품안전처장이 고시하는 물질

11) "농수산가공품"이란 다음 각 목의 것을 말한다.

① 농산가공품: 농산물을 원료 또는 재료로 하여 가공한 제품

② 수산가공품: 수산물을 대통령령으로 정하는 원료 또는 재료의 사용비율 또는 성분함량 등의 기준에 따라 가공한 제품

(2) 이 법에서 따로 정의되지 아니한 용어는 「농업·농촌 및 식품산업 기본법」과 「수산업·어촌 발전 기본법」에서 정하는 바에 따른다.

3. 농수산물품질관리심의회

(1) 이 법에 따른 농수산물 및 수산가공품의 품질관리 등에 관한 사항을 심의하기 위하여 농림축산식품부장관 또는 해양수산부장관 소속으로 농수산물품질관리심의회(이하 "심의회"라 한다)를 둔다.

(2) 심의회는 위원장 및 부위원장 각 1명을 포함한 60명 이내의 위원으로 구성한다.

(3) 위원장은 위원 중에서 호선(互選)하고 부위원장은 위원장이 위원 중에서 지명하는 사람으로 한다.

(4) 위원은 다음 각 호의 사람으로 한다.

1) 교육부, 산업통상자원부, 보건복지부, 환경부, 식품의약품안전처, 농촌진흥청, 산림청, 특허청, 공정거래위원회 소속 공무원 중 소속 기관의 장이 지명한 사람과 농림축산식품부 소속 공무원 중 농림축산식품부장관이 지명한 사람 또는 해양수산부 소속 공무원 중 해양수산부장관이 지명한 사람

2) 다음 각 목의 단체 및 기관의 장이 소속 임원·직원 중에서 지명한 사람

① 「농업협동조합법」에 따른 농업협동조합중앙회

② 「산림조합법」에 따른 산림조합중앙회

③ 「수산업협동조합법」에 따른 수산업협동조합중앙회

④ 「한국농수산식품유통공사법」에 따른 한국농수산식품유통공사

⑤ 「식품위생법」에 따른 한국식품산업협회

⑥ 「정부출연연구기관 등의 설립·운영 및 육성에 관한 법률」에 따른 한국농촌경제연구원

⑦ 「정부출연연구기관 등의 설립·운영 및 육성에 관한 법률」에 따른 한국해

　　　양수산개발원
　　⑧ 「과학기술분야 정부출연연구기관 등의 설립·운영 및 육성에 관한 법률」에
　　　따른 한국식품연구원
　　⑨ 「한국보건산업진흥원법」에 따른 한국보건산업진흥원
　　⑩ 「소비자기본법」에 따른 한국소비자원
　3) 시민단체(「비영리민간단체 지원법」 제2조에 따른 비영리민간단체를 말한다)에서
　　추천한 사람 중에서 농림축산식품부장관 또는 해양수산부장관이 위촉한 사람
　4) 농수산물의 생산·가공·유통 또는 소비 분야에 전문적인 지식이나 경험이 풍부
　　한 사람 중에서 농림축산식품부장관 또는 해양수산부장관이 위촉한 사람
(5) 제4항제3호 및 제4호에 따른 위원의 임기는 3년으로 한다.
(6) 심의회에 농수산물 및 농수산가공품의 지리적표시 등록심의를 위한 지리적표시
　등록심의 분과위원회를 둔다.
　1) 분과위원회[법 제3조제6항에 따른 지리적표시 등록심의 분과위원회(이하 "지리
　　적표시 분과위원회"라 한다) 및 제5조에 따른 분과위원회를 말한다. 이하 "분
　　과위원회"라 한다]는 분과위원회의 위원장(이하 "분과위원장"이라 한다) 및 분
　　과위원회의 부위원장(이하 "분과부위원장"이라 한다) 각 1명을 포함한 10명
　　이상 20명 이하의 위원으로 각각 구성한다.
　2) 분과위원장, 분과부위원장 및 분과위원회의 위원은 위원장이 심의회의 위원 중
　　에서 전문적인 지식과 경험을 고려하여 각각 지명하는 사람으로 한다.
　3) 분과위원장 및 분과부위원장의 직무에 대해서는 제3조를 준용한다. 이 경우 "위원
　　장"은 "분과위원장"으로, "위원회의 부위원장"은 "분과부위원장"으로 본다.
　4) 분과위원회의 회의에 대해서는 제4조를 준용한다. 이 경우 "위원장"은 "분과위
　　원장"으로, "심의회"는 "분과위원회"로 본다.
(7) 심의회의 업무 중 특정한 분야의 사항을 효율적으로 심의하기 위하여 대통령령으
　로 정하는 분야별 분과위원회를 둘 수 있다. "대통령령으로 정하는 분야별 분과위
　원회"란 안전성 분과위원회 및 기획·제도 분과위원회를 말한다.
(8) 제6항에 따른 지리적표시 등록심의 분과위원회 및 제7항에 따른 분야별 분과위원
　회에서 심의한 사항은 심의회에서 심의된 것으로 본다.
(9) 농수산물 품질관리 등의 국제 동향을 조사·연구하게 하기 위하여 심의회에 연구
　위원을 둘 수 있다.
(10) 제1항부터 제9항까지에서 규정한 사항 외에 심의회 및 분과위원회의 구성과 운
　　영 등에 필요한 사항은 대통령령으로 정한다.

1) 위원장 등의 직무
　　① 심의회의 위원장(이하 "위원장"이라 한다)은 심의회를 대표하고, 그 업무를 총괄한다.
　　② 심의회의 부위원장은 위원장을 보좌하며, 위원장이 부득이한 사유로 직무를 수행할 수 없을 때에는 그 직무를 대행한다.

2) 회의
　　① 위원장은 심의회의 회의를 소집하며, 그 의장이 된다.
　　② 심의회는 재적위원 과반수의 출석으로 개의(開議)하고, 출석위원 과반수의 찬성으로 의결한다.
　　③ 심의회는 심의에 필요하다고 인정되는 경우 이해관계자, 법 제3조제9항에 따른 연구위원(이하 "연구위원"이라 한다), 해당 지방자치단체의 관련자 및 관련 분야 전문가 등을 출석시켜 의견을 들을 수 있으며, 필요한 경우에는 관련 자료 제출 등의 협조를 요청할 수 있다.

3) 분과위원회의 구성
　　① 분과위원회[법 제3조제6항에 따른 지리적표시 등록심의 분과위원회(이하 "지리적표시 분과위원회"라 한다) 및 제5조에 따른 분과위원회를 말한다. 이하 "분과위원회"라 한다]는 분과위원회의 위원장(이하 "분과위원장"이라 한다) 및 분과위원회의 부위원장(이하 "분과부위원장"이라 한다) 각 1명을 포함한 10명 이상 20명 이하의 위원으로 각각 구성한다.
　　② 분과위원장, 분과부위원장 및 분과위원회의 위원은 위원장이 심의회의 위원 중에서 전문적인 지식과 경험을 고려하여 각각 지명하는 사람으로 한다.
　　③ 분과위원장 및 분과부위원장의 직무에 대해서는 제3조를 준용한다. 이 경우 "위원장"은 "분과위원장"으로, "위원회의 부위원장"은 "분과부위원장"으로 본다.
　　④ 분과위원회의 회의에 대해서는 제4조를 준용한다. 이 경우 "위원장"은 "분과위원장"으로, "심의회"는 "분과위원회"로 본다.

4) 연구위원
　　① 연구위원은 농수산물 품질관리 등에 관한 학식과 경험이 풍부한 사람 중에서 농림축산식품부장관 또는 해양수산부장관이 위촉하며, 15명 이내로 한다.
　　② 연구위원의 업무는 다음 각 호와 같다.
　　　　㉠ 법 제4조에 따른 심의회의 심의 사항과 관련된 국제 동향 등의 자료 조사·연구 및 번역본 발긴

      ⓛ 제1호에 따른 조사·연구 결과와 관련된 제도 개선사항 발굴

      ⓒ 그 밖에 농수산물 및 수산가공품의 품질관리와 관련된 국제 동향 등에 관한 사항으로서 농림축산식품부장관 또는 해양수산부장관이 조사·연구를 의뢰한 사항

5) 심의회 등의 운영

  ① 심의회와 분과위원회의 사무를 처리하기 위하여 심의회와 분과위원회에 각각 간사 2명과 서기 2명을 둔다.

  ② 제1항에 따른 간사와 서기는 농림축산식품부장관이 그 소속 공무원 중에서 각각 1명을, 해양수산부장관이 그 소속 공무원 중에서 각각 1명을 임명한다.

6) 위원의 수당 등

  ① 심의회나 분과위원회에 출석한 위원에게는 예산의 범위에서 수당과 여비를 지급할 수 있다. 다만, 공무원인 위원이 소관 업무와 관련하여 출석하는 경우에는 그러하지 아니한다.

  ② 농림축산식품부장관 또는 해양수산부장관은 연구위원에게 업무 수행에 필요한 경비를 예산의 범위에서 지급할 수 있다.

7) 운영세칙 : 이 영에서 규정한 사항 외에 심의회 및 분과위원회의 운영 등에 관하여 필요한 사항은 심의회의 의결을 거쳐 위원장이 정한다.

4. 심의회의 직무

심의회는 다음 각 호의 사항을 심의한다.

(1) 표준규격 및 물류표준화에 관한 사항

(2) 농산물우수관리·수산물품질인증 및 이력추적관리에 관한 사항

(3) 지리적표시에 관한 사항

(4) 유전자변형농수산물의 표시에 관한 사항

(5) 농수산물(축산물은 제외한다)의 안전성조사 및 그 결과에 대한 조치에 관한 사항

(6) 농수산물(축산물은 제외한다) 및 수산가공품의 검사에 관한 사항

(7) 농수산물의 안전 및 품질관리에 관한 정보의 제공에 관하여 총리령, 농림축산식품부령 또는 해양수산부령으로 정하는 사항

(8) 제69조에 따른 수산물의 생산·가공시설 및 해역(海域)의 위생관리기준에 관한 사항

(9) 수산물 및 수산가공품의 제70조에 따른 위해요소중점관리기준에 관한 사항

(10) 지정해역의 지정에 관한 사항

(11) 다른 법령에서 심의회의 심의사항으로 정하고 있는 사항

(12) 그 밖에 농수산물 및 수산가공품의 품질관리 등에 관하여 위원장이 심의에 부치는 사항

2장　농수산물의 표준규격 및 품질관리

1. 농수산물의 표준규격

(1) 표준규격

1) 농림축산식품부장관 또는 해양수산부장관은 농수산물(축산물은 제외한다. 이하 이 조에서 같다)의 상품성을 높이고 유통 능률을 향상시키며 공정한 거래를 실현하기 위하여 농수산물의 포장규격과 등급규격(이하 "표준규격"이라 한다)을 정할 수 있다.

2) 표준규격에 맞는 농수산물(이하 "표준규격품"이라 한다)을 출하하는 자는 포장 겉면에 표준규격품의 표시를 할 수 있다.

3) 표준규격의 제정기준, 제정절차 및 표시방법 등에 필요한 사항은 농림축산식품부령 또는 해양수산부령으로 정한다.

　① 표준규격 제정

　　㉠ 법 제5조제1항에 따른 농수산물(축산물은 제외한다. 이하 이 조 및 제7조에서 같다)의 표준규격은 포장규격 및 등급규격으로 구분한다.

　　㉡ 제1항에 따른 포장규격은 「산업표준화법」 제12조에 따른 한국산업표준(이하 "한국산업표준"이라 한다)에 따른다. 다만, 한국산업표준이 제정되어 있지 아니하거나 한국산업표준과 다르게 정할 필요가 있다고 인정되는 경우에는 보관·수송 등 유통 과정의 편리성, 폐기물 처리문제를 고려하여 다음 각 호의 항목에 대하여 그 규격을 따로 정할 수 있다.

　　　ⓐ 거래단위

　　　ⓑ 포장치수

　　　ⓒ 포장재료 및 포장재료의 시험방법

　　　ⓓ 포장방법

ⓔ 포장설계

ⓕ 표시사항

ⓖ 그 밖에 품목의 특성에 따라 필요한 사항

ⓒ 제1항에 따른 등급규격은 품목 또는 품종별로 그 특성에 따라 고르기, 크기, 형태, 색깔, 신선도, 건조도, 결점, 숙도(熟度) 및 선별 상태 등에 따라 정한다.

ⓔ 국립농산물품질관리원장, 국립수산물품질관리원장 또는 산림청장은 표준규격의 제정 또는 개정을 위하여 필요하면 전문연구기관 또는 대학 등에 시험을 의뢰할 수 있다.

② 표준규격의 고시: 국립농산물품질관리원장, 국립수산물품질관리원장 또는 산림청장은 제5조에 따라 표준규격을 제정, 개정 또는 폐지하는 경우에는 그 사실을 고시하여야 한다.

③ 표준규격품의 출하 및 표시방법 등

㉠ 농림축산식품부장관, 해양수산부장관, 특별시장·광역시장·도지사·특별자치도지사(이하 "시·도지사"라 한다)는 농수산물을 생산, 출하, 유통 또는 판매하는 자에게 표준규격에 따라 생산, 출하, 유통 또는 판매하도록 권장할 수 있다.

㉡ 법 제5조제2항에 따라 표준규격품을 출하하는 자가 표준규격품임을 표시하려면 해당 물품의 포장 겉면에 "표준규격품"이라는 문구와 함께 다음 각호의 사항을 표시하여야 한다.

ⓐ 품목

ⓑ 산지

ⓒ 품종. 다만, 품종을 표시하기 어려운 품목은 국립농산물품질관리원장, 국립수산물품질관리원장 또는 산림청장이 정하여 고시하는 바에 따라 품종의 표시를 생략할 수 있다.

ⓓ 생산 연도(곡류만 해당한다)

ⓔ 등급

ⓕ 무게(실중량). 다만, 품목 특성상 무게를 표시하기 어려운 품목은 국립농산물품질관리원장, 국립수산물품질관리원장 또는 산림청장이 정하여 고시하는 바에 따라 개수(마릿수) 등의 표시를 단일하게 할 수 있다.

ⓖ 생산자 또는 생산자단체의 명칭 및 전화번호

(2) 권장품질표시

1) 농림축산식품부장관은 포장재 또는 용기로 포장된 농산물(축산물은 제외한다. 이하 이 조에서 같다)의 상품성을 높이고 공정한 거래를 실현하기 위하여 제5조에 따른 표준규격품의 표시를 하지 아니한 농산물의 포장 겉면에 등급·당도 등 품질을 표시(이하 "권장품질표시"라 한다)하는 기준을 따로 정할 수 있다.

2) 농산물을 유통·판매하는 자는 제5조에 따른 표준규격품의 표시를 하지 아니한 경우 포장 겉면에 권장품질표시를 할 수 있다.

3) 권장품질표시의 기준 및 방법 등에 필요한 사항은 농림축산식품부령으로 정한다.

2. 농산물우수관리

(1) 농산물우수관리의 인증

1) 농림축산식품부장관은 농산물우수관리의 기준(이하 "우수관리기준"이라 한다)을 정하여 고시하여야 한다.

2) 우수관리기준에 따라 농산물(축산물은 제외한다. 이하 이 절에서 같다)을 생산·관리하는 자 또는 우수관리기준에 따라 생산·관리된 농산물을 포장하여 유통하는 자는 제9조에 따라 지정된 농산물우수관리인증기관(이하 "우수관리인증기관"이라 한다)으로부터 농산물우수관리의 인증(이하 "우수관리인증"이라 한다)을 받을 수 있다.

3) 우수관리인증을 받으려는 자는 우수관리인증기관에 우수관리인증의 신청을 하여야 한다. 다만, 다음 각 호의 어느 하나에 해당하는 자는 우수관리인증을 신청할 수 없다.

① 제8조제1항에 따라 우수관리인증이 취소된 후 1년이 지나지 아니한 자

② 제119조 또는 제120조를 위반하여 벌금 이상의 형이 확정된 후 1년이 지나지 아니한 자

4) 우수관리인증기관은 제3항에 따라 우수관리인증 신청을 받은 경우 제7항에 따른 우수관리인증의 기준에 맞는지를 심사하여 그 결과를 알려야 한다.

5) 우수관리인증기관은 제4항에 따라 우수관리인증을 한 경우 우수관리인증을 받은 자가 우수관리기준을 지키는지 조사·점검하여야 하며, 필요한 경우에는 자료제출 요청 등을 할 수 있다.

6) 우수관리인증을 받은 자는 우수관리기준에 따라 생산·관리한 농산물(이하 "우수관리인증농산물"이라 한다)의 포장·용기·송장(送狀)·거래명세표·간판·차량 등에 우수관리인증의 표시를 할 수 있다.

7) 우수관리인증의 기준·대상품목·절차 및 표시방법 등 우수관리인증에 필요한 세부사항은 농림축산식품부령으로 정한다.

① 농산물우수관리인증의 기준

㉠ 법 제6조제2항에 따라 농산물우수관리의 인증(이하 "우수관리인증"이라 한다)을 받으려는 자는 농산물을 법 제6조제1항에 따른 농산물우수관리의 기준(이하 "우수관리기준"이라 한다)에 적합하게 생산·관리하여야 한다.

㉡ 제1항에 따른 우수관리인증의 세부 기준은 국립농산물품질관리원장이 정하여 고시한다.

② 우수관리인증의 대상품목: 법 제6조제2항에 따른 우수관리인증의 대상품목은 법 제2조제1항제1호가목의 농산물(축산물은 제외한다. 이하 이 절에서 같다) 중 식용(食用)을 목적으로 생산·관리한 농산물로 한다.

③ 우수관리인증의 신청

㉠ 법 제6조제3항에 따라 우수관리인증을 받으려는 자는 별지 제1호서식의 농산물우수관리인증 (신규·갱신)신청서에 다음 각 호의 서류를 첨부하여 법 제9조제1항에 따라 우수관리인증기관으로 지정받은 기관(이하 "우수관리인증기관"이라 한다)에 제출하여야 한다.

ⓐ 법 제6조제6항에 따른 우수관리인증농산물(이하 "우수관리인증농산물"이라 한다)의 위해요소관리계획서

ⓑ 생산자단체 또는 그 밖의 생산자 조직(이하 "생산자집단"이라 한다)의 사업운영계획서(생산자집단이 신청하는 경우만 해당한다)

㉡ 우수관리인증농산물의 위해요소관리계획서와 사업운영계획서에 포함되어야 할 사항, 우수관리인증의 신청 방법 및 절차 등에 필요한 세부 사항은 국립농산물품질관리원장이 정하여 고시한다.

④ 우수관리인증의 심사 등

㉠ 우수관리인증기관은 제10조제1항에 따라 우수관리인증 신청을 받은 경우에는 제8조에 따른 우수관리인증의 기준에 적합한지를 심사하여야 하며, 필요한 경우에는 현지심사를 할 수 있다.

㉡ 우수관리인증기관은 생산자집단이 우수관리인증을 신청한 경우에는 전체 구성원에 대하여 각각 심사를 하여야 한다. 다만, 국립농산물품질관리원장

이 정하여 고시하는 바에 따라 표본심사를 할 수 있다.

ⓒ 우수관리인증기관은 제1항에 따라 현지심사를 하는 경우에는 심사일정을 정하여 그 신청인에게 알려야 한다.

ⓔ 우수관리인증기관은 제1항에 따라 현지심사를 하는 경우에는 그 소속 심사담당자와 국립농산물품질관리원장, 시·도지사 또는 시장·군수·구청장(자치구의 구청장을 말한다. 이하 같다)이 추천하는 공무원 또는 민간전문가로 심사반을 구성하여 우수관리인증의 심사를 할 수 있다.

ⓜ 우수관리인증기관은 제1항에 따른 심사 결과 제8조에 따른 우수관리인증의 기준에 적합한 경우에는 그 신청인에게 별지 제2호서식의 농산물우수관리 인증서(이하 이 조에서 "인증서"라 한다)를 발급하여야 하며, 우수관리인증을 하기에 적합하지 아니한 경우에는 그 사유를 신청인에게 알려야 한다.

ⓗ 제5항에 따라 인증서를 발급받은 자는 인증서를 분실하거나 인증서가 손상된 경우에는 인증서를 발급한 인증기관에 별지 제3호서식의 농산물우수관리 인증서 재발급신청서 및 손상된 인증서(인증서가 손상되어 재발급받으려는 경우만 해당한다)를 제출하여 재발급받을 수 있다.

ⓢ 우수관리인증의 심사 등에 필요한 세부 사항은 국립농산물품질관리원장이 정하여 고시한다.

⑤ 우수관리기준 준수 여부의 조사·점검 등

㉠ 우수관리인증기관은 법 제6조제5항에 따라 우수관리인증을 받은 자를 대상으로 우수관리기준을 지키는지 연 1회 이상 정기적으로 조사하여야 하며, 국립농산물품질관리원장이나 소비자단체·유통업체 등의 요청이 있는 경우에는 수시로 점검할 수 있다.

㉡ 우수관리기준 준수 여부의 조사·점검 등에 필요한 세부사항은 국립농산물품질관리원장이 정하여 고시한다.

⑥ 우수관리인증의 표시방법 등

㉠ 법 제6조제6항에 따른 우수관리인증의 표시는 별표 1과 같다.

■ 농수산물 품질관리법 시행규칙 [별표 1]

우수관리인증농산물의 표시(제13조제1항 관련)

1. 우수관리인증농산물의 표지도형

2. 제도법

가. 도형표시

1) 표지도형의 가로의 길이(사각형의 왼쪽 끝과 오른쪽 끝의 폭 : W)를 기준으로 세로의 길이는 0.95×W의 비율로 한다.

2) 표지도형의 흰색모양과 바깥 테두리(좌·우 및 상단부만 해당한다)의 간격은 0.1×W 로 한다.

3) 표지도형의 흰색모양 하단부 좌측 태극의 시작점은 상단부에서 0.55×W 아래가 되는 지점으로 하고, 우측 태극의 끝점은 상단부에서 0.75×W 아래가 되는 지점으로 한다.

나. 표지도형의 한글 및 영문 글자는 고딕체로 하고, 글자 크기는 표지도형의 크기에 따라 조정한다.

다. 표지도형의 색상은 녹색을 기본색상으로 하고, 포장재의 색깔 등을 고려하여 파란색, 빨 간색 또는 검은색으로 할 수 있다.

라. 표지도형 내부의 "GAP" 및 "(우수관리인증)"의 글자 색상은 표지도형 색상과 동일 하게 하고, 하단의 "농림축산식품부"와 "MAFRA KOREA"의 글자는 흰색으로 한 다.

마. 배색 비율은 녹색 C80+Y100, 파란색 C100+M70, 빨간색 M100+Y100+K10, 검은색 B100으로 한다.

바. 표지도형의 크기는 포장재의 크기에 따라 조정한다.

사. 표지도형 밑에 인증번호 또는 우수관리시설지정번호를 표시한다.

3. 표시사항

가. 표지

　　　인증번호(또는 우수관리시설지정번호): 　　　Certificate Number:

나. 표시항목: 산지(시·도, 시·군·구), 품목(품종), 중량·개수, 생산연도, 생산자(생산자집단명) 또는 우수관리시설명

4. 표시방법

가. 크기: 포장재의 크기에 따라 표지의 크기를 키우거나 줄일 수 있다.

나. 위치: 포장재 주 표시면의 옆면에 표시하되, 포장재 구조상 옆면에 표시하기 어려울 경우에는 표시위치를 변경할 수 있다.

다. 표지 및 표시사항은 소비자가 쉽게 알아볼 수 있도록 인쇄하거나 스티커로 포장재에서 떨어지지 않도록 부착하여야 한다.

라. 포장하지 않고 낱개로 판매하는 경우나 소포장 등으로 우수관리인증농산물의 표지와 표시사항을 인쇄하거나 부착하기에 부적합한 경우에는 농산물우수관리의 표지만 표시할 수 있다.

마. 수출용의 경우에는 해당 국가의 요구에 따라 표시할 수 있다.

바. 제3호나목의 표시항목 중 표준규격, 지리적표시 등 다른 규정에 따라 표시하고 있는 사항은 그 표시를 생략할 수 있다.

5. 표시내용

가. 표지: 표지크기는 포장재에 맞출 수 있으나, 표지형태 및 글자표기는 변형할 수 없다.

나. 산지: 농산물을 생산한 지역으로 시·도명이나 시·군·구명 등 「농수산물의 원산지 표시 등에 관한 법률」에 따라 적는다.

다. 품목(품종): 「식물신품종 보호법」 제2조제2호에 따른 품종을 이 규칙 제7조제2항제3호에 따라 표시한다.

라. 중량·개수: 포장단위의 실중량이나 개수

마. 삭제

바. 생산연도(쌀과 현미만 해당하며 「양곡관리법」 제20조의2에 따라 표시한다)

사. 우수관리시설명(우수관리시설을 거치는 경우만 해당한다): 대표자 성명, 주소, 전화번호, 작업장 소재지

아. 생산자(생산자집단명): 생산자나 조직명, 주소, 전화번호

자. 삭제

ⓛ 우수관리인증농산물을 생산·관리하는 자가 법 제6조제6항에 따라 우수관리인증의 표시를 하려는 경우에는 다음 각 호의 방법에 따른다.

ⓐ 포장·용기의 겉면 등에 우수관리인증의 표시를 하는 경우: 별표 1 제3호가목에 따른 표지 및 같은 호 나목에 따른 표시항목을 인쇄하거나 스티커(붙임딱지)로 제작하여 부착할 것. 이 경우 제2호 또는 제3호에 따른 표시방법을 함께 사용할 수 있다.

ⓑ 농산물에 우수관리인증의 표시를 하는 경우: 표시대상 농산물에 별표 1 제3호가목에 따른 표지가 인쇄된 스티커를 부착하고, 제3호에 따른 표시방법을 함께 사용할 것

ⓒ 우수관리인증농산물을 포장하지 않은 상태로 출하하거나 포장재에 우수관리인증의 표시를 하지 않고 출하하는 경우: 송장(送狀)이나 거래명세표에 별표 1 제3호나목에 따른 표시항목을 적을 것

ⓓ 간판이나 차량에 우수관리인증의 표시를 하는 경우: 인쇄 등의 방법으로 별표 1 제3호가목에 따른 표지를 표시할 것

③ 제2항에 따라 우수관리인증의 표시를 한 농산물을 공급받아 소비자에게 직접 판매하는 자는 푯말 또는 표지판으로 우수관리인증의 표시를 할 수 있다. 이 경우 표시 내용은 포장 및 거래명세표 등에 적혀 있는 내용과 같아야 한다.

(2) 우수관리인증의 유효기간 등

1) 우수관리인증의 유효기간은 우수관리인증을 받은 날부터 2년으로 한다. 다만, 품목의 특성에 따라 달리 적용할 필요가 있는 경우에는 10년의 범위에서 농림축산식품부령으로 유효기간을 달리 정할 수 있다.

2) 우수관리인증을 받은 자가 유효기간이 끝난 후에도 계속하여 우수관리인증을 유지하려는 경우에는 그 유효기간이 끝나기 전에 해당 우수관리인증기관의 심사를 받아 우수관리인증을 갱신하여야 한다.

3) 우수관리인증을 받은 자는 제1항의 유효기간 내에 해당 품목의 출하가 종료되지 아니할 경우에는 해당 우수관리인증기관의 심사를 받아 우수관리인증의 유효기간을 연장할 수 있다.

4) 제1항에 따른 우수관리인증의 유효기간이 끝나기 전에 생산계획 등 농림축산식품부령으로 정하는 중요 사항을 변경하려는 자는 미리 우수관리인증의 변경을 신청하여 해당 우수관리인증기관의 승인을 받아야 한다.

5) 우수관리인증의 갱신절차 및 유효기간 연장의 절차 등에 필요한 세부적인 사항은

농림축산식품부령으로 정한다.

① 우수관리인증의 유효기간: 법 제7조제1항 단서에 따라 유효기간을 달리 적용할 유효기간은 다음 각 호의 범위에서 국립농산물품질관리원장이 정하여 고시한다.

    ㉠ 인삼류: 5년 이내

    ㉡ 약용작물류: 6년 이내

② 우수관리인증의 갱신

    ㉠ 우수관리인증을 받은 자가 법 제7조제2항에 따라 우수관리인증을 갱신하려는 경우에는 별지 제1호서식의 농산물우수관리인증 (신규·갱신)신청서에 제10조제1항 각 호의 서류 중 변경사항이 있는 서류를 첨부하여 그 유효기간이 끝나기 1개월 전까지 우수관리인증기관에 제출하여야 한다.

    ㉡ 우수관리인증의 갱신에 필요한 세부적인 절차 및 방법에 대해서는 제11조제1항부터 제5항까지 및 제7항을 준용한다.

    ㉢ 우수관리인증기관은 유효기간이 끝나기 2개월 전까지 신청인에게 갱신절차와 갱신신청 기간을 미리 알려야 한다. 이 경우 통지는 휴대전화 문자메세지, 전자우편, 팩스, 전화 또는 문서 등으로 할 수 있다.

③ 우수관리인증의 유효기간 연장

    ㉠ 우수관리인증을 받은 자가 법 제7조제3항에 따라 우수관리인증의 유효기간을 연장하려는 경우에는 별지 제4호서식의 농산물우수관리인증 유효기간 연장신청서를 그 유효기간이 끝나기 1개월 전까지 우수관리인증기관에 제출하여야 한다.

    ㉡ 우수관리인증기관은 제1항에 따른 농산물우수관리인증 유효기간 연장신청서를 검토하여 유효기간 연장이 필요하다고 판단되는 경우에는 해당 우수관리인증농산물의 출하에 필요한 기간을 정하여 유효기간을 연장하고 별지 제2호서식의 농산물우수관리 인증서를 재발급하여야 한다. 이 경우 유효기간 연장기간은 법 제7조제1항에 따른 우수관리인증의 유효기간을 초과할 수 없다.

    ㉢ 우수관리인증의 유효기간 연장에 대한 심사 절차 및 방법 등에 대해서는 제11조제1항부터 제5항까지 및 제7항을 준용한다.

④ 우수관리인증의 변경

    ㉠ 법 제7조제4항에 따라 우수관리인증을 변경하려는 자는 별지 제5호서식의 농산물우수관리인증 변경신청서에 제10조제1항 각 호의 서류 중 변경사항

이 있는 서류를 첨부하여 우수관리인증기관에 제출하여야 한다.

   ⓒ 법 제7조제4항에서 "농림축산식품부령으로 정하는 중요 사항"이란 다음 각 호의 사항을 말한다.

    ⓐ 우수관리인증농산물의 위해요소관리계획 중 생산계획(품목, 재배면적, 생산계획량, 수확 후 관리시설)

    ⓑ 우수관리인증을 받은 생산자집단의 대표자(생산자집단의 경우만 해당한다)

    ⓒ 우수관리인증을 받은 자의 주소(생산자집단의 경우 대표자의 주소를 말한다)

    ⓓ 우수관리인증농산물의 재배필지(생산자집단의 경우 각 구성원이 소유한 재배필지를 포함한다)

   ⓒ 우수관리인증의 변경신청에 대한 심사 절차 및 방법에 대해서는 제11조제1항부터 제5항까지 및 제7항을 준용한다.

(3) 우수관리인증의 취소 등

1) 우수관리인증기관은 우수관리인증을 한 후 제6조제5항에 따른 조사, 점검, 자료제출 요청 등의 과정에서 다음 각 호의 사항이 확인되면 우수관리인증을 취소하거나 3개월 이내의 기간을 정하여 그 우수관리인증의 표시정지를 명하거나 시정명령을 할 수 있다. 다만, 제1호 또는 제3호의 경우에는 우수관리인증을 취소하여야 한다.

  ① 거짓이나 그 밖의 부정한 방법으로 우수관리인증을 받은 경우

  ② 우수관리기준을 지키지 아니한 경우

  ③ 업종전환·폐업 등으로 우수관리인증농산물을 생산하기 어렵다고 판단되는 경우

  ④ 우수관리인증을 받은 자가 정당한 사유 없이 제6조제5항에 따른 조사·점검 또는 자료제출 요청에 따르지 아니한 경우

  ⑤ 우수관리인증을 받은 자가 제6조제7항에 따른 우수관리인증의 표시방법을 위반한 경우

  ⑥ 제7조제4항에 따른 우수관리인증의 변경승인을 받지 아니하고 중요 사항을 변경한 경우

  ⑦ 우수관리인증의 표시정지기간 중에 우수관리인증의 표시를 한 경우

2) 우수관리인증기관은 제1항에 따라 우수관리인증을 취소하거나 그 표시를 정지한 경우 지체 없이 우수관리인증을 받은 자와 농림축산식품부장관에게 그 사실을 알려야 한다.

3) 우수관리인증 취소 등의 기준·절차 및 방법 등에 필요한 세부사항은 농림축산식품부령으로 정한다.

■ 농수산물 품질관리법 시행규칙 [별표 2]

우수관리인증의 취소 및 표시정지에 관한 처분기준(제18조 관련)

1. 일반기준

가. 위반행위가 둘 이상이면 그 중 무거운 처분기준에 따른다. 다만, 둘 이상의 처분기준이 모두 표시정지인 경우에는 각 처분기준을 합산한 기간을 넘지 않는 범위에서 무거운 처분기준에 그 처분기준의 2분의 1 범위에서 가중한다.

나. 위반행위의 횟수에 따른 행정처분 기준은 최근 1년간 같은 위반행위로 행정처분을 받은 경우에 적용한다. 이 경우 기간의 계산은 위반행위에 대한 행정처분일과 그 처분 후 다시 같은 위반행위를 하여 적발된 날을 기준으로 한다.

다. 나목에 따라 가중된 처분을 하는 경우 가중처분의 적용 차수는 그 위반행위 전 처분차수(나목에 따른 기간 내에 처분이 둘 이상 있었던 경우에는 높은 차수를 말한다)의 다음 차수로 한다.

라. 위반행위의 내용으로 보아 고의성이 없거나 그 밖에 특별한 사유가 있다고 인정되는 경우에는 그 처분을 표시정지의 경우에는 2분의 1 범위에서 감경할 수 있고, 인증취소인 경우에는 3개월의 표시정지 처분으로 감경할 수 있다.

마. 생산자집단의 구성원의 위반행위에 대해서는 1차적으로 위반행위를 한 구성원에 대하여 처분을 하고, 구성원이 소속된 생산자집단에 대해서도 구성원에 대한 처분기준보다 한 단계 낮은 처분기준을 적용하여 처분하되, 위반행위를 한 구성원이 복수인 경우에는 처분을 받는 구성원의 처분기준 중 가장 무거운 처분기준(각각의 처분기준이 같은 경우에는 그 처분기준)보다 한 단계 낮은 처분기준을 적용하여 처분한다.

2. 개별기준

위반행위	근거 법조문	위반횟수별 처분기준		
		1차 위반	2차 위반	3차 위반
가. 거짓이나 그 밖의 부정한 방법으로 우수관리인증을 받은 경우	법 제8조 제1항제1호	인증취소	-	-
나. 우수관리기준을 지키지 않은 경우	법 제8조 제1항제2호	표시정지 1개월	표시정지 3개월	인증취소
다. 전업(轉業)·폐업 등으로 우수관리인증농산물을 생산하기 어렵다고 판단되는 경우	법 제8조 제1항제3호	인증취소	-	-
라. 우수관리인증을 받은 자가 정당한 사유 없이 조사·점검 또는 자료제출 요청에 응하지 않은 경우	법 제8조 제1항제4호	표시정지 1개월	표시정지 3개월	인증취소

마. 우수관리인증을 받은 자가 법 제6조제7 항에 따른 우수관리인증의 표시방법을 위반한 경우	법 제8조 제1항제4호 의2	시정명령	표시정지 1개월	표시정지 3개월
바. 법 제7조제4항에 따른 우수관리인증의 변경승인을 받지 않고 중요 사항을 변경한 경우	법 제8조 제1항제5호	표시정지 1개월	표시정지 3개월	인증취소
사. 우수관리인증의 표시정지기간 중에 우수관리인증의 표시를 한 경우	법 제8조 제1항제6호	인증취소	-	-

(4) 우수관리인증기관의 지정 등

1) 농림축산식품부장관은 우수관리인증에 필요한 인력과 시설 등을 갖춘 자를 우수관리인증기관으로 지정하여 다음 각 호의 업무의 전부 또는 일부를 하도록 할 수 있다. 다만, 외국에서 수입되는 농산물에 대한 우수관리인증의 경우에는 농림축산식품부장관이 정한 기준을 갖춘 외국의 기관도 우수관리인증기관으로 지정할 수 있다.
   ① 우수관리인증
   ② 제11조에 따른 농산물우수관리시설(이하 "우수관리시설"이라 한다)의 지정

2) 우수관리인증기관으로 지정을 받으려는 자는 농림축산식품부장관에게 인증기관 지정 신청을 하여야 하며, 우수관리인증기관으로 지정받은 후 농림축산식품부령으로 정하는 중요사항이 변경되었을 때에는 변경신고를 하여야 한다. 다만, 제10조에 따라 우수관리인증기관 지정이 취소된 후 2년이 지나지 아니한 경우에는 신청을 할 수 없다.

3) 농림축산식품부장관은 제2항 본문에 따른 변경신고를 받은 날부터 10일 이내에 신고수리 여부를 신고인에게 통지하여야 한다.

4) 농림축산식품부장관이 제3항에서 정한 기간 내에 신고수리 여부 또는 민원 처리 관련 법령에 따른 처리기간의 연장을 신고인에게 통지하지 아니하면 그 기간(민원 처리 관련 법령에 따라 처리기간이 연장 또는 재연장된 경우에는 해당 처리기간을 말한다)이 끝난 날의 다음 날에 신고를 수리한 것으로 본다.

5) 우수관리인증기관 지정의 유효기간은 지정을 받은 날부터 5년으로 하고, 계속 우수관리인증 또는 우수관리시설의 지정 업무를 수행하려면 유효기간이 끝나기 전에 그 지정을 갱신하여야 한다.

6) 농림축산식품부장관은 제10조에 따라 지정이 취소된 우수관리인증기관으로부터 우수관리인증 또는 우수관리시설의 지정을 받은 자에게 다른 우수관리인증기관으로부터 제7조에 따른 갱신, 유효기간 연장 또는 변경을 할 수 있도록 취소된 사항

을 알려야 한다.

7) 우수관리인증기관의 지정기준, 지정절차 및 지정방법 등에 필요한 세부사항은 농림축산식품부령으로 정한다.

　① 우수관리인증기관의 지정기준 및 지정절차 등

　　㉠ 법 제9조제1항 본문에 따른 우수관리인증기관의 지정기준은 별표 3과 같다.

농수산물 품질관리법 시행규칙 [별표 3]

우수관리인증기관의 지정기준 (제19조제1항 관련)

1. 조직 및 인력

가. 조직

1) 법인으로서 인증업무를 수행하는 전담조직을 갖추고 인증기관의 운영에 필요한 재원확보 등 재무구조가 건실할 것

2) 인증업무 외의 업무를 수행하고 있는 경우 그 업무를 수행함으로써 인증업무가 불공정하게 수행되지 않을 것

나. 인력

1) 인증심사원은 5명 이상(상근 2명 이상)이어야 한다.

2) 인증심사원은 다음의 어느 하나에 해당하는 사람으로서 국립농산물품질관리원장이 정한 바에 따라 인증심사원의 역할과 자세, 인증 관련 법령, 인증심사기준, 인증심사 실무 등의 교육을 받은 사람으로서 심사업무를 원활히 수행할 수 있어야 한다.

가) 「고등교육법」 제2조에 따른 학교에서 학사학위를 취득한 사람(학사학위 취득 예정인 사람을 포함하되, 학사학위 취득 예정 사실을 증명하는 서류를 제출하는 경우로 한정한다) 또는 이와 같은 수준 이상의 학력이 있다고 인정되는 사람

나) 「고등교육법」 제2조에 따른 학교에서 전문학사학위를 취득한 사람(전문학사학위 취득 예정인 사람을 포함하되, 전문학사학위 취득 예정 사실을 증명하는 서류를 제출하는 경우로 한정한다) 또는 이와 같은 수준 이상의 학력이 있다고 인정되는 사람으로서 농업 관련 기업체·연구소·기관 및 단체 등에서 농산물의 품질관리업무를 2년 이상 담당한 경력(학위 취득 또는 학력 인정 전의 경력을 포함한다)이 있는 사람

다) 「국가기술자격법」에 따른 농림분야의 기술사·기사·산업기사 또는 법 제105조에 따른 농산물품질관리사 자격증을 소지한 사람. 다만, 산업기사 자격증을 소지한 사람은 농업 관련 기업체·연구소·기관 및 단체 등에서 농산물의 품질관리업무를 2년 이상 담당한 경력(자격 취득 전의 경력을 포함한다)이 있는 사람이어야 한다.

　　　라) 농업 관련 기업체·연구소·기관 및 단체 등에서 농산물의 품질관리업무를 3년 이상 담당한 경력이 있는 사람

　　　마) 우수관리인증기관에서 2년 이상 인증업무와 관련된 업무를 담당한 경력이 있는 사람

2. 시설

가. 토양, 수질, 잔류농약, 중금속, 미생물 등을 분석할 수 있어야 하며, 분석시설은 해당 부·처·청, 공인기관 및 국립농산물품질관리원장이 지정한 분석시설이어야 한다.

나. 대학 및 연구소 등 공인분석기관과 업무협약체결을 통해 분석 등의 업무를 수행할 경우에는 가목에 따른 분석실을 갖추지 않을 수 있다.

3. 인증업무규정

인증업무에 관한 규정에는 다음 각 목의 사항이 포함되어야 한다.

가. 인증농가 이력관리 방법

나. 인증의 절차 및 방법

다. 인증의 사후관리

라. 인증수수료 및 그 징수방법

마. 인증심사원 준수사항 및 인증심사원의 자체관리·감독 요령

바. 인증심사원 교육

사. 다음의 업무수행을 위한 인증위원회의 구성, 운영에 관한 사항

　1) 인증업무 방침의 수립

　2) 인증 장기 계획 및 발전방향 수립

　3) 인증운영에 관한 주요 사항의 심의

아. 그 밖에 국립농산물품질관리원장이 인증업무의 수행에 필요하다고 인정한 사항

4. 지정업무규정(우수관리시설의 지정업무를 수행하는 경우만 해당한다)

우수관리시설의 지정업무에 관한 규정에는 다음 각 목의 사항이 포함되어야 한다.

가. 우수관리시설의 지정 절차 및 방법

나. 우수관리시설의 지정의 사후관리

다. 우수관리시설의 지정수수료 및 그 징수방법

라. 그 밖에 국립농산물품질관리원장이 우수관리시설의 지정업무의 수행에 필요하다고 인정한 사항

ⓛ 법 제9조제1항 단서에 따라 외국에서 국내로 수입되는 농산물을 대상으로 우수관리인증을 하기 위하여 외국의 기관이 우수관리인증기관 지정을 신청하는 경우에는 국립농산물품질관리원장이 정하여 고시하는 외국 우수관리인증기관 지정기준 및 지정절차를 적용한다.

ⓒ 법 제9조제2항에 따라 우수관리인증기관으로 지정받으려는 자는 별지 제6호서식의 농산물우수관리인증기관 (지정·갱신)신청서에 다음 각 호의 서류를 첨부하여 국립농산물품질관리원장에게 제출하여야 한다.

　ⓐ 정관

　ⓑ 농산물우수관리 인증계획 및 인증업무규정 등을 적은 우수관리인증 사업계획서

　ⓒ 농산물우수관리시설(이하 "우수관리시설"이라 한다) 지정계획 및 지정업무규정 등을 적은 우수관리시설 지정 사업계획서(우수관리시설 지정업무를 수행하는 경우만 해당한다)

　ⓓ 제1항에 따른 우수관리인증기관의 지정기준을 갖추었음을 증명할 수 있는 서류

ⓔ 제3항에 따른 신청서를 받은 국립농산물품질관리원장은 「전자정부법」 제36조제1항에 따른 행정정보의 공동이용을 통하여 법인 등기사항증명서를 확인하여야 한다.

ⓜ 국립농산물품질관리원장은 제3항에 따른 지정신청을 받은 경우에는 그 날부터 3개월 이내에 제1항에 따른 우수관리인증기관의 지정기준에 적합한지를 심사하여야 한다.

ⓑ 국립농산물품질관리원장은 제5항에 따른 심사 결과 제1항의 우수관리인증기관의 지정기준에 적합한 경우에는 그 신청인에게 별지 제7호서식의 농산물우수관리인증기관 지정서를 발급하여야 하며, 우수관리인증기관의 지정기준에 적합하지 아니한 경우에는 그 사유를 신청인에게 알려야 한다.

ⓢ 국립농산물품질관리원장은 제6항에 따라 농산물우수관리인증기관 지정서를 발급한 경우에는 다음 각 호의 사항을 관보에 고시하거나 국립농산물품질관리원의 인터넷 홈페이지에 게시하여야 한다.

　ⓐ 우수관리인증기관의 명칭 및 대표자

　ⓑ 주사무소 및 지사의 소재지·전화번호

　ⓒ 우수관리인증기관 지정번호 및 지정일

　ⓓ 인증지역

    ⓔ 유효기간

    ⓕ 국립농산물품질관리원장은 법 제9조제1항에 따라 우수관리인증기관을 지정하려는 경우에는 해당 연도의 1월 31일까지 우수관리인증기관 지정에 관한 사항을 국립농산물품질관리원의 인터넷 홈페이지 등에 10일 이상 공고해야 한다.

    ⓖ 우수관리인증기관 지정에 필요한 세부 사항은 국립농산물품질관리원장이 정하여 고시한다.

② 우수관리인증기관의 지정내용 변경신고

    ㉠ 법 제9조제2항 본문에서 "농림축산식품부령으로 정하는 중요사항"이란 다음 각 호의 사항을 말한다.

        ⓐ 우수관리인증기관의 명칭·대표자·주소 및 전화번호

        ⓑ 우수관리인증기관의 업무 등 정관

        ⓒ 우수관리인증기관의 조직, 인력, 시설

        ⓓ 농산물우수관리 인증계획, 인증업무 처리규정 등을 적은 사업계획서

        ⓔ 우수관리시설 지정계획, 지정업무규정 등을 적은 사업계획서(우수관리시설 지정 업무를 수행하는 경우만 해당한다)

    ㉡ 우수관리인증기관으로 지정을 받은 자는 우수관리인증기관으로 지정받은 후 제1항 각 호의 내용이 변경되었을 때에는 그 사유가 발생한 날부터 1개월 이내에 별지 제8호서식의 농산물우수관리인증기관 지정내용 변경신고서에 변경 내용을 증명하는 서류를 첨부하여 국립농산물품질관리원장에게 제출하여야 한다.

    ㉢ 제2항에 따른 우수관리인증기관 지정내용 변경신고를 받은 국립농산물품질관리원장은 신고 사항을 검토하여 별표 3의 우수관리인증기관의 지정기준에 적합한 경우에는 별지 제7호서식의 농산물우수관리인증기관 지정서를 재발급하여야 한다.

③ 우수관리인증기관 지정의 갱신

    ㉠ 법 제9조제5항에 따라 우수관리인증기관 지정을 갱신하려는 자는 별지 제6호서식의 농산물우수관리인증기관 (지정·갱신)신청서에 다음 각 호의 서류를 첨부하여 그 유효기간이 끝나기 3개월 전까지 국립농산물품질관리원장에게 제출하여야 한다.

        ⓐ 지정서 원본

        ⓑ 제19조제3항 각 호의 서류. 다만, 변경사항이 있는 경우에만 제출한다.

　　　　ⓛ 우수관리인증기관 지정의 갱신 절차 및 방법 등 세부적인 사항에 대해서는
　　　　　　제19조제1항부터 제9항까지의 규정을 준용한다. 다만, 제19조제5항에 따
　　　　　　른 심사기간은 2개월 이내로 한다.
　　　　ⓒ 국립농산물품질관리원장은 유효기간이 끝나기 4개월 전까지 신청인에게
　　　　　　갱신절차와 갱신신청 기간을 미리 알려야 한다. 이 경우 통지는 휴대전화
　　　　　　문자메세지, 전자우편, 팩스, 전화 또는 문서 등으로 할 수 있다.

(5) 우수관리인증기관의 준수사항

우수관리인증기관은 다음 각 호의 사항을 준수하여야 한다.

1) 우수관리인증 또는 우수관리시설의 지정 과정에서 얻은 정보와 자료를 우수관리인
　　증 또는 우수관리시설의 지정 신청인의 서면동의 없이 공개하거나 제공하지 아니
　　할 것. 다만, 이 법 또는 다른 법령에 따라 공개하거나 제공하는 경우는 제외한다.

2) 우수관리인증 또는 우수관리시설의 지정의 신청, 심사 및 사후관리에 관한 자료를
　　농림축산식품부령으로 정하는 바에 따라 보관할 것

3) 우수관리인증 또는 우수관리시설의 지정 결과 및 사후관리 결과를 농림축산식품부
　　령으로 정하는 바에 따라 농림축산식품부장관에게 보고할 것

(6) 우수관리인증기관의 지정 취소 등

1) 농림축산식품부장관은 우수관리인증기관이 다음 각 호의 어느 하나에 해당하면 우
　　수관리인증기관의 지정을 취소하거나 6개월 이내의 기간을 정하여 우수관리인증
　　및 우수관리시설의 지정 업무의 정지를 명할 수 있다. 다만, 제1호부터 제3호까지
　　의 규정 중 어느 하나에 해당하면 우수관리인증기관의 지정을 취소하여야 한다.
　　① 거짓이나 그 밖의 부정한 방법으로 지정을 받은 경우
　　② 업무정지 기간 중에 우수관리인증 또는 우수관리시설의 지정 업무를 한 경우
　　③ 우수관리인증기관의 해산·부도로 인하여 우수관리인증 또는 우수관리시설의
　　　　지정 업무를 할 수 없는 경우
　　④ 제9조제2항 본문에 따른 중요 사항에 대한 변경신고를 하지 아니하고 우수관
　　　　리인증 또는 우수관리시설의 지정 업무를 계속한 경우
　　⑤ 우수관리인증 또는 우수관리시설의 지정 업무와 관련하여 우수관리인증기관의
　　　　장 등 임원·직원에 대하여 벌금 이상의 형이 확정된 경우
　　⑥ 제9조제7항에 따른 지정기준을 갖추지 아니한 경우

⑦ 제9조의2에 따른 준수사항을 지키지 아니한 경우

⑧ 우수관리인증 또는 우수관리시설 지정의 기준을 잘못 적용하는 등 우수관리인 증 또는 우수관리시설의 지정 업무를 잘못한 경우

⑨ 정당한 사유 없이 1년 이상 우수관리인증 및 우수관리시설의 지정 실적이 없는 경우

⑩ 제13조의2제2항 또는 제31조제3항을 위반하여 농림축산식품부장관의 요구를 정당한 이유 없이 따르지 아니한 경우

2) 제1항에 따른 지정 취소 등의 세부 기준은 농림축산식품부령으로 정한다.

농수산물 품질관리법 시행규칙 [별표 9]

품질인증기관의 지정 취소 및 업무정지에 관한 세부 기준(제39조제1항 관련)

1. 일반기준

가. 위반행위가 둘 이상인 경우로서 그에 해당하는 각각의 처분기준이 다른 경우에는 그중 무거운 처분기준에 따르고, 둘 이상의 처분기준이 모두 업무정지인 경우에는 각 처분기준을 합산한 기간을 넘지 않는 범위에서 무거운 처분기준에 그 처분기준 의 2분의 1 범위에서 가중한다.

나. 위반행위의 횟수에 따른 행정처분의 기준은 최근 1년간 같은 위반행위로 행정처분 을 받은 경우에 적용한다. 이 경우 기간의 계산은 위반행위에 대해 행정처분일과 그 처분 후 다시 같은 위반행위를 하여 적발된 날을 기준으로 한다.

다. 나목에 따라 가중된 행정처분을 하는 경우 가중처분의 적용 차수는 그 위반행위 전 부과처분 차수(나목에 따른 기간 내에 처분이 둘 이상 있었던 경우에는 높은 차수를 말한다)의 다음 차수로 한다.

라. 처분권자는 위반행위의 동기·내용·횟수 및 위반의 정도 등 다음의 사유에 해당하 는 경우 그 처분기준의 2분의 1 범위에서 감경할 수 있다.

　1) 위반행위가 사소한 부주의나 오류로 인한 것으로 인정되는 경우

　2) 위반행위자가 처음 해당 위반행위를 한 경우로서 2년 이상 품질인증 업무를 모범 적으로 해온 사실이 인정되는 경우

　3) 그 밖에 위반행위의 정도, 위반행위의 동기와 그 결과 등을 고려하여 감경할 필요가 있다고 인정되는 경우

2. 개별기준

위반행위	근거 법조문	위반횟수별 행정처분기준		
		1회 위반	2회 위반	3회 이상 위반
가. 거짓이나 그 밖의 부정한 방법으로 품질인증기관으로 지정받은 경우	법 제18조 제1항제1호	지정 취소		
나. 업무정지 기간 중 품질인증 업무를 한 경우	법 제18조 제1항제2호	지정 취소		
다. 최근 3년간 2회 이상 업무정지처분을 받은 경우	법 제18조 제1항제3호	지정 취소		
라. 품질인증기관의 폐업이나 해산·부도로 인하여 품질인증 업무를 할 수 없는 경우	법 제18조 제1항제4호	지정 취소		
마. 법 제17조3항 본문에 따른 변경신고를 하지 않고 품질인증 업무를 계속한 경우	법 제18조 제1항제5호	경고	업무정지 1개월	업무정지 3개월
바. 법 제17조제6항의 지정기준에 미치지 못하여 시정을 명하였으나 그 명령을 받은 날부터 1개월 이내에 이행하지 않은 경우	법 제18조 제1항제6호	지정 취소		
사. 법 제17조제6항의 업무범위를 위반하여 품질인증 업무를 한 경우	법 제18조 제1항제7호	경고	업무정지 1개월	업무정지 3개월
아. 다른 사람에게 자기의 성명이나 상호를 사용하여 품질인증 업무를 하게 하거나 품질인증기관지정서를 빌려준 경우	법 제18조 제1항제8호	업무정지 3개월	업무정지 6개월	지정 취소
자. 품질인증 업무를 성실하게 수행하지 않아 공중에 위해를 끼치거나 품질인증을 위한 조사 결과를 조작한 경우	법 제18조 제1항제9호	업무정지 1개월	업무정지 3개월	업무정지 6개월
차. 정당한 사유 없이 1년 이상 품질인증 실적이 없는 경우	법 제18조 제1항제10호	경고	업무정지 1개월	업무정지 3개월

(7) 농산물우수관리시설의 지정 등

1) 농림축산식품부장관은 농산물의 수확 후 위생·안전 관리를 위하여 우수관리인증기관으로 하여금 다음 각 호의 시설 중 인력 및 설비 등이 농림축산식품부령으로 정하는 기준에 맞는 시설을 농산물우수관리시설로 지정하도록 할 수 있다.

① 「양곡관리법」 제22조에 따른 미곡종합처리장

② 「농수산물 유통 및 가격안정에 관한 법률」 제51조에 따른 농수산물산지유통센터

③ 그 밖에 농산물의 수확 후 관리를 하는 시설로서 농림축산식품부장관이 정하여 고시하는 시설

2) 제1항에 따라 우수관리시설로 지정받으려는 자는 관리하려는 농산물의 품목 등을 정하여 우수관리인증기관에 신청하여야 하며, 우수관리시설로 지정받은 후 농림축산식품부령으로 정하는 중요 사항이 변경되었을 때에는 해당 우수관리인증기관에 변경신고를 하여야 한다. 다만, 제12조에 따라 우수관리시설 지정이 취소된 후 1년이 지나지 아니하면 지정 신청을 할 수 없다.

3) 우수관리인증기관은 제2항 본문에 따른 우수관리시설의 지정 신청 또는 변경신고를 받은 경우 제1항에 따른 우수관리시설의 지정 기준에 맞는지를 심사하여 지정 결과 또는 변경신고의 수리여부를 통지하여야 한다. 이 경우 변경신고의 수리여부는 변경신고를 받은 날부터 10일 이내에 통지하여야 한다.

4) 우수관리인증기관이 제3항 후단에서 정한 기간 내에 신고수리 여부 또는 민원 처리 관련 법령에 따른 처리기간의 연장을 신고인에게 통지하지 아니하면 그 기간(민원 처리 관련 법령에 따라 처리기간이 연장 또는 재연장된 경우에는 해당 처리기간을 말한다)이 끝난 날의 다음 날에 신고를 수리한 것으로 본다.

5) 우수관리인증기관은 제1항에 따라 우수관리시설의 지정을 한 경우 우수관리시설의 지정을 받은 자가 우수관리시설의 지정 기준을 지키는지 조사·점검하여야 하며, 필요한 경우에는 자료제출 요청 등을 할 수 있다.

6) 우수관리시설을 운영하는 자는 우수관리인증 대상 농산물 또는 우수관리인증농산물을 우수관리기준에 따라 관리하여야 한다.

7) 우수관리시설의 지정 유효기간은 5년으로 하되, 우수관리시설 지정의 효력을 유지하기 위하여는 유효기간이 끝나기 전에 그 지정을 갱신하여야 한다.

8) 우수관리시설의 지정 기준 및 절차 등에 필요한 세부사항은 농림축산식품부령으로 정한다.
  ① 우수관리시설의 지정기준 및 지정절차 등
    ㉠ 법 제11조제1항에 따른 우수관리시설의 지정기준은 별표 5와 같다.

농수산물 품질관리법 시행규칙 [별표 5]
우수관리시설의 지정기준(제23조제1항 관련)

1. 조직 및 인력
가. 조직
 1) 농산물우수관리업무를 수행할 능력을 갖추어야 한다.
 2) 농산물우수관리업무 외의 업무를 수행하고 있는 경우 그 업무를 수행함으로써 농산물우수관리업무가 불공정하게 수행되지 않아야 한다.

나. 인력

1) 농산물우수관리업무를 담당하는 사람을 1명 이상 갖출 것

2) 농산물우수관리업무를 담당하는 사람은 다음의 어느 하나에 해당하는 사람으로서 국립농산물품질관리원장이 정하는 바에 따라 농산물우수관리업무를 수행하는 사람의 역할과 자세, 농산물우수관리 관련 법령, 농산물우수관리시설기준, 농산물우수관리시설 관리실무 등의 교육을 받은 사람이어야 한다.

가) 「고등교육법」 제2조에 따른 학교에서 학사학위를 취득한 사람(학사학위 취득 예정인 사람을 포함하되, 학사학위 취득 예정 사실을 증명하는 서류를 제출하는 경우로 한정한다) 또는 이와 같은 수준 이상의 학력이 있다고 인정되는 사람

나) 「고등교육법」 제2조에 따른 학교에서 전문학사학위를 취득한 사람(전문학사학위 취득 예정인 사람을 포함하되, 전문학사학위 취득 예정 사실을 증명하는 서류를 제출하는 경우로 한정한다) 또는 이와 같은 수준 이상의 학력이 있다고 인정되는 사람으로서 농업 관련 기업체·연구소·기관 및 단체 등에서 농산물의 품질관리업무를 2년 이상 담당한 경력(학위 취득 또는 학력 인정 전의 경력을 포함한다)이 있는 사람

다) 「국가기술자격법」에 따른 농림분야의 기술사·기사·산업기사 또는 법 제105조에 따른 농산물품질관리사 자격증을 소지한 사람. 다만, 산업기사 자격증을 소지한 사람은 농업 관련 기업체·연구소·기관 및 단체 등에서 농산물의 품질관리업무를 2년 이상 담당한 경력(자격 취득 전의 경력을 포함한다)이 있는 사람이어야 한다.

라) 농업 관련 기업체·연구소·기관 및 단체 등에서 농산물의 품질관리업무를 3년 이상 담당한 경력이 있는 사람

마) 그 밖에 농산물의 품질관리업무에 4년 이상 종사한 것으로 인정된 사람. 다만, 농가나 생산자조직에서 자체 생산한 농산물의 수확 후 관리를 위해 보유한 산지유통시설의 경우는 농산물의 품질관리업무에 2년 이상 종사(영농에 종사한 기간을 포함한다)한 것으로 인정된 사람이어야 한다.

2. 시설

가. 농산물우수관리시설은 법 제6조제1항에 따른 농산물우수관리기준에 따라 관리되어야 한다.

나. 농산물우수관리시설은 아래와 같은 시설기준을 충족할 수 있어야 한다.

1) 법 제11조제1항제1호에 따른 미곡종합처리장 및 곡류의 수확 후 관리 시설

시설기준		비고
시설물	가) 곡물의 수확 후 처리시설 및 완제품 보관시설이 설치된 건축물의 위치는 제품이 나쁜 영향을 받지 않도록 축산폐수·화학물질 및 그 밖의 오염물질의 발생시설로부터 격리되어 있어야 한다.	
	나) 시설물 및 시설물이 설치된 부지는 깨끗하게 관리되어야 한다.	
건조저장	가) 건조 및 저장시설은 잔곡(殘穀)이 발생하지 않거나, 잔곡 청소가 가능한 구조로 설치되어야 한다.	

시설	나) 저장시설에는 통풍, 냉각 등 곡온(穀溫: 곡식의 온도)을 낮출 수 있는 장치 및 곡온을 측정할 수 있는 온도장치가 설치되어야 하며, 곡온을 점검할 수 있어야 한다.	
	다) 저장시설은 쥐 등이 침입할 수 없는 구조여야 하며, 저장시설 내에는 농약 등 곡물에 나쁜 영향을 미칠 수 있는 물질이 곡물과 같이 보관되지 않아야 한다.	
작업장	가) 원료 곡물을 가공하여 포장하는 작업장은 반입, 건조 및 저장 시설은 물론 부산물실과 분리(벽·층 등으로 별도의 방 또는 공간으로 구별되는 경우를 말한다. 이하 이 표에서 같다)되거나 구획(칸막이·커튼 등으로 구별되는 경우를 말한다. 이하 이 표에서 같다)되어야 한다.	
	나) 쌀 가공실은 현미부, 백미부, 포장부, 완제품 보관부, 포장재 보관부가 각각 격리되거나 칸막이 등으로 구획되어야 한다.	
	다) 바닥은 하중과 충격에 잘 견디는 견고한 재질이어야 하며, 파여 있거나 심하게 갈라진 틈이나 구멍이 없어야 한다.	
	라) 내벽과 천장의 자재는 곡물에 나쁜 영향을 주지 않는 자재가 사용되어야 하며, 먼지나 이물질이 쌓여 있지 않도록 청결하게 관리해야 한다.	
	마) 출입문은 견고하고 밀폐가 가능해야 하고, 완제품 보관부 등의 지게차 출입이 잦은 출입문은 이중문으로 하되, 외문은 견고하고 밀폐가 가능해야 하며 내문은 신속하게 여닫을 수 있고 분진 유입 등을 방지할 수 있는 구조로 설치되어야 한다.	
	바) 창문은 밀폐되어 있어야 하며, 해충 등의 침입을 방지하기 위해 고정식 방충망을 설치해야 한다.	
	사) 집진(集塵)을 위한 외부 공기 도입구가 설치되어야 하며, 외부 공기 도입구에는 먼지나 이물질 등이 유입되지 않도록 필터를 설치하고 깨끗하게 관리해야 한다.	
	아) 채광 및 조명은 작업환경에 적정한 조도를 유지해야 하며, 조명설비는 파손이나 이물질 낙하로 인한 오염을 방지하기 위해 커버나 덮개를 설치해야 한다.	
	자) 작업장에서 발생하는 부산물은 먼지가 최소화되도록 수집되어야 하며, 구획된 목적과 다르게 작업장 내에 부산물, 완제품 및 포장재 등이 방치되거나 적재되어 있지 않도록 관리되어야 한다.	
	차) 작업장을 깨끗하고 위생적으로 관리하기 위한 흡인식 청소시스템이 구비되어야 한다.	
가공설비	가) 이송설비, 이송관, 저장용기 등 가공설비에서 도정된 곡물과 직접 접촉하는 부분은 스테인리스 강(鋼) 등과 같이 매끄럽고 내부식성(耐腐蝕性)이어야 하며, 구멍이나 균열이 없어야 한다.	
	나) 가공설비에는 쥐 등이 내부로 침입하지 못하도록 침입방지설비가 설치되어야 한다.	
	다) 각 단위기계, 이송설비 및 저장용기는 잔곡이 있는지를 쉽게 파악하고 청소할 수 있는 구조여야 하며, 청결하게 관리되어야 한다.	
	라) 곡물에 섞여 있는 이물질 및 다른 곡물의 낟알을 충분하게 제거하기 위한 선별장치가 설치되어야 한다.	

		시설기준	

집진 설비 및 부산 물실	가) 분진 발생으로 인한 교차오염을 방지하기 위해 집진설비 등은 작업장과 분리되어 설치되어야 한다.	
	나) 반입, 건조저장 및 가공설비에서 발생하는 분진 및 분말 등의 제거를 위한 집진설비가 충분하게 갖춰져 있어야 하며, 집진설비는 사용에 지장이 없는 상태로 관리되어야 한다.	
	다) 겉겨실·속겨실 및 그 밖의 부산물실은 내부에서 발생하는 분진이 외부에 유출되지 않는 구조여야 한다.	
수 처 리 설 비	가) 곡물의 세척 또는 가공에 사용되는 물은 「먹는물관리법」에 따른 먹는물 수질 기준에 적합해야 한다. 지하수 등을 사용하는 경우 취수원은 화장실, 폐기물처리 설비, 동물사육장, 그 밖에 지하수가 오염될 우려가 있는 장소로부터 영향을 받지 않는 곳에 위치하거나 20미터 이상 떨어진 곳에 있어야 한다.	
	나) 곡물에 사용되는 용수가 지하수일 경우에는 1년에 1회 이상 먹는물 수질 기준에 적합한지 여부를 확인해야 한다.	
	다) 용수저장용기는 밀폐가 되는 덮개 및 잠금장치를 설치하여 오염물질의 유입을 사전에 방지할 수 있는 구조여야 한다.	
위 생 관 리	가) 화장실은 작업장과 분리하여 수세식으로 설치하여 청결하게 관리되어야 하며, 손 세척 및 건조 설비(일회용 티슈를 사용하는 곳은 제외한다)을 갖춰야 한다.	
	나) 작업장 종사자를 위한 위생복장을 갖추어야 하고, 탈의실을 설치해야 한다.	
	다) 청소 설비 및 기구를 보관할 수 있는 전용공간을 마련해야 한다.	
그 밖의 시설	가) 폐기물처리설비는 작업장과 떨어진 곳에 설치되어야 한다.	
	나) 폐수처리시설 설치가 필요할 경우 작업장과 떨어진 곳에 설치되어야 한다.	
관리 유지	농산물우수관리시설의 효율적 관리를 위하여 작업공정도, 기계설비 배치도, 점검기준 및 관리일지(작업장, 기계설비, 저장시설, 화장실) 등을 갖추어야 한다.	

2) 법 제11조제1항제2호·제3호에 따른 농수산물산지유통센터 및 농산물의 수확 후 관리 시설

시설기준		품목군		비고
		비세척	세척	
시 설 물	가) 농산물의 수확 후 관리시설과 원료 및 완제품의 보관시설 등이 설비된 시설물의 위치는 농산물이 나쁜 영향을 받지 않도록 축산폐수·화학물질 그 밖의 오염물질 발생시설로부터 격리되어 있어야 한다.			
	나) 시설물 및 시설물이 설치된 부지는 깨끗하게 관리되어야 한다.			
작 업 장	가) 작업장은 농산물의 수확 후 관리를 위한 작업실을 말하며 선별, 세척 및 포장 등의 작업구역은 분리되거나 구획되어야 한다. 다만, 작업공정의 자동화 또는 농산물의 특수성으로 인하여 분리 또는 구획할 필요가 없다고 인정되는 경우에는 분리 또는 구획을 하지 않을 수 있다.			
	나) 바닥은 충격에 잘 견디는 견고한 재질이어야 하며, 파여 있거나 심하게 갈라진 틈이나 구멍이 없어야 한다. 다만, 세척이 필요한 농산물의 경우에는 경사지게 하여 배수가 잘 되도록 해야 한다.			

	다) 배수로는 배수 및 청소가 용이하고 교차오염이 발생되지 않도록 설치하고 폐수가 역류하거나 퇴적물이 쌓이지 않도록 설비해야 하며, 배수구에는 곤충이나 설치류 등의 침입을 방지하기 위한 설비를 갖춰야 한다.	✕		
	라) 내벽은 갈라진 틈이나 구멍이 없어야 한다. 다만, 세척농산물의 세척 및 포장 작업장의 내벽은 다음의 구분에 따른다. (1) 소비자가 세척하지 않고 바로 먹을 수 있도록 처리한 세척농산물: 내수성(耐水性)으로 설비하며, 먼지 등이 쌓이거나 미생물 등의 번식이 우려되는 돌출 부위(H빔 등을 말하며, 이하 이 별표에서 같다)가 보이지 않도록 시공한다. (2) 그 밖의 세척농산물: 내수성으로 설비하며, 돌출 부위에 먼지 등이 쌓이거나 미생물 등의 번식 우려가 없도록 돌출 부위 위생·청결 관리계획을 수립하여 준수하는 경우에는 돌출 부위가 보이게 시공할 수 있다.	✕		
	마) 천장은 농산물에 나쁜 영향을 주지 않는 자재를 사용해야 하며, 먼지나 이물질이 쌓여 있지 않도록 청결하게 관리해야 한다. 다만, 세척농산물의 세척 및 포장 작업장의 천장은 다음의 구분에 따른다. (1) 소비자가 세척하지 않고 바로 먹을 수 있도록 처리한 세척농산물: 먼지 등이 쌓이거나 미생물 등의 번식이 우려되는 돌출 부위가 보이지 않도록 시공한다. (2) 그 밖의 세척농산물: 돌출 부위에 먼지 등이 쌓이거나 미생물 등의 번식 우려가 없도록 돌출 부위 위생·청결 관리계획을 수립하여 준수하는 경우에는 돌출 부위가 보이게 시공할 수 있다.			
	바) 출입구 및 창문은 밀폐되어 있어야 하며, 창문은 해충 등의 침입을 방지하기 위한 고정식 방충망을 설치해야 한다.			
	사) 채광 또는 조명은 작업환경에 적정한 조도를 유지해야 하며, 조명설비는 파손이나 이물질 낙하로 인한 오염을 방지하기 위해 커버나 덮개를 설치해야 한다.			
	아) 작업장 안에서 악취·유해가스, 매연·증기 등이 발생할 경우 이를 제거하는 환기설비 등을 갖추고 있어야 한다.			
	자) 작업공정에 분진, 분말 등이 발생할 경우 이를 제거하는 집진설비를 갖추고 있어야 한다.			
	차) 작업장 내 배관은 청결하게 관리되어야 한다.	✕		
수확후 관리 설비	가) 농산물을 수확 후 관리하는 데 필요한 기계·기구류 등 설비는 농산물의 특성에 따라 갖추어 관리되어야 한다.			
	나) 세척이 필요한 농산물의 취급설비 중 농산물과 직접 접촉하는 부분은 매끄럽고 내부식성이어야 하고, 구멍이나 균열이 없어야 하며, 세척 및 소독 작업이 가능해야 한다.	✕		

구분	내용			
	다) 냉각 및 가열처리 설비에는 온도계나 온도를 측정할 수 있는 기구를 설치해야 하며, 적정 온도가 유지되도록 관리해야 한다.	✕		
	라) 수확 후 관리 설비는 정기적으로 점검하여 위생적으로 관리해야 하며, 그 결과를 보관해야 한다.			
수처리설비	가) 수확 후 농산물의 세척에 사용되는 용수는 「먹는물관리법」에 따른 먹는물 수질기준에 적합해야 한다. 지하수 등을 사용하는 경우 취수원은 화장실·폐기물처리시설·동물사육장, 그 밖에 지하수가 오염될 우려가 있는 장소로부터 영향을 받지 않는 곳에 위치하거나 20미터 이상 떨어진 곳에 있어야 한다.	✕		
	나) 수확 후 세척에 사용되는 용수가 지하수일 경우에는 1년에 1회 이상 먹는물 수질 기준에 적합한지 여부를 검사해야 한다.	✕		
	다) 용수저장탱크는 밀폐가 되는 덮개 및 잠금장치를 설치하여 오염물질의 유입을 사전에 방지할 수 있는 구조여야 한다.	✕		
저장(예냉)시설	가) 저장(예냉)시설은 농산물 수확 후 원물(原物) 및 농산품의 품질관리를 위한 저온시설을 말하며, 작업장과 분리하여 설치해야 한다. 다만, 대상 농산물이 저온저장(예냉)을 할 필요가 없다고 인정되는 경우에는 설치하지 않을 수 있다.			
	나) 벽체 및 천장의 내벽은 내수성을 가진 단열 패널로 마감 처리하는 것을 원칙으로 한다.			
	다) 창문이나 출입문은 조류, 설치류와 가축의 접근을 막기 위한 방충망을 설치해야 한다. 다만, 저장시설의 출입문이 작업장 내부에 있는 경우에는 출입문 방충망을 설치하지 않을 수 있다.			
	라) 냉장(냉동, 냉각)이 필요한 농산물은 냉기가 잘 흐르도록 적재가 가능한 팰릿(pallet) 등을 갖추어 적절한 온도관리가 되어야 한다.			
	마) 냉장(냉동, 냉각)실에 설치되어 있는 온도장치의 감온봉(感溫棒)은 가장 온도가 높은 곳이나 온도관리가 적절한 곳에 설치하며, 외부에서 온도를 관찰할 수 있어야 한다.			
수송·운반장비	가) 운송차량은 운송 중인 농산물이 외부로부터 오염되지 않도록 관리되어야 하며, 냉장유통이 필요한 농산물은 냉장탑차를 이용해야 한다.			
	나) 수송 및 운반에 사용되는 용기는 세척하기 쉬워야 하며, 필요한 경우 소독과 건조가 가능해야 한다.	✕		
	다) 수송, 운반, 보관 등 물류기기는 깨끗하고 위생적으로 관리되어야 한다.	✕		
위생관리	가) 화장실은 작업장과 분리하여 수세식으로 설치해야 하며, 손 세척 및 건조설비(일회용 티슈를 사용하는 곳은 제외한다)를 갖춰야 한다.			
	나) 화장실의 청결상태를 정기적으로 점검하고 청소하여 위생적으로 관리해야 한다.			
	나) 적질한 청소 실비 및 기구를 전용보관 장소에 갖추어 두어야 한다.			

그 밖의 시설	가) 폐기물처리설비가 필요할 경우 폐기물처리설비는 작업장과 떨어진 곳에 설치 · 운영되어야 한다.				
	나) 폐수처리시설은 작업장과 떨어진 곳에 설치 · 운영되어야 한다. 다만, 단순세척을 할 경우에는 폐수처리시설을 갖추지 않을 수 있다.		✕		
관리 유지	농산물우수관리시설의 효율적 관리를 위해 작업공정도, 기계설비 배치도, 점검기준 및 관리일지(작업장, 기계설비, 저장시설 및 화장실) 등을 갖춰야 한다.				

3. 농산물우수관리시설 업무규정

   농산물우수관리시설 업무규정에는 다음 각 목에 관한 사항이 포함되어야 한다.

   가. 수확 후 관리 품목

   나. 우수관리인증농산물의 취급 방법

   다. 수확 후 관리 시설의 관리 방법

   라. 우수관리인증농산물의 품목별 수확 후 관리 절차

   마. 농산물우수관리시설 근무자의 준수사항 마련 및 자체관리 · 감독에 관한 사항

   바. 농산물우수관리시설 근무자 교육에 관한 사항

   사. 그 밖에 국립농산물품질관리원장이 농산물우수관리시설의 업무수행에 필요하다고 인정하여 고시하는 사항

ⓛ 법 제11조제2항에 따라 우수관리시설로 지정받으려는 자는 별지 제9호서식의 농산물우수관리시설 지정신청서에 다음 각 호의 서류를 첨부하여 우수관리인증기관에 제출하여야 한다.

ⓐ 정관 및 법인 등기사항증명서(법인인 경우만 해당한다)

ⓑ 우수관리시설 및 인력 현황을 적은 서류

ⓒ 우수관리시설의 운영계획 및 우수관리인증농산물 처리규정 등을 적은 우수관리시설 사업계획서

ⓓ 우수관리시설의 지정기준을 갖추었음을 증명할 수 있는 서류

ⓒ 우수관리인증기관은 제2항에 따른 지정신청을 받으면 그 날부터 40일 이내에 제1항에 따른 우수관리시설의 지정기준에 적합한지를 심사하여야 한다.

ⓔ 우수관리인증기관은 제4항에 따라 심사를 한 결과 제1항에 따른 우수관리시설 지정기준에 적합한 경우에는 그 신청인에게 별지 제10호서식의 농산물우수관리시설 지정서를 발급하여야 하며, 우수관리시설 지정기준에 적합하지 아니한 경우에는 그 사유를 신청인에게 알려야 한다.

ⓜ 우수관리인증기관은 제5항에 따라 농산물우수관리시설 지정서를 발급한 경우에는 다음 각 호의 사항을 관보에 고시하거나 농산물우수관리시스템

에 게시하여야 한다.

    ⓐ 우수관리시설의 명칭 및 대표자

    ⓑ 주사무소 및 지사의 소재지·전화번호

    ⓒ 수확 후 관리 품목

    ⓓ 우수관리시설 지정번호 및 지정일

    ⓔ 유효기간

ⓗ 외국의 수확 후 관리시설이 우수관리시설 지정을 신청하는 경우에는 국립농산물품질관리원장이 정하여 고시하는 외국 우수관리시설 지정기준 및 지정절차를 적용한다.

ⓢ 우수관리시설 지정에 필요한 세부 사항은 국립농산물품질관리원장이 정하여 고시한다.

② 우수관리시설의 지정내용 변경신고

    ㉠ 법 제11조제2항 본문에서 "농림축산식품부령으로 정하는 중요 사항"이란 다음 각 호의 사항을 말한다.

        ⓐ 우수관리시설의 명칭, 대표자 및 정관

        ⓑ 수확 후 관리 대상 품목

        ⓒ 수확 후 관리 설비

        ⓓ 우수관리시설의 운영계획 및 우수농산물 처리규정 등 사업계획서

    ㉡ 우수관리시설로 지정을 받은 자는 우수관리시설로 지정받은 후 제1항 각 호의 내용이 변경된 경우에는 변경 사유가 발생한 날부터 1개월 이내에 별지 제11호서식의 농산물우수관리시설 지정내용 변경신고서에 변경된 내용을 증명하는 서류를 첨부하여 우수관리인증기관에 제출하여야 한다.

③ 우수관리시설 지정의 갱신 등

    ㉠ 법 제11조제7항에 따라 우수관리시설로 지정을 갱신하려는 자는 별지 제9호서식의 농산물우수관리시설 (지정·갱신)신청서에 제23조제2항 각 호의 서류 중 변경사항이 있는 서류를 첨부하여 그 유효기간이 끝나기 1개월 전까지 우수관리인증기관에 제출하여야 한다.

    ㉡ 우수관리시설 지정 갱신의 절차 및 방법 등에 대해서는 제23조를 준용한다.

    ㉢ 우수관리인증기관은 유효기간이 끝나기 2개월 전까지 신청인에게 갱신절차와 갱신신청 기간을 미리 알려야 한다. 이 경우 통지는 휴대전화 문자메세지, 전자우편, 팩스, 전화 또는 문서 등으로 할 수 있다.

(8) 우수관리시설의 지정 취소 등

1) 우수관리인증기관은 우수관리시설이 다음 각 호의 어느 하나에 해당하면 그 지정을 취소하거나 6개월 이내의 기간을 정하여 우수관리인증 대상 농산물에 대한 농산물우수관리 업무의 정지를 명하거나 시정명령을 할 수 있다. 다만, 제1호부터 제3호까지의 규정 중 어느 하나에 해당하면 지정을 취소하여야 한다.

① 거짓이나 그 밖의 부정한 방법으로 지정을 받은 경우

② 업무정지 기간 중에 농산물우수관리 업무를 한 경우

③ 우수관리시설을 운영하는 자가 해산·부도로 인하여 농산물우수관리 업무를 할 수 없는 경우

④ 제11조제1항에 따른 지정기준을 갖추지 못하게 된 경우

⑤ 제11조제2항 본문에 따른 중요 사항에 대한 변경신고를 하지 아니하고 우수관리인증 대상 농산물을 취급(세척 등 단순가공·포장·저장·거래·판매를 포함한다)한 경우

⑥ 농산물우수관리 업무와 관련하여 시설의 대표자 등 임원·직원에 대하여 벌금 이상의 형이 확정된 경우

⑦ 우수관리시설의 지정을 받은 자가 정당한 사유 없이 제11조제5항에 따른 조사·점검 또는 자료제출 요청을 따르지 아니한 경우

⑧ 제11조제6항을 위반하여 우수관리인증 대상 농산물 또는 우수관리인증농산물을 우수관리기준에 따라 관리하지 아니한 경우

2) 제1항에 따른 지정 취소 및 업무정지의 기준·절차 등 세부적인 사항은 농림축산식품부령으로 정한다.

① 법 제12조제2항 및 제13조의2제3항에 따른 우수관리시설의 지정 취소 및 업무정지 등에 관한 처분기준은 별표 6과 같다.

■ 농수산물 품질관리법 시행규칙 [별표 6]

우수관리시설의 지정 취소 및 업무정지 등에 관한 처분기준(제26조제1항 관련)

1. 일반기준

가. 위반행위가 둘 이상이면 그 중 무거운 처분기준에 따른다. 다만, 둘 이상의 처분기준이 모두 업무정지인 경우에는 무거운 처분기준에 각각 나머지 처분기준의 2분의 1 범위에서 가중한다.

나. 위반행위의 횟수에 따른 행정처분의 기준은 최근 1년간 같은 위반행위로 행정처분을 받은 경우에 적용한다. 이 경우 기간의 계산은 위반행위에 대한 행정처분일과 그 처분 후 다시 같은 위반행위를 하여 적발된 날을 기준으로 한다.

다. 나목에 따라 가중된 처분을 하는 경우 가중처분의 적용 차수는 그 위반행위 전 처분차수(나목에 따른 기간 내에 처분이 둘 이상 있었던 경우에는 높은 차수를 말한다)의 다음 차수로 한다.

라. 위반행위의 내용으로 보아 그 위반의 정도가 경미하거나 그 밖에 특별한 사유가 있다고 인정되는 경우에는 그 처분이 업무정지인 경우에는 2분의 1 범위에서 감경할 수 있고, 지정 취소인 경우에는 6개월의 업무정지 처분으로 감경할 수 있다.

마. 업무정지처분의 경우에는 농산물우수관리 업무 전부에 대하여 업무정지처분을 해야 한다. 다만, 위반사항의 내용으로 보아 고의성이 없거나 그 밖에 특별한 사유가 있다고 인정되는 경우 또는 인증농가의 불편이 예상될 경우에는 농산물우수관리 업무의 일부에 대하여 업무정지처분을 할 수 있다.

2. 개별기준

위반행위	근거 법조문	위반횟수별 처분기준		
		1회	2회	3회 이상
가. 거짓이나 그 밖의 부정한 방법으로 지정을 받은 경우	법 제12조 제1항제1호	지정 취소		
나. 업무정지 기간 중에 농산물우수관리 업부를 한 경우	법 제12조 제1항제2호	지성 취소		
다. 우수관리시설을 운영하는 자가 해산·부도로 인하여 농산물우수관리 업무를 할 수 없는 경우	법 제12조 제1항제3호	지정 취소		
라. 법 제11조제1항에 따른 지정기준을 갖추지 못하게 된 경우	법 제12조 제1항제4호	업무정지 1개월	업무정지 3개월	업무정지 6개월
마. 법 제11조제2항 본문에 따른 중요 사항에 대한 변경신고를 하지 않고 우수관리인증 대상 농산물을 취급(세척 등 단순가공·포장·저장·거래·판매를 포함한다)한 경우	법 제12조 제1항제5호	경고	업무정지 1개월	업무정지 3개월
바. 농산물우수관리 업무와 관련하여 시설의 대표자 등 임원·직원에 대하여 벌금 이상의 형이 확정된 경우	법 제12조 제1항제6호	지정 취소		
사. 우수관리시설의 지정을 받은 자가 정당한 사유 없이 법 제11조제5항에 따른 조사·점검 또는 자료제출 요청에 응하지 않은 경우	법 제12조 제1항제7호	업무정지 1개월	업무정지 3개월	지정 취소
아. 법 제11조제6항을 위반하여 우수관리인증 대상 농산물 또는 우수관리인증농산물을 우수관리기준에 따라 관리하지 않은 경우	법 제12조 제1항제8호			
1) 우수관리시설이 고의 또는 중대한 과실로 우수관리기준을 위반한 경우		업무정지 1개월	업무정지 3개월	지정 취소
2) 우수관리시설이 경미한 과실로 우수관리기준을 위반한 경우		경고	업무정지 1개월	업무정지 3개월

② 우수관리인증기관 또는 국립농산물품질관리원장(법 제13조의2제3항에 따라 취소하는 경우만 해당한다)은 우수관리시설의 지정을 취소하였을 때에는 그 사실을 농산물우수관리시스템에 게시하여야 한다.

③ 국립농산물품질관리원장은 법 제13조의2제1항에 따라 우수관리인증기관에 우수관리시설의 지정 취소, 업무의 정지 또는 시정을 명하도록 요구하는 경우에는 우수관리시설의 위반행위에 관한 자료를 해당 인증기관에 제공하여야 한다.

(9) 농산물우수관리 관련 교육·홍보 등

농림축산식품부장관은 농산물우수관리를 활성화하기 위하여 소비자, 우수관리인증을 받았거나 받으려는 자, 우수관리인증기관 등에게 교육·홍보, 컨설팅 지원 등의 사업을 수행할 수 있다.

(10) 농산물우수관리 관련 보고 및 점검 등

1) 농림축산식품부장관은 농산물우수관리를 위하여 필요하다고 인정하면 우수관리인증기관, 우수관리시설을 운영하는 자 또는 우수관리인증을 받은 자로 하여금 그 업무에 관한 사항을 보고(「정보통신망 이용촉진 및 정보보호 등에 관한 법률」에 따른 정보통신망을 이용하여 보고하는 경우를 포함한다. 이하 같다)하게 하거나 자료를 제출(「정보통신망 이용촉진 및 정보보호 등에 관한 법률」에 따른 정보통신망을 이용하여 제출하는 경우를 포함한다. 이하 같다)하게 할 수 있으며, 관계 공무원에게 사무소 등을 출입하여 시설·장비 등을 점검하고 관계 장부나 서류를 조사하게 할 수 있다.

2) 제1항에 따라 보고·자료제출·점검 또는 조사를 할 때 우수관리인증기관, 우수관리시설을 운영하는 자 및 우수관리인증을 받은 자는 정당한 사유 없이 이를 거부·방해하거나 기피하여서는 아니 된다.

3) 제1항에 따라 점검이나 조사를 할 때에는 미리 점검이나 조사의 일시, 목적, 대상 등을 점검 또는 조사 대상자에게 알려야 한다. 다만, 긴급한 경우나 미리 알리면 그 목적을 달성할 수 없다고 인정되는 경우에는 알리지 아니할 수 있다.

4) 제1항에 따라 점검이나 조사를 하는 관계 공무원은 그 권한을 표시하는 증표를 지니고 이를 관계인에게 보여주어야 하며, 성명·출입시간·출입목적 등이 표시된 문서를 관계인에게 내주어야 한다.

(11) 우수관리시설 점검·조사 등의 결과에 따른 조치 등

1) 농림축산식품부장관은 제13조제1항에 따른 점검·조사 등의 결과 우수관리시설이 제12조제1항 각 호의 어느 하나에 해당하면 해당 우수관리인증기관에 농림축산식품부령으로 정하는 바에 따라 우수관리시설의 지정을 취소하거나 우수관리인증 대상 농산물에 대한 농산물우수관리 업무의 정지 또는 시정을 명하도록 요구하여야 한다.

2) 우수관리인증기관은 제1항에 따른 요구가 있는 경우 지체 없이 이에 따라야 하며, 처분 후 그 내용을 농림축산식품부장관에게 보고하여야 한다.

3) 제1항의 경우 제10조에 따라 우수관리인증기관의 지정이 취소된 후 새로운 우수관리인증기관이 지정되지 아니하거나 해당 우수관리인증기관이 업무정지 중인 경우에는 농림축산식품부장관이 우수관리시설의 지정을 취소하거나 6개월 이내의 기간을 정하여 우수관리인증 대상 농산물에 대한 농산물우수관리 업무의 정지를 명하거나 시정명령을 할 수 있다.

3. 이력추적관리

(1) 이력추적관리

1) 다음 각 호의 어느 하나에 해당하는 자 중 이력추적관리를 하려는 자는 농림축산식품부장관에게 등록하여야 한다.
   ① 농산물(축산물은 제외한다. 이하 이 절에서 같다)을 생산하는 자
   ② 농산물을 유통 또는 판매하는 자(표시·포장을 변경하지 아니한 유통·판매자는 제외한다. 이하 같다)
   ③ 등록사항
      ㉠ 생산자(단순가공을 하는 자를 포함한다)
         ⓐ 생산자의 성명, 주소 및 전화번호
         ⓑ 이력추적관리 대상품목명
         ⓒ 재배면적
         ⓓ 생산계획량
         ⓔ 재배지의 주소
      ㉡ 유통자
         ⓐ 유통업체의 명칭 또는 유통자의 성명, 주소 및 전화번호

ⓑ 수확 후 관리시설이 있는 경우 관리시설의 소재지

ⓒ 판매자: 판매업체의 명칭 또는 판매자의 성명, 주소 및 전화번호

2) 제1항에도 불구하고 대통령령으로 정하는 농산물을 생산하거나 유통 또는 판매하는 자는 농림축산식품부장관에게 이력추적관리의 등록을 하여야 한다.

3) 제1항 또는 제2항에 따라 이력추적관리의 등록을 한 자는 농림축산식품부령으로 정하는 등록사항이 변경된 경우 변경 사유가 발생한 날부터 1개월 이내에 농림축산식품부장관에게 신고하여야 한다.

4) 농림축산식품부장관은 제3항에 따른 변경신고를 받은 날부터 10일 이내에 신고수리 여부를 신고인에게 통지하여야 한다.

5) 농림축산식품부장관이 제4항에서 정한 기간 내에 신고수리 여부 또는 민원 처리 관련 법령에 따른 처리기간의 연장을 신고인에게 통지하지 아니하면 그 기간(민원 처리 관련 법령에 따라 처리기간이 연장 또는 재연장된 경우에는 해당 처리기간을 말한다)이 끝난 날의 다음 날에 신고를 수리한 것으로 본다.

6) 제1항에 따라 이력추적관리의 등록을 한 자는 해당 농산물에 농림축산식품부령으로 정하는 바에 따라 이력추적관리의 표시를 할 수 있으며, 제2항에 따라 이력추적관리의 등록을 한 자는 해당 농산물에 이력추적관리의 표시를 하여야 한다.

① 법 제24조제6항에 따른 이력추적관리의 표시는 별표 12와 같다.

■ 농수산물 품질관리법 시행규칙 [별표 12]

이력추적관리 농산물의 표시(제49조제1항 및 제2항 관련)

1. 이력추적관리 농산물의 표지와 제도법

가. 표지

나. 제도법

1) 도형표시

2) 글자는 고딕체로 한다.

3) 표지도형의 색상 및 크기는 포장재의 색상 및 크기에 따라 조정할 수 있다.

---

2. 표시사항
  가. 표지

  나. 표시항목
    1) 산지: 농산물을 생산한 지역의 시·도나 시·군·구 단위를 적는다.
    2) 품종(품종): 「식물신품종 보호법」 제2조제2호에 따른 품종을 이 규칙 제7조제2항제3호에
       따라 표시한다.
    3) 중량·개수: 포장단위의 실중량이나 개수
    4) 생산연도: 쌀과 현미만 해당하며, 「양곡관리법 시행규칙」 별표 4에 따라 수확연도를
       표시한다.
    5) 생산자: 생산자 성명이나 생산자단체·조직명, 주소, 전화번호(유통자의 경우 유통자
       성명, 업체명, 주소, 전화번호)
    6) 이력추석관리번호: 이력추적이 가능하도록 붙여진 이력추직관리번호

3. 표시방법
  가. 표지와 표시항목의 크기는 포장재의 크기에 따라 표지의 크기를 키우거나 줄일 수 있으나
     표지형태 및 글자표기는 변형할 수 없다.
  나. 표지와 표시항목의 표시는 소비자가 쉽게 알아볼 수 있도록 포장재 옆면에 표지와 표시사항을
     함께 표시하되, 옆면에 표시하기 어려울 경우에는 표시위치를 변경할 수 있다.
  다. 표지와 표시항목은 인쇄하거나 스티커로 포장재에서 떨어지지 않도록 부착하여야 한다.
     다만 포장하지 아니하고 낱개로 판매하는 경우나 소포장의 경우에는 표지만을 표시할
     수 있다.
  라. 수출용의 경우에는 해당 국가의 요구에 따라 표시할 수 있다.
  마. 제2호나목의 표시항목 중 표준규격, 지리적표시 등 다른 규정에 따라 표시하고 있는 사항은
     그 표시를 생략할 수 있다.

  ② 제1항에 따라 이력추적관리 표시를 하려는 경우에는 다음 각 호의 방법에 따른다.
    ㉠ 포장·용기의 겉면 등에 이력추적관리의 표시를 할 때에는 별표 12 제2호
       나목에 따른 표시사항을 인쇄하거나 표시사항이 인쇄된 스티커를 부착하
       여야 한다.

    ⓛ 농산물에 이력추적관리의 표시를 할 때에는 표시대상 농산물에 이력추적 관리 등록 표지가 인쇄된 스티커를 부착하여야 한다.

    ⓒ 송장이나 거래명세표에 이력추적관리 등록의 표시를 할 때에는 별표 12 제2호에 따른 표시항목을 적어 이력추적관리 등록을 받았음을 표시하여야 한다.

    ⓡ 간판이나 차량에 이력추적관리의 표시를 할 때에는 인쇄 등의 방법으로 별 표 12 제1호가목에 따른 표지를 표시하여야 한다.

  ③ 제2항에 따른 이력추적관리의 표시가 되어 있는 농산물을 공급받아 소비자에 게 직접 판매하는 자는 푯말 또는 표지판으로 이력추적관리의 표시를 할 수 있 다. 이 경우 표시 내용은 포장 및 거래명세표 등에 적혀 있는 내용과 같아야 한다.

  ④ 제2항 및 제3항에 따른 표시방법 등 이력추적관리의 표시와 관련하여 필요한 사항은 등록기관의 장이 정하여 고시한다.

7) 제1항에 따라 등록된 농산물 및 제2항에 따른 농산물(이하 "이력추적관리농산물" 이라 한다)을 생산하거나 유통 또는 판매하는 자는 이력추적관리에 필요한 입고·출 고 및 관리 내용을 기록하여 보관하는 등 농림축산식품부장관이 정하여 고시하는 기준(이하 "이력추적관리기준"이라 한다)을 지켜야 한다. 다만, 이력추적관리농산 물을 유통 또는 판매하는 자 중 행상·노점상 등 대통령령으로 정하는 자는 예외로 한다. "행상·노점상 등 대통령령으로 정하는 자"란 「부가가치세법 시행령」 제71 조제1항제1호의 노점 또는 행상을 하는 사람과 우편 등을 통하여 유통업체를 이 용하지 않고 소비자에게 직접 판매하는 생산자를 말한다.

8) 농림축산식품부장관은 제1항 또는 제2항에 따라 이력추적관리의 등록을 한 자에 대하여 이력추적관리에 필요한 비용의 전부 또는 일부를 지원할 수 있다.

9) 농림축산식품부장관은 제1항 또는 제2항에 따라 이력추적관리를 등록한 자의 농 산물 이력정보를 공개할 수 있다. 이 경우 휴대전화기를 이용하는 등 소비자가 이 력정보에 쉽게 접근할 수 있도록 하여야 한다.

10) 이력추적관리의 대상품목, 등록절차, 등록사항, 그 밖에 등록에 필요한 세부적인 사항과 제9항에 따른 이력정보 공개에 필요한 사항은 농림축산식품부령으로 정 한다.

  ① 법 제24조제1항 또는 제2항에 따라 이력추적관리 등록을 하려는 자는 별지 제 23호서식의 농산물이력추적관리 등록(신규·갱신)신청서에 다음 각 호의 서류 를 첨부하여 국립농산물품질관리원장에게 제출하여야 한다.

㉠ 법 제24조제7항에 따른 이력추적관리농산물의 관리계획서

　　　㉡ 이상이 있는 농산물에 대한 회수 조치 등 사후관리계획서

　② 국립농산물품질관리원장(이하 "등록기관의 장"이라 한다)은 제1항에 따라 제출된 서류에 보완이 필요하다고 판단되면 등록을 신청한 자에게 서류의 보완을 요구할 수 있다.

　③ 등록기관의 장은 제1항에 따른 이력추적관리의 등록신청을 받은 경우에는 법 제24조제7항에 따른 이력추적관리기준에 적합한지를 심사하여야 한다.

　④ 등록기관의 장은 제1항에 따른 신청인이 생산자집단인 경우에는 전체 구성원에 대하여 각각 심사를 하여야 한다. 다만, 등록기관의 장이 정하여 고시하는 바에 따라 표본심사를 할 수 있다.

　⑤ 등록기관의 장은 제1항에 따른 등록신청을 받으면 심사일정을 정하여 그 신청인에게 알려야 한다.

　⑥ 등록기관의 장은 그 소속 심사담당자와 시·도지사 또는 시장·군수·구청장이 추천하는 공무원이나 민간전문가로 심사반을 구성하여 이력추적관리의 등록 여부를 심사할 수 있다.

　⑦ 등록기관의 장은 제3항에 따른 심사 결과 적합한 경우에는 이력추적관리 등록을 하고, 그 신청인에게 별지 제24호서식의 농산물이력추적관리 등록증(이하 "이력추적관리 등록증"이라 한다)을 발급하여야 한다.

　⑧ 등록기관의 장은 제3항에 따른 심사 결과 적합하지 아니한 경우에는 그 사유를 구체적으로 밝혀 지체 없이 신청인에게 알려 주어야 한다.

　⑨ 이력추적관리 등록자는 이력추적관리 등록증을 분실한 경우 등록기관에 별지 제26호서식의 농산물이력추적관리 등록증 재발급 신청서를 제출하여 재발급 받을 수 있다.

　⑩ 이력추적관리의 등록에 필요한 세부적인 절차 및 사후관리 등은 국립농산물품질관리원장이 정하여 고시한다.

(2) 이력추적관리 등록의 유효기간 등

1) 제24조제1항 및 제2항에 따른 이력추적관리 등록의 유효기간은 등록한 날부터 3년으로 한다. 다만, 품목의 특성상 달리 적용할 필요가 있는 경우에는 10년의 범위에서 농림축산식품부령으로 유효기간을 달리 정할 수 있다.

　① 인삼류 : 5년 이내

　② 약용작물류 : 6년 이내

2) 다음 각 호의 어느 하나에 해당하는 자는 이력추적관리 등록의 유효기간이 끝나기 전에 이력추적관리의 등록을 갱신하여야 한다.

① 제24조제1항에 따라 이력추적관리의 등록을 한 자로서 그 유효기간이 끝난 후에도 계속하여 해당 농산물에 대하여 이력추적관리를 하려는 자

② 제24조제2항에 따라 이력추적관리의 등록을 한 자로서 그 유효기간이 끝난 후에도 계속하여 해당 농산물을 생산하거나 유통 또는 판매하려는 자

3) 제24조제1항 및 제2항에 따라 이력추적관리의 등록을 한 자가 제1항의 유효기간 내에 해당 품목의 출하를 종료하지 못할 경우에는 농림축산식품부장관의 심사를 받아 이력추적관리 등록의 유효기간을 연장할 수 있다.

4) 이력추적관리 등록의 갱신 및 유효기간 연장의 절차 등에 필요한 세부적인 사항은 농림축산식품부령으로 정한다.

① 이력추적관리 등록의 갱신

㉠ 이력추적관리 등록을 받은 자가 법 제25조제2항에 따라 이력추적관리 등록을 갱신하려는 경우에는 별지 제23호서식의 이력추적관리 등록(신규·갱신)신청서와 제47조제1항 각 호에 따른 서류 중 변경사항이 있는 서류를 해당 등록의 유효기간이 끝나기 1개월 전까지 등록기관의 장에게 제출하여야 한다.

㉡ 이력추적관리 등록의 갱신신청, 심사 절차 및 방법에 대해서는 제47조제2항부터 제8항까지의 규정을 준용한다.

㉢ 등록기관의 장은 유효기간이 끝나기 2개월 전까지 신청인에게 갱신절차와 갱신신청 기간을 미리 알려야 한다. 이 경우 통지는 휴대전화 문자메세지, 전자우편, 팩스, 전화 또는 문서 등으로 할 수 있다.

② 이력추적관리등록의 유효기간 연장

㉠ 이력추적관리 등록을 받은 자가 법 제25조제3항에 따라 이력추적관리등록의 유효기간을 연장하려는 경우에는 해당 등록의 유효기간이 끝나기 1개월 전까지 별지 제28호서식의 농산물이력추적관리 등록 유효기간 연장신청서를 등록기관의 장에게 제출하여야 한다.

㉡ 등록기관의 장은 제1항에 따른 이력추적관리 등록의 유효기간 연장신청을 받은 경우에는 해당 이력추적관리농산물의 출하에 필요한 기간을 정하여 유효기간을 연장하고 이력추적관리 등록증을 재발급하여야 한다. 이 경우 연장기간은 해당 품목의 이력추적관리 등록의 유효기간을 초과할 수 없다.

ⓒ 이력추적관리 등록의 유효기간 연장에 필요한 심사 절차 및 방법 등에 대해서는 제47조제2항부터 제8항까지의 규정을 준용한다.

(3) 이력추적관리 자료의 제출 등

① 농림축산식품부장관은 이력추적관리농산물을 생산하거나 유통 또는 판매하는 자에게 농산물의 생산, 입고·출고와 그 밖에 이력추적관리에 필요한 자료제출을 요구할 수 있다.

② 이력추적관리농산물을 생산하거나 유통 또는 판매하는 자는 제1항에 따른 자료제출을 요구받은 경우에는 정당한 사유가 없으면 이에 따라야 한다.

③ 제1항에 따른 자료제출의 범위, 방법, 절차 등에 필요한 사항은 농림축산식품부령으로 정한다.

(4) 이력추적관리 등록의 취소 등

1) 농림축산식품부장관은 제24조에 따라 등록한 자가 다음 각 호의 어느 하나에 해당하면 그 등록을 취소하거나 6개월 이내의 기간을 정하여 이력추적관리 표시정지를 명하거나 시정명령을 할 수 있다. 다만, 제1호, 제2호 또는 제7호에 해당하면 등록을 취소하여야 한다.

① 거짓이나 그 밖의 부정한 방법으로 등록을 받은 경우
② 이력추적관리 표시정지 명령을 위반하여 계속 표시한 경우
③ 제24조제3항에 따른 이력추적관리 등록변경신고를 하지 아니한 경우
④ 제24조제6항에 따른 표시방법을 위반한 경우
⑤ 이력추적관리기준을 지키지 아니한 경우
⑥ 제26조제2항을 위반하여 정당한 사유 없이 자료제출 요구를 거부한 경우
⑦ 업종전환·폐업 등으로 이력추적관리농산물을 생산, 유통 또는 판매하기 어렵다고 판단되는 경우

2) 제1항에 따른 등록취소, 표시정지 및 시정명령의 기준, 절차 등 세부적인 사항은 농림축산식품부령으로 정한다.

농수산물 품질관리법 시행규칙 [별표 14]

이력추적관리의 등록취소 및 표시정지 등의 기준(제54조 관련)

1. 일반기준

가. 위반행위가 둘 이상이면 그 중 무거운 처분기준에 따른다. 다만, 둘 이상의 처분기준이
   모두 표시정지인 경우에는 각 처분기준을 합산한 기간을 넘지 않는 범위에서 무거운 처분기준
   에 그 처분기준의 2분의 1 범위에서 가중한다.

나. 위반행위의 횟수에 따른 행정처분의 기준은 최근 1년간 같은 위반행위로 행정처분을 받은
   경우에 적용한다. 이 경우 기간의 계산은 위반행위에 대한 행정처분일과 그 처분 후 다시
   같은 위반행위를 하여 적발된 날을 기준으로 한다.

다. 나목에 따라 가중된 처분을 하는 경우 가중처분의 적용 차수는 그 위반행위 전 처분차수(나목에
   따른 기간 내에 처분이 둘 이상 있었던 경우에는 높은 차수를 말한다)의 다음 차수로 한다.

라. 생산자집단 또는 가공업자단체의 구성원의 위반행위에 대해서는 1차적으로 위반행위를
   한 구성원에 대하여 행정처분을 하되, 그 구성원이 소속된 조직 또는 단체에 대해서는 그
   구성원의 위반 정도를 고려하여 처분을 감경하거나 그 구성원에 대한 처분기준보다 한
   단계 낮은 처분기준을 적용한다.

마. 위반행위의 내용으로 보아 고의성이 없거나 그 밖에 특별한 사유가 있다고 인정되는 경우에는
   그 처분을 표시정지의 경우에는 2분의 1 범위에서 경감할 수 있고, 등록취소인 경우에는
   6개월의 표시정지 처분으로 경감할 수 있다.

2. 개별기준

위 반 행 위	근거 법조문	위반횟수별 처분기준		
		1차 위반	2차 위반	3차 위반 이상
가. 거짓이나 그 밖의 부정한 방법으로 등록을 받은 경우	법 제27조 제1항제1호	등록취소	-	-
나. 이력추적관리 표시정지 명령을 위반하여 계속 표시한 경우	법 제27조 제1항제2호	등록취소	-	-
다. 법 제24조제3항에 따른 이력추적관리 등록변경 신고를 하지 않은 경우	법 제27조 제1항제3호	시정명령	표시정지 1개월	표시정지 3개월
라. 법 제24조제6항에 따른 표시방법을 위반한 경우	법 제27조 제1항제4호	표시정지 1개월	표시정지 3개월	등록취소
마. 이력추적관리기준을 지키지 않은 경우	법 제27조 제1항제5호	표시정지 1개월	표시정지 3개월	표시정지 6개월
바. 법 제26조제2항을 위반하여 정당한 사유 없이 자료제출 요구를 거부한 경우	법 제27조 제1항제6호	표시정지 1개월	표시정지 3개월	표시정지 6개월
사. 전업·폐업 등으로 이력추적관리농산물을 생산, 유통 또는 판매하기 어렵다고 판단되는 경우	법 제27조 제1항제7호	등록취소		

4. 사후관리 등

(1) 지위의 승계 등

1) 다음 각 호의 어느 하나에 해당하는 사유로 발생한 권리·의무를 가진 자가 사망하거나 그 권리·의무를 양도하는 경우 또는 법인이 합병한 경우에는 상속인, 양수인 또는 합병 후 존속하는 법인이나 합병으로 설립되는 법인이 그 지위를 승계할 수 있다.

   ① 제9조에 따른 우수관리인증기관의 지정

   ② 제11조에 따른 우수관리시설의 지정

   ③ 제17조에 따른 품질인증기관의 지정

2) 제1항에 따라 지위를 승계하려는 자는 승계의 사유가 발생한 날부터 1개월 이내에 농림축산식품부령 또는 해양수산부령으로 정하는 바에 따라 각각 지정을 받은 기관에 신고하여야 한다.

   ① 법 제28조제1항에 따라 우수관리인증기관의 지정, 우수관리시설의 지정 또는 품질인증기관의 지정을 받은 자의 지위를 승계하려는 자는 별지 제29호서식의 승계신고서에 다음 각 호의 서류를 첨부하여 국립농산물품질관리원장(우수관리인증기관의 지정만 해당한다. 이하 이 조에서 같다), 우수관리인증기관(우수관리시설의 지정만 해당한다. 이하 이 조에서 같다) 또는 국립수산물품질관리원장(품질인증기관의 지정만 해당한다. 이하 이 조에서 같다)에게 제출하여야 한다.

      ㉠ 농산물우수관리인증기관 지정서, 농산물우수관리시설 지정서 또는 품질인증기관 지정서

      ㉡ 우수관리인증기관, 우수관리시설 또는 품질인증기관의 지정을 받은 자의 지위를 승계하였음을 증명하는 자료

   ② 국립농산물품질관리원장, 우수관리인증기관 또는 국립수산물품질관리원장은 제1항에 따른 승계신고서를 수리(受理)한 경우에는 제출한 자료를 확인한 후 별지 제7호서식의 농산물우수관리인증기관 지정서, 별지 제10호서식의 농산물우수관리시설 지정서 또는 별지 제16호서식의 품질인증기관 지정서를 발급하여야 한다.

   ③ 국립농산물품질관리원장 또는 국립수산물품질관리원장은 제2항에 따라 농산물우수관리인증기관 지정서 또는 품질인증기관 지정서를 발급한 경우에는 제19조제7항 각 호 또는 제37조제4항의 사항을 관보에 고시하거나 해당 기관의 인

터넷 홈페이지에 게시하여야 한다.

④ 우수관리인증기관은 제2항에 따라 우수관리시설 지정서를 발급한 경우에는 제 23조제6항 각 호의 사항을 농산물우수관리시스템에 게시하여야 한다.

(2) 행정제재처분 효과의 승계

제28조에 따라 지위를 승계한 경우 종전의 우수관리인증기관, 우수관리시설 또는 품질 인증기관에 행한 행정제재처분의 효과는 그 처분이 있은 날부터 1년간 그 지위를 승계한 자에게 승계되며, 행정제재처분의 절차가 진행 중인 때에는 그 지위를 승계한 자에 대하 여 그 절차를 계속 진행할 수 있다. 다만, 지위를 승계한 자가 그 지위의 승계 시에 그 처분 또는 위반사실을 알지 못하였음을 증명하는 때에는 그러하지 아니하다.

(3) 거짓표시 등의 금지

1) 누구든지 다음 각 호의 표시·광고 행위를 하여서는 아니 된다.
   ① 표준규격품, 우수관리인증농산물, 품질인증품, 이력추적관리농산물(이하 "우수 표시품"이라 한다)이 아닌 농수산물(우수관리인증농산물이 아닌 농산물의 경 우에는 제7조제4항에 따른 승인을 받지 아니한 농산물을 포함한다) 또는 농수 산가공품에 우수표시품의 표시를 하거나 이와 비슷한 표시를 하는 행위
   ② 우수표시품이 아닌 농수산물(우수관리인증농산물이 아닌 농산물의 경우에는 제7조제4항에 따른 승인을 받지 아니한 농산물을 포함한다) 또는 농수산가공 품을 우수표시품으로 광고하거나 우수표시품으로 잘못 인식할 수 있도록 광고 하는 행위
2) 누구든지 다음 각 호의 행위를 하여서는 아니 된다.
   ① 제5조제2항에 따라 표준규격품의 표시를 한 농수산물에 표준규격품이 아닌 농 수산물 또는 농수산가공품을 혼합하여 판매하거나 혼합하여 판매할 목적으로 보관하거나 진열하는 행위
   ② 제6조제6항에 따라 우수관리인증의 표시를 한 농산물에 우수관리인증농산물 이 아닌 농산물(제7조제4항에 따른 승인을 받지 아니한 농산물을 포함한다) 또는 농산가공품을 혼합하여 판매하거나 혼합하여 판매할 목적으로 보관하거 나 진열하는 행위
   ③ 제14조제3항에 따라 품질인증품의 표시를 한 수산물에 품질인증품이 아닌 수 산물을 혼합하여 판매하거나 혼합하여 판매할 목적으로 보관 또는 진열하는

행위

④ 제24조제6항에 따라 이력추적관리의 표시를 한 농산물에 이력추적관리의 등록을 하지 아니한 농산물 또는 농산가공품을 혼합하여 판매하거나 혼합하여 판매할 목적으로 보관하거나 진열하는 행위

(4) 우수표시품의 사후관리

1) 농림축산식품부장관 또는 해양수산부장관은 우수표시품의 품질수준 유지와 소비자 보호를 위하여 필요한 경우에는 관계 공무원에게 다음 각 호의 조사 등을 하게 할 수 있다.

① 우수표시품의 해당 표시에 대한 규격·품질 또는 인증·등록 기준에의 적합성 등의 조사

② 해당 표시를 한 자의 관계 장부 또는 서류의 열람

③ 우수표시품의 시료(試料) 수거

2) 제1항에 따른 조사·열람 또는 시료 수거에 관하여는 제13조제2항 및 제3항을 준용한다.

3) 제1항에 따라 조사·열람 또는 시료 수거를 하는 관계 공무원에 관하여는 제13조제4항을 준용한다.

(5) 권장품질표시의 사후관리

1) 농림축산식품부장관은 권장품질표시의 정착과 건전한 유통질서 확립을 위하여 필요한 경우에는 관계 공무원에게 다음 각 호의 조사를 하게 할 수 있다.

① 권장품질표시를 한 농산물의 권장품질표시 기준에의 적합성의 조사

② 권장품질표시를 한 농산물의 시료 수거

2) 제1항에 따른 조사 또는 시료 수거에 관하여는 제13조제3항 및 제4항을 준용한다.

3) 농림축산식품부장관은 제1항에 따른 조사 결과 권장품질표시를 한 농산물이 권장품질표시 기준에 적합하지 아니한 경우 그 시정을 권고할 수 있다.

4) 농림축산식품부장관은 권장품질표시를 장려하기 위하여 이에 필요한 지원을 할 수 있다.

(6) 우수표시품에 대한 시정조치

1) 농림축산식품부장관 또는 해양수산부장관은 표준규격품 또는 품질인증품이 다음

각 호의 어느 하나에 해당하면 대통령령으로 정하는 바에 따라 그 시정을 명하거나 해당 품목의 판매금지 또는 표시정지의 조치를 할 수 있다.

① 표시된 규격 또는 해당 인증·등록 기준에 미치지 못하는 경우

② 업종전환·폐업 등으로 해당 품목을 생산하기 어렵다고 판단되는 경우

③ 해당 표시방법을 위반한 경우

2) 농림축산식품부장관은 제30조에 따른 조사 등의 결과 우수관리인증농산물이 우수관리기준에 미치지 못하거나 제6조제7항에 따른 표시방법을 위반한 경우에는 대통령령으로 정하는 바에 따라 우수관리인증농산물의 유통업자에게 해당 품목의 우수관리인증 표시의 제거·변경 또는 판매금지 조치를 명할 수 있고, 제8조제1항 각 호의 어느 하나에 해당하면 해당 우수관리인증기관에 제8조에 따라 다음 각 호의 어느 하나에 해당하는 처분을 하도록 요구하여야 한다.

① 우수관리인증의 취소

② 우수관리인증의 표시정지

③ 시정명령

3) 우수관리인증기관은 제2항에 따른 요구가 있는 경우 이에 따라야 하고, 처분 후 지체 없이 농림축산식품부장관에게 보고하여야 한다.

4) 제2항의 경우 제10조에 따라 우수관리인증기관의 지정이 취소된 후 제9조제1항에 따라 새로운 우수관리인증기관이 지정되지 아니하거나 해당 우수관리인증기관이 업무정지 중인 경우에는 농림축산식품부장관이 제2항 각 호의 어느 하나에 해당하는 처분을 할 수 있다.

3장 / 지리적표시

1. 등록

(1) 지리적표시의 등록

1) 농림축산식품부장관 또는 해양수산부장관은 지리적 특성을 가진 농수산물 또는 농수산가공품의 품질 향상과 지역특화산업 육성 및 소비자 보호를 위하여 지리적표시의 등록 제도를 실시한다.

2) 제1항에 따른 지리적표시의 등록은 특정지역에서 지리적 특성을 가진 농수산물 또는 농수산가공품을 생산하거나 제조·가공하는 자로 구성된 법인만 신청할 수 있다. 다만, 지리적 특성을 가진 농수산물 또는 농수산가공품의 생산자 또는 가공업자가 1인인 경우에는 법인이 아니라도 등록신청을 할 수 있다.

3) 제2항에 해당하는 자로서 제1항에 따른 지리적표시의 등록을 받으려는 자는 농림축산식품부령 또는 해양수산부령으로 정하는 등록 신청서류 및 그 부속서류를 농림축산식품부령 또는 해양수산부령으로 정하는 바에 따라 농림축산식품부장관 또는 해양수산부장관에게 제출하여야 한다. 등록한 사항 중 농림축산식품부령 또는 해양수산부령으로 정하는 중요 사항을 변경하려는 때에도 같다.

① 법 제32조제3항 전단에 따라 지리적표시의 등록을 받으려는 자는 별지 제30호서식의 지리적표시 등록(변경) 신청서에 다음 각 호의 서류를 첨부하여 농산물(임산물은 제외한다. 이하 이 장에서 같다)은 국립농산물품질관리원장, 임산물은 산림청장, 수산물은 국립수산물품질관리원장에게 각각 제출하여야 한다. 다만, 지리적표시의 등록을 받으려는 자가 「상표법 시행령」 제5조제1호부터 제3호까지의 서류를 특허청장에게 제출한 경우(2011년 1월 1일 이후에 제출한 경우만 해당한다)에는 별지 제30호서식의 지리적표시 등록(변경) 신청서에 해당 사항을 표시하고 제3호부터 제6호까지의 서류를 제출하지 아니할 수 있다.

ㄱ 정관(법인인 경우만 해당한다)
ㄴ 생산계획서(법인의 경우 각 구성원별 생산계획을 포함한다)
ㄷ 대상품목·명칭 및 품질의 특성에 관한 설명서
ㄹ 해당 특산품의 유명성과 역사성을 증명할 수 있는 자료
ㅁ 품질의 특성과 지리적 요인과 관계에 관한 설명서
ㅂ 지리적표시 대상지역의 범위
ㅅ 자체품질기준
ㅇ 품질관리계획서

② 제1항 각 호 외의 부분 단서에 해당하는 경우 국립농산물품질관리원장, 산림청장 또는 국립수산물품질관리원장은 특허청장에게 해당 서류의 제출 여부를 확인한 후 그 사본을 요청하여야 한다.

③ 법 제32조제3항 후단에 따라 지리적표시로 등록한 사항 중 다음 각 호의 어느 하나의 사항을 변경하려는 자는 별지 제30호서식의 지리적표시 등록(변경)신청서에 변경사유 및 증거자료를 첨부하여 농산물은 국립농산물품질관리원장, 임신물은 산림청장, 수산물은 국립수산물품질관리원장에게 각각 제출하여야

한다.

    ㉠ 등록자

    ㉡ 지리적표시 대상지역의 범위

    ㉢ 자체품질기준 중 제품생산기준, 원료생산기준 또는 가공기준

④ 제1항부터 제4항까지에 따른 지리적표시의 등록 및 변경에 관한 세부 사항은 농림축산식품부장관 또는 해양수산부장관이 정하여 고시한다.

4) 농림축산식품부장관 또는 해양수산부장관은 제3항에 따라 등록 신청을 받으면 제3조제6항에 따른 지리적표시 등록심의 분과위원회의 심의를 거쳐 제9항에 따른 등록거절 사유가 없는 경우 지리적표시 등록 신청 공고결정(이하 "공고결정"이라 한다)을 하여야 한다. 이 경우 농림축산식품부장관 또는 해양수산부장관은 신청된 지리적표시가 「상표법」에 따른 타인의 상표(지리적 표시 단체표장을 포함한다. 이하 같다)에 저촉되는지에 대하여 미리 특허청장의 의견을 들어야 한다.

5) 농림축산식품부장관 또는 해양수산부장관은 공고결정을 할 때에는 그 결정 내용을 관보와 인터넷 홈페이지에 공고하고, 공고일부터 2개월간 지리적표시 등록 신청 서류 및 그 부속서류를 일반인이 열람할 수 있도록 하여야 한다.

6) 누구든지 제5항에 따른 공고일부터 2개월 이내에 이의 사유를 적은 서류와 증거를 첨부하여 농림축산식품부장관 또는 해양수산부장관에게 이의신청을 할 수 있다.

① 법 제32조제6항에 따라 이의신청을 하려는 자는 별지 제31호서식의 지리적표시의 등록신청에 대한 이의신청서에 이의 사유와 증거자료를 첨부하여 농산물은 국립농산물품질관리원장, 임산물은 산림청장, 수산물은 국립수산물품질관리원장에게 각각 제출하여야 한다.

② 국립농산물품질관리원장, 국립수산물품질관리원장 또는 산림청장은 영 제14조제5항에 따라 지리적표시 분과위원회가 지리적표시의 등록을 하기에 적합하지 아니한 것으로 심의·의결한 경우에는 그 사유를 구체적으로 밝혀 지체 없이 지리적표시의 등록신청인에게 알려야 한다.

7) 농림축산식품부장관 또는 해양수산부장관은 다음 각 호의 경우에는 지리적표시의 등록을 결정하여 신청자에게 알려야 한다.

① 제6항에 따른 이의신청을 받았을 때에는 제3조제6항에 따른 지리적표시 등록심의 분과위원회의 심의를 거쳐 등록을 거절할 정당한 사유가 없다고 판단되는 경우

② 제6항에 따른 기간에 이의신청이 없는 경우

8) 농림축산식품부장관 또는 해양수산부장관이 지리적표시의 등록을 한 때에는 지리적표시권자에게 지리적표시등록증을 교부하여야 한다.

① 국립농산물품질관리원장, 국립수산물품질관리원장 또는 산림청장은 법 제32조 제7항에 따라 지리적표시의 등록을 결정한 경우에는 다음 각 호의 사항을 공고하여야 한다.

ㄱ 등록일 및 등록번호

ㄴ 지리적표시 등록자의 성명, 주소(법인의 경우에는 그 명칭 및 영업소의 소재지를 말한다) 및 전화번호

ㄷ 지리적표시 등록 대상품목 및 등록명칭

ㄹ 지리적표시 대상지역의 범위

ㅁ 품질의 특성과 지리적 요인의 관계

ㅂ 등록자의 자체품질기준 및 품질관리계획서

② 국립농산물품질관리원장, 국립수산물품질관리원장 또는 산림청장은 지리적표시를 등록한 경우에는 별지 제32호서식의 지리적표시 등록증을 발급하여야 한다.

③ 국립농산물품질관리원장, 국립수산물품질관리원장 또는 산림청장은 법 제40조에 따라 지리적표시의 등록을 취소하였을 때에는 다음 각 호의 사항을 공고하여야 한다.

ㄱ 취소일 및 등록번호

ㄴ 지리적표시 등록 대상품목 및 등록명칭

ㄷ 지리적표시 등록자의 성명, 주소(법인의 경우에는 그 명칭 및 영업소의 소재지를 말한다) 및 전화번호

ㄹ 취소사유

④ 제1항 및 제3항에 따른 지리적표시의 등록 및 등록취소의 공고에 관한 세부사항은 농림축산식품부장관 또는 해양수산부장관이 정하여 고시한다.

9) 농림축산식품부장관 또는 해양수산부장관은 제3항에 따라 등록 신청된 지리적표시가 다음 각 호의 어느 하나에 해당하면 등록의 거절을 결정하여 신청자에게 알려야 한다.

① 제3항에 따라 먼저 등록 신청되었거나, 제7항에 따라 등록된 타인의 지리적표시와 같거나 비슷한 경우

② 「상표법」에 따라 먼저 출원되었거나 등록된 타인의 상표와 같거나 비슷한 경우

③ 국내에서 널리 알려진 타인의 상표 또는 지리적표시와 같거나 비슷한 경우

④ 일반명칭[농수산물 또는 농수산가공품의 명칭이 기원적(起原的)으로 생산지나

판매장소와 관련이 있지만 오래 사용되어 보통명사화된 명칭을 말한다]에 해당되는 경우

⑤ 제2조제1항제8호에 따른 지리적표시 또는 같은 항 제9호에 따른 동음이의어 지리적표시의 정의에 맞지 아니하는 경우

⑥ 지리적표시의 등록을 신청한 자가 그 지리적표시를 사용할 수 있는 농수산물 또는 농수산가공품을 생산·제조 또는 가공하는 것을 업(業)으로 하는 자에 대하여 단체의 가입을 금지하거나 가입조건을 어렵게 정하여 실질적으로 허용하지 아니한 경우

⑦ 지리적표시의 등록거절 사유의 세부기준(시행령 제15조): 법 제32조제9항에 따른 지리적표시 등록거절 사유의 세부기준은 다음 각 호와 같다.

    ㉠ 해당 품목이 농수산물인 경우에는 지리적표시 대상지역에서만 생산된 것이 아닌 경우

    ㉡ 해당 품목이 농수산가공품인 경우에는 지리적표시 대상지역에서만 생산된 농수산물을 주원료로 하여 해당 지리적표시 대상지역에서 가공된 것이 아닌 경우

    ㉢ 해당 품목의 우수성이 국내 및 국외에서 모두 널리 알려지지 아니한 경우

    ㉣ 해당 품목이 지리적표시 대상지역에서 생산된 역사가 깊지 않은 경우

    ㉤ 해당 품목의 명성·품질 또는 그 밖의 특성이 본질적으로 특정지역의 생산 환경적 요인과 인적 요인 모두에 기인하지 아니한 경우

    ㉥ 그 밖에 농림축산식품부장관 또는 해양수산부장관이 지리적표시 등록에 필요하다고 인정하여 고시하는 기준에 적합하지 않은 경우

10) 제1항부터 제9항까지에 따른 지리적표시 등록 대상품목, 대상지역, 신청자격, 심의·공고의 절차, 이의신청 절차 및 등록거절 사유의 세부기준 등에 필요한 사항은 대통령령으로 정한다.

① 대상지역 : 법 제32조제1항에 따른 지리적표시의 등록을 위한 지리적표시 대상지역은 자연환경적 및 인적 요인을 고려하여 다음 각 호의 어느 하나에 따라 구획한 지역으로 한다. 다만, 「김치산업 진흥법」에 따른 김치의 경우에는 전국을 하나의 지리적표시의 대상지역으로 할 수 있으며, 「인삼산업법」에 따른 인삼류의 경우에는 전국을 하나의 지리적표시의 대상지역으로 한다.

    ㉠ 해당 품목의 특성에 영향을 주는 지리적 특성이 동일한 행정구역, 산, 강 등에 따를 것

    ㉡ 해당 품목의 특성에 영향을 주는 지리적 특성, 서식지 및 어획·채취의 환

경이 동일한 연안해역(「연안관리법」 제2조제2호에 따른 연안해역을 말한다. 이하 같다)에 따를 것. 이 경우 연안해역은 위도와 경도로 구분하여야 한다.

② 지리적표시의 등록법인 구성원의 가입·탈퇴 : 법 제32조제2항 본문에 따른 법인은 지리적표시의 등록 대상품목의 생산자 또는 가공업자의 가입이나 탈퇴를 정당한 사유 없이 거부하여서는 아니 된다.

③ 지리적표시의 심의·공고·열람 및 이의신청 절차

① 농림축산식품부장관 또는 해양수산부장관은 법 제32조제2항 및 제3항에 따라 지리적표시의 등록 또는 중요 사항의 변경등록 신청을 받으면 그 신청을 받은 날부터 30일 이내에 지리적표시 분과위원회에 심의를 요청하여야 한다.

② 지리적표시 분과위원장은 제1항에 따른 요청을 받은 경우 농림축산식품부령 또는 해양수산부령으로 정하는 바에 따라 심의를 위한 현지 확인반을 구성하여 현지 확인을 하도록 하여야 한다. 다만, 중요 사항의 변경등록 신청을 받아 제1항에 따른 요청을 받은 경우에는 지리적표시 분과위원회의 심의 결과 현지 확인이 필요하지 아니하다고 인정하면 이를 생략할 수 있다.

③ 농림축산식품부장관 또는 해양수산부장관은 지리적표시 분과위원회에서 지리적표시의 등록 또는 중요 사항의 변경등록을 하기에 부적합한 것으로 의결되면 지체 없이 그 사유를 구체적으로 밝혀 신청인에게 알려야 한다. 다만, 부적합한 사항이 30일 이내에 보완될 수 있다고 인정되면 일정 기간을 정하여 신청인에게 보완하도록 할 수 있다.

④ 법 제32조제5항에 따른 공고결정에는 다음 각 호의 사항을 포함하여야 한다.
  ㉠ 신청인의 성명·주소 및 전화번호
  ㉡ 지리적표시 등록 대상품목 및 등록 명칭
  ㉢ 지리적표시 대상지역의 범위
  ㉣ 품질, 그 밖의 특징과 지리적 요인의 관계
  ㉤ 신청인의 자체 품질기준 및 품질관리계획서
  ㉥ 지리적표시 등록 신청서류 및 그 부속서류의 열람 장소

⑤ 농림축산식품부장관 또는 해양수산부장관은 법 제32조제6항에 따른 이의신청에 대하여 지리적표시 분과위원회의 심의를 거쳐 그 결과를 이의신청인에게 알려야 한다.

⑥ 제1항부터 제5항까지에서 규정한 사항 외에 지리적표시의 심의·공고·열람 및 이의신청 등에 필요한 사항은 농림축산식품부령 또는 해양수산부령으로 정한다.

(2) 지리적표시 원부

1) 농림축산식품부장관 또는 해양수산부장관은 지리적표시 원부(原簿)에 지리적표시권의 설정·이전·변경·소멸·회복에 대한 사항을 등록·보관한다.

2) 제1항에 따른 지리적표시 원부는 그 전부 또는 일부를 전자적으로 생산·관리할 수 있다.

3) 제1항 및 제2항에 따른 지리적표시 원부의 등록·보관 및 생산·관리에 필요한 세부사항은 농림축산식품부령 또는 해양수산부령으로 정한다.

(3) 지리적표시권

1) 제32조제7항에 따라 지리적표시 등록을 받은 자(이하 "지리적표시권자"라 한다)는 등록한 품목에 대하여 지리적표시권을 갖는다.

2) 지리적표시권은 다음 각 호의 어느 하나에 해당하면 각 호의 이해당사자 상호간에 대하여는 그 효력이 미치지 아니한다.

　㉠ 동음이의어 지리적표시. 다만, 해당 지리적표시가 특정지역의 상품을 표시하는 것이라고 수요자들이 뚜렷하게 인식하고 있어 해당 상품의 원산지와 다른 지역을 원산지인 것으로 혼동하게 하는 경우는 제외한다.

　㉡ 지리적표시 등록신청서 제출 전에 「상표법」에 따라 등록된 상표 또는 출원심사 중인 상표

　㉢ 지리적표시 등록신청서 제출 전에 「종자산업법」 및 「식물신품종 보호법」에 따라 등록된 품종 명칭 또는 출원심사 중인 품종 명칭

　㉣ 제32조제7항에 따라 지리적표시 등록을 받은 농수산물 또는 농수산가공품(이하 "지리적표시품"이라 한다)과 동일한 품목에 사용하는 지리적 명칭으로서 등록 대상지역에서 생산되는 농수산물 또는 농수산가공품에 사용하는 지리적 명칭

3) 지리적표시권자는 지리적표시품에 농림축산식품부령 또는 해양수산부령으로 정하는 바에 따라 지리적표시를 할 수 있다. 다만, 지리적표시품 중 「인삼산업법」에 따른 인삼류의 경우에는 농림축산식품부령으로 정하는 표시방법 외에 인삼류와 그 용기·포장 등에 "고려인삼", "고려수삼", "고려홍삼", "고려태극삼" 또는 "고려백삼" 등 "고려"가 들어가는 용어를 사용하여 지리적표시를 할 수 있다.

(4) 지리적표시권의 이전 및 승계

지리적표시권은 타인에게 이전하거나 승계할 수 없다. 다만, 다음 각 호의 어느 하나에 해당하면 농림축산식품부장관 또는 해양수산부장관의 사전 승인을 받아 이전하거나 승계할 수 있다.

1) 법인 자격으로 등록한 지리적표시권자가 법인명을 개정하거나 합병하는 경우
2) 개인 자격으로 등록한 지리적표시권자가 사망한 경우

(5) 권리침해의 금지 청구권 등

1) 지리적표시권자는 자신의 권리를 침해한 자 또는 침해할 우려가 있는 자에게 그 침해의 금지 또는 예방을 청구할 수 있다.
2) 다음 각 호의 어느 하나에 해당하는 행위는 지리적표시권을 침해하는 것으로 본다.
   ① 지리적표시권이 없는 자가 등록된 지리적표시와 같거나 비슷한 표시(동음이의어 지리적표시의 경우에는 해당 지리적표시가 특정 지역의 상품을 표시하는 것이라고 수요자들이 뚜렷하게 인식하고 있어 해당 상품의 원산지와 다른 지역을 원산지인 것으로 수요자로 하여금 혼동하게 하는 지리적표시만 해당한다)를 등록품목과 같거나 비슷한 품목의 제품·포장·용기·선전물 또는 관련 서류에 사용하는 행위
   ② 등록된 지리적표시를 위조하거나 모조하는 행위
   ③ 등록된 지리적표시를 위조하거나 모조할 목적으로 교부·판매·소지하는 행위
   ④ 그 밖에 지리적표시의 명성을 침해하면서 등록된 지리적표시품과 같거나 비슷한 품목에 직접 또는 간접적인 방법으로 상업적으로 이용하는 행위

(6) 손해배상청구권 등

1) 지리적표시권자는 고의 또는 과실로 자신의 지리적표시에 관한 권리를 침해한 자에게 손해배상을 청구할 수 있다. 이 경우 지리적표시권자의 지리적표시권을 침해한 자에 대하여는 그 침해행위에 대하여 그 지리적표시가 이미 등록된 사실을 알았던 것으로 추정한다.
2) 제1항에 따른 손해액의 추정 등에 관하여는 「상표법」 제110조 및 제114조를 준용한다.

(7) 거짓표시 등의 금지

1) 누구든지 지리적표시품이 아닌 농수산물 또는 농수산가공품의 포장·용기·선전물 및 관련 서류에 지리적표시나 이와 비슷한 표시를 하여서는 아니 된다.
2) 누구든지 지리적표시품에 지리적표시품이 아닌 농수산물 또는 농수산가공품을 혼합하여 판매하거나 혼합하여 판매할 목적으로 보관 또는 진열하여서는 아니 된다.

(8) 지리적표시품의 사후관리

1) 농림축산식품부장관 또는 해양수산부장관은 지리적표시품의 품질수준 유지와 소비자 보호를 위하여 관계 공무원에게 다음 각 호의 사항을 지시할 수 있다.
   ① 지리적표시품의 등록기준에의 적합성 조사
   ② 지리적표시품의 소유자·점유자 또는 관리인 등의 관계 장부 또는 서류의 열람
   ③ 지리적표시품의 시료를 수거하여 조사하거나 전문시험기관 등에 시험 의뢰
2) 제1항에 따른 조사·열람 또는 수거에 관하여는 제13조제2항 및 제3항을 준용한다.
3) 제1항에 따라 조사·열람 또는 수거를 하는 관계 공무원에 관하여는 제13조제4항을 준용한다.
4) 농림축산식품부장관 또는 해양수산부장관은 지리적표시의 등록 제도의 활성화를 위하여 다음 각 호의 사업을 할 수 있다.
   ① 지리적표시의 등록 제도의 홍보 및 지리적표시품의 판로지원에 관한 사항
   ② 지리적표시의 등록 제도의 운영에 필요한 교육·훈련에 관한 사항
   ③ 지리적표시 관련 실태조사에 관한 사항

(9) 지리적표시품의 표시 시정 등

농림축산식품부장관 또는 해양수산부장관은 지리적표시품이 다음 각 호의 어느 하나에 해당하면 대통령령으로 정하는 바에 따라 시정을 명하거나 판매의 금지, 표시의 정지 또는 등록의 취소를 할 수 있다.

1) 제32조에 따른 등록기준에 미치지 못하게 된 경우
2) 제34조제3항에 따른 표시방법을 위반한 경우
3) 해당 지리적표시품 생산량의 급감 등 지리적표시품 생산계획의 이행이 곤란하다고 인정되는 경우

시정명령 등의 처분기준(제11조 및 제16조 관련)

1. 일반기준

가. 위반행위가 둘 이상인 경우

　1) 각각의 처분기준이 시정명령, 인증취소 또는 등록취소인 경우에는 하나의 위반행위로 간주한다. 다만 각각의 처분기준이 표시정지인 경우에는 각각의 처분기준을 합산하여 처분할 수 있다.

　2) 각각의 처분기준이 다른 경우에는 그 중 무거운 처분기준을 적용한다. 다만, 각각의 처분기준이 표시정지인 경우에는 무거운 처분기준의 2분의 1까지 가중할 수 있으며, 이 경우 각 처분기준을 합산한 기간을 초과할 수 없다.

나. 위반행위의 횟수에 따른 행정처분의 기준은 최근 1년간 같은 위반행위로 행정처분을 받는 경우에 적용한다. 이 경우 행정처분 기준의 적용은 같은 위반행위에 대하여 최초로 행정처분을 한 날과 다시 같은 위반행위로 적발한 날을 기준으로 한다.

다. 생산자단체의 구성원의 위반행위에 대해서는 1차적으로 위반행위를 한 구성원에 대하여 행정처분을 하되, 그 구성원이 소속된 조직 또는 단체에 대해서는 그 구성원의 위반의 정도를 고려하여 처분을 경감하거나 그 구성원에 대한 처분기준보다 한 단계 낮은 처분기준을 적용한다.

라. 위반행위의 내용으로 보아 고의성이 없거나 특별한 사유가 있다고 인정되는 경우에는 그 처분을 표시정지의 경우에는 2분의 1의 범위에서 경감할 수 있고, 인증취소·등록취소인 경우에는 6개월 이상의 표시정지 처분으로 경감할 수 있다.

2. 개별기준

가. 표준규격품

위반행위	근거 법조문	행정처분 기준		
		1차 위반	2차 위반	3차 위반
1) 법 제5조제2항에 따른 표준규격품 의무표시사항이 누락된 경우	법 제31조 제1항제3호	시정명령	표시정지 1개월	표시정지 3개월
2) 법 제5조제2항에 따른 표준규격이 아닌 포장재에 표준규격품의 표시를 한 경우	법 제31조 제1항제1호	시정명령	표시정지 1개월	표시정지 3개월
3) 법 제5조제2항에 따른 표준규격품의 생산이 곤란한 사유가 발생한 경우	법 제31조 제1항제2호	표시정지 6개월		
4) 법 제29조제1항을 위반하여 내용물과 다르게 거짓 표시나 과장된 표시를 한 경우	법 제31조 제1항제3호	표시정지 1개월	표시정지 3개월	표시정지 6개월

나. 우수관리인증농산물

행정처분 대상	근거 법조문	행정처분 기준		
		1차 위반	2차 위반	3차 위반
1) 법 제30조에 따른 조사 등의 결과 우수관리인증농산물이 우수관리기준에 미치지 못한 경우	법 제31조제2항	판매금지		
2) 법 제30조에 따른 조사 등의 결과 법 제6조제7항에 따른 우수관리인증의 표시방법을 위반한 경우	법 제31조제2항	표시변경	표시제거	판매금지

다. 삭제 〈2017. 5. 29.〉

라. 품질인증품

위반행위	근거 법조문	행정처분 기준		
		1차 위반	2차 위반	3차 위반
1) 법 제14조제3항을 위반하여 의무표시사항이 누락된 경우	법 제31조 제1항제3호	시정명령	표시정지 1월	표시정지 3월
2) 법 제14조제3항에 따른 품질인증을 받지 아니한 제품을 품질인증품으로 표시한 경우	법 제31조 제1항제3호	인증취소		
3) 법 제14조제4항에 따른 품질인증기준에 위반한 경우	법 제31조 제1항제1호	표시정지 3월	표시정지 6월	
4) 법 제16조제4호에 따른 품질인증품의 생산이 곤란하다고 인정되는 사유가 발생한 경우	법 제31조 제1항제2호	인증취소		
5) 법 제29조제1항을 위반하여 내용물과 다르게 거짓표시 또는 과장된 표시를 한 경우	법 제31조 제1항제3호	표시정지 1월	표시정지 3월	인증취소

마. 삭제 〈2013.5.31〉

바. 지리적표시품

위반행위	근거 법조문	행정처분 기준		
		1차 위반	2차 위반	3차 위반
1) 법 제32조제3항 및 제7항에 따른 지리적표시품 생산계획의 이행이 곤란하다고 인정되는 경우	법 제40조 제3호	등록 취소		
2) 법 제32조제7항에 따라 등록된 지리적표시품이 아닌 제품에 지리적표시를 한 경우	법 제40조 제1호	등록 취소		
3) 법 제32조제9항의 지리적표시품이 등록기준에 미치지 못하게 된 경우	법 제40조 제1호	표시정지 3개월	등록 취소	
4) 법 제34조제3항을 위반하여 의무표시사항이 누락된 경우	법 제40조 제2호	시정명령	표시정지 1개월	표시정지 3개월
5) 법 제34조제3항을 위반하여 내용물과 다르게 거짓표시나 과장된 표시를 한 경우	법 제40조 제2호	표시정지 1개월	표시정지 3개월	등록 취소

(10) 「특허법」의 준용

1) 지리적표시에 관하여는 「특허법」 제3조부터 제5조까지, 제6조[제1호(특허출원의 포기는 제외한다), 제5호, 제7호 및 제8호에 한정한다)], 제7조, 제7조의2, 제8조, 제9조, 제10조(제3항은 제외한다), 제11조(제1항제1호부터 제3호까지, 제5호 및 제6호는 제외한다), 제12조부터 제15조까지, 제16조(제1항 단서는 제외한다), 제17조부터 제26조까지, 제28조(제2항 단서는 제외한다), 제28조의2부터 제28조의 5까지 및 제46조를 준용한다.

2) 제1항의 경우 「특허법」 제6조제7호 및 제15조제1항 중 "제132조의17"은 "「농수산물 품질관리법」 제45조"로 보고, 「특허법」 제17조제1호 중 "제132조의17"은 "「농수산물 품질관리법」 제45조"로, 같은 조 제2호 중 "제180조제1항"은 "「농수산물 품질관리법」 제55조에 따라 준용되는 「특허법」 제180조제1항"으로 보며, 「특허법」 제46조제3호 중 "제82조"는 "「농수산물 품질관리법」 제113조제8호 및 제9호"로 본다.

3) 제1항의 경우 "특허"는 "지리적표시"로, "출원"은 "등록신청"으로, "특허권"은 "지리적표시권"으로, "특허청"·"특허청장" 및 "심사관"은 "농림축산식품부장관 또는 해양수산부장관"으로, "특허심판원"은 "지리적표시심판위원회"로, "심판장"은 "지리적표시심판위원회 위원장"으로, "심판관"은 "심판위원"으로, "산업통상자원부령"은 "농림축산식품부령 또는 해양수산부령"으로 본다.

2. 지리적표시의 심판

(1) 지리적표시심판위원회

1) 농림축산식품부장관 또는 해양수산부장관은 다음 각 호의 사항을 심판하기 위하여 농림축산식품부장관 또는 해양수산부장관 소속으로 지리적표시심판위원회(이하 "심판위원회"라 한다)를 둔다.
   ① 지리적표시에 관한 심판 및 재심
   ② 제32조제9항에 따른 지리적표시 등록거절 또는 제40조에 따른 등록 취소에 대한 심판 및 재심
   ③ 그 밖에 지리적표시에 관한 사항 중 대통령령으로 정하는 사항

2) 심판위원회는 위원장 1명을 포함한 10명 이내의 심판위원(이하 "심판위원"이라 한다)으로 구성한다.

3) 심판위원회의 위원장은 심판위원 중에서 농림축산식품부장관 또는 해양수산부장관이 정한다.

4) 심판위원은 관계 공무원과 지식재산권 분야나 지리적표시 분야의 학식과 경험이 풍부한 사람 중에서 농림축산식품부장관 또는 해양수산부장관이 위촉한다.

5) 심판위원의 임기는 3년으로 하며, 한 차례만 연임할 수 있다.

6) 심판위원회의 구성·운영에 관한 사항과 그 밖에 필요한 사항은 대통령령으로 정한다.

① 심판위원회 구성과 운영

㉠ 법 제42조제1항에 따른 지리적표시심판위원회(이하 "심판위원회"라 한다)의 위원(이하 "심판위원"이라 한다)은 다음 각 호의 어느 하나에 해당하는 사람 중에서 농림축산식품부장관 또는 해양수산부장관이 임명 또는 위촉하는 사람으로 한다.

ⓐ 농림축산식품부, 해양수산부 및 산림청 소속 공무원 중 3급·4급의 일반직 국가공무원이나 고위공무원단에 속하는 일반직공무원인 사람

ⓑ 특허청 소속 공무원 중 3급·4급의 일반직 국가공무원이나 고위공무원단에 속하는 일반직공무원 중 특허청에서 2년 이상 심사관으로 종사한 사람

ⓒ 변호사나 변리사 자격이 있는 사람

ⓓ 지식재산권 분야나 지리적표시 분야의 학식과 경험이 풍부한 사람

㉡ 심판위원회의 사무를 처리하기 위하여 심판위원회에 간사 2명과 서기 2명을 둔다.

㉢ 제1항에 따른 간사와 서기는 농림축산식품부장관이 그 소속 공무원 중에서 각각 1명을, 해양수산부장관이 그 소속 공무원 중에서 각각 1명을 임명한다.

② 심판위원의 해임 및 해촉: 농림축산식품부장관 또는 해양수산부장관은 심판위원이 다음 각 호의 어느 하나에 해당하는 경우에는 해당 심판위원을 해임 또는 해촉(解囑)할 수 있다.

ⓐ 심신장애로 인하여 직무를 수행할 수 없게 된 경우

ⓑ 직무와 관련된 비위사실이 있는 경우

ⓒ 직무태만, 품위손상이나 그 밖의 사유로 인하여 심판위원으로 적합하지 아니하다고 인정되는 경우

ⓓ 심판위원 스스로 직무를 수행하는 것이 곤란하다고 의사를 밝히는 경우

(2) 지리적표시의 무효심판

1) 지리적표시에 관한 이해관계인 또는 제3조제6항에 따른 지리적표시 등록심의 분과위원회는 지리적표시가 다음 각 호의 어느 하나에 해당하면 무효심판을 청구할 수 있다.
    ① 제32조제9항에 따른 등록거절 사유에 해당하는 경우에도 불구하고 등록된 경우
    ② 제32조에 따라 지리적표시 등록이 된 후에 그 지리적표시가 원산지 국가에서 보호가 중단되거나 사용되지 아니하게 된 경우
2) 제1항에 따른 심판은 청구의 이익이 있으면 언제든지 청구할 수 있다.
3) 제1항제1호에 따라 지리적표시를 무효로 한다는 심결이 확정되면 그 지리적표시권은 처음부터 없었던 것으로 보고, 제1항제2호에 따라 지리적표시를 무효로 한다는 심결이 확정되면 그 지리적표시권은 그 지리적표시가 제1항제2호에 해당하게 된 때부터 없었던 것으로 본다.
4) 심판위원회의 위원장은 제1항의 심판이 청구되면 그 취지를 해당 지리적표시권자에게 알려야 한다.

(3) 지리적표시의 취소심판

1) 지리적표시가 다음 각 호의 어느 하나에 해당하면 그 지리적표시의 취소심판을 청구할 수 있다.
    ① 지리적표시 등록을 한 후 지리적표시의 등록을 한 자가 그 지리적표시를 사용할 수 있는 농수산물 또는 농수산가공품을 생산 또는 제조·가공하는 것을 업으로 하는 자에 대하여 단체의 가입을 금지하거나 어려운 가입조건을 규정하는 등 단체의 가입을 실질적으로 허용하지 아니한 경우 또는 그 지리적표시를 사용할 수 없는 자에 대하여 등록 단체의 가입을 허용한 경우
    ② 지리적표시 등록 단체 또는 그 소속 단체원이 지리적표시를 잘못 사용함으로써 수요자로 하여금 상품의 품질에 대하여 오인하게 하거나 지리적 출처에 대하여 혼동하게 한 경우
2) 제1항에 따른 취소심판은 취소 사유에 해당하는 사실이 없어진 날부터 3년이 지난 후에는 청구할 수 없다.
3) 제1항에 따라 취소심판을 청구한 경우에는 청구 후 그 심판청구 사유에 해당하는 사실이 없어진 경우에도 취소 사유에 영향을 미치지 아니한다.
4) 제1항에 따른 취소심판은 누구든지 청구할 수 있다.

5) 지리적표시 등록을 취소한다는 심결이 확정된 때에는 그 지리적표시권은 그때부터 소멸된다.

6) 제1항의 심판의 청구에 관하여는 제43조제4항을 준용한다.

(4) 등록거절 등에 대한 심판

제32조제9항에 따라 지리적표시 등록의 거절을 통보받은 자 또는 제40조에 따라 등록이 취소된 자는 이의가 있으면 등록거절 또는 등록취소를 통보받은 날부터 30일 이내에 심판을 청구할 수 있다.

(5) 심판청구 방식

1) 지리적표시의 무효심판·취소심판 또는 지리적표시 등록의 취소에 대한 심판을 청구하려는 자는 다음 각 호의 사항을 적은 심판청구서에 신청자료를 첨부하여 심판위원회의 위원장에게 제출하여야 한다.
   ① 당사자의 성명과 주소(법인인 경우에는 그 명칭, 대표자의 성명 및 영업소 소재지)
   ② 대리인이 있는 경우에는 그 대리인의 성명 및 주소나 영업소 소재지(대리인이 법인인 경우에는 그 명칭, 대표자의 성명 및 영업소 소재지)
   ③ 지리적표시 명칭
   ④ 지리적표시 등록일 및 등록번호
   ⑤ 등록취소 결정일(등록의 취소에 대한 심판청구만 해당한다)
   ⑥ 청구의 취지 및 그 이유

2) 지리적표시 등록거절에 대한 심판을 청구하려는 자는 다음 각 호의 사항을 적은 심판청구서에 신청 자료를 첨부하여 심판위원회의 위원장에게 제출하여야 한다.
   ① 당사자의 성명과 주소(법인인 경우에는 그 명칭, 대표자의 성명 및 영업소 소재지)
   ② 대리인이 있는 경우에는 그 대리인의 성명 및 주소나 영업소 소재지(대리인이 법인인 경우에는 그 명칭, 대표자의 성명 및 영업소 소재지)
   ③ 등록신청 날짜
   ④ 등록거절 결정일
   ⑤ 청구의 취지 및 그 이유

3) 제1항과 제2항에 따라 제출된 심판청구서를 보정(補正)하는 경우에는 그 요지를 변경할 수 없다. 다만, 제1항제6호와 제2항제5호의 청구의 이유는 변경할 수 있다.

4) 심판위원회의 위원장은 제1항 또는 제2항에 따라 청구된 심판에 제32조제6항에 따른 지리적표시 이의신청에 관한 사항이 포함되어 있으면 그 취지를 지리적표시의 이의신청자에게 알려야 한다.

(6) 심판의 방법 등

1) 심판위원회의 위원장은 제46조제1항 또는 제2항에 따른 심판이 청구되면 제49조에 따라 심판하게 한다.
2) 심판위원은 직무상 독립하여 심판한다.

(7) 심판위원의 지정 등

1) 심판위원회의 위원장은 심판의 청구 건별로 제49조에 따른 합의체를 구성할 심판위원을 지정하여 심판하게 한다.
2) 심판위원회의 위원장은 제1항의 심판위원 중 심판의 공정성을 해칠 우려가 있는 사람이 있으면 다른 심판위원에게 심판하게 할 수 있다.
3) 심판위원회의 위원장은 제1항에 따라 지정된 심판위원 중에서 1명을 심판장으로 지정하여야 한다.
4) 제3항에 따라 지정된 심판장은 심판위원회의 위원장으로부터 지정받은 심판사건에 관한 사무를 총괄한다.

(8) 심판의 합의체

1) 심판은 3명의 심판위원으로 구성되는 합의체가 한다.
2) 제1항의 합의체의 합의는 과반수의 찬성으로 결정한다.
3) 심판의 합의는 공개하지 아니한다.

(9) 「특허법」의 준용

1) 심판에 관하여는 「특허법」 제139조, 제141조(제1항제2호가목은 이 법에서 준용되는 사항에 한정한다. 이하 같다), 제142조, 제147조부터 제153조까지, 제153조의2, 제154조부터 제166조까지, 제171조, 제172조 및 제176조를 준용한다.
2) 제1항의 경우 「특허법」 제139조제1항 중 "제133조제1항, 제134조제1항·제2항 또는 제137조제1항의 무효심판이나 제135조제1항·제2항의 권리범위확인심판" 은 "「농수산물 품질관리법」 제43조제1항의 무효심판, 같은 법 제44조제1항의 취

소심판 및 같은 법 제45조의 등록거절 등에 대한 심판"으로 보고, 「특허법」 제141조제1항제1호 중 "제140조제1항 및 제3항부터 제5항까지 또는 제140조의2제1항"은 "「농수산물 품질관리법」 제46조제1항 또는 제2항"으로 보며, 「특허법」 제141조제1항제2호나목 중 "제82조"는 "「농수산물 품질관리법」 제113조"로 보고, 「특허법」 제161조제2항 중 "제133조제1항의 무효심판 또는 제135조의 권리범위확인심판"은 "「농수산물 품질관리법」 제43조제1항의 무효심판"으로 보며, 「특허법」 제165조제1항 중 "제133조제1항, 제134조제1항·제2항, 제135조 및 제137조제1항"은 "「농수산물 품질관리법」 제43조제1항 및 제44조제1항"으로 보고, 「특허법」 제165조제3항 중 "제132조의17, 제136조 또는 제138조"는 "「농수산물 품질관리법」 제45조"로 보며, 「특허법」 제176조제1항 중 "제132조의17"은 "「농수산물 품질관리법」 제45조"로 본다.

3) 제1항의 경우 용어는 제41조제3항에 따르고, "특허심판원장"은 "지리적표시심판위원회 위원장"으로, "변리사"는 "대리인"으로 본다.

3. 재심 및 소송

(1) 재심의 청구

1) 심판의 당사자는 심판위원회에서 확정된 심결에 대하여 이의가 있으면 재심을 청구할 수 있다.

2) 제1항의 재심청구에 관하여는 「민사소송법」 제451조 및 제453조제1항을 준용한다.

(2) 사해심결에 대한 불복청구

1) 심판의 당사자가 공모하여 제3자의 권리 또는 이익을 침해할 목적으로 심결을 하게 한 경우에 그 제3자는 그 확정된 심결에 대하여 재심을 청구할 수 있다.

2) 제1항에 따른 재심청구의 경우에는 심판의 당사자를 공동피청구인으로 한다.

(3) 재심에 의하여 회복된 지리적표시권의 효력제한

다음 각 호의 어느 하나에 해당하는 경우 지리적표시권의 효력은 해당 심결이 확정된 후 재심청구의 등록 전에 선의로 한 행위에는 미치지 아니한다.

1) 지리적표시권이 무효로 된 후 재심에 의하여 그 효력이 회복된 경우

2) 등록거절에 대한 심판청구가 받아들여지지 아니한다는 심결이 있었던 지리적표시

등록에 대하여 재심에 의하여 지리적표시권의 설정등록이 있는 경우

(4) 심결 등에 대한 소송

1) 심결에 대한 소송은 특허법원의 전속관할로 한다.

2) 제1항에 따른 소송은 당사자, 참가인 또는 해당 심판이나 재심에 참가신청을 하였으나 그 신청이 거부된 자만 제기할 수 있다.

3) 제1항에 따른 소송은 심결 또는 결정의 등본을 송달받은 날부터 60일 이내에 제기하여야 한다.

4) 제3항의 기간은 불변기간으로 한다.

5) 심판을 청구할 수 있는 사항에 관한 소송은 심결에 대한 것이 아니면 제기할 수 없다.

6) 특허법원의 판결에 대하여는 대법원에 상고할 수 있다.

(5) 「특허법」 등의 준용

1) 지리적표시에 관한 재심의 절차 및 재심의 청구에 관하여는 「특허법」 제180조, 제184조 및 「민사소송법」 제459조제1항을 준용한다.

2) 지리적표시에 관한 소송에 관하여는 「특허법」 제187조·제188조 및 제189조를 준용한다. 이 경우 용어는 제41조제3항 및 제50조제3항에 따르고, 「특허법」 제187조 본문 중 "제186조제1항에 따라 소를 제기하는 경우에는"은 "「농수산물 품질관리법」 제54조에 따라 소송을 제기하는 경우에는"으로 보고, 「특허법」 제187조 단서 중 "제133조제1항, 제134조제1항·제2항, 제135조제1항·제2항, 제137조제1항 또는 제138조제1항·제3항"은 "「농수산물 품질관리법」 제43조제1항 또는 제44조제1항"으로 보며, 「특허법」 제189조제1항 중 "제186조제1항"은 "「농수산물 품질관리법」 제54조제1항"으로 본다.

4장 / 유전자변형농수산물의 표시

1. 유전자변형농수산물의 표시

(1) 유전자변형농수산물을 생산하여 출하하는 자, 판매하는 자, 또는 판매할 목적으로 보관·진열하는 자는 대통령령으로 정하는 바에 따라 해당 농수산물에 유전자변형 농수산물임을 표시하여야 한다.

(2) 제1항에 따른 유전자변형농수산물의 표시대상품목, 표시기준 및 표시방법 등에 필요한 사항은 대통령령으로 정한다.

　1) 유전자변형농수산물의 표시대상품목

　　법 제56조제1항에 따른 유전자변형농수산물의 표시대상품목은 「식품위생법」 제18조에 따른 안전성 평가 결과 식품의약품안전처장이 식용으로 적합하다고 인정하여 고시한 품목(해당 품목을 싹틔워 기른 농산물을 포함한다)으로 한다.

　2) 유전자변형농수산물의 표시기준 등

　　① 법 제56조제1항에 따라 유전자변형농수산물에는 해당 농수산물이 유전자 변형농수산물임을 표시하거나, 유전자변형농수산물이 포함되어 있음을 표시하거나, 유전자변형농수산물이 포함되어 있을 가능성이 있음을 표시하여야 한다.

　　② 법 제56조제2항에 따라 유전자변형농수산물의 표시는 해당 농수산물의 포장·용기의 표면 또는 판매장소 등에 하여야 한다.

　　③ 제1항 및 제2항에 따른 유전자변형농수산물의 표시기준 및 표시방법에 관한 세부사항은 식품의약품안전처장이 정하여 고시한다.

　　④ 식품의약품안전처장은 유전자변형농수산물인지를 판정하기 위하여 필요한 경우 시료의 검정기관을 지정하여 고시하여야 한다.

2. 거짓표시 등의 금지

　제56조제1항에 따라 유전자변형농수산물의 표시를 하여야 하는 자(이하 "유전자변형 농수산물 표시의무자"라 한다)는 다음 각 호의 행위를 하여서는 아니 된다.

(1) 유전자변형농수산물의 표시를 거짓으로 하거나 이를 혼동하게 할 우려가 있는 표시를 하는 행위

(2) 유전자변형농수산물의 표시를 혼동하게 할 목적으로 그 표시를 손상·변경하는 행위

(3) 유전자변형농수산물의 표시를 한 농수산물에 다른 농수산물을 혼합하여 판매하거나 혼합하여 판매할 목적으로 보관 또는 진열하는 행위

3. 유전자변형농수산물 표시의 조사

(1) 식품의약품안전처장은 제56조 및 제57조에 따른 유전자변형농수산물의 표시 여부, 표시사항 및 표시방법 등의 적정성과 그 위반 여부를 확인하기 위하여 대통령령으로 정하는 바에 따라 관계 공무원에게 유전자변형표시 대상 농수산물을 수거하거나 조사하게 하여야 한다. 다만, 농수산물의 유통량이 현저하게 증가하는 시기 등 필요할 때에는 수시로 수거하거나 조사하게 할 수 있다.

(2) 제1항에 따른 수거 또는 조사에 관하여는 제13조제2항 및 제3항을 준용한다.

(3) 제1항에 따라 수거 또는 조사를 하는 관계 공무원에 관하여는 제13조제4항을 준용한다.

(4) 유전자변형농수산물의 표시 등의 조사

① 법 제58조제1항 본문에 따른 유전자변형표시 대상 농수산물의 수거·조사는 업종·규모·거래품목 및 거래형태 등을 고려하여 식품의약품안전처장이 정하는 기준에 해당하는 영업소에 대하여 매년 1회 실시한다.

② 제1항에 따른 수거·조사의 방법 등에 관하여 필요한 사항은 총리령으로 정한다.

4. 유전자변형농수산물의 표시 위반에 대한 처분

(1) 식품의약품안전처장은 제56조 또는 제57조를 위반한 자에 대하여 다음 각 호의 어느 하나에 해당하는 처분을 할 수 있다.

1) 유전자변형농수산물 표시의 이행·변경·삭제 등 시정명령

2) 유전자변형 표시를 위반한 농수산물의 판매 등 거래행위의 금지

(2) 식품의약품안전처장은 제57조를 위반한 자에게 제1항에 따른 처분을 한 경우에는 처분을 받은 자에게 해당 처분을 받았다는 사실을 공표할 것을 명할 수 있다.

(3) 식품의약품안전처장은 유전자변형농수산물 표시의무자가 제57조를 위반하여 제1항에 따른 처분이 확정된 경우 처분내용, 해당 영업소와 농수산물의 명칭 등 처분과 관련된 사항을 대통령령으로 정하는 바에 따라 인터넷 홈페이지에 공표하여야 한다.

(4) 제1항에 따른 처분과 제2항에 따른 공표명령 및 제3항에 따른 인터넷 홈페이지 공표의 기준·방법 등에 필요한 사항은 대통령령으로 정한다.

1) 법 제59조제2항에 따른 공표명령의 대상자는 같은 조 제1항에 따라 처분을 받은 자 중 다음 각 호의 어느 하나의 경우에 해당하는 자로 한다.
  ① 표시위반물량이 농산물의 경우에는 100톤 이상, 수산물의 경우에는 10톤 이상인 경우
  ② 표시위반물량의 판매가격 환산금액이 농산물의 경우에는 10억원 이상, 수산물인 경우에는 5억원 이상인 경우
  ③ 적발일을 기준으로 최근 1년 동안 처분을 받은 횟수가 2회 이상인 경우

2) 법 제59조제2항에 따라 공표명령을 받은 자는 지체 없이 다음 각 호의 사항이 포함된 공표문을 「신문 등의 진흥에 관한 법률」 제9조제1항에 따라 등록한 전국을 보급지역으로 하는 1개 이상의 일반일간신문에 게재하여야 한다.
  ① "「농수산물 품질관리법」 위반사실의 공표"라는 내용의 표제
  ② 영업의 종류
  ③ 영업소의 명칭 및 주소
  ④ 농수산물의 명칭
  ⑤ 위반내용
  ⑥ 처분권자, 처분일 및 처분내용

3) 식품의약품안전처장은 법 제59조제3항에 따라 지체 없이 다음 각 호의 사항을 식품의약품안전처의 인터넷 홈페이지에 게시하여야 한다.
  ① "「농수산물 품질관리법」 위반사실의 공표"라는 내용의 표제
  ② 영업의 종류
  ③ 영업소의 명칭 및 주소
  ④ 농수산물의 명칭
  ⑤ 위반내용
  ⑥ 처분권자, 처분일 및 처분내용

4) 식품의약품안전처장은 법 제59조제2항에 따라 공표를 명하려는 경우에는 위반행위의 내용 및 정도, 위반기간 및 횟수, 위반행위로 인하여 발생한 피해의 범위 및 결과 등을 고려하여야 한다. 이 경우 공표명령을 내리기 전에 해당 대상자에게 소명자료를 제출하거나 의견을 진술할 수 있는 기회를 주어야 한다.

5) 식품의약품안전처장은 법 제59조제3항에 따라 공표를 하기 전에 해당 대상자에게 소명자료를 제출하거나 의견을 진술할 수 있는 기회를 주어야 한다.

5장 / 농수산물의 안전성조사 등

1. 안전관리계획

(1) 식품의약품안전처장은 농수산물(축산물은 제외한다. 이하 이 장에서 같다)의 품질 향상과 안전한 농수산물의 생산·공급을 위한 안전관리계획을 매년 수립·시행하여야 한다.

(2) 시·도지사 및 시장·군수·구청장은 관할 지역에서 생산·유통되는 농수산물의 안전성을 확보하기 위한 세부추진계획을 수립·시행하여야 한다.

(3) 제1항에 따른 안전관리계획 및 제2항에 따른 세부추진계획에는 제61조에 따른 안전성조사, 제68조에 따른 위험평가 및 잔류조사, 농어업인에 대한 교육, 그 밖에 총리령으로 정하는 사항을 포함하여야 한다.

(4) 식품의약품안전처장은 시·도지사 및 시장·군수·구청장에게 제2항에 따른 세부추진계획 및 그 시행 결과를 제출하게 할 수 있다.

2. 안전성조사

(1) 식품의약품안전처장이나 시·도지사는 농수산물의 안전관리를 위하여 농수산물 또는 농수산물의 생산에 이용·사용하는 농지·어장·용수(用水)·자재 등에 대하여 다음 각 호의 조사(이하 "안전성조사"라 한다)를 하여야 한다.

  1) 농산물

    ① 생산단계: 총리령으로 정하는 안전기준에의 적합 여부

    ② 유통·판매 단계:「식품위생법」 등 관계 법령에 따른 유해물질의 잔류허용 기준 등의 초과 여부

  2) 수산물

    ① 생산단계: 총리령으로 정하는 안전기준에의 적합 여부

    ② 저장단계 및 출하되어 거래되기 이전 단계:「식품위생법」 등 관계 법령에 따른 잔류허용기준 등의 초과 여부

(2) 식품의약품안전처장은 제1항제1호가목 및 제2호가목에 따른 생산단계 안전기준을 정할 때에는 관계 중앙행정기관의 장과 협의하여야 한다.

(3) 안전성조사의 대상품목 선정, 대상지역 및 절차 등에 필요한 세부적인 사항은 총
리령으로 정한다.

  1) 안전성조사의 대상지역 등

     ① 안전성조사의 대상지역은 농수산물의 생산장소, 저장장소, 도매시장, 집하
        장, 위판장 및 공판장 등으로 하되, 유해물질의 오염이 우려되는 장소에 대
        하여 우선적으로 안전성조사를 하여야 한다.

     ② 농산물 안전성조사의 대상은 단계별 특성에 따라 다음 각 호와 같이 한다.

        ㉠ 생산단계 조사: 다음 각 목에 해당하는 것을 대상으로 할 것

           ⓐ 농산물의 생산에 이용·사용하는 농지·용수(用水)·자재 등

           ⓑ 출하되기 전인 농산물

           ⓒ 유통·판매되기 전인 농산물

        ㉡ 유통·판매 단계 조사: 출하되어 유통 또는 판매되고 있는 농산물을 대
           상으로 할 것

     ③ 수산물 안전성조사의 대상은 단계별 특성에 따라 다음 각 호와 같이 한다.

        ㉠ 생산단계 조사: 다음 각 목에 해당하는 것을 대상으로 할 것

           ⓐ 저장 과정을 거치지 아니하고 출하하는 수산물

           ⓑ 수산물의 생산에 이용·사용하는 어장·용수·자재 등

        ㉡ 저장단계 조사: 저장 과정을 거치는 수산물 중 생산자가 저장하는 수산
           물을 대상으로 할 것

        ㉢ 출하되어 거래되기 전 단계 조사: 수산물의 도매시장, 집하장, 위판장
           또는 공판장 등에 출하되어 거래되기 전 단계에 있는 수산물을 대상으
           로 할 것

     ④ 안전성조사는 제2항 및 제3항에 따른 각 조사의 단계별로 시료(試料)를 수
        거하여 조사하는 방법으로 한다.

     ⑤ 제1항부터 제4항까지에서 규정한 사항 외에 안전성조사에 필요한 사항은
        식품의약품안전처장이 정하여 고시한다.

  2) 안전성조사의 절차 등

     ① 안전성조사의 대상 유해물질은 식품의약품안전처장이 매년 안전관리계획
        으로 정한다. 다만, 국립농산물품질관리원장, 국립수산과학원장, 국립수산
        물품질관리원장 또는 특별시장·광역시장·특별자치시장·도지사·특별자치
        도지사(이하 "시·도지사"라 한다)는 재배면적, 부적합률 등을 고려하여 안
        전성조사의 대상 유해물질을 식품의약품안전처장과 협의하여 조정할 수

있다.

② 안전성조사를 위한 시료 수거는 농수산물 등의 생산량과 소비량 등을 고려하여 대상품목을 우선 선정한다.

③ 국립농산물품질관리원장, 국립수산물품질관리원장 또는 시·도지사는 법 제62조제1항에 따라 시료 수거를 하는 경우 다음 각 호의 구분에 따른 시료 수거 내역서를 발급해야 한다.

   ㉠ 제8조제2항에 따른 농산물 등의 경우: 별지 제1호서식

   ㉡ 제8조제3항에 따른 수산물 등의 경우: 별지 제1호의2서식

④ 시료의 분석방법은 「식품위생법」 등 관계 법령에서 정한 분석방법을 준용한다. 다만, 분석능률의 향상을 위하여 국립농산물품질관리원장, 국립수산과학원장 또는 국립수산물품질관리원장이 정하는 분석방법을 사용할 수 있다.

⑤ 제1항부터 제4항까지의 규정에 따른 안전성조사의 세부 사항은 식품의약품안전처장이 정하여 고시한다.

⑥ 법 제62조제1항 각 호 외의 부분 후단에 따라 무상으로 수거할 수 있는 농수산물 등의 종류 및 수거량은 별표 1과 같다.

3. 출입·수거·조사 등

(1) 식품의약품안전처장이나 시·도지사는 안전성조사, 제68조제1항에 따른 위험평가 또는 같은 조 제3항에 따른 잔류조사를 위하여 필요하면 관계 공무원에게 농수산물 생산시설(생산·저장소, 생산에 이용·사용되는 자재창고, 사무소, 판매소, 그 밖에 이와 유사한 장소를 말한다)에 출입하여 다음 각 호의 시료 수거 및 조사 등을 하게 할 수 있다. 이 경우 무상으로 시료 수거를 하게 할 수 있다.

  1) 농수산물과 농수산물의 생산에 이용·사용되는 토양·용수·자재 등의 시료 수거 및 조사

  2) 해당 농수산물을 생산, 저장, 운반 또는 판매(농산물만 해당한다)하는 자의 관계 장부나 서류의 열람

(2) 제1항에 따른 출입·수거·조사 또는 열람을 하고자 할 때는 미리 조사 등의 목적, 기간과 장소, 관계 공무원 성명과 직위, 범위와 내용 등을 조사 등의 대상자에게 알려야 한다. 다만, 긴급한 경우 또는 미리 알리면 증거인멸 등으로 조사 등의 목적을 달성할 수 없다고 판단되는 경우에는 현장에서 본문의 사항 등이 기재된 서

류를 조사 등의 대상자에게 제시하여야 한다.

(3) 제1항에 따라 출입·수거·조사 또는 열람을 하는 관계 공무원은 그 권한을 나타내는 증표를 지니고 이를 조사 등의 대상자에게 내보여야 한다.

(4) 농수산물을 생산, 저장, 운반 또는 판매하는 자는 제1항에 따른 출입·수거·조사 또는 열람을 거부·방해하거나 기피하여서는 아니 된다.

4. 안전성조사 결과에 따른 조치

(1) 식품의약품안전처장이나 시·도지사는 생산과정에 있는 농수산물 또는 농수산물의 생산을 위하여 이용·사용하는 농지·어장·용수·자재 등에 대하여 안전성조사를 한 결과 생산단계 안전기준을 위반하였거나 유해물질에 오염되어 인체의 건강을 해칠 우려가 있는 경우에는 해당 농수산물을 생산한 자 또는 소유한 자에게 다음 각 호의 조치를 하게 할 수 있다.

1) 해당 농수산물의 폐기, 용도 전환, 출하 연기 등의 처리

2) 해당 농수산물의 생산에 이용·사용한 농지·어장·용수·자재 등의 개량 또는 이용·사용의 금지

3) 해당 양식장의 수산물에 대한 일시적 출하 정지 등의 처리

4) 그 밖에 총리령으로 정하는 조치

  ① 국립농산물품질관리원장, 국립수산물품질관리원장 또는 시·도지사는 안전성조사 결과 생산단계 안전기준에 위반된 경우에는 해당 농수산물을 생산한 자 또는 소유한 자에게 법 제63조제1항제1호에 따른 다음 각 호의 조치를 하도록 그 처리방법 및 처리기한을 정하여 알려 주어야 한다.

    ㉠ 해당 농수산물(생산자가 저장하고 있는 농수산물을 포함한다. 이하 이 항에서 같다)의 유해물질이 시간이 지남에 따라 분해·소실되어 일정 기간이 지난 후에 식용으로 사용하는 데 문제가 없다고 판단되는 경우: 해당 유해물질이 「식품위생법」 등에 따른 잔류허용기준 이하로 감소하는 기간까지 출하 연기

    ㉡ 해당 농수산물의 유해물질의 분해·소실 기간이 길어 국내에 식용으로 출하할 수 없으나, 사료·공업용 원료 및 수출용 등 다른 용도로 사용할 수 있다고 판단되는 경우: 다른 용도로 전환

    ㉢ 제1호 또는 제2호에 따른 방법으로 처리할 수 없는 농수산물의 경우: 일정한 기간을 정하여 폐기

② 국립농산물품질관리원장, 국립수산물품질관리원장 또는 시·도지사는 안전성조사 결과 생산단계 안전기준에 위반된 경우에는 해당 농수산물을 생산하거나 해당 농수산물 생산에 이용·사용되는 농지·어장·용수·자재 등을 소유한 자에게 법 제63조제1항제2호에 따른 다음 각 호의 조치를 하도록 그 처리방법 및 처리기한을 정하여 알려 주어야 한다.

　㉠ 객토(客土: 새 흙 넣기), 정화(淨化) 등의 방법으로 유해물질 제거가 가능하다고 판단되는 경우: 해당 농수산물 생산에 이용·사용되는 농지·어장·용수·자재 등의 개량

　㉡ 유해물질이 시간이 지남에 따라 분해·소실되어 일정 기간이 지난 후에 이용·사용하는 데에 문제가 없다고 판단되는 경우: 해당 유해물질이 잔류허용기준 이하로 감소하는 기간까지 농수산물의 생산에 해당 농지·어장·용수·자재 등의 이용·사용 중지

　㉢ 제1호 또는 제2호에 따른 방법으로 조치할 수 없는 경우: 농수산물의 생산에 해당 농지·어장·용수·자재 등의 이용·사용 금지

③ 법 제63조제1항제3호에서 "총리령으로 정하는 조치"란 해당 농수산물의 생산자에 대하여 법 제66조에 따른 교육을 받게 하는 조치를 말한다.

④ 국립농산물품질관리원장, 국립수산물품질관리원장 또는 시·도지사는 관할 지역에서 생산단계 안전기준을 위반한 농수산물의 생산자 또는 소유자가 제1항에 따른 조치를 이행했는지 여부를 확인해야 한다.

⑤ 법 제63조제4항에 따른 통보를 받은 해당 행정기관의 장은 그에 따른 조치를 한 후 그 결과를 해당 통보를 한 국립농산물품질관리원장, 국립수산물품질관리원장 또는 시·도지사에게 통보해야 한다.

⑥ 제1항부터 제5항까지의 규정에 따른 조치에 필요한 세부 사항은 식품의약품안전처장이 정하여 고시한다.

(2) 식품의약품안전처장이나 시·도지사는 제1항제1호에 해당하여 폐기 조치를 이행하여야 하는 생산자 또는 소유자가 그 조치를 이행하지 아니하는 경우에는 「행정대집행법」에 따라 대집행을 하고 그 비용을 생산자 또는 소유자로부터 징수할 수 있다.

(3) 제1항에도 불구하고 식품의약품안전처장이나 시·도지사가 「광산피해의 방지 및 복구에 관한 법률」 제2조제1호에 따른 광산피해로 인하여 불가항력적으로 제1항의 생산단계 안전기준을 위반하게 된 것으로 인정하는 경우에는 시·도지사 또는 시장·군수·구청장이 해당 농수산물을 수매하여 폐기할 수 있다.

(4) 식품의약품안전처장이나 시·도지사는 유통 또는 판매 중인 농산물 및 저장 중이거나 출하되어 거래되기 전의 수산물에 대하여 안전성조사를 한 결과 「식품위생법」 등에 따른 유해물질의 잔류허용기준 등을 위반한 사실이 확인될 경우 해당 행정기관에 그 사실을 알려 적절한 조치를 할 수 있도록 하여야 한다.

5. 안전성검사기관의 지정 등

(1) 식품의약품안전처장은 안전성조사 업무의 일부와 시험분석 업무를 전문적·효율적으로 수행하기 위하여 안전성검사기관을 지정하고 안전성조사와 시험분석 업무를 대행하게 할 수 있다.

(2) 제1항에 따라 안전성검사기관으로 지정받으려는 자는 안전성조사와 시험분석에 필요한 시설과 인력을 갖추어 식품의약품안전처장에게 신청하여야 한다. 다만, 제65조에 따라 안전성검사기관 지정이 취소된 후 2년이 지나지 아니하면 안전성검사기관 지정을 신청할 수 없다.

(3) 제1항에 따라 지정을 받은 안전성검사기관은 지정받은 사항 중 업무 범위의 변경 등 총리령으로 정하는 중요한 사항을 변경하고자 하는 때에는 미리 식품의약품안전처장의 승인을 받아야 한다. 다만, 총리령으로 정하는 경미한 사항을 변경할 때에는 변경사항 발생일부터 1개월 이내에 식품의약품안전처장에게 신고하여야 한다.

(4) 제1항에 따른 안전성검사기관 지정의 유효기간은 지정받은 날부터 3년으로 한다. 다만, 식품의약품안전처장은 1년을 초과하지 아니하는 범위에서 한 차례만 유효기간을 연장할 수 있다.

(5) 제4항 단서에 따라 지정의 유효기간을 연장받으려는 자는 총리령으로 정하는 바에 따라 식품의약품안전처장에게 연장 신청을 하여야 한다.

(6) 제4항 및 제5항에 따른 지정의 유효기간이 만료된 후에도 계속하여 해당 업무를 하려는 자는 유효기간이 만료되기 전까지 다시 제1항에 따른 지정을 받아야 한다.

(7) 제1항 및 제2항에 따른 안전성검사기관의 지정 기준·절차, 업무 범위, 제3항에 따른 변경의 절차 및 제6항에 따른 재지정 기준·절차 등에 필요한 사항은 총리령으로 정한다.

6. 안전성검사기관의 지정 취소 등

(1) 식품의약품안전처장은 제64조제1항에 따른 안전성검사기관이 다음 각 호의 어느 하나에 해당하면 지정을 취소하거나 6개월 이내의 기간을 정하여 업무의 정지를 명할 수 있다. 다만, 제1호 또는 제2호에 해당하면 지정을 취소하여야 한다.

　1) 거짓이나 그 밖의 부정한 방법으로 지정을 받은 경우

　2) 업무의 정지명령을 위반하여 계속 안전성조사 및 시험분석 업무를 한 경우

　3) 검사성적서를 거짓으로 내준 경우

　4) 그 밖에 총리령으로 정하는 안전성검사에 관한 규정을 위반한 경우

(2) 제1항에 따른 지정 취소 등의 세부 기준은 총리령으로 정한다.

7. 농수산물안전에 관한 교육 등

(1) 식품의약품안전처장이나 시·도지사 또는 시장·군수·구청장은 안전한 농수산물의 생산과 건전한 소비활동을 위하여 필요한 사항을 생산자, 유통종사자, 소비자 및 관계 공무원 등에게 교육·홍보하여야 한다.

(2) 식품의약품안전처장은 생산자·유통종사자·소비자에 대한 교육·홍보를 제3조제 4항제2호에 따른 단체·기관 및 같은 항 제3호에 따른 시민단체(안전한 농수산물의 생산과 건전한 소비활동과 관련된 시민단체로 한정한다)에 위탁할 수 있다. 이 경우 교육·홍보에 필요한 경비를 예산의 범위에서 지원할 수 있다.

8. 분석방법 등 기술의 연구개발 및 보급

　식품의약품안전처장이나 시·도지사는 농수산물의 안전관리를 향상시키고 국내외에서 농수산물에 함유된 것으로 알려진 유해물질의 신속한 안전성조사를 위하여 안전성 분석방법 등 기술의 연구개발과 보급에 관한 시책을 마련하여야 한다.

9. 농수산물의 위험평가 등

(1) 식품의약품안전처장은 농수산물의 효율적인 안전관리를 위하여 다음 각 호의 식품안전 관련 기관에 농수산물 또는 농수산물의 생산에 이용·사용하는 농지·어장·용수·자재 등에 잔류하는 유해물질에 의한 위험을 평가하여 줄 것을 요청할 수

있다.

1) 농촌진흥청

2) 산림청

3) 국립수산과학원

4) 「과학기술분야 정부출연연구기관 등의 설립·운영 및 육성에 관한 법률」에 따른 한국식품연구원

5) 「한국보건산업진흥원법」에 따른 한국보건산업진흥원

6) 대학의 연구기관

7) 그 밖에 식품의약품안전처장이 필요하다고 인정하는 연구기관

(2) 식품의약품안전처장은 제1항에 따른 위험평가의 요청 사실과 평가 결과를 공표하여야 한다.

(3) 식품의약품안전처장은 농수산물의 과학적인 안전관리를 위하여 농수산물에 잔류하는 유해물질의 실태를 조사(이하 "잔류조사"라 한다) 할 수 있다.

(4) 제2항에 따른 위험평가의 요청과 결과의 공표에 관한 사항은 대통령령으로 정하고, 잔류조사의 방법 및 절차 등 잔류조사에 관한 세부사항은 총리령으로 정한다.

1) 식품의약품안전처장은 법 제68조제2항에 따라 같은 조 제1항에 따른 위험평가의 요청 사실과 평가 결과를 법 제103조제2항에 따른 농수산물안전정보시스템 및 식품의약품안전처의 인터넷 홈페이지에 게시하는 방법으로 공표하여야 한다.

2) 법 제68조제1항 및 제2항에 따른 위험평가의 요청 대상, 요청 방법 및 공표에 관하여 필요한 세부사항은 총리령으로 정한다.

① 영 제23조제2항에 따른 농수산물 등의 위험평가의 대상 및 방법은 다음 각 호와 같다.

㉠ 위험평가의 대상

ⓐ 국제식품규격위원회 등 국제기구 또는 외국의 정부가 인체의 건강을 해칠 우려가 있다고 인정하여 판매 또는 판매 목적의 처리·가공·포장·사용·수입·보관·운반·진열 등을 금지하거나 제한한 농수산물

ⓑ 국내외의 연구·검사기관이 수행한 농수산물의 안전성 등에 관한 연구·조사에서 인체의 건강을 해칠 우려가 있는 성분이 검출된 경우, 그 성분이 검출될 우려가 있다고 판단되는 농수산물

ⓒ 새로운 원료·성분 또는 기술을 사용하여 처리·가공되거나 안전성에

대한 기준 및 규격이 정해지지 아니하여 인체의 건강을 해칠 우려
가 있는 농수산물

ⓓ 그 밖에 인체의 건강을 해칠 우려가 있다고 식품의약품안전처장이
인정하는 농수산물

ⓔ 농수산물의 생산에 이용·사용하는 농지, 어장, 용수, 자재 등

ⓛ 평가대상인 위해요소

ⓐ 농약, 중금속, 항생물질, 방사능 등 화학적 요인

ⓑ 농수산물의 형태 및 이물(異物) 등 물리적 요인

ⓒ 병원성 미생물, 곰팡이 독소 등 생물학적 요인

ⓒ 위험평가 방법: 다음 각 목의 과정을 거칠 것. 다만, 식품의약품안전처
장이 따로 정하는 경우에는 그에 따른다.

ⓐ 위해요소의 인체독성을 확인하는 위험성 확인과정

ⓑ 위해요소의 인체 노출 허용량을 산출하는 위험성 결정과정

ⓒ 위해요소가 인체에 노출된 양을 산출하는 노출평가과정

ⓓ 가목부터 다목까지의 규정에 따른 과정의 결과를 종합하여 건강에
미치는 영향을 판단하는 위해도 결정과정

② 법 제68조제1항제7호에서 "식품의약품안전처장이 필요하다고 인정하는 연
구기관"이란 다음 각 호의 기관을 말한다.

㉠ 식품의약품안전평가원

㉡ 특별시·광역시·도·특별자치도(이하 "시·도"라 한다) 보건환경연구원

㉢ 한국농어촌공사

㉣ 시·도 농업기술원

㉤ 법 제64조에 따라 국립농산물품질관리원장 또는 국립수산물품질관리
원장이 지정한 안전성검사기관

㉥ 그 밖에 수산자원연구소, 어업연구기술사업소 등 시·도지사가 설치한
수산물 안전과 관련된 기관

③ 제1항에 따른 위험평가의 방법, 절차 및 결과 보고 등에 관한 세부사항은
식품의약품안전처장이 정하여 고시한다.

6장 / 농수산물 등의 검사 및 검정

1. 농산물의 검사

(1) 농산물의 검사

1) 정부가 수매하거나 수출 또는 수입하는 농산물 등 대통령령으로 정하는 농산물(축산물은 제외한다. 이하 이 절에서 같다)은 공정한 유통질서를 확립하고 소비자를 보호하기 위하여 농림축산식품부장관이 정하는 기준에 맞는지 등에 관하여 농림축산식품부장관의 검사를 받아야 한다. 다만, 누에씨 및 누에고치의 경우에는 시·도지사의 검사를 받아야 한다.

2) 제1항에 따라 검사를 받은 농산물의 포장·용기나 내용물을 바꾸려면 다시 농림축산식품부장관의 검사를 받아야 한다.

3) 제1항 및 제2항에 따른 농산물 검사의 항목·기준·방법 및 신청절차 등에 필요한 사항은 농림축산식품부령으로 정한다.

① 농산물의 검사 항목 및 기준 등: 법 제79조제3항에 따른 농산물(축산물은 제외한다. 이하 이 절에서 같다)의 검사항목은 포장단위당 무게, 포장자재, 포장방법 및 품위 등으로 하며, 검사기준은 농림축산식품부장관이 검사대상 품목별로 정하여 고시한다.

② 농산물의 검사방법: 법 제79조제3항에 따른 농산물의 검사방법은 전수(全數) 또는 표본추출의 방법으로 하며, 시료의 추출, 계측, 감정, 등급판정 등 검사방법에 관한 세부 사항은 국립농산물품질관리원장 또는 시·도지사(시·도지사는 누에씨 및 누에고치에 대한 검사만 해당한다. 이하 제96조, 제101조, 제103조부터 제105조까지 및 제107조에서 같다)가 정하여 고시한다.

③ 농산물의 검사신청 절차 등

㉠ 법 제79조에 따른 농산물의 검사를 받으려는 자는 국립농산물품질관리원장, 시·도지사 또는 법 제80조제1항에 따라 지정받은 농산물검사기관(이하 "농산물 지정검사기관"이라 한다)의 장에게 검사를 받으려는 날의 3일 전까지 별지 제52호서식의 농산물 검사신청서(국립농산물품질관리원장 또는 시·도지사가 따로 정한 서식이 있는 경우에는 그 서식을 말한다)를 제출하여야 한다. 다만, 다음 각 호의 경우에는 검사신청서를 제출하지 아니할 수 있다.

ⓐ 정부가 수매하거나 영 제30조제1항제1호에 따른 생산자단체등이 정부
　를 대행하여 수매하는 경우
ⓑ 법 제82조제1항에 따른 농산물검사관(이하 "농산물검사관"이라 한다)
　이 참여하여 농산물을 가공하는 경우
ⓒ 국립농산물품질관리원장, 시·도지사 또는 농산물 지정검사기관의 장이
　검사신청인의 편의를 도모하기 위하여 필요하다고 인정하는 경우
ⓛ 제1항에 따라 검사를 신청하는 자는 검사를 받을 농산물의 포장 및 중량이
제94조에 따라 농림축산식품부장관이 정하여 고시하는 검사기준에 적합하
도록 하여 포장 겉면에 별지 제53호서식의 꼬리표를 붙이거나 꼬리표의
내용을 포장 겉면에 표시하여야 한다.
ⓒ 제2항에 따라 포장 겉면에 붙이는 꼬리표의 표시사항을 변경하려는 자는
국립농산물품질관리원장, 시·도지사 또는 농산물 지정검사기관의 장에게
신청하여 그 승인을 받아야 한다.
ⓔ 제3항에 따른 신청을 받은 국립농산물품질관리원장, 시·도지사 또는 농산
물 지정검사기관의 장은 꼬리표의 표시사항 변경이 검사품의 거래질서를
해칠 우려가 없다고 판단되는 경우에는 이를 승인하여야 한다.

(2) 농산물검사기관의 지정 등

1) 농림축산식품부장관은 농산물의 생산자단체나 「공공기관의 운영에 관한 법률」 제
4조에 따른 공공기관(이하 "공공기관"이라 한다) 또는 농업 관련 법인 등을 농산물
검사기관으로 지정하여 제79조제1항에 따른 검사를 대행하게 할 수 있다.

2) 제1항에 따른 농산물검사기관으로 지정받으려는 자는 검사에 필요한 시설과 인력
을 갖추어 농림축산식품부장관에게 신청하여야 한다.

3) 제1항에 따른 농산물검사기관의 지정기준, 지정절차 및 검사 업무의 범위 등에 필
요한 사항은 농림축산식품부령으로 정한다.

① 지정기준 : 법 제80조제1항에 따른 농산물검사기관의 지정기준은 별표 19와
　같다.

농수산물 품질관리법 시행규칙 [별표 19]

농산물검사기관의 지정기준(제97조 관련)

1. 일반기준

국립농산물품질관리원장은 농산물 지정검사기관을 국내·수입 농산물의 구분, 종류, 종목(곡류만 해당한다) 별로 지정할 수 있다.

2. 조직 및 인력

가. 검사의 통일성을 유지하고 업무수행을 원활하게 하기 위하여 검사관리 부서를 두어야 한다.

나. 검사대상 종류별 검사인력의 최소 확보기준은 다음과 같으며, 검사계획량을 일정 기간에 처리할 수 있도록 검사인력을 확보하여야 한다.

구분	종류 및 종목			검사인력 최소 확보기준
국산농산물 (수출용 농산물을 포함한다)	곡류	조곡(粗穀)	포장물	검사 장소 5개소당 1명
			산물(産物)	검사 장소 1개소당 1명
		정곡(精穀)		검사 장소 2개소당 1명
	서류(薯類), 특용작물류(特作), 과실류, 채소류			검사 장소 5개소당 1명
수입농산물	공통			항구지 1개소당 3명

3. 시설

검사견본의 계측 및 분석, 감정기술 수련, 검사용 기자재관리, 검사표준품 안전관리 등을 위하여 검사현장을 관할하는 사무소별로 10㎡이상의 검정실이 설치되어야 한다.

4. 장비

검사에 필요한 기본 검사장비와 종류별 검사장비 중 검사대행 품목에 해당하는 장비를 갖추어야 한다. 다만, 동일한 규격의 장비는 종류 또는 품목에 관계없이 공용할 수 있다.

가. 기본 검사장비

종류	장 비 명	최소 비치기준(대·개)	
		사무소당	검사관당
공통	○ 저울		
	- 첫달림 0.01g 이하, 끝달림 300g 이상(산물은 제외)	1	
	- 첫달림 0.1g 이하, 끝달림 600g 이상	1	
	- 첫달림 5g 이하, 끝달림 10kg 이상(산물은 제외)	1	
	○ 시료균분기(과실·채소류는 제외)	1	
	○ 용적중 측정기(산물은 제외)	1	
	○ 마이크로미터(곡류는 제외)	1	
	○ 해당 품목 검사증인(檢査證印)(산물은 제외)		1조
	○ 휴대용 수분측정기		1

비고

1. "용적중"(容積重)이란 단위부피(*l*)당 종자의 무게(g)를 말한다.

2. "마이크로미터"(Micrometer)란 물체의 지름 또는 두께 등을 100만분의 1미터 수준까지 재는 기구의 하나를 말한다.

나. 종류별 검사장비

구분	종류	종목	장 비 명	최소 비치기준 (대·개) 사무소당	최소 비치기준 (대·개) 검사관당
국산농산물 (수출용 농산물을 포함한다)	곡류 검사	조곡 (포장물)	○ 동력제현기(제현율 측정용)	1	
			○ 기준분동	1	
			○ 감정접시(원형)	50	
			○ 해당 품목 검사체		각 2개
			- 줄체 1.6mm(벼 해당)	각 1조	
			- 세로눈판체 2.0mm, 2.2mm, 2.4mm, 2.5mm(보리 해당)	각 1조	
			- 둥근눈체 4.00mm, 6.30mm, 7.10mm(콩 해당)	각 1조	
			○ 색대(조곡용 ∅16mm)	1조	
			○ 인습기		1
			○ 심층시료채취기	1	
		조곡 (산물)	○ 자동계량기(중량, 수분 동시 측정용) * 검사장소에만 적용	1	
			○ 시료건조기(건조함수 30칸 이상) * 검사장소에만 적용	1	
			○ 단립식(單粒植) 수분측정기, 적외선 수분측정기 또는 고주파 수분측정기 중 하나의 장치(1회 수분 측정 용량이 5g 이상이고 최고 30% 범위의 수분 함량을 측정할 수 있는 측정기로 한정한다)	1	
			○ 동력제현기(제현율 측정용)	1	
			○ 감정접시(원형)	50	
			○ 줄체 1.6mm(벼 해당)	각 1조	
			○ 세로눈판체 2.0mm, 2.2mm, 2.4mm, 2.5mm(보리, 밀 해당)	각 1조	
			○ 색대(조곡용 ∅16mm, 정곡용 ∅13mm)	각 1조	각 1조
			○ 인습기	1	
		정곡	○ 도정도 감정기구(5칸 이상)	1	
			○ 표준그물체(1.4mm, 1.7mm)	각 1조	
			○ 색대(조곡용 ∅16mm, 정곡용 ∅13mm)		1
			○ 인습기		1
			○ 감정접시(원형)	50	
			○ 입형(粒形)테스터	1	
	특용 작물 · 서류 검사		○ 항온건조기(105℃)	1	
			○ 시료분쇄기(믹서기)	1	
			○ 그물체(0.84mm)	1	
			○ 색대(∅13mm)		2
	과실 · 채소류 검사		○ 항온건조기(105℃)	1	
			○ 수소이온지수(pH) 미터	1	
			○ 당도계		1
			○ 지름판		1
수입농산물	곡류 검사		○ 정미·정맥기	1	
			○ 발아시험기	1	
			○ 미립(쌀알) 투시기	1	
			○ 입체헌미경	1	

		○ 단립식(單粒植) 수분측정기, 적외선 수분측정기 또는 고주파 수분측정기 중 하나의 장치(1회 수분 측정 용량이 5g 이상이고 최고 30% 범위의 수분 함량을 측정할 수 있는 측정기로 한정한다)	1		
		○ 이중관 색대	1		
		○ 곡류검사용 표준체 일체	1		
		○ 색대(∅13mm)		2	
		○ 심층시료채취기	1		
특용 작물 · 서류 검사		○ 입체현미경	1		
		○ 그물체(0.84mm)	1		
		○ 단립식(單粒植) 수분측정기, 적외선 수분측정기 또는 고주파 수분측정기 중 하나의 장치(1회 수분 측정 용량이 5g 이상이고 최고 30% 범위의 수분함량을 측정할 수 있는 측정기로 한정한다)	1		
		○ 유분(기름기) 및 산가 분석기	1		
		○ 색대		2	

비고
1. "제현"(製玄)이란 벼에서 현미로 가공하는 것을 말한다.
2. "분동"(分銅)이란 대저울 따위로 무게를 달 때 표준이 되는 추를 말한다.
3. "색대"란 가마니나 섬 속에 들어 있는 곡식이나 소금 따위의 물건을 찔러서 빼내어 보는데 사용하는 기구를 말한다.
4. "∅"란 색대 원통의 지름을 말한다.
5. "인습기"란 인력으로 소량의 벼 껍질을 벗겨 내는 기구를 말한다.
6. "단립식"(單粒植)이란 한 개의 낟알 단위로 수분을 측정하는 방식을 말한다.
7. "입형"(粒形)이란 낟알의 생김새 또는 모양새를 말한다.
8. "지름판"이란 농산물의 지름을 측정하기 위해 제작한 판을 말한다.
9. "산가"(酸價)란 지질 1그램(g)을 중화하는 데 필요한 수산화칼륨의 밀리그램(mg) 수를 말하며, 결합 형태로 있지 않은 분리된 지방산의 양을 말한다.

5. 검사업무 규정
  검사업무 규정에는 다음의 사항이 포함되어야 한다.
가. 검사업무의 절차 및 방법
나. 검사업무의 사후관리 방법
다. 검사의 수수료 및 그 징수방법
라. 검사관의 준수사항 및 자체관리 · 감독 요령
마. 그 밖에 국립농산물품질관리원장이 검사업무를 하는 데 필요하다고 인정하여 정하는 사항

② 농산물검사기관의 지정절차 등
  ㉠ 법 제80조제2항에 따라 농산물검사기관으로 지정받으려는 자는 별지 제54호서식의 농산물 지정검사기관 지정신청서에 다음 각 호의 서류를 첨부하여 국립농산물품질관리원장에게 제출하여야 한다.
    ⓐ 정관(법인인 경우만 해당한다)
    ⓑ 검사업무의 범위 등을 적은 사업계획서 및 검사업무에 관한 규정

ⓒ 제97조에 따른 농산물검사기관의 지정기준을 갖추었음을 증명할 수 있는 서류

ⓛ 제1항에 따라 농산물 지정검사기관 지정을 신청하는 자는 별표 19 제1호의 일반기준에 따라 국내·수입 농산물의 구분, 종류, 종목(곡류만 해당한다) 별로 신청할 수 있다.

ⓒ 제1항에 따른 신청서를 받은 국립농산물품질관리원장은 「전자정부법」 제36조제1항에 따른 행정정보의 공동이용을 통하여 법인 등기사항증명서(법인인 경우만 해당한다) 및 사업자등록증명을 확인하여야 한다. 다만, 신청인이 사업자등록증명의 확인에 동의하지 아니하는 경우에는 그 서류를 첨부하도록 하여야 한다.

ⓔ 국립농산물품질관리원장은 제1항에 따른 농산물검사기관의 지정신청을 받으면 제97조에 따른 농산물검사기관의 지정기준에 적합한지를 심사하고, 심사 결과 적합하다고 인정되는 경우에는 농산물 지정검사기관으로 지정하고 농산물검사기관의 명칭, 소재지, 지정일자, 업무의 범위 등을 고시하여야 한다.

ⓜ 국립농산물품질관리원장은 제4항에 따라 농산물검사기관을 지정한 때에는 별지 제54호의2서식의 농산물 지정검사기관 지정서 발급대장에 일련번호를 부여하여 등재하고, 별지 제54호의3호서식의 지정서를 신청인에게 내주어야 한다.

ⓗ 제4항에 따른 농산물검사기관 지정에 관한 세부절차 및 운영 등에 필요한 사항은 국립농산물품질관리원장이 정한다.

(3) 농산물검사기관의 지정 취소 등

1) 농림축산식품부장관은 제80조에 따른 농산물검사기관이 다음 각 호의 어느 하나에 해당하면 그 지정을 취소하거나 6개월 이내의 기간을 정하여 검사 업무의 전부 또는 일부의 정지를 명할 수 있다. 다만, 제1호 또는 제2호에 해당하면 그 지정을 취소하여야 한다.

① 거짓이나 그 밖의 부정한 방법으로 지정을 받은 경우
② 업무정지 기간 중에 검사 업무를 한 경우
③ 제80조제3항에 따른 지정기준에 맞지 아니하게 된 경우
④ 검사를 거짓으로 하거나 성실하게 하지 아니한 경우
⑤ 정당한 사유 없이 지정된 검사를 하지 아니한 경우

2) 제1항에 따른 지정 취소 등의 세부 기준은 그 위반행위의 유형 및 위반 정도 등을 고려하여 농림축산식품부령으로 정한다.

　① 법 제81조제1항에 따른 농산물 지정검사기관의 지정 취소 및 업무정지에 관한 처분기준은 별표 20과 같다.

농수산물 품질관리법 시행규칙 [별표 20]

농산물 지정검사기관의 지정 취소 및 사업정지에 관한 처분기준(제100조제1항 관련)

1. 일반기준

가. 위반행위가 둘 이상이면 그 중 무거운 처분기준에 따른다. 다만, 둘 이상의 처분기준이 모두 업무정지인 경우에는 각 처분기준을 합산한 기간을 넘지 않는 범위에서 무거운 처분기준에 그 처분기준의 2분의 1 범위에서 가중한다.

나. 위반행위의 횟수에 따른 가중된 행정처분기준은 최근 2년간 같은 위반행위로 행정처분을 받은 경우에 적용한다. 이 경우 기간의 계산은 위반행위에 대한 행정처분일과 그 처분 후 다시 같은 위반행위를 하여 적발된 날을 기준으로 한다.

다. 나목에 따라 가중된 처분을 하는 경우 가중처분의 적용 차수는 그 위반행위 전 처분차수(나목에 따른 기간 내에 처분이 둘 이상 있었던 경우에는 높은 차수를 말한다)의 다음 차수로 한다.

라. 위반사항의 내용으로 보아 그 위반의 정도가 경미하거나 그 밖에 특별한 사유가 있다고 인정되는 경우 그 처분이 업무정지일 때에는 2분의 1 범위에서 감경할 수 있고, 지정 취소일 때에는 6개월의 업무정지 처분으로 감경할 수 있다.

2. 개별기준

위반행위	근거 법조문	위반횟수별 처분기준			
		1회	2회	3회	4회
가. 거짓이나 그 밖의 부정한 방법으로 지정을 받은 경우	법 제81조제1항제1호	지정취소			
나. 업무정지 기간 중에 검사 업무를 한 경우	법 제81조제1항제2호	지정취소			
다. 법 제80조제3항에 따른 지정기준에 맞지 않게 된 경우 1) 시설·장비·인력, 조직이나 검사업무에 관한 규정 중 어느 하나가 지정기준에 맞지 않는 경우 2) 시설·장비·인력, 조직이나 검사업무에 관한 규정 중 둘 이상이 지정기준에 맞지 않는 경우	법 제81조제1항제3호	업무정지 1개월 업무정지 6개월	업무정지 3개월 지정취소	업무정지 6개월	지정취소
라. 검사를 거짓으로 한 경우	법 제81조제1항제4호	업무정지 3개월	업무정지 6개월	지정취소	
마. 검사를 성실하게 하지 않은 경우 1) 검사품의 재조제가 필요한 경우 2) 검사품의 재조제가 필요하지 않은 경우	법 제81조제1항제4호	경고 경고	업무정지 3개월 업무정지 1개월	업무정지 6개월 업무정지 3개월	지정취소 지정취소
바. 정당한 사유 없이 지정된 검사를 하지 않은 경우	법 제81조제1항제5호	경고	업무정지 1개월	업무정지 3개월	지정취소

② 국립농산물품질관리원장은 법 제81조제1항에 따라 농산물 지정검사기관의 지정을 취소하거나 업무정지처분을 하였을 경우에는 지체 없이 그 사실을 고시하여야 한다.

(4) 농산물검사관의 자격 등

1) 제79조에 따른 검사나 제85조에 따른 재검사(이의신청에 따른 재검사를 포함한다. 이하 같다) 업무를 담당하는 사람(이하 "농산물검사관"이라 한다)은 다음 각 호의 어느 하나에 해당하는 사람으로서 국립농산물품질관리원장(누에씨 및 누에고치 농산물검사관의 경우에는 시·도지사를 말한다. 이하 이 조, 제83조제1항 및 제114조제2항에서 같다)이 실시하는 전형시험에 합격한 사람으로 한다. 다만, 대통령령으로 정하는 농산물 검사 관련 자격 또는 학위를 갖고 있는 사람에 대하여는 대통령령으로 정하는 바에 따라 전형시험의 전부 또는 일부를 면제할 수 있다.

① 농산물 검사 관련 업무에 6개월 이상 종사한 공무원

② 농산물 검사 관련 업무에 1년 이상 종사한 사람

③ 제105조에 따른 농산물품질관리사 자격을 취득한 사람으로서 해당 자격을 취득한 후 1년 이상 농산물품질관리사의 직무를 수행한 사람

2) 농산물검사관의 자격은 곡류, 특작(特作)·서류(薯類), 과실·채소류, 잠사류(蠶絲類) 등의 구분에 따라 부여한다.

3) 제83조에 따라 농산물검사관의 자격이 취소된 사람은 자격이 취소된 날부터 1년이 지나지 아니하면 제1항에 따른 전형시험에 응시하거나 농산물검사관의 자격을 취득할 수 없다.

4) 국립농산물품질관리원장은 농산물검사관의 검사기술과 자질을 향상시키기 위하여 교육을 실시할 수 있다.

5) 국립농산물품질관리원장은 제1항에 따른 전형시험의 출제 및 채점 등을 위하여 시험위원을 임명·위촉할 수 있다. 이 경우 시험위원에게는 예산의 범위에서 수당을 지급할 수 있다.

6) 제1항부터 제4항까지의 규정에 따른 농산물검사관의 전형시험의 구분·방법, 합격자의 결정, 농산물검사관의 교육 등에 필요한 세부사항은 농림축산식품부령으로 정한다.

① 농산물검사관 전형시험의 구분 및 방법

㉠ 법 제82조제1항에 따른 농산물검사관의 전형시험은 필기시험과 실기시험으로 구분하여 실시한다.

ⓛ 제1항에 따른 필기시험은 농산물의 검사에 관한 법규, 검사기준, 검사방법 등에 대하여 진위형(眞僞型)과 선택형으로 출제하여 실시하고, 실기시험은 법 제82조제2항에 따른 자격 구분별로 해당 품목의 등급 및 품위 등에 대하여 실시한다.

ⓒ 제2항에 따른 필기시험에 합격한 사람에 대해서는 다음 회의 시험에서만 필기시험을 면제한다.

ⓓ 전형시험의 응시절차 등에 관하여 필요한 세부 사항은 국립농산물품질관리원장 또는 시·도지사가 정하여 고시한다.

② 합격자의 결정기준: 제101조에 따른 전형시험의 합격자는 필기시험 및 실기시험 성적을 각각 100점 만점으로 하여 각각 60점 이상 받은 사람으로 한다.

③ 농산물검사관의 자격관리

ⓐ 국립농산물품질관리원장 또는 시·도지사는 제102조에 따라 전형시험에 합격한 사람에 대해서는 검사관별로 고유번호를 부여한다.

ⓑ 국립농산물품질관리원장 및 지정검사기관의 장은 별지 제55호서식의 농산물검사관 자격관리대장을 작성하고 갖춰 두어야 한다.

ⓒ 지정검사기관의 장은 소속 농산물검사관이 퇴직하거나 전출하는 등 신분에 관한 사항이 변동된 경우에는 즉시 그 사실을 국립농산물품질관리원장 또는 시·도지사에게 알려야 한다.

④ 농산물검사관의 교육

ⓐ 국립농산물품질관리원장 또는 시·도지사는 농산물검사관의 검사기술 및 자질 향상을 위하여 매년 1회 이상 교육을 하여야 한다.

ⓑ 국립농산물품질관리원장 또는 시·도지사는 농산물검사기술 교육에 필요한 시설과 인력 등 지정기준을 갖춘 기관·단체를 농산물검사관 교육기관으로 지정하여 제1항에 따른 교육을 실시하게 할 수 있다.

ⓒ 국립농산물품질관리원장 또는 시·도지사는 농산물검사관 교육기관이 다음 각 호의 어느 하나에 해당하면 그 지정을 취소할 수 있으며, 제1호에 해당하는 경우에는 지정을 취소하여야 한다. 이 경우 지정취소를 할 때에는 청문을 하여야 한다.

ⓐ 거짓이나 그 밖의 부정한 방법으로 지정을 받은 경우

ⓑ 제2항의 지정기준에 적합하지 아니하게 된 경우

ⓒ 그 밖에 농산물검사관의 효율적인 교육을 위하여 국립농산물품질관리원장이 정하는 사항을 위반한 경우

② 제2항에 따른 농산물검사관 교육기관의 지정기준, 지정절차, 지정취소, 그 밖의 농산물검사관 교육에 필요한 사항은 국립농산물품질관리원장이 정한다.

7) 농산물검사관은 다른 사람에게 그 명의를 사용하게 하거나 다른 사람에게 그 자격증을 대여해서는 아니 된다.

8) 누구든지 농산물검사관의 자격을 취득하지 아니하고 그 명의를 사용하거나 자격증을 대여받아서는 아니 되며, 명의의 사용이나 자격증의 대여를 알선해서도 아니 된다.

(5) 농산물검사관의 자격취소 등

1) 국립농산물품질관리원장은 농산물검사관에게 다음 각 호의 어느 하나에 해당하는 사유가 발생하면 그 자격을 취소하거나 6개월 이내의 기간을 정하여 자격의 정지를 명할 수 있다. 다만, 제3호 및 제4호의 경우에는 자격을 취소하여야 한다.

　① 거짓이나 그 밖의 부정한 방법으로 검사나 재검사를 한 경우

　② 이 법 또는 이 법에 따른 명령을 위반하여 현저히 부적격한 검사 또는 재검사를 하여 정부나 농산물검사기관의 공신력을 크게 떨어뜨린 경우

　③ 제82조제7항을 위반하여 다른 사람에게 그 명의를 사용하게 하거나 자격증을 대여한 경우

　④ 제82조제8항을 위반하여 명의의 사용이나 자격증의 대여를 알선한 경우

2) 제1항에 따른 자격 취소 및 정지에 필요한 세부사항은 농림축산식품부령으로 정한다.

농수산물 품질관리법 시행규칙 [별표 21]

농산물검사관의 자격 취소 및 정지에 대한 세부 기준 (제106조 관련)

1. 일반기준

　가. 위반행위가 둘 이상이면 그 중 무거운 처분기준에 따른다. 다만, 둘 이상의 처분기준이 모두 자격정지인 경우에는 각 처분기준을 합산한 기간을 넘지 않는 범위에서 무거운 처분기준에 그 처분기준의 2분의 1 범위에서 가중한다.

　나. 위반행위의 횟수에 따른 행정처분의 기준은 최근 2년간 같은 위반행위로 행정처분을 받은 경우에 적용한다. 이 경우 기간의 계산은 위반행위에 대한 행정처분일과 그 처분 후 다시 같은 위반행위를 하여 적발된 날을 기준으로 한다.

　다. 나목에 따라 가중된 처분을 하는 경우 가중처분의 적용 차수는 그 위반행위 전 처분차수(나목에 따른 기간 내에 처분이 둘 이상 있었던 경우에는 높은 차수를 말한다)의 다음 차수로 한다.

　라. 위반사항의 내용으로 보아 그 위반의 정도가 경미하거나 그 밖에 특별한 사유가 있다고 인정되는 경우 그 처분이 자격정지일 때에는 2분의 1 범위에서 감경할 수 있고, 자격취소일 때에는 6개월의 자격정지 처분으로 삼경할 수 있다.

2. 개별기준

위반행위	근거 법조문	위반횟수별 처분기준		
		1회	2회	3회
가. 거짓이나 그 밖의 부정한 방법으로 검사나 재검사를 한 경우	법 제83조 제1항제1호			
1) 검사나 재검사를 거짓으로 한 경우		자격취소	-	-
2) 거짓 또는 부정한 방법으로 자격을 취득하여 검사나 재검사를 한 경우		자격취소	-	-
3) 삭제 〈2022. 1. 6.〉				
4) 자격정지 중에 검사나 재검사를 한 경우		자격취소	-	-
5) 고의적인 위격검사를 한 경우		자격취소	-	-
6) 1등급 착오 20% 이상, 2등급 착오 5% 이상에 해당되는 위격검사를 한 경우		6개월 정지	자격취소	
7) 1등급 착오 10% 이상 20% 미만, 2등급 착오 3% 이상 5% 미만에 해당되는 위격검사를 한 경우		3개월 정지	6개월 정지	자격취소
나. 법 또는 법에 따른 명령을 위반하여 현저히 부적격한 검사 또는 재검사를 하여 정부나 농산물검사기관의 공신력을 크게 떨어뜨린 경우	법 제83조 제1항제2호	자격취소	-	-
다. 법 제82조제7항을 위반하여 다른 사람에게 그 명의를 사용하게 하거나 자격증을 대여한 경우	법 제83조 제1항제3호	자격취소		
라. 법 제82조제8항을 위반하여 명의의 사용이나 자격증의 대여를 알선한 경우	법 제83조 제1항제4호	자격취소		

(6) 검사증명서의 발급 등

농산물검사관이 제79조제1항에 따른 검사를 하였을 때에는 농림축산식품부령으로 정하는 바에 따라 해당 농산물의 포장·용기 등이나 꼬리표에 검사날짜, 등급 등의 검사 결과를 표시하거나 검사를 받은 자에게 검사증명서를 발급하여야 한다.

(7) 재검사 등

1) 제79조제1항에 따른 농산물의 검사 결과에 대하여 이의가 있는 자는 검사현장에서 검사를 실시한 농산물검사관에게 재검사를 요구할 수 있다. 이 경우 농산물검사관은 즉시 재검사를 하고 그 결과를 알려 주어야 한다.

2) 제1항에 따른 재검사의 결과에 이의가 있는 자는 재검사일부터 7일 이내에 농산물검사관이 소속된 농산물검사기관의 장에게 이의신청을 할 수 있으며, 이의신청을 받은 기관의 장은 그 신청을 받은 날부터 5일 이내에 다시 검사하여 그 결과를 이의신청자에게 알려야 한다.

3) 제1항 또는 제2항에 따른 재검사 결과가 제79조제1항에 따른 검사 결과와 다른 경우에는 제84조를 준용하여 해당 검사결과의 표시를 교체하거나 검사증명서를 새로 발급하여야 한다.

(8) 검사판정의 실효

제79조제1항에 따라 검사를 받은 농산물이 다음 각 호의 어느 하나에 해당하면 검사판정의 효력이 상실된다.
1) 농림축산식품부령으로 정하는 검사 유효기간이 지난 경우
2) 제84조에 따른 검사 결과의 표시가 없어지거나 명확하지 아니하게 된 경우

(9) 검사판정의 취소

농림축산식품부장관은 제79조에 따른 검사나 제85조에 따른 재검사를 받은 농산물이 다음 각 호의 어느 하나에 해당하면 검사판정을 취소할 수 있다. 다만, 제1호에 해당하면 검사판정을 취소하여야 한다.
1) 거짓이나 그 밖의 부정한 방법으로 검사를 받은 사실이 확인된 경우
2) 검사 또는 재검사 결과의 표시 또는 검사증명서를 위조하거나 변조한 사실이 확인된 경우
3) 검사 또는 재검사를 받은 농산물의 포장이나 내용물을 바꾼 사실이 확인된 경우

2. 검정

(1) 검정

1) 농림축산식품부장관 또는 해양수산부장관은 농수산물 및 농산가공품의 거래 및 수출·수입을 원활히 하기 위하여 다음 각 호의 검정을 실시할 수 있다. 다만, 「종자산업법」 제2조제1호에 따른 종자에 대한 검정은 제외한다.
① 농산물 및 농산가공품의 품위·품종·성분 및 유해물질 등
② 수산물의 품질·규격·성분·잔류물질 등
③ 농수산물의 생산에 이용·사용하는 농지·어장·용수·자재 등의 품위·성분 및 유해물질 등
2) 농림축산식품부장관 또는 해양수산부장관은 검정신청을 받은 때에는 검정 인력이나 섬성 장비의 부족 등 검정을 실시하기 곤란한 사유가 없으면 검정을 실시하고

신청인에게 그 결과를 통보하여야 한다.

3) 제1항에 따른 검정의 항목·신청절차 및 방법 등 필요한 사항은 농림축산식품부령 또는 해양수산부령으로 정한다.

① 검정절차 등

㉠ 법 제98조제1항에 따른 검정을 신청하려는 자는 국립농산물품질관리원장, 국립수산물품질관리원장 또는 법 제99조제1항에 따라 지정받은 검정기관 (이하 "지정검정기관"이라 한다)의 장에게 별지 제73호서식의 검정신청서 에 검정용 시료를 첨부하여 검정을 신청하여야 한다.

㉡ 국립농산물품질관리원장, 국립수산물품질관리원장 또는 지정검정기관의 장은 시료를 접수한 날부터 7일 이내에 검정을 하여야 한다. 다만, 7일 이 내에 분석을 할 수 없다고 판단되는 경우에는 신청인과 협의하여 검정기 간을 따로 정할 수 있다.

㉢ 국립농산물품질관리원장, 국립수산물품질관리원장 또는 검정기관의 장은 원활한 검정업무의 수행을 위하여 필요하다고 판단되는 경우에는 신청인 에게 최소한의 범위에서 시설, 장비 및 인력 등의 제공을 요청할 수 있다.

② 검정항목: 법 제98조제3항에 따른 검정항목은 별표 30과 같다.

■ 농수산물 품질관리법 시행규칙 [별표 30]

검정항목(제127조 관련)

1. 농산물 및 농산가공품

분야	검정항목	세부 검정항목
품위· 품종 및 일반성분	가. 품위	○ 정립, 피해립, 이종종자, 이물, 용적중, 싸라기, 입도, 이종곡립, 분상질립, 착색립, 사미, 세맥, 다른 종피색, 과균 비율, 색깔 비율, 결점과율, 회분(灰分) 또는 조회분(粗灰分), 사분 등
	나. 발아율	○ 발아율, 발아세(맥주보리만 해당한다) 등
	다. 도정률	○ 미곡의 제현율, 현백률, 도정률 등 ○ 맥류의 정백률 등
	라. 품종	○ 벼·현미·쌀
	마. 일반성분	○ 수분, 단백질, 지방, 조섬유, 산가, 산도, 당도 등
무기성분 및 유해물질	가. 무기성분	○ 칼슘, 인, 식염, 나트륨, 칼륨, 질산염 등
	나. 유해 중금속	○ 카드뮴, 납 등
	다. 잔류농약	○ 클로르피리포스, 엔도설판, 디디티(DDT), 프로사이미돈, 다이아지논, 카벤다짐 등
	라. 곰팡이 독소	○ 아플라톡신 B1, B2, G1, G2 등
	마. 항생물질	○ 항생제, 합성항균제, 호르몬제
	바. 방사능	○ 세슘, 요오드(아이오딘)
	사. 병원성 미생물	○ 대장균, 바실루스 세레우스 등

비고
1. "품위"란 정립, 피해립, 이종종자 등 검정항목을 측정, 시험, 분석한 결과에 따른 질적 수준을 말한다.
2. "정립"(整粒)이란 미곡류·맥류·두류(콩류)·잡곡류 등의 건전립(건실하고 정상인 낟알)을 말한다.
3. "피해립"이란 수분, 해충, 열, 그 밖의 요인으로 인하여 변색되었거나 피해를 입은 완전립 또는 쇄립(깨진 낟알)을 말한다.
4. "입도"(粒度)란 두류 등의 굵기를 말한다.
5. "이종곡립"(異種穀粒)이란 해당 곡종 외의 다른 곡립을 말한다.
6. "분상질립"(紛狀質粒)이란 부피의 1/2 이상이 분상질(종자 내부의 조직이 치밀하지 못하고 공간이 많아 희게 보이는 성질) 상태인 낟알을 말한다.
7. "사미"(死米)란 분상질 상태인 낟알의 부피가 75퍼센트(%) 이상인 것을 말한다.
8. "세맥"(細麥)이란 맥주보리를 체 눈의 크기가 2.2mm인 세로눈의 판체로 쳤을 때 통과하는 낟알을 말한다.
9. "종피색"(種皮色)이란 씨껍질색을 말한다.
10. "과균 비율"(果均 比率)이란 크기의 고르기를 말한다.
11. "결점과율"(缺點果率)이란 전량에 대한 결점과(병해충과, 상해과, 외관불량과, 미숙과 등)의 개수 비율을 말한다.
12. "회분"(灰分)이란 유기질이 회화(연소)된 뒤에 남은 무기물 또는 불연성 잔류물을 말한다.
13. "사분"(砂分)이란 사염화탄소(CCl₄) 비중선별법에 따라 시료를 채취하여 무게퍼센트(%)로 나타낸 것을 말한다.[사분(%) = (사분의 부피(㎖) × 1.25 ×100)/채취시료량의 무게]
14. "발아세"(發芽勢)란 일정 기간까지 유아(어린싹) 또는 유근(어린뿌리)이 출현한 낟알 수의 비율을 말한다.
15. "현백률"(玄白率)이란 일정량의 현미를 도정했을 때 백미가 생산되는 무게 비율을 말한다.
16. "정백률"(精白率)이란 현백률과 같은 의미로 일정량의 맥류를 도정했을 때 백미가 생산되는 무게 비율을 말한다.
17. "조섬유"(粗纖維)란 식료품 분석에서 산과 알칼리로 일정하게 처리하고 남은 물질을 말한다.

2. 농지(토양)

분야	검정항목	세부 검정항목
무기성분 및 유해물질	가. 유해 중금속	○ 카드뮴, 구리, 납, 비소, 수은, 6가크롬(6가크로뮴), 아연, 니켈 등
	나. 잔류농약	○ 클로르피리포스, 엔도설판, 디디티(DDT), 프로사이미돈, 다이아지논, 카벤다짐 등
	다. 항생물질	○ 항생제, 합성항균제, 호르몬제

3. 용수(하천수·호소수)

분야	검정항목	세부 검정항목
무기성분 및 유해물질	가. 유해 중금속	○ 크롬(크로뮴), 아연, 구리, 카드뮴, 납, 망간(망가니즈), 니켈, 철, 비소, 셀레늄, 6가크롬(6가크로뮴), 수은 등
	나. 잔류농약	○ 클로르피리포스, 엔도설판, 디디티(DDT), 프로사이미돈, 다이아지논, 카벤다짐 등
	다. 항생물질	○ 항생제, 합성항균제, 호르몬제

4. 용수(먹는물·먹는샘물)

분야	검정항목	세부 검정항목
무기성분 및 유해물질	가. 유해 중금속	○ 구리, 카드뮴, 납, 아연, 알루미늄, 망간(망가니즈), 철, 셀레늄, 비소, 수은, 크롬(크로뮴) 등
	나. 잔류농약	○ 클로르피리포스, 엔도설판, 디디티(DDT), 프로사이미돈, 다이아지논, 카벤다짐 등
	다. 항생물질	○ 항생제, 합성항균제, 호르몬제

5. 자재(비료·축분·깔짚 등)

분야	검정항목	세부 검정항목
무기성분 및 유해물질	가. 무기성분	○ 질소, 인산, 칼륨 등
	나. 유해 중금속	○ 카드뮴, 비소, 납, 수은 등
	다. 잔류농약	○ 클로르피리포스, 엔도설판, 디디티(DDT), 프로사이미돈, 다이아지논, 카벤다짐 등
	라. 항생물질	○ 항생제, 합성항균제, 호르몬제

6. 수산물

구 분	검 정 항 목
일반성분 등	수분, 회분, 지방, 조섬유, 단백질, 염분, 산가, 전분, 토사(흙모래), 휘발성 염기질소, 수용성 추출물(단백질, 지질, 색소 등은 제외한다), 열탕 불용해 잔사물, 젤리강도(한천), 수소이온농도(pH), 당도, 히스타민, 트라이메틸아민, 아미노질소, 전질소(총질소), 비타민 A, 이산화황(SO_2), 붕산, 일산화탄소
식품첨가물	인공감미료
중금속	수은, 카드뮴, 구리, 납, 아연 등
방사능	방사능
세균	대장균군, 생균수, 분변계대장균, 장염비브리오, 살모넬라, 리스테리아, 황색포도상구균
항생물질	옥시테트라사이클린, 옥솔린산
독소	복어독소, 패류독소
바이러스	노로바이러스

(2) 검정결과에 따른 조치

1) 농림축산식품부장관 또는 해양수산부장관은 제98조제1항제1호 및 제2호에 따른 검정을 실시한 결과 유해물질이 검출되어 인체에 해를 끼칠 수 있다고 인정되는 농수산물 및 농산가공품에 대하여 생산자 또는 소유자에게 폐기하거나 판매금지 등을 하도록 하여야 한다.

① 국립농산물품질관리원장 또는 국립수산물품질관리원장은 법 제98조제1항제1 호 및 제2호에 따라 검정을 실시한 결과 유해물질이 검출되어 인체에 해를 끼

칠 수 있다고 인정되는 경우에는 해당 농수산물·농산가공품의 생산자·소유자 (이하 이 조에서 "생산자등"이라 한다)에게 법 제98조의2제1항에 따른 다음 각 호의 조치를 하도록 그 처리방법 및 처리기한을 정하여 알려 주어야 한다. 이 경우 조치 대상은 검정신청서에 기재된 재배지 면적 또는 물량에 해당하는 농수산물·농산가공품에 한정한다.

  ㉠ 해당 유해물질이 시간이 지남에 따라 분해·소실되어 일정 기간이 지난 후에 식용으로 사용하는 데 문제가 없다고 판단되는 경우: 해당 유해물질이 「식품위생법」 제7조제1항의 식품 또는 식품첨가물에 관한 기준 및 규격에 따른 잔류허용기준 이하로 감소하는 기간 동안 출하 연기 또는 판매금지

  ㉡ 해당 유해물질의 분해·소실기간이 길어 국내에서 식용으로 사용할 수 없으나, 사료·공업용 원료 및 수출용 등 식용 외의 다른 용도로 사용할 수 있다고 판단되는 경우: 국내 식용으로의 판매금지

  ㉢ 제1호 또는 제2호에 따른 방법으로 처리할 수 없는 경우: 일정한 기한을 정하여 폐기

② 해당 생산자등은 제1항에 따른 조치를 이행한 후 그 결과를 국립농산물품질관리원장 또는 국립수산물품질관리원장에게 통보하여야 한다.

③ 지정검정기관의 장은 법 제98조제1항제1호 및 제2호에 따라 검정을 실시한 농수산물·농산가공품 중에서 유해물질이 검출되어 인체에 해를 끼칠 수 있다고 인정되는 것이 있는 경우에는 다음 각 호의 서류를 첨부하여 그 사실을 지체 없이 국립농산물품질관리원장 또는 국립수산물품질관리원장에게 통보하여야 한다. 이 경우 그 통보 사실을 해당 생산자등에게도 동시에 알려야 한다.

  ㉠ 검정신청서 사본 및 검정증명서 사본

  ㉡ 조치방법 등에 관한 지정검정기관의 의견

2) 농림축산식품부장관 또는 해양수산부장관은 생산자 또는 소유자가 제1항의 명령을 이행하지 아니하거나 농수산물 및 농산가공품의 위생에 위해가 발생한 경우 농림축산식품부령 또는 해양수산부령으로 정하는 바에 따라 검정결과를 공개하여야 한다.

① 검정결과의 공개: 국립농산물품질관리원장 또는 국립수산물품질관리원장은 법 제98조의2제2항에 따라 검정결과를 공개하여야 하는 사유가 발생한 경우에는 지체 없이 다음 각 호의 사항을 국립농산물품질관리원 또는 국립수산물품질관리원의 홈페이지(게시판 등 이용자가 쉽게 검색하여 볼 수 있는 곳이어야 한다)에 12개월간 공개하여야 한다.

    ㉠ "폐기 또는 판매금지 등의 명령을 이행하지 아니한 농수산물 또는 농산가 공품의 검정결과" 또는 "위생에 위해가 발생한 농수산물 또는 농산가공품의 검정결과"라는 내용의 표제

    ㉡ 검정결과

    ㉢ 공개이유

    ㉣ 공개기간

(3) 검정기관의 지정 등

1) 농림축산식품부장관 또는 해양수산부장관은 검정에 필요한 인력과 시설을 갖춘 기관(이하 "검정기관"이라 한다)을 지정하여 제98조에 따른 검정을 대행하게 할 수 있다.

2) 검정기관으로 지정을 받으려는 자는 검정에 필요한 인력과 시설을 갖추어 농림축산식품부장관 또는 해양수산부장관에게 신청하여야 한다. 검정기관으로 지정받은 후 농림축산식품부령 또는 해양수산부령으로 정하는 중요 사항이 변경되었을 때에는 농림축산식품부령 또는 해양수산부령으로 정하는 바에 따라 변경신고를 하여야 한다.

3) 농림축산식품부장관 또는 해양수산부장관은 제2항 후단에 따른 변경신고를 받은 날부터 20일 이내에 신고수리 여부를 신고인에게 통지하여야 한다.

4) 농림축산식품부장관 또는 해양수산부장관이 제3항에서 정한 기간 내에 신고수리 여부 또는 민원 처리 관련 법령에 따른 처리기간의 연장을 신고인에게 통지하지 아니하면 그 기간(민원 처리 관련 법령에 따라 처리기간이 연장 또는 재연장된 경우에는 해당 처리기간을 말한다)이 끝난 날의 다음 날에 신고를 수리한 것으로 본다.

5) 검정기관 지정의 유효기간은 지정을 받은 날부터 4년으로 하고, 유효기간이 만료된 후에도 계속하여 검정 업무를 하려는 자는 유효기간이 끝나기 3개월 전까지 농림축산식품부장관 또는 해양수산부장관에게 갱신을 신청하여야 한다.

6) 제100조에 따라 검정기관 지정이 취소된 후 1년이 지나지 아니하면 검정기관 지정을 신청할 수 없다.

7) 제1항·제2항 및 제5항에 따른 검정기관의 지정·갱신 기준 및 절차와 업무 범위 등에 필요한 사항은 농림축산식품부령 또는 해양수산부령으로 정한다.

    ① 지정기준 및 평가기준) 법 제99조제1항에 따른 검정기관의 지정기준 및 평가기준은 별표 31과 같다.

검정기관의 지정기준 및 평가기준(제129조 관련)

1. 농산물 검정기관의 지정기준

가. 일반기준

국립농산물품질관리원장은 농산물 검정기관을 지정하는 경우에는 별표 30에 따른 분야 및 검정항목별로 구분하여 지정할 수 있다. 이 경우 농산물 및 농산가공품 중 무기성분·유해물질 분야의 검정기관을 지정할 때에는 잔류농약 검정항목은 반드시 포함하고, 그 외의 항목만 신청에 따라 검정항목별로 지정할 수 있다.

나. 품위·품종·일반성분 검정(품위, 발아율, 도정률, 품종, 일반성분에 대한 검정)

1) 검정실의 면적

전처리실, 일반실험실, 조사·분석실 등 분석실 면적의 합계가 10㎡ 이상이어야 한다.

2) 검정인력의 자격 및 인원 수

가) 검정인력의 일반 자격기준: 다음 어느 하나에 해당하는 자격을 갖춘 사람 2명 이상

(1) 「고등교육법」에 따른 전문대학에서 농학 계열(농학, 원예학 등), 식품과학계열(식품공학, 식품가공학 등), 자연과학계열(생화학, 유전공학 등) 등 품위·품종·일반성분의 검정·분석과 관련이 있는 학과를 졸업한 사람 또는 이와 같은 수준 이상의 학력이 있다고 인정되는 사람

(2) 농산물품질관리사, 농산물검사관, 종자기사, 생물공학기사 등의 농학 계열, 식품 과학 계열 관련 자격을 소지한 사람 또는 이와 같은 수준 이상의 자격을 갖춘 사람

(3) 농산물검사·검정 분야에서 2년 이상 종사한 경험이 있는 사람

나) 개별 자격기준

(1) 품위 검정을 담당하는 사람 중 1명은 국립농산물품질관리원에서 시행한 농산물검사관 자격(곡류, 특작·서류, 과실·채소류)을 갖추거나 농산물의 품위 검사·검정과 관련된 기관에서 3년 이상 해당 분야 시험연구·검사·검정업무 경력이 있어야 한다.

(2) 품종 검정을 담당하는 사람 중 1명은 다음의 어느 하나에 해당하는 요건을 갖추어야 한다.

(가) 국립농산물품질관리원 시험연구소의 유전자분석 교육을 이수했을 것

(나) 4년제 대학을 졸업한 사람으로서 유전자 분석 등의 시험연구·검사·검정과 관련된 기관에서 해당 분야의 시험연구·검사·검정업무에 2년 이상 종사한 경력(졸업 전의 경력을 포함한다)이 있을 것

(다) 전문대학을 졸업한 사람으로서 유전자 분석 등의 시험연구·검사·검정과 관련된 기관에서 해당 분야의 시험연구·검사·검정업무에 4년 이상 종사한 경력(졸업 전의 경력을 포함한다)이 있을 것

(3) 일반성분 검정을 담당하는 사람 중 1명은 다음의 어느 하나에 해당하는 요건을 갖추어야 한다.

  (가) 4년제 대학을 졸업한 사람으로서 시험연구·검사·검정과 관련된 기관에서 해당 분야의 시험연구·검사·검정업무에 2년 이상 종사한 경력(졸업 전의 경력을 포함한다)이 있을 것
  (나) 전문대학을 졸업한 사람 또는 가)(2)의 자격을 갖춘 사람으로서 시험연구·검사·검정과 관련된 기관에서 해당 분야의 시험연구·검사·검정업무에 3년 이상 종사한 경력(졸업 또는 자격 취득 전의 경력을 포함한다)이 있을 것
 3) 시설 및 장비기준
  가) 검정시설은 전처리실, 일반실험실, 조사·분석실 등의 실험실이 구분되어 오염을 방지할 수 있어야 한다.
  나) 장비는 검정항목 별로 해당 검정항목의 검정방법을 운용하는데 필요한 최소한의 기본 장비를 갖추어야 한다.
다. 무기성분·유해물질 검정(농산물 및 농산가공품의 무기성분·유해중금속·잔류농약·곰팡이 독소·항생물질·방사능·병원성 미생물에 대한 검정과 농지, 용수, 자재의 무기성분·유해물 질에 대한 검정)
 1) 검정실의 면적
  전처리실, 일반실험실, 기기분석실 등 검정실 면적의 합계가 250㎡ 이상이어야 한다.
 2) 검정인력의 자격 및 인원 수
  가) 검정인력의 일반 자격기준: 다음 어느 하나에 해당하는 자격을 갖춘 사람 4명 이상
  (1) 「고등교육법」에 따른 전문대학에서 농학 계열(농화학, 농산제조학, 축산학, 축산가공학 등), 식품과학 계열(식품공학, 식품가공학, 식품영양학, 식품제조학 등), 자연과학 계열(화학, 환경공학, 생물학, 생명공학 등) 등 무기성분·유해물질의 검정·분석과 관련이 있는 학과를 졸업한 사람 또는 이와 같은 수준 이상의 학력이 있다고 인정되는 사람
  (2) 식품기술사, 식품기사, 식품산업기사, 농화학기술사, 농화학기사, 위생사, 위생시험사, 농림토양평가관리기사 또는 무기성분·유해물질의 검정·분석과 관련된 이와 같은 수준 이상의 자격을 갖춘 사람
  (3) 농산물 검사·검정 분야에서 2년 이상 종사한 경험이 있는 사람
  나) 개별 자격기준 : 이화학 분야를 담당하는 사람 중 1명과 미생물 분야를 담당하는 사람 중 1명은 각각 다음의 어느 하나에 해당하는 요건을 갖추어야 한다.
  (1) 4년제 대학을 졸업한 사람으로서 시험연구·검사·검정과 관련된 기관에서 해당 분야의 시험연구·검사·검정업무에 2년 이상 종사한 경력(졸업 전의 경력을 포함한다)이 있을 것
  (2) 전문대학을 졸업한 사람 또는 가)(2)의 자격을 갖춘 사람으로서 시험연구·검사·검정과 관련된 기관에서 해당 분야의 시험연구·검사·검정업무에 4년 이상 종사한 경력(졸업 또는 자격 취득 전의 경력을 포함한다)이 있을 것

3) 시설 및 장비기준

　가) 검정시설은 전처리실, 일반실험실, 기기분석실 등이 구분되어 오염을 방지할 수 있어야 한다.

　나) 장비는 검정항목 별로 해당 검정항목의 검정방법을 운용하는데 필요한 최소한의 기본 장비를 갖추어야 하며, 방사능 분석 장비에 대해서는 해당 장비를 보유하고 있는 기관과 이용계약을 체결한 경우에는 해당 장비를 갖추지 않을 수 있다.

라. 검정기관의 품질관리기준

1) 상부 기관의 주요직원에 대한 책임사항

　가) 검정기관이 검정 외의 다른 활동도 수행하는 상부 조직의 일부일 경우 잠재적인 이해상충을 파악하기 위하여 검정기관의 검정 활동에 참여하거나 영향을 미치는 상부 조직의 주요 직원에 대한 책임사항을 규정하여야 한다.

　나) 검정기관이 검정 외의 다른 활동도 수행하는 상부 조직의 일부일 경우 제조, 마케팅 또는 재정과 같은 이해상충 소지가 있는 부서들이 검정기관의 검정 업무에 관한 규정 준수에 악영향을 미치지 않도록 하는 조직적 합의가 있어야 한다.

　다) 검정기관의 검정 인력은 신뢰성 있는 검정 결과를 산출하는 과정에서 검정 업무와 관련하여 내부조직의 부당한 압력으로부터 독립된 업무수행이 보장되어야 한다.

　라) 내부조직에서 부당한 압력을 행사할 경우에 대비한 방지책(매뉴얼 또는 규정 및 서약서)이 있어야 한다.

　마) 방지책 내용은 영업, 재정 및 인사 부서 등의 책임자에게 배포되고, 당사자가 이러한 내용을 숙지하고 준수하여야 한다.

2) 검정 기록의 관리

　가) 검정기관은 관찰 사항, 데이터 및 계산 결과를 즉시 기록하여야 하고, 특정 작업에 대한 동일함을 증명할 수 있어야 한다.

　나) 기록에 잘못이 발생할 경우, 잘못된 부분을 지우거나 읽지 못하게 삭제하지 말고 가로줄을 긋고 그 옆에 정확한 값을 기록하여야 한다. 이러한 기록에 대한 변경에는 수정한 사람이 반드시 서명을 하여야 한다.

3) 검정 인력의 기술적 능력

　가) 검정 인력의 자격요건을 학력, 기술자격, 경력, 교육훈련 등 세부적으로 규정하고, 기술능력평가방법과 자격부여 절차를 규정하여야 하며, 해당 규정에 따른 학력, 기술자격, 경력, 교육훈련 등에 기초하여 자격을 부여하여야 한다.

　나) 검정기관의 장은 특정 장비를 운용하고, 검정을 실시하며, 결과를 평가하고, 검정증명서에 서명을 하는 모든 검정 인력의 역량을 보장하여야 한다.

　다) 검정증명서에 포함된 의견 및 해석에 대해 책임을 지는 검정 인력은 실시하는 검정에 대한 다음 지식을 갖추어야 한다.

　(1) 검정 품목, 재료, 제품의 제조에 사용된 기술 및 사용 방법과 서비스 중에 발생할

수 있는 결함 및 품질을 저하하는 사항에 대한 관련 지식

　(2) 관련 법령 및 규정에 따른 검정 관련 사항에 대한 지식

4) 교육 및 훈련의 목표설정, 방침, 절차의 수립 및 효과성 평가

　가) 검정기관의 장은 검정 인력의 교육, 훈련 및 기술에 관한 목표를 설정하여야 한다.

　나) 검정기관은 훈련의 필요성을 파악하고, 검정 인력에 훈련을 제공하는 방침 및 절차를 보유하여야 한다.

　다) 훈련 프로그램은 검정기관의 현행 및 예견되는 향후의 작업을 위한 것이어야 하며, 실시한 훈련에 대한 효과성을 평가하여야 한다.

5) 검정방법의 선정

　가) 검정기관은 농산물 검사·검정방법 및 절차에 관하여 국립농산물품질관리원장이 고시하는 바에 따라 「농수산물 품질관리법」, 「식품위생법」 등 관련 법령에서 정한 분석법과 공인분석법 등 국제적으로 통용되는 분석법을 우선적으로 사용할 수 있다.

　나) 검정기관은 분석법의 최신판을 이용하는 것이 적절하지 않거나 불가능한 경우를 제외하고는 최신판 사용을 보장하여야 한다.

　다) 검정기관은 검정하기 전에 검정방법을 정확히 운영할 수 있는지를 확인하여야 한다.

6) 장비의 중간점검

　가) 장비의 교정 상태에 대한 신뢰성 유지를 위하여 중간 점검이 필요한 경우, 점검은 정해진 절차에 따라 실시하여야 한다.

　나) 중간점검 항목 및 기준은 적절하게 선정되어야 하며, 점검 결과는 기록하고 보존하여야 한다.

7) 검정시료의 취급

　가) 검정기관은 검정시료의 상태 및 해당 검정기관과 신청인의 이해를 보호하기 위해 필요한 검정시료의 운반·수령·취급·보호·저장·보관 및 처분을 위한 절차를 갖추어야 한다.

　나) 검정기관은 검정시료를 식별하는 시스템을 갖추어야 한다. 이러한 식별은 검정기관 내에서 시료를 사용하는 전 과정 동안 유지하여야 한다.

　다) 검정시료를 인수할 때, 해당 방법에서 명시한 조건에서 벗어난 특이 사항 또는 결함 사항을 기록하여야 한다.

　라) 검정시료의 적절성에 의문이 발생하거나, 문제가 있을 경우, 검정 실시 전에 세부 지침에 관하여 신청인과 상의하고, 해당 논의사항을 기록하여야 한다.

　마) 검정기관은 검정시료의 보관, 취급, 준비 중에 검정시료의 변질, 분실 또는 손상을 방지하는 절차 및 적절한 시설을 갖추어야 한다.

8) 검정기관의 표준물질 사용에 관한 사항

　가) 정확한 표준물질(RM, Reference Material) 또는 인증표준물질(CRM, Certified Reference Material)의 사용을 요구하는 검정에서, 검정기관은 해당 특성화된 물질을

사용해야 하며, 사용된 표준물질(RM) 또는 인증표준물질(CRM)이 특별히 지정되지 않을 경우, 국제기구 또는 국가기구에서 제공하는 적절한 표준물질(RM) 또는 인증표준물질(CRM)을 검증 없이 사용할 수도 있다.

나) 표준물질(RM) 또는 인증표준물질(CRM)은 다른 물질과 혼재되지 않도록 표준물질(RM) 또는 인증표준물질(CRM)을 구분 관리하여야 하며 유효기한까지 안정성과 효과성이 유지되도록 관리하여야 한다.

9) 검정기관의 표준용액 사용에 관한 사항

가) 검정기관은 품명·조제일·조제자 등을 기재한 표식을 표준용액의 용기에 부착하여야 하고, 유효기한까지 안정성과 효과성이 유지되도록 관리하여야 하며, 검증에 관한 자료를 모두 기록하고 보관하여야 한다.

나) 사용된 표준용액은 다른 물질과 식별할 수 있도록 구분하여야 하고, 사용 관련 정보를 기록하고 보관하여야 한다.

다) 표준용액의 명칭, 농도, 농도 계산 과정, 조제방법, 조제일, 조제자 등 조제 관련 정보를 기록하고 보관하여야 하며, 적절한 방법으로 표준용액을 보관하여야 한다.

10) 표준 미생물

가) 검정기관은 추적성을 증명할 수 있는 승인된 국내기관 또는 국제기관에서 분양 받은 미생물의 표준균주(reference culture)를 보유해야 한다.

나) 배양 받은 표준균주는 공인된 검정방법에 따라 동정시험(同定試驗: 분리된 미생물이 원래 어떤 종류에 해당하는지 알아보는 염색 시험이나 생화학적 성상시험)을 실시하여 관리하여야 한다.

다) 보관용 표준균주(reference stock)로 사용하기 위해 표준균주를 2차 배양할 수 있으며, 보관용 표준균주는 일상 작업에 사용되는 작업용 표준균주(working stock)를 준비하는 데 이용할 수 있다.

라) 보관용 표준 균주를 해동시킨 다음에는 재동결하거나 재사용해서는 안 되며, 작업용 표준균주를 2차 배양하여 보관용 표준균주로 대체사용해서는 안 된다.

마) 표준 균주에 관한 모든 사용 관련 정보를 기록하고 보관하여야 한다.

바) 검정에 필요한 특정 계통(strain)의 특징이 보존될 수 있도록 적절한 방법으로 표준균주를 보관하여야 한다.

사) 모든 균주의 관리에 대한 문서화된 지침이 있어야 하며 이에 따라 유지 관리하여야 한다.

11) 그 밖의 검정기관 품질관리기준

가) 그 밖에 품질관리기준이 필요하다고 인정되는 경우, 한국인정기구(KOLAS)의 시험기관 및 교정기관의 자격에 대한 일반 요구사항인 KS Q ISO/IEC 17025 및 관련 지침의 요구사항을 준용할 수 있다.

나) 한국인정기구(KOLAS)의 시험기관 및 교정기관의 자격에 대한 일반 요구사항인

KS Q ISO/IEC 17025와 동등한 수준 이상의 시험기관 운영 기준을 갖추었음을 입증하는 서류를 제출하는 경우에는 품질관리기준에 따른 평가를 생략할 수 있다.

2. 수산물 검정기관의 지정기준
〈생략〉

3. 검정기관의 평가기준 및 방법
가. 검정능력 평가 항목별 배점기준

구 분	평 가 항 목	배점	평가점수
일반사항	○ 검정실 면적, 검정인력 등이 검정기관의 지정기준을 충족하는가?	10	
	○ 검정장비를 갖추고 있으며, 검정장비가 정상적으로 가동되고 적절하게 설치되어 있는가?	3	
	○ 시약 및 장비 관리지침을 갖추고 이에 따른 관리가 이루어지고 있는가?(검정장비의 검정·교정 등)	3	
	○ 검정실 안전수칙을 만들어 운용하고 있으며, 유기용매 등 폐액(廢液)은 특성에 맞게 분리 처리되고 있는가?	5	
	○ 검정기록 및 검정결과물의 정리 및 보관은 적절하게 하고 있는가?	5	
검정과정	○ 품위계측 및 분석방법 등을 공인된 방법으로 하고 있는가?	10	
	○ 표준계측·분석지침서(SOP, Standard Operating Procedures)를 갖추고 이에 따라 검정하고 있는가?	5	
	○ 시료는 균질하고 대표성 있게 균분·수거하고 있는가?	3	
	○ 시료의 전처리(유기용매의 추출 등)가 적절하게 이루어지고 있는가?	3	
	○ 오염을 방지하기 위한 작업이 이루어지고 있는가?	3	
검정에 대한 이론적 지식 등	○ 품위계측 및 분석과정에 대한 이해도 및 숙련도	5	
	○ 시료의 전처리(유기용매의 추출 등)에 대한 이해도 및 숙련도	3	
	○ 기기운용 및 분석결과에 대한 이해도 및 숙련도	3	
	○ 분야별 용어의 개념 및 검정 결과에 대한 이해도	3	
검정능력	○ 시료에 대한 검정능력 평가 결과	10	
품질관리	○ 검정 활동에 참여 또는 영향을 미치는 상부 조직의 주요직원에 대한 책임사항 규정 여부	3	
	○ 특정작업을 실시하는 직원에 대한 학력, 기술자격, 경력, 교육훈련 등 에 기초한 자격 부여 여부	5	
	○ 검정인력의 교육 및 훈련의 목표 설정, 방침, 절차의 수립 및 효과성 평가 여부	3	
	○ 정해진 절차에 따른 장비의 중간점검 시행 여부	3	
	○ 검정 시료의 운반, 수령, 취급, 보호, 저장, 보관 및 처분을 위한 절차와 적절한 시설의 구비 여부	3	
	○ 정확한 표준물질·표준용액·표준균주(이하 "표준물질"이라 한다) 또는 인증표준물질의 사용 여부 ○ 사용한 표준물질 또는 인증표준물질의 분류 및 기록 여부	3	
	○ 사용한 표준물질의 기록과 확실한 식별을 위한 구분 여부 ○ 표준물질 조제 관련 정보의 기록유지 및 그 내용의 적합 여부	3	
	○ 추적성이 보장된 표준물질의 보유 여부 ○ 보관용 표준물질 및 작업용 표준물질의 적합 사용 여부	3	
합 계		100	

나. 평가방법
  1) 검정능력평가는 배점기준 표에 따라 평가점수를 부여한다. 다만, 검정기관의 품질관리기준 규정에 따라 품질관리 평가를 생략할 경우에는 품질관리 분야의 배점은 100%를 부여할 수 있다.
  2) 검정능력평가 결과 다음과 같이 평가한다.
    가) 평점평균 80점 이상: 적합. 다만, 평점평균이 80점 이상인 경우라도 시료에 대한 검정능력 평가가 배점기준의 60% 이하이거나, 검정능력 외의 항목별 배점기준 중 평가항목 1개 이상이 배점기준의 40% 이하 점수로 평가된 경우에는 부적합으로 처리
    나) 평점평균 80점 미만: 부적합

4. 검정업무에 관한 규정
 검정업무에 관한 규정에는 다음 사항이 포함되어야 한다.
 가. 검정의 절차 및 방법
 나. 검정수수료 및 그 징수 방법
 다. 검정 담당자의 준수사항 및 검정 담당자 자체 관리·감독 요령
 라. 검정인력 자체 교육방법
 마. 그 밖에 국립농산물품질관리원장 또는 국립수산물품질관리원장이 검정업무의 수행에 필요하다고 인정하여 정하는 사항

 ② 검정기관의 지정절차 등
   ㉠ 법 제99조제2항에 따라 검정기관으로 지정받으려는 자는 별지 제75호서식의 검정기관 지정신청서에 다음 각 호의 서류를 첨부하여 국립농산물품질관리원장 또는 국립수산물품질관리원장에게 신청하여야 한다.
     ⓐ 정관(법인인 경우만 해당한다)
     ⓑ 검정 업무의 범위 등을 적은 사업계획서 및 검정 업무에 관한 규정
     ⓒ 제129조에 따른 검정기관의 지정기준을 갖추었음을 증명할 수 있는 서류
   ㉡ 제1항에 따라 검정기관 지정을 신청하는 자는 별표 31 제1호의 일반기준에 따라 별표 30에 따른 분야 및 검정항목별로 구분하여 신청할 수 있다. 이 경우 농산물 및 농산가공품 중 무기성분·유해물질 분야의 검정기관 지정을 신청할 때에는 잔류농약 검정항목은 반드시 포함하고, 그 외의 검정항목만 선택하여 신청할 수 있다.

ⓒ 제1항에 따른 신청서를 받은 국립농산물품질관리원장 또는 국립수산물품
질관리원장은 「전자정부법」 제36제1항에 따른 행정정보의 공동이용을 통
하여 법인 등기사항증명서(법인인 경우만 해당한다) 및 사업자등록증명을
확인하여야 한다. 다만, 신청인이 사업자등록증명의 확인에 동의하지 아니
하는 경우에는 그 서류를 첨부하도록 하여야 한다.

ⓔ 국립농산물품질관리원장 또는 국립수산물품질관리원장은 제1항에 따른 검
정기관의 지정신청을 받으면 제129조에 따른 검정기관의 지정기준에 적합
한지를 심사하고, 심사 결과 적합한 경우에는 검정기관으로 지정한다.

ⓜ 국립농산물품질관리원장 또는 국립수산물품질관리원장은 검정기관을 지정
하였을 때에는 별지 제76호서식의 검정기관 지정서 발급대장에 일련번호
를 부여하여 등재하고, 별지 제77호서식의 검정기관 지정서를 발급하여야
한다.

ⓗ 법 제99조제2항 후단에서 "농림축산식품부령 또는 해양수산부령으로 정하
는 중요 사항"이란 다음 각 호의 사항을 말한다.
  ⓐ 기관명(대표자) 및 사업자등록번호
  ⓑ 실험실 소재지
  ⓒ 검정 업무의 범위
  ⓓ 검정 업무에 관한 규정
  ⓔ 검정기관의 지정기준 중 인력·시설·장비

ⓢ 검정기관으로 지정받은 자가 검정기관으로 지정받은 후 제6항 각 호의 사
항이 변경된 경우에는 별지 제78호서식의 검정기관 지정내용 변경신고서
에 변경 내용을 증명하는 서류와 검정기관 지정서 원본을 첨부하여 국립농
산물품질관리원장 또는 국립수산물품질관리원장에게 제출하여야 한다.

ⓞ 국립농산물품질관리원장 또는 국립수산물품질관리원장은 검정기관을 지정
한 경우에는 검정기관의 명칭, 소재지, 지정일, 검정기관이 수행하는 업무
의 범위 등을 고시하여야 한다.

ⓩ 제4항에 따른 검정기관 지정에 관한 세부절차 및 운영 등에 필요한 사항은
국립농산물품질관리원장 또는 국립수산물품질관리원장이 정하여 고시한다.

③ 검정기관 지정의 갱신절차 등
  ㉠ 법 제99조제5항에 따라 검정기관의 지정을 갱신하려는 자는 지정의 유효
기간이 끝나기 3개월 전까지 별지 제75호서식의 검정기관 지정 갱신 신청
서에 다음 각 호의 서류를 첨부하여 국립농산물품질관리원장 또는 국립수

산물품질관리원장에게 제출해야 한다.

　　　ⓐ 검정기관 지정서 원본

　　　ⓑ 제130조제1항 각 호의 서류. 다만, 변경사항이 있는 경우에만 제출한다.

　　ⓛ 검정기관 지정의 갱신 절차 및 방법 등에 관하여는 제130조를 준용한다.

　　ⓒ 국립농산물품질관리원장 또는 국립수산물품질관리원장은 지정의 유효기간
이 끝나기 4개월 전까지 신청인에게 갱신절차와 갱신신청 기간을 미리 알
려야 한다. 이 경우 통지는 휴대전화 문자메세지, 전자우편, 팩스, 전화 또
는 문서 등으로 할 수 있다.

(4) 검정기관의 지정 취소 등

1) 농림축산식품부장관 또는 해양수산부장관은 검정기관이 다음 각 호의 어느 하나에
해당하면 지정을 취소하거나 6개월 이내의 기간을 정하여 해당 검정 업무의 정지
를 명할 수 있다. 다만, 제1호 또는 제2호에 해당하면 지정을 취소하여야 한다.

　① 거짓이나 그 밖의 부정한 방법으로 지정을 받은 경우

　② 업무정지 기간 중에 검정 업무를 한 경우

　③ 검정 결과를 거짓으로 내준 경우

　④ 제99조제2항 후단의 변경신고를 하지 아니하고 검정 업무를 계속한 경우

　⑤ 제99조제7항에 따른 지정기준에 맞지 아니하게 된 경우

　⑥ 그 밖에 농림축산식품부령 또는 해양수산부령으로 정하는 검정에 관한 규정을
위반한 경우

2) 제1항에 따른 지정 취소 및 정지에 관한 세부 기준은 농림축산식품부령 또는 해양
수산부령으로 정한다.

　① 법 제100조제1항에 따른 검정기관의 지정 취소 및 업무정지에 관한 처분기준
은 별표 32와 같다.

　② 국립농산물품질관리원장 또는 국립수산물품질관리원장은 법 제100조제1항에
따라 검정기관의 지정을 취소하거나 업무정지처분을 하였을 때에는 지체 없이
그 사실을 고시하여야 한다.

　③ 법 제100조제1항제6호에서 "농림축산식품부령 또는 해양수산부령으로 정하는
검정에 관한 규정을 위반한 경우"란 별표 32 제2호바목부터 자목까지의 규정
을 위반한 경우를 말한다.

■ 농수산물 품질관리법 시행규칙 [별표 32]
검정기관의 지정 취소 및 업무정지에 관한 처분기준(제131조제1항 및 제3항 관련)

1. 일반기준
   가. 위반행위가 둘 이상이면 그 중 무거운 처분기준에 따른다. 다만, 둘 이상의 처분기준이 모두 업무정지인 경우에는 각 처분기준을 합산한 기간을 넘지 않는 범위에서 무거운 처분기준에 그 처분기준의 2분의 1 범위에서 가중한다.
   나. 같은 위반행위로 최근 3년간 4회 위반인 경우에는 지정 취소한다.
   다. 위반행위의 횟수에 따른 행정처분 기준은 최근 3년간 같은 위반행위로 행정처분을 받은 경우에 적용한다. 이 경우 기간의 계산은 위반행위에 대한 행정처분일과 그 처분 후 다시 같은 위반행위를 하여 적발된 날을 기준으로 한다.
   라. 다목에 따라 가중된 처분을 하는 경우 가중처분의 적용 차수는 그 위반행위 전 처분차수(다목에 따른 기간 내에 처분이 둘 이상 있었던 경우에는 높은 차수를 말한다)의 다음 차수로 한다.
   마. 위반사항의 내용으로 보아 그 위반의 정도가 경미하거나 검정 결과에 중대한 영향을 미치지 않거나 단순 착오로 판단되는 경우 그 처분이 검정업무정지일 때에는 2분의 1 이하의 범위에서 감경할 수 있고, 지정 취소일 때에는 6개월의 검정업무정지 처분으로 감경할 수 있다.

2. 개별기준

위반내용	근거 법조문	위반횟수별 처분기준		
		1차 위반	2차 위반	3차 위반
가. 거짓이나 그 밖의 부정한 방법으로 지정을 받은 경우	법 제100조 제1항제1호	지정 취소		
나. 업무정지 기간 중에 검정 업무를 한 경우	법 제100조 제1항제2호	지정 취소		
다. 검정 결과를 거짓으로 내준 경우(고의 또는 중과실이 있는 경우만 해당한다) 1) 검정 관련 기록을 위조·변조하여 검정성적서를 발급하는 행위 2) 검정하지 않고 검정성적서를 발급하는 행위 3) 의뢰받은 검정시료가 아닌 다른 검정시료의 검정 결과를 인용하여 검정성적서를 발급하는 행위 4) 의뢰된 검정시료의 결과 판정을 실제 검정 결과와 다르게 판정하는 행위	법 제100조 제1항제3호	지정 취소		
라. 법 제99조제2항에 후단의 변경신고를 하지 않고 검정업무를 계속한 경우 1) 변경된 기관명 및 사업자등록번호, 실험실 소재지, 검정업무의 범위를 신고하지 않은 경우	법 제100조 제1항제4호	검정업무 정지 1개월	검정업무 정지 3개월	검정업무 정지 6개월

2) 변경된 검정업무에 관한 규정 및 검정기관의 인력, 시설, 장비를 신고하지 않은 경우		시정명령	검정업무 정지 7일	검정업무 정지 15일
마. 검정기관 지정기준 　1) 시설·장비·인력 기준 중 어느 하나가 지정기준에 맞지 않는 경우 　2) 검사능력(숙련도) 평가결과 미흡으로 평가된 경우 　3) 시설·장비·인력 기준 중 둘 이상이 지정기준에 맞지 않는 경우	법 제100조 제1항제5호	검정업무 정지 3개월 검정업무 정지 3개월 검정업무 정지 6개월	검정업무 정지 6개월 검정업무 정지 6개월 지정 취소	지정 취소 지정 취소
바. 검정업무의 범위 및 방법 　1) 지정받은 검정업무 범위를 벗어나 검정한 경우 　2) 관련 규정에서 정한 분석방법 외에 다른 방법으로 검정한 경우 　3) 공시험(空試驗) 및 검출된 성분에 확인실험이 필요함에도 불구하고 하지 않은 경우 　4) 유효기간이 지난 표준물질 등 적정하지 않은 표준물질을 사용한 경우	법 제100조 제1항제6호	검정업무 정지 1개월	검정업무 정지 3개월	검정업무 정지 6개월
사. 검정 관련 기록관리 　1) 검정 결과 확인을 위한 검정 절차·방법, 판정 등의 기록을 하지 않았거나 보관하지 않은 경우 　2) 시험·검정일·검사자 등 단순 사항을 적지 않은 경우 　3) 시료량, 시험·검정방법 및 표준물질의 사용 내용 등을 적지 않은 경우	법 제100조 제1항제6호	검정업무 정지 15일 시정명령 검정업무 정지 7일	검정업무 정지 1개월 검정업무 정지 7일 검정업무 정지 15일	검정업무 정지 3개월 검정업무 정지 15일 검정업무 정지 1개월
아. 검정기간, 검정수수료 등 　1) 검정기관 변경사항 신고 및 검정실적 등 자료제출 요구를 이행하지 않은 경우 　2) 검정기간을 준수하지 않은 경우 　3) 검정수수료 규정을 준수하지 않은 경우 　4) 검정 관련 의무교육을 이수하지 않은 경우	법 제100조 제1항제6호	시정명령	검정업무 정지 7일	검정업무 정지 15일
자. 검정성적서 발급 　1) 검정대상에 맞는 적정한 표준물질을 사용하지 않은 경우 　2) 시료보관기간을 위반한 경우 　3) 검정과정에서 시료를 바꾸어 검정하고 검정성적서를 발급한 경우 　4) 의뢰받은 검정항목을 누락하거나 다른 검정항목을 적용하여 검정성적서를 발급한 경우 　5) 경미한 실수로 검정시료의 결과 판정을 실제 검정 결과와 다르게 판정한 경우	법 제100조 제1항제6호	검정업무 정지 1개월	검정업무 정지 3개월	검정업무 정지 6개월

3. 금지행위 및 확인·조사·점검 등

(1) 부정행위의 금지 등

누구든지 제79조, 제85조, 제88조, 제96조 및 제98조에 따른 검사, 재검사 및 검정과 관련하여 다음 각 호의 행위를 하여서는 아니 된다.

1) 거짓이나 그 밖의 부정한 방법으로 검사·재검사 또는 검정을 받는 행위
2) 제79조 또는 제88조에 따라 검사를 받아야 하는 농수산물 및 수산가공품에 대하여 검사를 받지 아니하는 행위
3) 검사 및 검정 결과의 표시, 검사증명서 및 검정증명서를 위조하거나 변조하는 행위
4) 제79조제2항 또는 제88조제3항을 위반하여 검사를 받지 아니하고 포장·용기나 내용물을 바꾸어 해당 농수산물이나 수산가공품을 판매·수출하거나 판매·수출을 목적으로 보관 또는 진열하는 행위
5) 검정 결과에 대하여 거짓광고나 과대광고를 하는 행위

(2) 확인·조사·점검 등

1) 농림축산식품부장관 또는 해양수산부장관은 정부가 수매하거나 수입한 농수산물 및 수산가공품 등 대통령령으로 정하는 농수산물 및 수산가공품의 보관창고, 가공시설, 항공기, 선박, 그 밖에 필요한 장소에 관계 공무원을 출입하게 하여 확인·조사·점검 등에 필요한 최소한의 시료를 무상으로 수거하거나 관련 장부 또는 서류를 열람하게 할 수 있다.
2) 제1항에 따른 시료 수거 또는 열람에 관하여는 제13조제2항 및 제3항을 준용한다.
3) 제1항에 따라 출입 등을 하는 관계 공무원에 관하여는 제13조제4항을 준용한다.

7장 / 보칙

(1) 정보제공 등

1) 농림축산식품부장관, 해양수산부장관 또는 식품의약품안전처장은 농수산물의 안전성조사 등 농수산물의 안전과 품질에 관련된 정보 중 국민이 알아야 할 필요가

있다고 인정되는 정보는 「공공기관의 정보공개에 관한 법률」에서 허용하는 범위에서 국민에게 제공하여야 한다.

2) 농림축산식품부장관, 해양수산부장관 또는 식품의약품안전처장은 제1항에 따라 국민에게 정보를 제공하려는 경우 농수산물의 안전과 품질에 관련된 정보의 수집 및 관리를 위한 정보시스템(이하 "농수산물안전정보시스템"이라 한다)을 구축·운영하여야 한다.

3) 농수산물안전정보시스템의 구축과 운영 및 정보제공 등에 필요한 사항은 총리령, 농림축산식품부령 또는 해양수산부령으로 정한다.

① 농림축산식품부장관 또는 해양수산부장관은 법 제103조제2항에 따른 농수산물안전정보시스템(이하 "농수산물안전정보시스템"이라 한다)을 효율적으로 운영하기 위하여 농수산물의 품질에 관한 정보를 생성하는 기관에 대하여 농림축산식품부장관 또는 해양수산부장관이 정하여 고시하는 농수산물안전정보시스템의 운영기관(이하 "운영기관"이라 한다)에 해당 정보를 제공하게 요청할 수 있다.

② 제1항에 따른 정보를 생성하는 기관에 대한 정보제공 요청 범위 및 제공절차 등은 농림축산식품부장관 또는 해양수산부장관이 정하여 고시한다.

③ 운영기관은 다음 각 호의 업무를 수행한다.

　　㉠ 농수산물안전정보시스템의 유지·관리 업무
　　㉡ 농수산물 품질 관련 정보의 수집, 분류, 배포 등 정보관리 업무
　　㉢ 데이터표준, 연계표준 및 정보시스템 개발표준 등 표준관리 업무
　　㉣ 고객관리 업무
　　㉤ 농수산물안전정보시스템의 홍보
　　㉥ 사용자 교육
　　㉦ 그 밖에 농수산물안전정보시스템의 운영에 필요한 업무

(2) 농수산물 명예감시원

1) 농림축산식품부장관 또는 해양수산부장관이나 시·도지사는 농수산물의 공정한 유통질서를 확립하기 위하여 소비자단체 또는 생산자단체의 회원·직원 등을 농수산물 명예감시원으로 위촉하여 농수산물의 유통질서에 대한 감시·지도·계몽을 하게 할 수 있다.

2) 농림축산식품부장관 또는 해양수산부장관이나 시·도지사는 농수산물 명예감시원에게 예산의 범위에서 감시활동에 필요한 경비를 지급할 수 있다.

3) 제1항에 따른 농수산물 명예감시원의 자격, 위촉방법, 임무 등에 필요한 사항은 농림축산식품부령 또는 해양수산부령으로 정한다.

① 국립농산물품질관리원장, 국립수산물품질관리원장, 산림청장 또는 시·도지사는 법 제104조제1항에 따라 다음 각 호의 어느 하나에 해당하는 사람 중에서 농수산물 명예감시원(이하 "명예감시원"이라 한다)을 위촉한다.

   ㉠ 생산자단체, 소비자단체 등의 회원이나 직원 중에서 해당 단체의 장이 추천하는 사람

   ㉡ 농수산물의 유통에 관심이 있고 명예감시원의 임무를 성실히 수행할 수 있는 사람

② 명예감시원의 임무는 다음 각 호와 같다.

   ㉠ 농수산물의 표준규격화, 농산물우수관리, 품질인증, 친환경수산물인증, 농수산물 이력추적관리, 지리적표시, 원산지표시에 관한 지도·홍보 및 위반사항의 감시·신고

   ㉡ 그 밖에 농수산물의 유통질서 확립과 관련하여 국립농산물품질관리원장, 국립수산물품질관리원장, 산림청장 또는 시·도지사가 부여하는 임무

③ 명예감시원의 운영에 관한 세부 사항은 국립농산물품질관리원장, 국립수산물품질관리원장, 산림청장 또는 시·도지사가 정하여 고시한다.

(3) 농산물품질관리사 및 수산물품질관리사

농림축산식품부장관 또는 해양수산부장관은 농산물 및 수산물의 품질 향상과 유통의 효율화를 촉진하기 위하여 농산물품질관리사 및 수산물품질관리사 제도를 운영한다.

(4) 농산물품질관리사 또는 수산물품질관리사의 직무

1) 농산물품질관리사는 다음 각 호의 직무를 수행한다.

① 농산물의 등급 판정

② 농산물의 생산 및 수확 후 품질관리기술 지도

③ 농산물의 출하 시기 조절, 품질관리기술에 관한 조언

④ 그 밖에 농산물의 품질 향상과 유통 효율화에 필요한 업무로서 농림축산식품부령으로 정하는 업무

   ㉠ 농산물의 생산 및 수확 후의 품질관리기술 지도

   ㉡ 농산물의 선별·저장 및 포장 시설 등의 운용·관리

ⓒ 농산물의 선별·포장 및 브랜드 개발 등 상품성 향상 지도

ⓔ 포장농산물의 표시사항 준수에 관한 지도

ⓜ 농산물의 규격출하 지도

2) 수산물품질관리사는 다음 각 호의 직무를 수행한다.

① 수산물의 등급 판정

② 수산물의 생산 및 수확 후 품질관리기술 지도

③ 수산물의 출하 시기 조절, 품질관리기술에 관한 조언

④ 그 밖에 수산물의 품질 향상과 유통 효율화에 필요한 업무로서 해양수산부령으로 정하는 업무

(5) 농산물품질관리사 또는 수산물품질관리사의 시험·자격부여 등

1) 농산물품질관리사 또는 수산물품질관리사가 되려는 사람은 농림축산식품부장관 또는 해양수산부장관이 실시하는 농산물품질관리사 또는 수산물품질관리사 자격시험에 합격하여야 한다.

2) 농림축산식품부장관 또는 해양수산부장관은 농산물품질관리사 또는 수산물품질관리사 자격시험에서 다음 각 호의 어느 하나에 해당하는 사람에 대해서는 해당 시험을 정지 또는 무효로 하거나 합격 결정을 취소하여야 한다.

① 부정한 방법으로 시험에 응시한 사람

② 시험에서 부정한 행위를 한 사람

3) 다음 각 호의 어느 하나에 해당하는 사람은 그 처분이 있은 날부터 2년 동안 농산물품질관리사 또는 수산물품질관리사 자격시험에 응시하지 못한다.

① 제2항에 따라 시험의 정지·무효 또는 합격취소 처분을 받은 사람

② 제109조에 따라 농산물품질관리사 또는 수산물품질관리사의 자격이 취소된 사람

4) 농산물품질관리사 또는 수산물품질관리사 자격시험의 실시계획, 응시자격, 시험과목, 시험방법, 합격기준 및 자격증 발급 등에 필요한 사항은 대통령령으로 정한다.

① 농산물품질관리사 자격시험의 실시계획 등

㉠ 법 제107조제1항에 따른 농산물품질관리사 자격시험은 매년 1회 실시한다. 다만, 농림축산식품부장관이 농산물품질관리사의 수급(需給)상 필요하다고 인정하는 경우에는 2년마다 실시할 수 있다.

㉡ 농림축산식품부장관은 제1항에 따른 농산물품질관리사 자격시험의 시행일 6개월 전까지 농산물품질관리사 자격시험의 실시계획을 세워야 한다.

② 농산물품질관리사 자격시험의 공고 등

ㄱ 농림축산식품부장관은 농산물품질관리사 자격시험을 실시할 때에는 응시자격, 시험과목, 시험방법, 합격기준, 시험일시 및 시험장소 등 필요한 사항을 시험일 90일 전까지 농림축산식품부의 인터넷 홈페이지(제43조제2항에 따라 자격시험의 관리에 관한 업무가 위탁된 경우에는 위탁받은 기관의 홈페이지를 말한다)에 공고해야 한다.

ㄴ 농산물품질관리사 자격시험에 응시하려는 사람은 농림축산식품부령으로 정하는 응시원서를 농림축산식품부장관에게 제출하여야 하고, 응시원서를 제출하는 사람은 농림축산식품부령으로 정하는 바에 따라 수수료를 내야 한다.

ㄷ 농림축산식품부장관은 제2항에 따라 받은 수수료를 다음 각 호의 구분에 따라 반환하여야 한다.

ⓐ 수수료를 과오납한 경우: 과오납한 금액 전부

ⓑ 시험일 20일 전까지 접수를 취소하는 경우: 납부한 수수료 전부

ⓒ 시험관리기관의 귀책사유로 시험에 응시하지 못하는 경우: 납부한 수수료 전부

ⓓ 시험일 10일 전까지 접수를 취소하는 경우: 납부한 수수료의 100분의 60

③ 농산물품질관리사 자격시험의 응시자격 등

ㄱ 농산물품질관리사 자격시험의 응시자격은 학력, 성별, 나이 등에 제한을 두지 아니한다.

ㄴ 농산물품질관리사 자격시험은 제1차시험과 제2차시험으로 구분하여 실시한다.

ㄷ 제1차시험은 다음 각 호의 과목에 대하여 선택형 필기시험을 실시하며, 각 과목 100점을 만점으로 하여 각 과목 40점 이상의 점수를 획득한 사람 중 평균점수가 60점 이상인 사람을 합격자로 한다.

ⓐ 농수산물 품질관리 법령, 농수산물 유통 및 가격안정에 관한 법령, 농수산물의 원산지 표시에 관한 법령

ⓑ 원예작물학

ⓒ 농산물유통론

ⓓ 수확 후 품질관리론

ㄹ 제2차시험은 제1차시험에 합격한 사람(제5항에 따라 제1차시험이 면제된

사람을 포함한다)을 대상으로 다음 각 호의 과목으로 서술형과 단답형을 혼합한 필기시험을 실시하고, 100점을 만점으로 하여 60점 이상인 사람을 합격자로 한다.

ⓐ 농산물 품질관리 실무

ⓑ 농산물 등급판정 실무

ⓜ 제2차시험에 합격하지 못한 사람에 대해서는 다음 회에 실시하는 시험에 한정하여 제1차시험을 면제한다.

④ 농산물품질관리사 자격시험 합격자의 공고 등: 농림축산식품부장관은 농산물 품질관리사 자격시험의 최종 합격자 명단을 제2차시험 시행 후 40일 이내에 「정보통신망 이용촉진 및 정보보호 등에 관한 법률」 제2조에 따른 정보통신망에 공고하여야 한다.

⑤ 농산물품질관리사 자격증 발급 등

㉠ 농림축산식품부장관은 제39조에 따라 농산물품질관리사 자격시험에 합격한 사람에게는 농림축산식품부령으로 정하는 농산물품질관리사 자격증을 발급하여야 한다.

㉡ 농림축산식품부장관은 제1항에 따른 자격증을 발급하는 경우에는 일련번호를 부여하고, 농림축산식품부령으로 정하는 농산물품질관리사 자격증 발급대장에 그 발급사실을 기록하여야 한다.

㉢ 농산물품질관리사는 제1항에 따라 발급받은 자격증을 잃어버리거나 자격증이 헐어 못 쓰게 된 경우 농림축산식품부령으로 정하는 농산물품질관리사 자격증 재발급 신청서를 농림축산식품부장관에게 제출하여 자격증을 재발급받을 수 있다.

㉣ 제3항에 따른 농산물품질관리사 자격증의 재발급에 관하여는 제2항을 준용한다.

(6) 농산물품질관리사 또는 수산물품질관리사의 교육

1) 농림축산식품부령 또는 해양수산부령으로 정하는 농산물품질관리사 또는 수산물품질관리사는 업무 능력 및 자질의 향상을 위하여 필요한 교육을 받아야 한다.

2) 제1항에 따른 교육의 방법 및 실시기관 등에 필요한 사항은 농림축산식품부령 또는 해양수산부령으로 정한다.

① 농산물품질관리사 또는 수산물품질관리사의 교육 대상: 법 제107조의2제1항에서 "농림축산식품부령 또는 해양수산부령으로 정하는 농산물품질관리사 또

는 수산물품질관리사"란 법 제110조제2호·제3호·제5호·제7호 또는 제8호에 해당하는 농수산물 유통 관련 사업자 또는 기관·단체에 채용된 농산물품질관리사 또는 수산물품질관리사 중에서 최근 2년 이내에 법 제107조의2에 따른 교육을 받은 사실이 없는 사람을 말한다.

② 농산물품질관리사 또는 수산물품질관리사의 교육 방법 및 실시기관 등

ㄱ 법 제107조의2제2항에 따른 교육 실시기관(이하 "교육 실시기관"이라 한다)은 다음 각 호의 어느 하나에 해당하는 기관으로서 수산물품질관리사의 교육 실시기관은 해양수산부장관이, 농산물품질관리사의 교육 실시기관은 국립농산물품질관리원장이 각각 지정하는 기관으로 한다.

ⓐ 「한국농수산식품유통공사법」에 따른 한국농수산식품유통공사

ⓑ 「한국해양수산연수원법」에 따른 한국해양수산연수원

ⓒ 농림축산식품부 또는 해양수산부 소속 교육기관

ⓓ 「민법」 제32조에 따라 설립된 비영리법인으로서 농산물 또는 수산물의 품질 또는 유통 관리를 목적으로 하는 법인

ㄴ 교육 실시기관이 실시하는 농산물품질관리사 또는 수산물품질관리사 교육에는 다음 각 호의 내용을 포함하여야 한다.

ⓐ 농산물 또는 수산물의 품질 관리와 유통 관련 법령 및 제도

ⓑ 농산물 또는 수산물의 등급 판정과 생산 및 수확 후 품질관리기술

ⓒ 그 밖에 농산물 또는 수산물의 품질 관리 및 유통과 관련된 교육

ㄷ 교육 실시기관은 필요한 경우 제2항에 따른 교육을 정보통신매체를 이용한 원격교육으로 실시할 수 있다.

ㄹ 교육 실시기관은 교육을 이수한 사람에게 이수증명서를 발급하여야 하며, 교육을 실시한 다음 해 1월 15일까지 농산물품질관리사 교육 실시 결과는 국립농산물품질관리원장에게, 수산물품질관리사 교육 실시 결과는 해양수산부장관에게 각각 보고하여야 한다.

ㅁ 교육에 필요한 경비(교재비, 강사 수당 등을 포함한다)는 교육을 받는 사람이 부담한다.

ㅂ 제1항부터 제5항까지에서 규정한 사항 외에 교육 실시기관의 지정, 교육시간, 이수증명서의 발급, 교육 실시 결과의 보고 등 교육에 필요한 사항은 해양수산부장관 또는 국립농산물품질관리원장이 각각 정하여 고시한다.

(7) 농산물품질관리사 또는 수산물품질관리사의 준수사항

1) 농산물품질관리사 또는 수산물품질관리사는 농수산물의 품질 향상과 유통의 효율화를 촉진하여 생산자와 소비자 모두에게 이익이 될 수 있도록 신의와 성실로써 그 직무를 수행하여야 한다.
2) 농산물품질관리사 또는 수산물품질관리사는 다른 사람에게 그 명의를 사용하게 하거나 그 자격증을 빌려주어서는 아니된다.
3) 누구든지 농산물품질관리사 또는 수산물품질관리사의 자격을 취득하지 아니하고 그 명의를 사용하거나 자격증을 대여받아서는 아니 되며, 명의의 사용이나 자격증의 대여를 알선해서도 아니 된다.

(8) 농산물품질관리사 또는 수산물품질관리사의 자격 취소

농림축산식품부장관 또는 해양수산부장관은 다음 각 호의 어느 하나에 해당하는 사람에 대하여 농산물품질관리사 또는 수산물품질관리사 자격을 취소하여야 한다.
1) 농산물품질관리사 또는 수산물품질관리사의 자격을 거짓 또는 부정한 방법으로 취득한 사람
2) 제108조제2항을 위반하여 다른 사람에게 농산물품질관리사 또는 수산물품질관리사의 명의를 사용하게 하거나 자격증을 빌려준 사람
3) 제108조제3항을 위반하여 명의의 사용이나 자격증의 대여를 알선한 사람

(9) 자금 지원

정부는 농수산물의 품질 향상 또는 농수산물의 표준규격화 및 물류표준화의 촉진 등을 위하여 다음 각 호의 어느 하나에 해당하는 자에게 예산의 범위에서 포장자재, 시설 및 자동화장비 등의 매입 및 농산물품질관리사 또는 수산물품질관리사 운용 등에 필요한 자금을 지원할 수 있다.
1) 농어업인
2) 생산자단체
3) 우수관리인증을 받은 자, 우수관리인증기관, 농산물 수확 후 위생·안전 관리를 위한 시설의 사업자 또는 우수관리인증 교육을 실시하는 기관·단체
4) 이력추적관리 또는 지리적표시의 등록을 한 자
5) 농산물품질관리사 또는 수산물품질관리사를 고용하는 등 농수산물의 품질 향상을 위하여 노력하는 산지·소비지 유통시설의 사업자

6) 제64조에 따른 안전성검사기관 또는 제68조에 따른 위험평가 수행기관

7) 제80조, 제89조 및 제99조에 따른 농수산물 검사 및 검정 기관

8) 그 밖에 농림축산식품부령 또는 해양수산부령으로 정하는 농수산물 유통 관련 사업자 또는 단체

　① 다음 각 목의 어느 하나에 해당하는 시장 등을 개설·운영하는 자

　　㉠ 「농수산물 유통 및 가격안정에 관한 법률」 제2조제2호에 따른 농수산물도매시장

　　㉡ 「농수산물 유통 및 가격안정에 관한 법률」 제2조제5호에 따른 농수산물공판장

　　㉢ 「농수산물 유통 및 가격안정에 관한 법률」 제2조제12호에 따른 농수산물종합유통센터

　　㉣ 「농수산물 유통 및 가격안정에 관한 법률」 제51조에 따른 농수산물산지유통센터

　② 「농수산물 유통 및 가격안정에 관한 법률」 제2조제7호에 따른 도매시장법인, 같은 조 제8호에 따른 시장도매인, 같은 조 제2조제9호에 따른 중도매인(仲都賣人), 같은 조 제10호에 따른 매매참가인, 같은 조 제11호에 따른 산지유통인(産地流通人) 및 이들로 구성된 단체

　③ 농수산물을 계약재배 또는 양식하거나 수집하여 포장·판매하는 업을 전문으로 하는 사업자 또는 단체

　④ 품질인증 또는 친환경수산물인증을 받은 사업자 또는 단체

(10) 우선구매

1) 농림축산식품부장관 또는 해양수산부장관은 농수산물 및 수산가공품의 유통을 원활히 하고 품질 향상을 촉진하기 위하여 필요하면 우수표시품, 지리적표시품 등을 「농수산물 유통 및 가격안정에 관한 법률」에 따른 농수산물도매시장이나 농수산물공판장에서 우선적으로 상장(上場)하거나 거래하게 할 수 있다.

2) 국가·지방자치단체나 공공기관은 농수산물 또는 농수산가공품을 구매할 때에는 우수표시품, 지리적표시품 등을 우선적으로 구매할 수 있다.

(11) 포상금

식품의약품안전처장은 제56조 또는 제57조를 위반한 자를 주무관청 또는 수사기관에

신고하거나 고발한 자 등에게는 대통령령으로 정하는 바에 따라 예산의 범위에서 포상금을 지급할 수 있다.

    1) 법 제112조에 따른 포상금은 법 제56조 또는 제57조를 위반한 자를 주무관청이나 수사기관에 신고 또는 고발하거나 검거한 사람 및 검거에 협조한 사람에게 200만원의 범위에서 지급한다.

    2) 제1항에 따라 지급하는 포상금의 지급기준·방법 및 절차 등에 관하여는 식품의약품안전처장이 정하여 고시한다.

(12) 수수료

    1) 다음 각 호의 어느 하나에 해당하는 자는 총리령, 농림축산식품부령 또는 해양수산부령으로 정하는 바에 따라 수수료를 내야 한다. 다만, 정부가 수매하거나 수출 또는 수입하는 농수산물 등에 대하여는 총리령, 농림축산식품부령 또는 해양수산부령으로 정하는 바에 따라 수수료를 감면할 수 있다.

       ① 제6조제3항에 따라 우수관리인증을 신청하거나 제7조제2항에 따른 우수관리인증의 갱신심사, 같은 조 제3항에 따른 유효기간연장을 위한 심사 또는 같은 조 제4항에 따른 우수관리인증의 변경을 신청하는 자

       ② 제9조제2항에 따라 우수관리인증기관의 지정을 신청하거나 같은 조 제5항에 따라 갱신하려는 자

       ③ 제11조제2항에 따라 우수관리시설의 지정을 신청하거나 같은 조 제7항에 따른 갱신을 신청하는 자

       ④ 제14조제2항에 따라 품질인증을 신청하거나 제15조제2항에 따라 품질인증의 유효기간 연장신청을 하는 자

       ⑤ 제17조제3항에 따라 품질인증기관의 지정을 신청하는 자

       ⑥ 제41조에 따라 준용되는 「특허법」 제15조에 따른 기간연장신청 또는 같은 법 제22조에 따른 수계신청을 하는 자

       ⑦ 제43조제1항에 따른 지리적표시의 무효심판, 제44조제1항에 따른 지리적표시의 취소심판, 제45조에 따른 지리적표시의 등록 거절·취소에 대한 심판 또는 제51조제1항에 따른 재심을 청구하는 자

       ⑧ 제46조제3항에 따라 보정을 하거나 제50조에 따라 준용되는 「특허법」 제151조에 따른 제척·기피신청, 같은 법 제156조에 따른 참가신청, 같은 법 제165조에 따른 비용액결정의 청구, 같은 법 제166조에 따른 집행력 있는 정본의 청구를 하는 자. 이 경우 제55조제1항에 따라 준용되는 「특허법」 제184조에 따

른 재심에서의 신청·청구 등을 포함한다.

⑨ 제64조제2항에 따라 안전성검사기관의 지정을 신청(같은 조 제6항에 따라 유효기간이 만료되기 전에 다시 지정을 신청하는 경우를 포함한다)하거나 같은 조 제3항에 따라 변경승인을 신청하는 자

⑩ 제74조제1항에 따라 생산·가공시설등의 등록을 신청하는 자

⑪ 제79조에 따른 농산물의 검사 또는 제85조에 따른 재검사를 신청하는 자

⑫ 제80조제2항에 따라 농산물검사기관의 지정을 신청하는 자

⑬ 제88조제1항부터 제3항까지의 규정에 따른 수산물 또는 수산가공품의 검사나 제96조제1항에 따라 재검사를 신청하는 자

⑭ 제89조제2항에 따라 수산물검사기관의 지정을 신청하는 자

⑮ 제98조제1항에 따른 검정을 신청하는 자

⑯ 제99조제2항 전단에 따라 검정기관의 지정을 신청하거나 같은 조 제5항에 따라 갱신을 신청하는 자

⑰ 제107조제1항에 따른 농산물품질관리사 또는 수산물품질관리사 자격시험에 응시하려는 사람

2) 수수료

① 법 제113조에 따른 수수료는 다음 각 호의 구분과 같다.

㉠ 농산물의 경우: 별표 33

■ 농수산물 품질관리법 시행규칙 [별표 33]

농산물 관련 수수료(제139조제1항제1호 관련)

1. 농산물 우수관리인증 수수료
 가. 신청수수료

항 목	수수료(원)
○ 우수관리인증 신규(갱신) 신청	50,000원 (생산자 단체 또는 조직의 경우 6농가 이상부터는 농가당 2,000원씩을 추가하되, 최고 40만원을 초과할 수 없다)
○ 우수관리인증 유효기간 연장	30,000원 (생산자 단체 또는 조직의 경우 6농가 이상부터는 농가당 1,000원씩을 추가하되, 최고 40만원을 초과할 수 없다)
○ 우수관리인증 변경신청	20,000원 (생산자 단체 또는 조직의 경우 6농가 이상부터는 농가당 1,000원씩을 추가하되, 최고 40만원을 초과할 수 없다)

 * 우수관리인증농산물 생산계획서에 대한 서류 심사비를 포함하며, 인증신청서 접수 시 징수한다.

나. 현지 심사를 위한 출장비(현장 심사 및 생산과정 조사에만 해당한다)

1) 교통비: 「공무원 여비 규정」에 따른 5급 공무원 상당의 지급기준을 적용하여 인증기관에서 심사대상 농가에 도착하는데 드는 교통비를 징수한다.

2) 일비·식비·숙박비: 심사원 1인당 1일 2농가(생산자 단체 심사의 경우 사무국을 포함)를 심사하는 것을 원칙으로 하여 「공무원 여비 규정」에 따른 5급 공무원 상당의 지급기준을 적용하여 일비·식비·숙박비를 징수한다.

다. 토양·수질·농산물의 안전성 검사비: 해당 시료를 분석한 검사기관이 정한 분석 수수료로 한다(인증심사원이 필요하다고 판단하여 신청자의 동의를 받아 안전성 검사를 실시한 경우만 해당한다).

2. 우수관리시설 지정신청 수수료

가. 신청수수료

항　목	건수	수수료(원)
○ 우수관리시설의 지정신청(신규·갱신)	1	100,000

나. 현지 심사·관리를 위한 출장비

1) 교통비: 「공무원 여비 규정」에 따른 5급 공무원 상당의 지급기준을 적용하여 인증기관에서 심사대상 시설에 도착하는데 드는 교통비를 산정한다.

2) 일비·식비·숙박비: 「공무원 여비 규정」에 따른 5급 공무원 상당의 지급기준을 적용하여 일비·식비·숙박비를 산정한다.

다. 심사·관리비

1) 서류심사, 현장심사, 심사보고서 작성 및 그 밖에 심사·관리에 소요되는 비용으로 국립농산물품질관리원장이 정하는 기준을 적용하여 산정한다.

2) 국립농산물품질관리원장은 1)에 따른 심사·관리비 기준 및 부과방법 등을 정하여 고시한다.

3. 우수관리인증기관 지정신청 수수료

가. 신청 수수료(국내외)

항　목	건수	수수료(원)
○ 우수관리인증기관의 지정신청(신규·갱신)	1	200,000
○ 우수관리인증기관의 온라인 지정신청(신규·갱신)	1	190,000

나. 인증기관 지정심사를 위한 출장비(국외)

1) 출장기간은 실제 심사에 드는 기간과 목적지까지의 왕복에 필요한 기간을 적용하고, 출장 인원은 2명으로 한다.

2) 국외출장비는 국외여비정액표의 기준에 따르며, 국외항공운임은 2등 정액으로 하고, 국외 자동차 운임은 실비(實費)로 한다.

4. 지리적표시 등록 및 심판 등에 관한 수수료

항 목	건수	수수료(원)
○ 지리적표시 심판의 청구기간 연장신청 및 중단된 절차에 관한 승계신청	1	20,000
○ 지리적표시의 무효·취소심판 청구, 등록 거절·취소에 대한 심판청구, 재심청구	1	170,000
- 온라인 청구	1	150,000
○ 지리적표시 심판청구서의 보정	1	14,000
- 온라인 청구	1	4,000
○ 지리적표시 심판관의 제척·기피 신청	1	1,500
○ 지리적표시 심판 참가신청	1	당사자: 150,000 보조참가: 18,000
○ 지리적표시 심판 비용액 결정 청구	1	500
○ 지리적표시 심판 비용액 정본 청구	1	400

5. 농산물검사기관 지정신청 수수료

항 목	건수	수수료(원)
○ 농산물검사기관의 지정신청	1	200,000

6. 삭제 〈2013.3.24〉

7. 농산물검정기관 지정신청 수수료

항 목	건수	수수료(원)
○ 농산물검정기관의 지정 신청(신규·갱신)	1	200,000

8. 농산물 검사수수료

종류별	품 목	중량	단위	수수료(원)
곡류	○ 팥	40kg	대	30
	○ 녹두	40kg	대	30
	○ 그 밖의 곡류 모든 품목	40kg	대	20
서류	○ 모든 품목	40kg	대	20
특용작물류	○ 참깨	40kg	대	40
	○ 그 밖의 특용작물 모든 품목	40kg	대	20
과실류	○ 모든 품목	15kg	상자	20
채소류	○ 고추	20kg	대	30
	○ 그 밖의 채소류 모든 품목	20kg	대	20
잠사류	○ 누에씨	시·도지사가 정한 규정에 따른다.		
	○ 누에고치			
수입농산물류	○ 정곡(현미포함)	1톤	-	70
	○ 그 밖의 수입농산물류 모든 품목	1톤	-	60

비고: 위에서 정하지 않은 농산물은 유사 품목의 종류별 검사수수료를 우선 적용하며, 적용이 불가능할 경우 검사수수료 중 가장 낮게 설정된 검사수수료를 적용한다.

9. 농산물 검정수수료

분야	검정항목	세부 검정항목	단위	항목당 수수료(원)
품위·품종 및 일반성분	가. 품위	○ 정립, 피해립, 이종종자, 이물, 용적중, 싸라기, 입도, 이종곡립, 분상질립, 착색립, 사미, 세맥, 다른 종피색, 과균 비율, 색깔 비율, 결점과율	1항목	8,600
		○ 회분 또는 조회분	1점	13,700
		○ 사분	1점	17,200
	나. 발아율	○ 발아율, 발아세	1항목	30,800
	다. 도정률	○ 미곡의 제현율, 현백률	1항목	9,100
		○ 맥류의 정백률	1항목	18,200
	라. 품종	○ 벼·현미·쌀(정량)	1점(24립)	320,000
		○ 벼·현미·쌀(정성)	1점(6립)	100,000
	마. 일반성분	○ 수분	1점	12,000
		○ 단백질	1점	26,000
		○ 지방	1점	26,000
		○ 조섬유	1점	8,600
		○ 산가	1점	8,600
		○ 산도, 당도	1항목	8,600
무기성분 및 유해물질	가. 무기성분	○ 칼슘, 인, 식염, 나트륨, 칼륨 등	1성분	46,000
		○ 질산염, 아질산염	1성분	15,000
	나. 유해 중금속	○ 카드뮴, 납 등	1성분	40,000
	다. 잔류농약	○ 클로로피리포스, 엔도설판, 디디티(DDT), 프로시미돈, 다이아지논, 카벤다짐 등. 다만, 1회에 다성분에 대한 동시분석이 가능한 농약은 1성분으로 인정한다.	1성분	81,400
	라. 곰팡이 독소	○ 아플라톡신 B1, B2, G1, G2 등	1성분	87,000
	마. 항생물질	○ 항생제	1성분	40,000
		○ 합성항균제	1성분	40,000
		○ 호르몬제	1성분	180,300
	바. 방사능	○ 세슘, 요오드	1점	50,000

비고
1. 위에서 정하지 않은 세부 검정항목의 검정수수료는 비슷한 세부 검정항목 또는 관련 기관의 수수료를 참고하여 적용할 수 있다.
2. 1회에 다성분에 대한 동시분석이 가능하여 1성분으로 인정하는 농약의 범위 는 국립농산물품질관리원장이 따로 정한다.

10. 농지, 용수, 자재 검정수수료

구 분	분 야	세부 검정항목	단위	항목당 수수료(원)
가. 농지 (토양)	무기성분 및 유해물질	○ 카드뮴, 구리, 납 ○ 비소 ○ 수은 ○ 6가크롬, 아연, 니켈	1성분	10,600 8,700 18,300 18,300
나. 용수 (하천수·호소수)	무기성분 및 유해물질	○ 크롬, 아연, 구리, 카드뮴, 납, 망간, 니켈, 철 ○ 비소 ○ 셀레늄(원자흡광광도법) ○ 6가크롬 ○ 수은	1성분	6,900 13,900 6,000 6,900 10,600
다. 용수 (먹는물·먹는샘물)	무기성분 및 유해물질	○ 구리, 카드뮴, 납, 아연, 알루미늄, 망간, 철 ○ 셀레늄 ○ 비소 ○ 수은 ○ 6가크롬	1성분	6,100 6,600 7,700 6,600 3,900
라. 자재 (비료·축분·깔짚 등)	무기성분 및 유해물질	○ 질소, 인산, 칼륨 등	1성분	10,600
		○ 카드뮴, 비소, 납, 수은 등	1성분	11,800

비고: 위에서 정하지 않은 세부 검정항목의 검정수수료는 비슷한 세부 검정항목 또는 관련 기관의 수수료를 참고하여 적용할 수 있다.

　　　　ⓛ 수산물의 경우: 별표 34

　　② 법 제113조 각 호 외의 부분 단서에 따라 수수료를 면제하는 농수산물 등은 다음 각 호와 같다.

　　　　㉠ 법 제98조에 따라 국가기관이나 지방자치단체가 검정을 신청하는 농수산물 등. 다만, 지정검정기관의 장이 검정하는 농수산물 등은 제외한다.

　　　　ⓛ 영 제30조에 따른 검사대상 농산물 중 국립농산물품질관리원장이 검사하는 농산물

　　　　㉢ 그 밖에 농림축산식품부장관 또는 해양수산부장관이 수수료의 면제가 필요하다고 인정하여 고시하는 농수산물 등. 다만, 지정검사기관의 장 또는 지정검정기관의 장이 검사·검정하는 농수산물 등은 제외한다.

　　③ 우수관리인증기관은 법 제113조제1호에서 정하는 우수관리인증의 신청 및 갱신심사·유효기간연장·변경과 관련된 수수료를 국립농산물품질관리원장이 정한 기준의 범위에서 그 경비와 해당 농산물의 가격 등을 고려하여 따로 정할 수 있다.

④ 제1항에 따른 수수료의 징수방법은 해당 인증기관의 장이나 지정검사기관의 장 또는 지정검정기관의 장이 정하는 바에 따른다.

(13) 청문 등

1) 농림축산식품부장관, 해양수산부장관 또는 식품의약품안전처장은 다음 각 호의 어느 하나에 해당하는 처분을 하려면 청문을 하여야 한다.
   ① 제10조에 따른 우수관리인증기관의 지정 취소
   ② 제13조의2제3항에 따른 우수관리시설의 지정 취소
   ③ 제16조에 따른 품질인증의 취소
   ④ 제18조에 따른 품질인증기관의 지정 취소 또는 품질인증 업무의 정지
   ⑤ 제27조에 따른 이력추적관리 등록의 취소
   ⑥ 제31조제1항에 따른 표준규격품 또는 품질인증품의 판매금지나 표시정지, 같은 조 제2항에 따른 우수관리인증농산물의 판매금지 또는 같은 조 제4항에 따른 우수관리인증의 취소나 표시정지
   ⑦ 제40조에 따른 지리적표시품에 대한 판매의 금지, 표시의 정지 또는 등록의 취소
   ⑧ 제65조에 따른 안전성검사기관의 지정 취소
   ⑨ 제78조에 따른 생산·가공시설등이나 생산·가공업자등에 대한 생산·가공·출하·운반의 시정·제한·중지 명령, 생산·가공시설등의 개선·보수 명령 또는 등록의 취소
   ⑩ 제81조에 따른 농산물검사기관의 지정 취소
   ⑪ 제87조에 따른 검사판정의 취소
   ⑫ 제90조에 따른 수산물검사기관의 지정 취소 또는 검사업무의 정지
   ⑬ 제97조에 따른 검사판정의 취소
   ⑭ 제100조에 따른 검정기관의 지정 취소
   ⑮ 제109조에 따른 농산물품질관리사 또는 수산물품질관리사 자격의 취소
2) 국립농산물품질관리원장은 제83조에 따라 농산물검사관 자격의 취소를 하려면 청문을 하여야 한다.
3) 국가검역·검사기관의 장은 제92조에 따라 수산물검사관 자격의 취소를 하려면 청문을 하여야 한다.
4) 우수관리인증기관은 제8조제1항에 따라 우수관리인증을 취소하려면 우수관리인증을 받은 자에게 의견 제출의 기회를 주어야 한다.
5) 우수관리인증기관은 제12조제1항에 따라 우수관리시설의 지정을 취소하려면 우수

관리시설의 지정을 받은 자에게 의견 제출의 기회를 주어야 한다.

6) 품질인증기관은 제16조에 따라 품질인증의 취소를 하려면 품질인증을 받은 자에게 의견 제출의 기회를 주어야 한다.

7) 제4항부터 제6항까지에 따른 의견 제출에 관하여는 「행정절차법」 제22조제4항부터 제6항까지 및 제27조를 준용한다. 이 경우 "행정청" 및 "관할행정청"은 각각 "우수관리인증기관" 또는 "품질인증기관"으로 본다.

(14) 권한의 위임·위탁 등

1) 이 법에 따른 농림축산식품부장관, 해양수산부장관 또는 식품의약품안전처장의 권한은 그 일부를 대통령령으로 정하는 바에 따라 소속 기관의 장, 농촌진흥청장, 산림청장, 시·도지사 또는 시장·군수·구청장에게 위임할 수 있다.

2) 이 법에 따른 농림축산식품부장관, 해양수산부장관 또는 식품의약품안전처장의 업무는 그 일부를 대통령령으로 정하는 바에 따라 다음 각 호의 자에게 위탁할 수 있다.

① 생산자단체

② 「공공기관의 운영에 관한 법률」에 따른 공공기관

③ 「정부출연연구기관 등의 설립·운영 및 육성에 관한 법률」에 따른 정부출연연구기관 또는 「과학기술분야 정부출연연구기관 등의 설립·운영 및 육성에 관한 법률」에 따른 과학기술분야 정부출연연구기관

④ 「농어업경영체 육성 및 지원에 관한 법률」 제16조에 따라 설립된 영농조합법인 및 영어조합법인 등 농림 또는 수산 관련 법인이나 단체

(15) 벌칙 적용 시의 공무원 의제

다음 각 호의 어느 하나에 해당하는 사람은 「형법」 제127조 및 제129조부터 제132조까지의 규정에 따른 벌칙을 적용할 때에는 공무원으로 본다.

1) 제3조에 따른 심의회의 위원 중 공무원이 아닌 위원

2) 제9조에 따라 우수관리인증 또는 우수관리시설의 지정 업무에 종사하는 우수관리인증기관의 임원·직원

3) 제17조제1항에 따라 품질인증 업무에 종사하는 품질인증기관의 임원·직원

4) 제42조에 따른 심판위원 중 공무원이 아닌 심판위원

5) 제64조에 따라 안전성조사와 시험분석 업무에 종사하는 안전성검사기관의 임원·

직원

  6) 제80조 및 제85조에 따라 농산물 검사, 재검사 및 이의신청 업무에 종사하는 농산
물검사기관의 임원·직원

  7) 제89조 및 제96조에 따라 검사 및 재검사 업무에 종사하는 수산물검사기관의 임
원·직원

  8) 제99조에 따라 검정 업무에 종사하는 검정기관의 임원·직원

  9) 제115조제2항에 따라 위탁받은 업무에 종사하는 생산자단체 등의 임원·직원

8장 / 벌칙

(1) 벌칙

다음 각 호의 어느 하나에 해당하는 자는 7년 이하의 징역 또는 1억원 이하의 벌금에
처한다. 이 경우 징역과 벌금은 병과(倂科)할 수 있다.

  1) 제57조제1호를 위반하여 유전자변형농수산물의 표시를 거짓으로 하거나 이를 혼
동하게 할 우려가 있는 표시를 한 유전자변형농수산물 표시의무자

  2) 제57조제2호를 위반하여 유전자변형농수산물의 표시를 혼동하게 할 목적으로 그
표시를 손상·변경한 유전자변형농수산물 표시의무자

  3) 제57조제3호를 위반하여 유전자변형농수산물의 표시를 한 농수산물에 다른 농수
산물을 혼합하여 판매하거나 혼합하여 판매할 목적으로 보관 또는 진열한 유전자
변형농수산물 표시의무자

(2) 벌칙

제73조제1항제1호 또는 제2호를 위반하여 「해양환경관리법」 제2조제5호에 따른 기름
을 배출한 자는 5년 이하의 징역 또는 5천만원 이하의 벌금에 처한다.

(3) 벌칙

다음 각 호의 어느 하나에 해낭하는 자는 3년 이하의 징역 또는 3천만원 이하의 벌금

에 처한다.

1) 제29조제1항제1호를 위반하여 우수표시품이 아닌 농수산물(우수관리인증농산물이 아닌 농산물의 경우에는 제7조제4항에 따른 승인을 받지 아니한 농산물을 포함한다) 또는 농수산가공품에 우수표시품의 표시를 하거나 이와 비슷한 표시를 한 자

2) 제29조제1항제2호를 위반하여 우수표시품이 아닌 농수산물(우수관리인증농산물 이 아닌 농산물의 경우에는 제7조제4항에 따른 승인을 받지 아니한 농산물을 포함한다) 또는 농수산가공품을 우수표시품으로 광고하거나 우수표시품으로 잘못 인식할 수 있도록 광고한 자

3) 제29조제2항을 위반하여 다음 각 목의 어느 하나에 해당하는 행위를 한 자

① 제5조제2항에 따라 표준규격품의 표시를 한 농수산물에 표준규격품이 아닌 농 수산물 또는 농수산가공품을 혼합하여 판매하거나 혼합하여 판매할 목적으로 보관하거나 진열하는 행위

② 제6조제6항에 따라 우수관리인증의 표시를 한 농산물에 우수관리인증농산물 이 아닌 농산물(제7조제4항에 따른 승인을 받지 아니한 농산물을 포함한다) 또는 농산가공품을 혼합하여 판매하거나 혼합하여 판매할 목적으로 보관하거 나 진열하는 행위

③ 제14조제3항에 따라 품질인증품의 표시를 한 수산물에 품질인증품이 아닌 수 산물을 혼합하여 판매하거나 혼합하여 판매할 목적으로 보관 또는 진열하는 행위

④ 제24조제6항에 따라 이력추적관리의 표시를 한 농산물에 이력추적관리의 등 록을 하지 아니한 농산물 또는 농산가공품을 혼합하여 판매하거나 혼합하여 판매할 목적으로 보관하거나 진열하는 행위

4) 제38조제1항을 위반하여 지리적표시품이 아닌 농수산물 또는 농수산가공품의 포 장·용기·선전물 및 관련 서류에 지리적표시나 이와 비슷한 표시를 한 자

5) 제38조제2항을 위반하여 지리적표시품에 지리적표시품이 아닌 농수산물 또는 농수산 가공품을 혼합하여 판매하거나 혼합하여 판매할 목적으로 보관 또는 진열한 자

6) 제73조제1항제1호 또는 제2호를 위반하여 「해양환경관리법」 제2조제4호에 따른 폐기물, 같은 조 제7호에 따른 유해액체물질 또는 같은 조 제8호에 따른 포장유해 물질을 배출한 자

7) 제101조제1호를 위반하여 거짓이나 그 밖의 부정한 방법으로 제79조에 따른 농산 물의 검사, 제85조에 따른 농산물의 재검사, 제88조에 따른 수산물 및 수산가공품 의 검사, 제96조에 따른 수산물 및 수산가공품의 재검사 및 제98조에 따른 검정을

받은 자

8) 제101조제2호를 위반하여 검사를 받아야 하는 수산물 및 수산가공품에 대하여 검사를 받지 아니한 자

9) 제101조제3호를 위반하여 검사 및 검정 결과의 표시, 검사증명서 및 검정증명서를 위조하거나 변조한 자

10) 제101조제5호를 위반하여 검정 결과에 대하여 거짓광고나 과대광고를 한 자

(4) 벌칙

다음 각 호의 어느 하나에 해당하는 자는 1년 이하의 징역 또는 1천만원 이하의 벌금에 처한다.

1) 제24조제2항을 위반하여 이력추적관리의 등록을 하지 아니한 자

2) 제31조제1항 또는 제40조에 따른 시정명령(제31조제1항제3호 또는 제40조제2호에 따른 표시방법에 대한 시정명령은 제외한다), 판매금지 또는 표시정지 처분에 따르지 아니한 자

3) 제31조제2항에 따른 판매금지 조치에 따르지 아니한 자

4) 제59조제1항에 따른 처분을 이행하지 아니한 자

5) 제59조제2항에 따른 공표명령을 이행하지 아니한 자

6) 제63조제1항에 따른 조치를 이행하지 아니한 자

7) 제73조제2항에 따른 동물용 의약품을 사용하는 행위를 제한하거나 금지하는 조치에 따르지 아니한 자

8) 제77조에 따른 지정해역에서 수산물의 생산제한 조치에 따르지 아니한 자

9) 제78조에 따른 생산·가공·출하 및 운반의 시정·제한·중지 명령을 위반하거나 생산·가공시설등의 개선·보수 명령을 이행하지 아니한 자

10) 제98조의2제1항에 따른 조치를 이행하지 아니한 자

11) 제101조제2호를 위반하여 검사를 받아야 하는 농산물에 대하여 검사를 받지 아니한 자

12) 제101조제4호를 위반하여 검사를 받지 아니하고 해당 농수산물이나 수산가공품을 판매·수출하거나 판매·수출을 목적으로 보관 또는 진열한 자

13) 제82조제7항 또는 제108조제2항을 위반하여 다른 사람에게 농산물검사관, 농산물품질관리사 또는 수산물품질관리사의 명의를 사용하게 하거나 그 자격증을 빌려준 자

14) 세82조제8항 또는 제108조제3항을 위반하여 농산물검사관, 농산물품질관리사

또는 수산물품질관리사의 명의를 사용하거나 그 자격증을 대여받은 자 또는 명의의 사용이나 자격증의 대여를 알선한 자

(5) 과실범

과실로 제118조의 죄를 저지른 자는 3년 이하의 징역 또는 3천만원 이하의 벌금에 처한다.

(6) 양벌규정

법인의 대표자나 법인 또는 개인의 대리인, 사용인, 그 밖의 종업원이 그 법인 또는 개인의 업무에 관하여 제117조부터 제121조까지의 어느 하나에 해당하는 위반행위를 하면 그 행위자를 벌하는 외에 그 법인 또는 개인에게도 해당 조문의 벌금형을 과(科)한다. 다만, 법인 또는 개인이 그 위반행위를 방지하기 위하여 해당 업무에 관하여 상당한 주의와 감독을 게을리하지 아니한 경우에는 그러하지 아니하다.

(7) 과태료

1) 다음 각 호의 어느 하나에 해당하는 자에게는 1천만원 이하의 과태료를 부과한다.
   ① 제13조제1항, 제19조제1항, 제30조제1항, 제39조제1항, 제58조제1항, 제62조제1항, 제76조제4항 및 제102조제1항에 따른 출입·수거·조사·열람 등을 거부·방해 또는 기피한 자
   ② 제24조제2항에 따라 등록한 자로서 같은 조 제3항을 위반하여 변경신고를 하지 아니한 자
   ③ 제24조제2항에 따라 등록한 자로서 같은 조 제6항을 위반하여 이력추적관리의 표시를 하지 아니한 자
   ④ 제24조제2항에 따라 등록한 자로서 같은 조 제7항을 위반하여 이력추적관리기준을 지키지 아니한 자
   ⑤ 제31조제1항제3호 또는 제40조제2호에 따른 표시방법에 대한 시정명령에 따르지 아니한 자
   ⑥ 제56조제1항을 위반하여 유전자변형농수산물의 표시를 하지 아니한 자
   ⑦ 제56조제2항에 따른 유전자변형농수산물의 표시방법을 위반한 자
2) 다음 각 호의 어느 하나에 해당하는 자에게는 100만원 이하의 과태료를 부과한다.
   ① 제73조제1항제3호를 위반하여 양식시설에서 가축을 사육한 자

② 제75조제1항에 따른 보고를 하지 아니하거나 거짓으로 보고한 생산·가공업자 등

3) 제1항 및 제2항에 따른 과태료는 대통령령으로 정하는 바에 따라 농림축산식품부장관, 해양수산부장관, 식품의약품안전처장 또는 시·도지사가 부과·징수한다.

4) 과태료 부과기준

■ 농수산물 품질관리법 시행령 [별표 4]

과태료의 부과기준 (제45조 관련)

1. 일반기준

가. 위반행위의 횟수에 따른 과태료의 가중된 부과기준(제2호바목 및 사목의 경우는 제외한다)은 최근 1년간 같은 위반행위로 과태료 부과처분을 받은 경우에 적용한다. 이 경우 기간의 계산은 위반행위에 대하여 과태료 부과처분을 받은 날과 그 처분 후 다시 같은 위반행위를 하여 적발된 날을 기준으로 한다.

나. 가목에 따라 가중된 부과처분을 하는 경우 가중처분의 적용 차수는 그 위반행위 전 부과처분 차수(가목에 따른 기간 내에 과태료 부과 처분이 둘 이상 있었던 경우에는 높은 차수를 말한다)의 다음 차수로 한다.

다. 위반행위가 둘 이상인 경우로서 그에 해당하는 각각의 처분기준이 다른 경우에는 그 중 무거운 처분기준에 따른다.

라. 부과권자는 다음의 어느 하나에 해당하는 경우에 제2호에 따른 과태료 금액을 2분의 1의 범위에서 감경할 수 있다. 다만, 과태료를 체납하고 있는 위반행위자의 경우에는 그러하지 아니하다.

1) 위반행위자가 「질서위반행위규제법 시행령」 제2조의2제1항 각 호의 어느 하나에 해당하는 경우

2) 위반행위자가 자연재해·화재 등으로 재산에 현저한 손실이 발생했거나 사업여건의 악화로 중대한 위기에 처하는 등의 사정이 있는 경우

3) 위반행위가 고의나 중대한 과실이 아닌 사소한 부주의나 오류로 인한 것으로 인정되는 경우

4) 그 밖에 위반행위의 정도, 위반행위의 동기와 그 결과 등을 고려하여 감경할 필요가 있다고 인정되는 경우

2. 개별기준

위반행위	근거 법조문	과태료 금액		
		1차 위반	2차 위반	3차 이상 위반
가. 법 제13조제1항, 법 제19조제1항, 법 제30조제1항, 법 제39조제1항, 법 제58조제1항, 법 제62조제1항, 법 제76조제4항 및 법 제102조제1항에 따른 수거·조사·열람 등을 거부·방해 또는 기피한 경우	법 제123조 제1항제1호	100만원	200만원	300만원

나. 법 제24조제2항에 따라 등록한 자로서 같은 조 제3항을 위반하여 변경신고를 하지 않은 경우	법 제123조 제1항제2호	100만원	200만원	300만원
다. 법 제24조제2항에 따라 등록한 자로서 같은 조 제6항을 위반하여 이력추적관리의 표시를 하지 않은 경우	법 제123조 제1항제3호	100만원	200만원	300만원
라. 법 제24조제2항에 따라 등록한 자로서 같은 조 제7항을 위반하여 이력추적관리기준을 지키지 않은 경우	법 제123조 제1항제4호	100만원	200만원	300만원
마. 법 제31조제1항제3호 또는 제40조제2호에 따른 표시방법에 대한 시정명령에 따르지 않은 경우	법 제123조 제1항제5호	100만원	200만원	300만원
바. 법 제56조제1항을 위반하여 유전자변형농수산물의 표시를 하지 않은 경우	법 제123조 제1항제6호	5만원 이상 1,000만원 이하		
사. 법 제56조제2항에 따른 유전자변형농수산물의 표시방법을 위반한 경우	법 제123조 제1항제7호	5만원 이상 1,000만원 이하		
아. 법 제73조제1항제3호를 위반하여 양식시설에서 가축을 사육한 경우	법 제123조 제2항제1호	7만원	15만원	30만원
자. 법 제74조제1항에 따라 생산·가공시설등을 등록한 생산업자·가공업자가 법 제75조제1항에 따라 보고를 하지 않거나 거짓으로 보고한 경우	법 제123조 제2항제2호	7만원	15만원	30만원

3. 제2호바목 및 사목의 과태료의 세부 부과기준

  가. 제2호바목에 해당하는 경우

   1) 과태료 부과금액은 표시를 하지 아니한 물량(판매를 목적으로 보관 또는 진열하고 있는 물량을 포함한다)에 적발 당일 해당 영업소의 판매가격을 곱한 금액으로 한다.

   2) 1)의 해당 영업소의 판매가격을 알 수 없는 경우에는 인근 2개 업소의 동일 품목 판매가격의 평균을 기준으로 한다. 다만, 평균가격을 산정할 수 없는 경우에는 해당 농산물의 매입가격에 30퍼센트를 가산한 금액을 기준으로 한다.

   3) 과태료 부과금액의 최소단위는 5만원으로 하고, 5만원 이상은 천원 미만을 버리고 부과하되, 부과되는 총액은 1천만원을 초과할 수 없다.

  나. 제2호사목에 해당하는 경우

   1) 가목의 기준에 따른 과태료 부과금액의 100분의 50을 부과한다.

   2) 과태료 부과금액의 최소단위는 5만원으로 하고, 5만원 이상은 천원 미만을 버리고 부과한다.

Part 02
농수산물의 원산지 표시 등에 관한 법률

1장 / 총칙

(1) 목적

이 법은 농산물·수산물과 그 가공품 등에 대하여 적정하고 합리적인 원산지 표시와 유통이력 관리를 하도록 함으로써 공정한 거래를 유도하고 소비자의 알권리를 보장하여 생산자와 소비자를 보호하는 것을 목적으로 한다.

(2) 정의

이 법에서 사용하는 용어의 뜻은 다음과 같다.

1) "농산물"이란 「농업·농촌 및 식품산업 기본법」 제3조제6호가목에 따른 농산물을 말한다.
2) "수산물"이란 「수산업·어촌 발전 기본법」 제3조제1호가목에 따른 어업활동 및 같은 호 마목에 따른 양식업활동으로부터 생산되는 산물을 말한다.
3) "농수산물"이란 농산물과 수산물을 말한다.
4) "원산지"란 농산물이나 수산물이 생산·채취·포획된 국가·지역이나 해역을 말한다.
5) "유통이력"이란 수입 농산물 및 농산물 가공품에 대한 수입 이후부터 소비자 판매 이전까지의 유통단계별 거래명세를 말하며, 그 구체적인 범위는 농림축산식품부령으로 정한다.
6) "식품접객업"이란 「식품위생법」 제36조제1항제3호에 따른 식품접객업을 말한다.
7) "집단급식소"란 「식품위생법」 제2조제12호에 따른 집단급식소를 말한다.
8) "통신판매"란 「전자상거래 등에서의 소비자보호에 관한 법률」 제2조제2호에 따른 통신판매(같은 법 제2조제1호의 전자상거래로 판매되는 경우를 포함한다. 이하

같다) 중 대통령령으로 정하는 판매를 말한다.

9) 이 법에서 사용하는 용어의 뜻은 이 법에 특별한 규정이 있는 것을 제외하고는「농수산물 품질관리법」,「식품위생법」,「대외무역법」이나「축산물 위생관리법」에서 정하는 바에 따른다.

(3) 다른 법률과의 관계

이 법은 농수산물 또는 그 가공품의 원산지 표시와 수입 농산물 및 농산물 가공품의 유통이력 관리에 대하여 다른 법률에 우선하여 적용한다.

(4) 농수산물의 원산지 표시의 심의

이 법에 따른 농산물·수산물 및 그 가공품 또는 조리하여 판매하는 쌀·김치류, 축산물(「축산물 위생관리법」제2조제2호에 따른 축산물을 말한다. 이하 같다) 및 수산물 등의 원산지 표시 등에 관한 사항은「농수산물 품질관리법」제3조에 따른 농수산물품질관리심의회(이하 "심의회"라 한다)에서 심의한다.

2장 / 농수산물 및 농수산물 가공품의 원산지 표시 등

(1) 원산지 표시

1) 대통령령으로 정하는 농수산물 또는 그 가공품을 수입하는 자, 생산·가공하여 출하하거나 판매(통신판매를 포함한다. 이하 같다)하는 자 또는 판매할 목적으로 보관·진열하는 자는 다음 각 호에 대하여 원산지를 표시하여야 한다.

① 농수산물

② 농수산물 가공품(국내에서 가공한 가공품은 제외한다)

③ 농수산물 가공품(국내에서 가공한 가공품에 한정한다)의 원료

> 통신판매의 범위 :「농수산물의 원산지 표시 등에 관한 법률」(이하 "법"이라 한다) 제2조제7호에서 "대통령령으로 정하는 판매"란「전자상거래 등에서의 소비자보호에 관한 법률」제12조에 따라 신고한 통신판매업자의 판

> 매(전단지를 이용한 판매는 제외한다) 또는 같은 법 제20조제2항에
> 따른 통신판매중개업자가 운영하는 사이버몰(컴퓨터 등과 정보통신
> 설비를 이용하여 재화를 거래할 수 있도록 설정된 가상의 영업장을
> 말한다)을 이용한 판매를 말한다.

2) 다음 각 호의 어느 하나에 해당하는 때에는 제1항에 따라 원산지를 표시한 것으로
본다.
① 「농수산물 품질관리법」제5조 또는 「소금산업 진흥법」제33조에 따른 표준규격
품의 표시를 한 경우
② 「농수산물 품질관리법」제6조에 따른 우수관리인증의 표시, 같은 법 제14조에
따른 품질인증품의 표시 또는 「소금산업 진흥법」제39조에 따른 우수천일염인
증의 표시를 한 경우
③ 「소금산업 진흥법」제40조에 따른 천일염생산방식인증의 표시를 한 경우
④ 「소금산업 진흥법」제41조에 따른 친환경천일염인증의 표시를 한 경우
⑤ 「농수산물 품질관리법」제24조에 따른 이력추적관리의 표시를 한 경우
⑥ 「농수산물 품질관리법」제34조 또는 「소금산업 진흥법」제38조에 따른 지리적표
시를 한 경우
⑦ 「식품산업진흥법」제22조의2 또는 「수산식품산업의 육성 및 지원에 관한 법률」
제30조에 따른 원산지인증의 표시를 한 경우
⑧ 「대외무역법」제33조에 따라 수출입 농수산물이나 수출입 농수산물 가공품의
원산지를 표시한 경우
⑨ 다른 법률에 따라 농수산물의 원산지 또는 농수산물 가공품의 원료의 원산지를
표시한 경우

3) 식품접객업 및 집단급식소 중 대통령령으로 정하는 영업소나 집단급식소를 설치·
운영하는 자는 다음 각 호의 어느 하나에 해당하는 경우에 그 농수산물이나 그 가
공품의 원료에 대하여 원산지(쇠고기는 식육의 종류를 포함한다. 이하 같다)를 표
시하여야 한다. 다만, 「식품산업진흥법」제22조의2 또는 「수산식품산업의 육성 및
지원에 관한 법률」제30조에 따른 원산지인증의 표시를 한 경우에는 원산지를 표
시한 것으로 보며, 쇠고기의 경우에는 식육의 종류를 별도로 표시하여야 한다.
① 대통령령으로 정하는 농수산물이나 그 가공품을 조리하여 판매·제공(배달을 통
한 판매·제공을 포함한다)하는 경우
② 제1호에 따른 농수산물이나 그 가공품을 조리하여 판매·제공할 목적으로 보관

하거나 진열하는 경우

4) 제1항이나 제3항에 따른 표시대상, 표시를 하여야 할 자, 표시기준은 대통령령으로 정하고, 표시방법과 그 밖에 필요한 사항은 농림축산식품부와 해양수산부의 공동 부령으로 정한다.

① 원산지의 표시대상

    ㉠ 법 제5조제1항 각 호 외의 부분에서 "대통령령으로 정하는 농수산물 또는 그 가공품"이란 다음 각 호의 농수산물 또는 그 가공품을 말한다.

        ⓐ 유통질서의 확립과 소비자의 올바른 선택을 위하여 필요하다고 인정하여 농림축산식품부장관과 해양수산부장관이 공동으로 고시한 농수산물 또는 그 가공품

        ⓑ 「대외무역법」제33조에 따라 산업통상자원부장관이 공고한 수입 농수산물 또는 그 가공품. 다만, 「대외무역법 시행령」제56조제2항에 따라 원산지 표시를 생략할 수 있는 수입 농수산물 또는 그 가공품은 제외한다.

    ㉡ 법 제5조제1항제3호에 따른 농수산물 가공품의 원료에 대한 원산지 표시대상은 다음 각 호와 같다. 다만, 물, 식품첨가물, 주정(酒精) 및 당류(당류를 주원료로 하여 가공한 당류가공품을 포함한다)는 배합 비율의 순위와 표시대상에서 제외한다.

        ⓐ 원료 배합 비율에 따른 표시대상

            a. 사용된 원료의 배합 비율에서 한 가지 원료의 배합 비율이 98퍼센트 이상인 경우에는 그 원료

            b. 사용된 원료의 배합 비율에서 두 가지 원료의 배합 비율의 합이 98퍼센트 이상인 원료가 있는 경우에는 배합 비율이 높은 순서의 2순위까지의 원료

            c. a목 및 b목 외의 경우에는 배합 비율이 높은 순서의 3순위까지의 원료

            d. a목부터 c목까지의 규정에도 불구하고 김치류 및 절임류(소금으로 절이는 절임류에 한정한다)의 경우에는 다음의 구분에 따른 원료

              - 김치류 중 고춧가루(고춧가루가 포함된 가공품을 사용하는 경우에는 그 가공품에 사용된 고춧가루를 포함한다. 이하 같다)를 사용하는 품목은 고춧가루 및 소금을 제외한 원료 중 배합 비율이 가장 높은 순서의 2순위까지의 원료와 고춧가루 및 소금

              - 김치류 중 고춧가루를 사용하지 아니하는 품목은 소금을 제외한

원료 중 배합 비율이 가장 높은 순서의 2순위까지의 원료와 소금
- 절임류는 소금을 제외한 원료 중 배합 비율이 가장 높은 순서의 2순위까지의 원료와 소금. 다만, 소금을 제외한 원료 중 한 가지 원료의 배합 비율이 98퍼센트 이상인 경우에는 그 원료와 소금 으로 한다.

ⓑ 제1호에 따른 표시대상 원료로서「식품 등의 표시·광고에 관한 법률」제4조에 따른 식품등의 표시기준에서 정한 복합원재료를 사용한 경우에는 농림축산식품부장관과 해양수산부장관이 공동으로 정하여 고시하는 기준에 따른 원료

ⓒ 제2항을 적용할 때 원료(가공품의 원료를 포함한다. 이하 이 항에서 같다) 농수산물의 명칭을 제품명 또는 제품명의 일부로 사용하는 경우에는 그 원료 농수산물이 같은 항에 따른 원산지 표시대상이 아니더라도 그 원료 농수산물의 원산지를 표시해야 한다. 다만, 원료 농수산물이 다음 각 호의 어느 하나에 해당하는 경우에는 해당 원료 농수산물의 원산지 표시를 생략할 수 있다.

ⓐ 제1항제1호에 따라 고시한 원산지 표시대상에 해당하지 않는 경우

ⓑ 제2항 각 호 외의 부분 단서에 따른 식품첨가물, 주정 및 당류(당류를 주원료로 하여 가공한 당류가공품을 포함한다)의 원료로 사용된 경우

ⓒ 「식품 등의 표시·광고에 관한 법률」제4조의 표시기준에 따라 원재료명 표시를 생략할 수 있는 경우

ⓓ 법 제5조제3항제1호에서 "대통령령으로 정하는 농수산물이나 그 가공품을 조리하여 판매·제공하는 경우"란 다음 각 호의 것을 조리하여 판매·제공하는 경우를 말한다. 이 경우 조리에는 날 것의 상태로 조리하는 것을 포함하며, 판매·제공에는 배달을 통한 판매·제공을 포함한다.

ⓐ 쇠고기(식육·포장육·식육가공품을 포함한다. 이하 같다)

ⓑ 돼지고기(식육·포장육·식육가공품을 포함한다. 이하 같다)

ⓒ 닭고기(식육·포장육·식육가공품을 포함한다. 이하 같다)

ⓓ 오리고기(식육·포장육·식육가공품을 포함한다. 이하 같다)

ⓔ 양고기(식육·포장육·식육가공품을 포함한다. 이하 같다)

ⓕ 염소(유산양을 포함한다. 이하 같다)고기(식육·포장육·식육가공품을 포함한다. 이하 같다)

ⓖ 밥, 죽, 누룽지에 사용하는 쌀(쌀가공품을 포함하며, 쌀에는 잡쌀, 현미

및 찐쌀을 포함한다. 이하 같다)

ⓗ 배추김치(배추김치가공품을 포함한다)의 원료인 배추(얼갈이배추와 봄 동배추를 포함한다. 이하 같다)와 고춧가루

ⓘ 두부류(가공두부, 유바는 제외한다), 콩비지, 콩국수에 사용하는 콩(콩 가공품을 포함한다. 이하 같다)

ⓙ 넙치, 조피볼락, 참돔, 미꾸라지, 뱀장어, 낙지, 명태(황태, 북어 등 건 조한 것은 제외한다. 이하 같다), 고등어, 갈치, 오징어, 꽃게, 참조기, 다랑어, 아귀, 주꾸미, 가리비, 우렁쉥이, 전복, 방어 및 부세(해당 수산 물가공품을 포함한다. 이하 같다)

ⓚ 조리하여 판매·제공하기 위하여 수족관 등에 보관·진열하는 살아있는 수산물

㉲ 제5항 각 호의 원산지 표시대상 중 가공품에 대해서는 주원료를 표시해야 한다. 이 경우 주원료 표시에 관한 세부기준에 대해서는 농림축산식품부장 관과 해양수산부장관이 공동으로 정하여 고시한다.

㉳ 농수산물이나 그 가공품의 신뢰도를 높이기 위하여 필요한 경우에는 제1 항부터 제3항까지, 제5항 및 제6항에 따른 표시대상이 아닌 농수산물과 그 가공품의 원료에 대해서도 그 원산지를 표시할 수 있다. 이 경우 법 제 5조제4항에 따른 표시기준과 표시방법을 준수하여야 한다.

② 원산지의 표시방법: 법 제5조제4항에 따른 원산지의 표시방법은 다음 각 호의 구분과 같다.

㉠ 법 제5조제1항에 따라 원산지를 표시하여야 하는 경우:「농수산물의 원산 지 표시 등에 관한 법률 시행령」(이하 "영"이라 한다) 제5조의 원산지의 표 시기준에 따라 표시하되, 세부적인 표시방법은 별표 1부터 별표 3까지에 따를 것

㉡ 법 제5조제3항에 따라 원산지를 표시하여야 하는 경우: 별표 3 및 별표 4 에 따를 것

■ 농수산물의 원산지 표시 등에 관한 법률 시행규칙 [별표 1]

농수산물 등의 원산지 표시방법(제3조제1호 관련)

1. 적용대상

  가. 영 별표 1 제1호에 따른 농수산물

  나. 영 별표 1 제2호에 따른 수입 농수산물과 그 가공품 및 반입 농수산물과 그 가공품

2. 표시방법

가. 포장재에 원산지를 표시할 수 있는 경우

1) 위치: 소비자가 쉽게 알아볼 수 있는 곳에 표시한다.

2) 문자: 한글로 하되, 필요한 경우에는 한글 옆에 한문 또는 영문 등으로 추가하여 표시할 수 있다.

3) 글자 크기

가) 영 별표 1 제1호에 따른 농수산물과 영 별표 1 제2호에 따른 수입 농수산물 및 반입 농수산물

(1) 포장 표면적이 3,000㎠ 이상인 경우: 20포인트 이상

(2) 포장 표면적이 50㎠ 이상 3,000㎠ 미만인 경우: 12포인트 이상

(3) 포장 표면적이 50㎠ 미만인 경우: 8포인트 이상. 다만, 8포인트 이상의 크기로 표시하기 곤란한 경우에는 다른 표시사항의 글자 크기와 같은 크기로 표시할 수 있다.

(4) (1), (2) 및 (3)의 포장 표면적은 포장재의 외형면적을 말한다. 다만, 「식품 등의 표시·광고에 관한 법률」 제4조에 따른 식품 등의 표시기준에 따른 통조림·병조림 및 병제품에 라벨이 인쇄된 경우에는 그 라벨의 면적으로 한다.

나) 영 별표 1 제2호에 따른 수입 농수산물 가공품 및 반입 농수산물 가공품

(1) 10포인트 이상의 활자로 진하게(굵게) 표시해야 한다. 다만, 정보표시면 면적이 부족한 경우에는 10포인트보다 작게 표시할 수 있으나, 「식품 등의 표시·광고에 관한 법률」 제4조에 따른 원재료명의 표시와 동일한 크기로 진하게(굵게) 표시해야 한다.

(2) (1)에 따른 글씨는 각각 장평 90% 이상, 자간 -5% 이상으로 표시해야 한다. 다만, 정보표시면 면적이 100㎠ 미만인 경우에는 각각 장평 50% 이상, 자간 -5% 이상으로 표시할 수 있다.

4) 글자색: 포장재의 바탕색 또는 내용물의 색깔과 다른 색깔로 선명하게 표시한다.

5) 그 밖의 사항

가) 포장재에 직접 인쇄하는 것을 원칙으로 하되, 지워지지 아니하는 잉크·각인·소인 등을 사용하여 표시하거나 스티커(붙임딱지), 전자저울에 의한 라벨지 등으로도 표시할 수 있다.

나) 그물망 포장을 사용하는 경우 또는 포장을 하지 않고 엮거나 묶은 상태인 경우에는 꼬리표, 안쪽 표지 등으로도 표시할 수 있다.

나. 포장재에 원산지를 표시하기 어려운 경우(다목의 경우는 제외한다)

1) 푯말, 안내표시판, 일괄 안내표시판, 상품에 붙이는 스티커 등을 이용하여 다음의 기준에 따라 소비자가 쉽게 알아볼 수 있도록 표시한다. 다만, 원산지가 다른 동일 품목이 있는 경우에는 해당 품목의 원산지는 일괄 안내표시판에 표시하는 방법 외의 방법으로 표시하여야 한다.

가) 푯말: 가로 8cm × 세로 5cm × 높이 5cm 이상

나) 안내표시판

(1) 진열대: 가로 7cm × 세로 5cm 이상

(2) 판매장소: 가로 14cm × 세로 10cm 이상

(3) 「축산물 위생관리법 시행령」 제21조제7호가목에 따른 식육판매업 또는 같은 조 제8호에 따른 식육즉석판매가공업의 영업자가 진열장에 진열하여 판매하는 식육에 대하여 식육판매표지판을 이용하여 원산지를 표시하는 경우의 세부 표시방법은 식품의약품안 전처장이 정하여 고시하는 바에 따른다.

다) 일괄 안내표시판

(1) 위치: 소비자가 쉽게 알아볼 수 있는 곳에 설치하여야 한다.

(2) 크기: 나)(2)에 따른 기준 이상으로 하되, 글자 크기는 20포인트 이상으로 한다.

라) 상품에 붙이는 스티커: 가로 3cm × 세로 2cm 이상 또는 직경 2.5cm 이상이어야 한다.

2) 문자: 한글로 하되, 필요한 경우에는 한글 옆에 한문 또는 영문 등으로 추가하여 표시할 수 있다.

3) 원산지를 표시하는 글자(일괄 안내표시판의 글자는 제외한다)의 크기는 제품의 명칭 또는 가격을 표시한 글자 크기의 1/2 이상으로 하되, 최소 12포인트 이상으로 한다.

다. 살아 있는 수산물의 경우

1) 보관시설(수족관, 활어차량 등)에 원산지별로 섞이지 않도록 구획(동일 어종의 경우만 해당한다)하고, 푯말 또는 안내표시판 등으로 소비자가 쉽게 알아볼 수 있도록 표시한다.

2) 글자 크기는 30포인트 이상으로 하되, 원산지가 같은 경우에는 일괄하여 표시할 수 있다.

3) 문자는 한글로 하되, 필요한 경우에는 한글 옆에 한문 또는 영문 등으로 추가하여 표시할 수 있다.

■ 농수산물의 원산지 표시 등에 관한 법률 시행규칙 [별표 2]

농수산물 가공품의 원산지 표시방법(제3조제1호 관련)

1. 적용대상: 영 별표 1 제3호에 따른 농수산물 가공품

2. 표시방법

가. 포장재에 원산지를 표시할 수 있는 경우

1) 위치: 「식품 등의 표시·광고에 관한 법률」 제4조의 표시기준에 따른 원재료명 표시란에 추가하여 표시한다. 다만, 원재료명 표시란에 표시하기 어려운 경우에는 소비자가 쉽게 알아볼 수 있는 위치에 표시하되, 구매시점에 소비자가 원산지를 알 수 있도록 표시해야 한다.

2) 문자: 한글로 하되, 필요한 경우에는 한글 옆에 한문 또는 영문 등으로 추가하여 표시할 수 있다.

3) 글자 크기

가) 10포인트 이상의 활자로 진하게(굵게) 표시해야 한다. 다만, 정보표시면 면적이 부족한 경우에는 10포인트보다 작게 표시할 수 있으나, 「식품 등의 표시·광고에 관한 법률」 제4조에 따른 원재료명의 표시와 동일한 크기로 진하게(굵게) 표시해야 한다.

나) 가)에 따른 글씨는 각각 장평 90% 이상, 자간 -5% 이상으로 표시해야 한다. 다만, 정보표시면 면적이 100㎠ 미만인 경우에는 각각 장평 50% 이상, 자간 -5% 이상으로 표시할 수 있다.

4) 글자색: 포장재의 바탕색과 다른 단색으로 선명하게 표시한다. 다만, 포장재의 바탕색이 투명한 경우 내용물과 다른 단색으로 선명하게 표시한다.

5) 그 밖의 사항

가) 포장재에 직접 인쇄하는 것을 원칙으로 하되, 지워지지 아니하는 잉크·각인·소인 등을 사용하여 표시하거나 스티커, 전자저울에 의한 라벨지 등으로도 표시할 수 있다.

나) 그물망 포장을 사용하는 경우에는 꼬리표, 안쪽 표지 등으로도 표시할 수 있다.

다) 최종소비자에게 판매되지 않는 농수산물 가공품을 「가맹사업거래의 공정화에 관한 법률」에 따른 가맹사업자의 직영점과 가맹점에 제조·가공·조리를 목적으로 공급하는 경우에 가맹사업자가 원산지 정보를 판매시점 정보관리(POS, Point of Sales) 시스템을 통해 이미 알고 있으면 포장재 표시를 생략할 수 있다.

나. 포장재에 원산지를 표시하기 어려운 경우: 별표 1 제2호나목을 준용하여 표시한다.

■ 농수산물의 원산지 표시 등에 관한 법률 시행규칙 [별표 3]

통신판매의 경우 원산지 표시방법(제3조제1호 및 제2호 관련)

1. 일반적인 표시방법

가. 표시는 한글로 하되, 필요한 경우에는 한글 옆에 한문 또는 영문 등으로 추가하여 표시할 수 있다. 다만, 매체 특성상 문자로 표시할 수 없는 경우에는 말로 표시하여야 한다.

나. 원산지를 표시할 때에는 소비자가 혼란을 일으키지 않도록 글자로 표시할 경우에는 글자의 위치·크기 및 색깔은 쉽게 알아 볼 수 있어야 하고, 말로 표시할 경우에는 말의 속도 및 소리의 크기는 제품을 설명하는 것과 같아야 한다.

다. 원산지가 같은 경우에는 일괄하여 표시할 수 있다. 다만, 제3호나목의 경우에는 일괄하여 표시할 수 없다.

2. 판매 매체에 대한 표시방법

가. 전자매체 이용

1) 글자로 표시할 수 있는 경우(인터넷, PC통신, 케이블TV, IPTV, TV 등)

가) 표시 위치: 제품명 또는 가격표시 옆·위·아래에 붙여서 원산지를 표시하거나, 자막 또는 별도의 창의 위치를 알려주는 표시를 첫 화면(소비자가 제품을 구매할 때 통상적으로 그 제품이나 그 제품의 판매업체를 확인할 수 있는 최초의 화면을 말한다)이나

제품명 또는 가격표시 옆·위·아래에 붙여서 표시하고 매체의 특성에 따라 자막 또는 별도의 창을 이용하여 원산지를 표시할 수 있다.

나) 표시 시기: 원산지를 표시하여야 할 제품이 화면에 표시되는 시점부터 원산지를 알 수 있도록 표시해야 한다.

다) 글자 크기: 제품명 또는 가격표시(최초 등록된 가격표시를 기준으로 한다)와 같거나 그보다 커야 한다. 다만, 별도의 창을 이용하여 표시할 경우에는 「전자상거래 등에서의 소비자보호에 관한 법률」 제13조제4항에 따른 통신판매업자의 재화 또는 용역정보에 관한 사항과 거래조건에 대한 표시·광고 및 고지의 내용과 방법을 따른다.

라) 글자색: 제품명 또는 가격표시와 같은 색으로 한다.

2) 글자로 표시할 수 없는 경우(라디오 등)

1회당 원산지를 두 번 이상 말로 표시하여야 한다.

나. 인쇄매체 이용(신문, 잡지 등)

1) 표시 위치: 제품명 또는 가격표시 주위에 표시하거나, 제품명 또는 가격표시 주위에 원산지 표시 위치를 명시하고 그 장소에 표시할 수 있다.

2) 글자 크기: 제품명 또는 가격표시 글자 크기의 1/2 이상으로 표시하거나, 광고 면적을 기준으로 별표 1 제2호가목3)가)의 기준을 준용하여 표시할 수 있다.

3) 글자색: 제품명 또는 가격표시와 같은 색으로 한다.

3. 판매 제공 시의 표시방법

가. 별표 1 제1호에 따른 농수산물 등의 원산지 표시방법

별표 1 제2호가목에 따라 원산지를 표시해야 한다. 다만, 포장재에 표시하기 어려운 경우에는 전단지, 스티커 또는 영수증(전자적 형태의 영수증을 포함한다. 이하 같다) 등에 표시할 수 있다.

나. 별표 2 제1호에 따른 농수산물 가공품의 원산지 표시방법

별표 2 제2호가목에 따라 원산지를 표시해야 한다. 다만, 포장재에 표시하기 어려운 경우에는 전단지, 스티커 또는 영수증 등에 표시할 수 있다.

다. 별표 4에 따른 영업소 및 집단급식소의 원산지 표시방법

별표 4 제1호 및 제3호에 따라 표시대상 농수산물 또는 그 가공품의 원료의 원산지를 포장재에 표시한다. 다만, 포장재에 표시하기 어려운 경우에는 전단지, 스티커 또는 영수증 등에 표시할 수 있다.

영업소 및 집단급식소의 원산지 표시방법 (제3조제2호 관련)

1. 공통적 표시방법

가. 음식명 바로 옆이나 밑에 표시대상 원료인 농수산물명과 그 원산지를 한글로 표시하되, 필요한 경우에는 한글 옆에 한문 또는 영문 등을 추가로 표시할 수 있다. 다만, 모든 음식에 사용된 특정 원료의 원산지가 같은 경우 그 원료에 대해서는 다음 예시와 같이 일괄하여 표시할 수 있다.

[예시]

우리 업소에서는 "국내산 쌀"만 사용합니다.

우리 업소에서는 "국내산 배추와 고춧가루로 만든 배추김치"만 사용합니다.

우리 업소에서는 "국내산 한우 쇠고기"만 사용합니다.

우리 업소에서는 "국내산 넙치"만을 사용합니다.

나. 원산지의 글자 크기는 메뉴판이나 게시판 등에 적힌 음식명 글자 크기와 같거나 그 보다 커야 한다.

다. 원산지가 다른 2개 이상의 동일 품목을 섞은 경우에는 섞음 비율이 높은 순서대로 표시한다.

[예시 1] 국내산(국산)의 섞음 비율이 외국산보다 높은 경우

- 쇠고기

   불고기(쇠고기: 국내산 한우와 호주산을 섞음), 설렁탕(우사골: 국내산 한우, 쇠고기: 호주산), 국내산 한우 갈비뼈에 호주산 쇠고기를 접착(接着)한 경우: 소갈비(갈비뼈: 국내산 한우, 쇠고기: 호주산) 또는 소갈비(쇠고기: 호주산)

- 돼지고기, 닭고기 등: 고추장불고기(돼지고기: 국내산과 미국산을 섞음), 닭갈비(닭고기: 국내산과 중국산을 섞음)

- 쌀, 배추김치: 쌀(국내산과 미국산을 섞음), 배추김치(배추: 국내산과 중국산을 섞음, 고춧가루: 국내산과 중국산을 섞음)

- 넙치, 조피볼락 등: 조피볼락회(조피볼락: 국내산과 일본산을 섞음)

[예시 2] 국내산(국산)의 섞음 비율이 외국산보다 낮은 경우

- 불고기(쇠고기: 호주산과 국내산 한우를 섞음), 죽(쌀: 미국산과 국내산을 섞음), 낙지볶음(낙지: 일본산과 국내산을 섞음)

라. 쇠고기, 돼지고기, 닭고기, 오리고기, 넙치, 조피볼락 및 참돔 등을 섞은 경우 각각의 원산지를 표시한다.

[예시] 햄버그스테이크(쇠고기: 국내산 한우, 돼지고기: 덴마크산),모둠회(넙치: 국내산, 조피볼락: 중국산, 참돔: 일본산),

   갈낙탕(쇠고기: 미국산, 낙지: 중국산)

마. 원산지가 국내산(국산)인 경우에는 "국산"이나 "국내산"으로 표시하거나 해당 농수산물이 생산된 특별시 · 광역시 · 특별자치시 · 도 · 특별자치도넝이나 시 · 군 · 사치구명으로 표시

할 수 있다.

바. 농수산물 가공품을 사용한 경우에는 그 가공품에 사용된 원료의 원산지를 표시하되, 다음 1) 및 2)에 따라 표시할 수 있다.

[예시] 부대찌개(햄(돼지고기: 국내산)), 샌드위치(햄(돼지고기: 독일산))

1) 외국에서 가공한 농수산물 가공품 완제품을 구입하여 사용한 경우에는 그 포장재에 적힌 원산지를 표시할 수 있다.

[예시] 소세지야채볶음(소세지: 미국산), 김치찌개(배추김치: 중국산)

2) 국내에서 가공한 농수산물 가공품의 원료의 원산지가 영 별표 1 제3호마목에 따라 원료의 원산지가 자주 변경되어 "외국산"으로 표시된 경우에는 원료의 원산지를 "외국산"으로 표시할 수 있다.

[예시] 피자(햄(돼지고기: 외국산)), 두부(콩: 외국산)

3) 국내산 쇠고기의 식육가공품을 사용하는 경우에는 식육의 종류 표시를 생략할 수 있다.

사. 농수산물과 그 가공품을 조리하여 판매 또는 제공할 목적으로 냉장고 등에 보관·진열하는 경우에는 제품 포장재에 표시하거나 냉장고 등 보관장소 또는 보관용기별 앞면에 일괄하여 표시한다. 다만, 거래명세서 등을 통해 원산지를 확인할 수 있는 경우에는 원산지표시를 생략할 수 있다.

아. 삭제 〈2017. 5. 30.〉

자. 표시대상 농수산물이나 그 가공품을 조리하여 배달을 통하여 판매·제공하는 경우에는 해당 농수산물이나 그 가공품 원료의 원산지를 포장재에 표시한다. 다만, 포장재에 표시하기 어려운 경우에는 전단지, 스티커 또는 영수증 등에 표시할 수 있다.

2. 영업형태별 표시방법

가. 휴게음식점영업 및 일반음식점영업을 하는 영업소

1) 원산지는 소비자가 쉽게 알아볼 수 있도록 업소 내의 모든 메뉴판 및 게시판(메뉴판과 게시판 중 어느 한 종류만 사용하는 경우에는 그 메뉴판 또는 게시판을 말한다)에 표시하여야 한다. 다만, 아래의 기준에 따라 제작한 원산지 표시판을 아래 2)에 따라 부착하는 경우에는 메뉴판 및 게시판에는 원산지 표시를 생략할 수 있다.

가) 표제로 "원산지 표시판"을 사용할 것

나) 표시판 크기는 가로 × 세로(또는 세로 × 가로) 29cm × 42cm 이상일 것

다) 글자 크기는 60포인트 이상(음식명은 30포인트 이상)일 것

라) 제3호의 원산지 표시대상별 표시방법에 따라 원산지를 표시할 것

마) 글자색은 바탕색과 다른 색으로 선명하게 표시

2) 원산지를 원산지 표시판에 표시할 때에는 업소 내에 부착되어 있는 가장 큰 게시판(크기가 모두 같은 경우 소비자가 가장 잘 볼 수 있는 게시판 1곳)의 옆 또는 아래에 소비자가 잘 볼 수 있도록 원산지 표시판을 부착하여야 한다. 게시판을 사용하지 않는 업소의 경우에는

업소의 주 출입구 입장 후 정면에서 소비자가 잘 볼 수 있는 곳에 원산지 표시판을 부착 또는 게시하여야 한다.

3) 1) 및 2)에도 불구하고 취식(取食)장소가 벽(공간을 분리할 수 있는 칸막이 등을 포함한다)으로 구분된 경우 취식장소별로 원산지가 표시된 게시판 또는 원산지 표시판을 부착해야 한다. 다만, 부착이 어려울 경우 타 위치의 원산지 표시판 부착 여부에 상관없이 원산지 표시가 된 메뉴판을 반드시 제공하여야 한다.

4) 전자적 매체를 활용한 메뉴판의 경우에는 제1호가목 본문 및 같은 호 나목에도 불구하고 별표 3 제2호가목1)가) 및 다)에 따른 표시방법으로 원산지를 표시할 수 있다.

나. 위탁급식영업을 하는 영업소 및 집단급식소

1) 식당이나 취식장소에 월간 메뉴표, 메뉴판, 게시판 또는 푯말 등을 사용하여 소비자(이용자를 포함한다)가 원산지를 쉽게 확인할 수 있도록 표시하여야 한다.

2) 교육·보육시설 등 미성년자를 대상으로 하는 영업소 및 집단급식소의 경우에는 1)에 따른 표시 외에 원산지가 적힌 주간 또는 월간 메뉴표를 작성하여 가정통신문(전자적 형태의 가정통신문을 포함한다)으로 알려주거나 교육·보육시설 등의 인터넷 홈페이지에 추가로 공개하여야 한다.

다. 장례식장, 예식장 또는 병원 등에 설치·운영되는 영업소나 집단급식소의 경우에는 가목 및 나목에도 불구하고 소비자(취식자를 포함한다)가 쉽게 볼 수 있는 장소에 푯말 또는 게시판 등을 사용하여 표시할 수 있다.

3. 원산지 표시대상별 표시방법

가. 축산물의 원산지 표시방법: 축산물의 원산지는 국내산(국산)과 외국산으로 구분하고, 다음의 구분에 따라 표시한다.

1) 쇠고기

가) 국내산(국산)의 경우 "국산"이나 "국내산"으로 표시하고, 식육의 종류를 한우, 젖소, 육우로 구분하여 표시한다. 다만, 수입한 소를 국내에서 6개월 이상 사육한 후 국내산(국산)으로 유통하는 경우에는 "국산"이나 "국내산"으로 표시하되, 괄호 안에 식육의 종류 및 출생국가명을 함께 표시한다.

[예시] 소갈비(쇠고기: 국내산 한우), 등심(쇠고기: 국내산 육우), 소갈비(쇠고기: 국내산 육우(출생국: 호주))

나) 외국산의 경우에는 해당 국가명을 표시한다.

[예시] 소갈비(쇠고기: 미국산)

2) 돼지고기, 닭고기, 오리고기 및 양고기(염소 등 산양 포함)

가) 국내산(국산)의 경우 "국산"이나 "국내산"으로 표시한다. 다만, 수입한 돼지 또는 양을 국내에서 2개월 이상 사육한 후 국내산(국산)으로 유통하거나, 수입한 닭 또는 오리를 국내에서 1개월 이상 사육한 후 국내산(국산)으로 유통하는 경우에는 "국산"이나 "국내산"으로 표시하되, 괄호 안에 출생국가명을 함께 표시한다.

[예시] 삼겹살(돼지고기: 국내산), 삼계탕(닭고기: 국내산), 훈제오리(오리고기: 국내산), 삼겹살(돼지고기: 국내산(출생국: 덴마크)), 삼계탕(닭고기: 국내산(출생국: 프랑스)), 훈제오리(오리고기: 국내산(출생국: 중국))

   나) 외국산의 경우 해당 국가명을 표시한다.

[예시] 삼겹살(돼지고기: 덴마크산), 염소탕(염소고기: 호주산), 삼계탕(닭고기: 중국산), 훈제오리(오리고기: 중국산)

나. 쌀(찹쌀, 현미, 찐쌀을 포함한다. 이하 같다) 또는 그 가공품의 원산지 표시방법: 쌀 또는 그 가공품의 원산지는 국내산(국산)과 외국산으로 구분하고, 다음의 구분에 따라 표시한다.

1) 국내산(국산)의 경우 "밥(쌀: 국내산)", "누룽지(쌀: 국내산)"로 표시한다.

2) 외국산의 경우 쌀을 생산한 해당 국가명을 표시한다.

[예시] 밥(쌀: 미국산), 죽(쌀: 중국산)

다. 배추김치의 원산지 표시방법

1) 국내에서 배추김치를 조리하여 판매·제공하는 경우에는 "배추김치"로 표시하고, 그 옆에 괄호로 배추김치의 원료인 배추(절인 배추를 포함한다)의 원산지를 표시한다. 이 경우 고춧가루를 사용한 배추김치의 경우에는 고춧가루의 원산지를 함께 표시한다.

[예시]

- 배추김치(배추: 국내산, 고춧가루: 중국산), 배추김치(배추: 중국산, 고춧가루: 국내산)

- 고춧가루를 사용하지 않은 배추김치: 배추김치(배추: 국내산)

2) 외국에서 제조·가공한 배추김치를 수입하여 조리하여 판매·제공하는 경우에는 배추김치를 제조·가공한 해당 국가명을 표시한다.

[예시] 배추김치(중국산)

라. 콩(콩 또는 그 가공품을 원료로 사용한 두부류·콩비지·콩국수)의 원산지 표시방법: 두부류, 콩비지, 콩국수의 원료로 사용한 콩에 대하여 국내산(국산)과 외국산으로 구분하여 다음의 구분에 따라 표시한다.

1) 국내산(국산) 콩 또는 그 가공품을 원료로 사용한 경우 "국산"이나 "국내산"으로 표시한다.

[예시] 두부(콩: 국내산), 콩국수(콩: 국내산)

2) 외국산 콩 또는 그 가공품을 원료로 사용한 경우 해당 국가명을 표시한다.

[예시] 두부(콩: 중국산), 콩국수(콩: 미국산)

마. 넙치, 조피볼락, 참돔, 미꾸라지, 뱀장어, 낙지, 명태, 고등어, 갈치, 오징어, 꽃게, 참조기, 다랑어, 아귀, 주꾸미, 가리비, 우렁쉥이, 전복, 방어 및 부세의 원산지 표시방법: 원산지는 국내산(국산), 원양산 및 외국산으로 구분하고, 다음의 구분에 따라 표시한다.

1) 국내산(국산)의 경우 "국산"이나 "국내산" 또는 "연근해산"으로 표시한다.

[예시] 넙치회(넙치: 국내산), 참돔회(참돔: 연근해산)

2) 원양산의 경우 "원양산" 또는 "원양산, 해역명"으로 한다.

[예시] 참돔구이(참돔: 원양산), 넙치매운탕(넙치: 원양산, 태평양산)

3) 외국산의 경우 해당 국가명을 표시한다.

　　[예시] 참돔회(참돔: 일본산), 뱀장어구이(뱀장어: 영국산)

바. 살아있는 수산물의 원산지 표시방법은 별표 1 제2호다목에 따른다.

(2) 거짓 표시 등의 금지

1) 누구든지 다음 각 호의 행위를 하여서는 아니 된다.

　　① 원산지 표시를 거짓으로 하거나 이를 혼동하게 할 우려가 있는 표시를 하는 행위

　　② 원산지 표시를 혼동하게 할 목적으로 그 표시를 손상·변경하는 행위

　　③ 원산지를 위장하여 판매하거나, 원산지 표시를 한 농수산물이나 그 가공품에 다른 농수산물이나 가공품을 혼합하여 판매하거나 판매할 목적으로 보관이나 진열하는 행위

2) 농수산물이나 그 가공품을 조리하여 판매·제공하는 자는 다음 각 호의 행위를 하여서는 아니 된다.

　　① 원산지 표시를 거짓으로 하거나 이를 혼동하게 할 우려가 있는 표시를 하는 행위

　　② 원산지를 위장하여 조리·판매·제공하거나, 조리하여 판매·제공할 목적으로 농수산물이나 그 가공품의 원산지 표시를 손상·변경하여 보관·진열하는 행위

　　③ 원산지 표시를 한 농수산물이나 그 가공품에 원산지가 다른 동일 농수산물이나 그 가공품을 혼합하여 조리·판매·제공하는 행위

3) 제1항이나 제2항을 위반하여 원산지를 혼동하게 할 우려가 있는 표시 및 위장판매의 범위 등 필요한 사항은 농림축산식품부와 해양수산부의 공동 부령으로 정한다.

■ 농수산물의 원산지 표시 등에 관한 법률 시행규칙 [별표 5]

원산지를 혼동하게 할 우려가 있는 표시 및 위장판매의 범위 (제4조 관련)

1. 원산지를 혼동하게 할 우려가 있는 표시

가. 원산지 표시란에는 원산지를 바르게 표시하였으나 포장재·푯말·홍보물 등 다른 곳에 이와 유사한 표시를 하여 원산지를 오인하게 하는 표시 등을 말한다.

나. 가목에 따른 일반적인 예는 다음과 같으며 이와 유사한 사례 또는 그 밖의 방법으로 기망(欺罔)하여 판매하는 행위를 포함한다.

　　1) 원산지 표시란에는 외국 국가명을 표시하고 인근에 설치된 현수막 등에는 "우리 농산물만 취급", "국산만 취급", "국내산 한우만 취급" 등의 표시·광고를 한 경우

　　2) 원산지 표시란에는 외국 국가명 또는 "국내산"으로 표시하고 포장재 앞면 등 소비자가 잘 보이는 위치에는 큰 글씨로 "국내생산", "경기특미" 등과 같이 국내 유명 특산물 생산지역명을 표시한 경우

> 3) 게시판 등에는 "국산 김치만 사용합니다"로 일괄 표시하고 원산지 표시란에는 외국 국가명을 표시하는 경우
>
> 4) 원산지 표시란에는 여러 국가명을 표시하고 실제로는 그 중 원료의 가격이 낮거나 소비자가 기피하는 국가산만을 판매하는 경우
>
> 2. 원산지 위장판매의 범위
>
>   가. 원산지 표시를 잘 보이지 않도록 하거나, 표시를 하지 않고 판매하면서 사실과 다르게 원산지를 알리는 행위 등을 말한다.
>
>   나. 가목에 따른 일반적인 예는 다음과 같으며 이와 유사한 사례 또는 그 밖의 방법으로 기망하여 판매하는 행위를 포함한다.
>
>   1) 외국산과 국내산을 진열·판매하면서 외국 국가명 표시를 잘 보이지 않게 가리거나 대상 농수산물과 떨어진 위치에 표시하는 경우
>
>   2) 외국산의 원산지를 표시하지 않고 판매하면서 원산지가 어디냐고 물을 때 국내산 또는 원양산이라고 대답하는 경우
>
>   3) 진열장에는 국내산만 원산지를 표시하여 진열하고, 판매 시에는 냉장고에서 원산지 표시가 안 된 외국산을 꺼내 주는 경우

4) 「유통산업발전법」제2조제3호에 따른 대규모점포를 개설한 자는 임대의 형태로 운영되는 점포(이하 "임대점포"라 한다)의 임차인 등 운영자가 제1항 각 호 또는 제2항 각 호의 어느 하나에 해당하는 행위를 하도록 방치하여서는 아니 된다.

5) 「방송법」제9조제5항에 따른 승인을 받고 상품소개와 판매에 관한 전문편성을 행하는 방송채널사용사업자는 해당 방송채널 등에 물건 판매중개를 의뢰하는 자가 제1항 각 호 또는 제2항 각 호의 어느 하나에 해당하는 행위를 하도록 방치하여서는 아니 된다.

(3) 과징금

1) 농림축산식품부장관, 해양수산부장관, 관세청장, 특별시장·광역시장·특별자치시장·도지사·특별자치도지사(이하 "시·도지사"라 한다) 또는 시장·군수·구청장(자치구의 구청장을 말한다. 이하 같다)은 제6조제1항 또는 제2항을 2년 이내에 2회 이상 위반한 자에게 그 위반금액의 5배 이하에 해당하는 금액을 과징금으로 부과·징수할 수 있다. 이 경우 제6조제1항을 위반한 횟수와 같은 조 제2항을 위반한 횟수는 합산한다.

2) 제1항에 따른 위반금액은 제6조제1항 또는 제2항을 위반한 농수산물이나 그 가공품의 판매금액으로서 각 위반행위별 판매금액을 모두 더한 금액을 말한다. 다만,

통관단계의 위반금액은 제6조제1항을 위반한 농수산물이나 그 가공품의 수입 신고 금액으로서 각 위반행위별 수입 신고 금액을 모두 더한 금액을 말한다.

3) 제1항에 따른 과징금 부과·징수의 세부기준, 절차, 그 밖에 필요한 사항은 대통령령으로 정한다.

4) 농림축산식품부장관, 해양수산부장관, 관세청장, 시·도지사 또는 시장·군수·구청장은 제1항에 따른 과징금을 내야 하는 자가 납부기한까지 내지 아니하면 국세 또는 지방세 체납처분의 예에 따라 징수한다.

5) 과징금의 부과 및 징수

① 법 제6조의2제1항에 따른 과징금의 부과기준은 별표 1의2와 같다.

■ 농수산물의 원산지 표시 등에 관한 법률 시행령 [별표 1의2]

<u>과징금의 부과기준</u>(제5조의2제1항 관련)

1. 일반기준

가. 과징금 부과기준은 2년 이내 2회 이상 위반한 경우에 적용한다. 이 경우 위반행위로 적발된 날부터 다시 위반행위로 적발된 날을 각각 기준으로 하여 위반횟수를 계산한다.

나. 2년 이내 2회 위반한 경우에는 각각의 위반행위에 따른 위반금액을 합산한 금액을 기준으로 과징금을 산정·부과하고, 3회 이상 위반한 경우에는 해당 위반행위에 따른 위반금액을 기준으로 과징금을 산정·부과한다.

다. 법 제6조의2제2항에 따라 법 제6조제1항 위반 시 각 위반행위에 의한 판매금액은 해당 농수산물이나 농수산물 가공품의 판매량에 판매가격(해당 업소의 판매가격을 알 수 없는 경우에는 인근 2개 업소의 동일 품목 판매가격의 평균을 기준으로 한다. 다만, 평균가격을 산정할 수 없는 경우에는 해당 농수산물이나 농수산물 가공품의 매입가격에 30퍼센트를 가산한 금액을 기준으로 한다)을 곱한 금액으로 한다.

라. 법 제6조의2제2항에 따라 법 제6조제2항 위반 시 각 위반행위에 의한 판매금액은 다음 1) 및 2)에 따라 산출한다.

1) [음식 판매가격 × (음식에 사용된 원산지를 거짓표시한 해당 농수산물이나 그 가공품의 원가 / 음식에 사용된 총 원료 원가)] × 해당 음식의 판매인분 수

2) 1)에 따른 판매금액 산출이 곤란할 경우, 원산지를 거짓표시한 해당 농수산물이나 그 가공품(음식에 사용되어 판매한 것에 한정한다)의 매입가격에 3배를 곱한 금액으로 한다.

마. 통관 단계의 수입 농수산물과 그 가공품(이하 "수입농수산물등"이라 한다) 및 반입 농수산물과 그 가공품(이하 "반입농수산물등"이라 한다)의 위반금액은 세관 수입신고 금액으로 한다.

2. 세부 산출기준

가. 통관 단계의 수입농수산물등 및 반입농수산물등의 경우에는 위반 수입농수산물등 및

반입농수산물등의 세관 수입신고 금액의 100분의 10 또는 3억원 중 적은 금액

나. 가목을 제외한 농수산물 및 그 가공품(통관 단계 이후의 수입농수산물등 및 반입농수산물등
   을 포함한다)

위반금액	과징금의 금액
100만원 이하	위반금액 × 0.5
100만원 초과 500만원 이하	위반금액 × 0.7
500만원 초과 1,000만원 이하	위반금액 × 1.0
1,000만원 초과 2,000만원 이하	위반금액 × 1.5
2,000만원 초과 3,000만원 이하	위반금액 × 2.0
3,000만원 초과 4,500만원 이하	위반금액 × 2.5
4,500만원 초과 6,000만원 이하	위반금액 × 3.0
6,000만원 초과	위반금액 × 4.0(최고 3억원)

② 농림축산식품부장관, 해양수산부장관, 관세청장 또는 특별시장·광역시장·특별
자치시장·도지사·특별자치도지사(이하 "시·도지사"라 한다)나 시장·군수·구청
장(자치구의 구청장을 말한다. 이하 같다)은 법 제6조의2제1항에 따라 과징금
을 부과하려면 그 위반행위의 종류와 과징금의 금액 등을 명시하여 과징금을
낼 것을 과징금 부과대상자에게 서면으로 알려야 한다.

③ 제2항에 따라 통보를 받은 자는 납부 통지일부터 30일 이내에 과징금을 농림
축산식품부장관, 해양수산부장관, 관세청장, 시·도지사나 시장·군수·구청장이
정하는 수납기관에 내야 한다.

④ 과징금 납부 의무자는 「행정기본법」 제29조 각 호 외의 부분 단서에 따라 과징
금 납부기한을 연기하거나 과징금을 분할 납부하려는 경우에는 납부기한 5일
전까지 과징금 납부기한의 연기나 과징금의 분할 납부를 신청하는 문서에 같
은 조 각 호의 사유를 증명하는 서류를 첨부하여 농림축산식품부장관, 해양수
산부장관, 관세청장, 시·도지사나 시장·군수·구청장에게 신청해야 한다.

⑤ 농림축산식품부장관, 해양수산부장관, 관세청장, 시·도지사나 시장·군수·구청
장이 「행정기본법」 제29조 각 호 외의 부분 단서에 따라 법 제6조의2제1항에
따른 과징금의 납부기한을 연기하는 경우 납부기한의 연기는 원래 납부기한의
다음 날부터 1년을 초과할 수 없다.

⑥ 농림축산식품부장관, 해양수산부장관, 관세청장, 시·도지사나 시장·군수·구청
장이 「행정기본법」 제29조 각 호 외의 부분 단서에 따라 법 제6조의2제1항에
따른 과징금을 분할 납부하게 하는 경우 각 분할된 납부기한 간의 간격은 4개
월 이내로 하며, 분할 횟수는 3회 이내로 한다.

⑦ 제3항에 따라 과징금을 받은 수납기관은 지체 없이 그 사실을 농림축산식품부
장관, 해양수산부장관, 관세청장, 시·도지사나 시장·군수·구청장에게 알려야
한다.

⑧ 제1항부터 제9항까지에서 규정한 사항 외에 과징금의 부과·징수에 필요한 사
항은 농림축산식품부와 해양수산부의 공동부령으로 정한다.

(4) 원산지 표시 등의 조사

1) 농림축산식품부장관, 해양수산부장관, 관세청장, 시·도지사 또는 시장·군수·구청
장은 제5조에 따른 원산지의 표시 여부·표시사항과 표시방법 등의 적정성을 확인
하기 위하여 대통령령으로 정하는 바에 따라 관계 공무원으로 하여금 원산지 표시
대상 농수산물이나 그 가공품을 수거하거나 조사하게 하여야 한다. 이 경우 관세
청장의 수거 또는 조사 업무는 제5조제1항의 원산지 표시 대상 중 수입하는 농수
산물이나 농수산물 가공품(국내에서 가공한 가공품은 제외한다)에 한정한다.

2) 제1항에 따른 조사 시 필요한 경우 해당 영업장, 보관창고, 사무실 등에 출입하여
농수산물이나 그 가공품 등에 대하여 확인·조사 등을 할 수 있으며 영업과 관련된
장부나 서류의 열람을 할 수 있다.

3) 제1항이나 제2항에 따른 수거·조사·열람을 하는 때에는 원산지의 표시대상 농수
산물이나 그 가공품을 판매하거나 가공하는 자 또는 조리하여 판매·제공하는 자는
정당한 사유 없이 이를 거부·방해하거나 기피하여서는 아니 된다.

4) 제1항이나 제2항에 따른 수거 또는 조사를 하는 관계 공무원은 그 권한을 표시하
는 증표를 지니고 이를 관계인에게 내보여야 하며, 출입 시 성명·출입시간·출입목
적 등이 표시된 문서를 관계인에게 교부하여야 한다.

5) 농림축산식품부장관, 해양수산부장관, 관세청장이나 시·도지사는 제1항에 따른 수
거·조사를 하는 경우 업종, 규모, 거래 품목 및 거래 형태 등을 고려하여 매년 인
력·재원 운영계획을 포함한 자체 계획(이하 이 조에서 "자체 계획"이라 한다)을 수
립한 후 그에 따라 실시하여야 한다.

6) 농림축산식품부장관, 해양수산부장관, 관세청장이나 시·도지사는 제1항에 따른 수
거·조사를 실시한 경우 다음 각 호의 사항에 대하여 평가를 실시하여야 하며 그
결과를 자체 계획에 반영하여야 한다.

① 자체 계획에 따른 추진 실적

② 그 밖에 원산지 표시 등의 조사와 관련하여 평가가 필요한 사항

7) 제6항에 따른 평가와 관련된 기준 및 절차에 관한 사항은 대통령령으로 정한다.

① 농림축산식품부장관과 해양수산부장관은 법 제7조제1항에 따라 수거한 시료의 원산지를 판정하기 위하여 필요한 경우에는 검정기관을 지정·고시할 수 있다.

② 농림축산식품부장관 및 해양수산부장관은 원산지 검정방법 및 세부기준을 정하여 고시할 수 있다.

③ 농림축산식품부장관, 해양수산부장관, 관세청장이나 시·도지사는 법 제7조제6항에 따라 원산지 표시대상 농수산물이나 그 가공품에 대한 수거·조사를 위한 자체 계획(이하 "자체계획"이라 한다)에 따른 추진 실적 등을 평가할 때에는 다음 각 호의 사항을 중심으로 평가해야 한다.

ㄱ 자체계획 목표의 달성도

ㄴ 추진 과정의 효율성

ㄷ 인력 및 재원 활용의 적정성

(5) 영수증 등의 비치

제5조제3항에 따라 원산지를 표시하여야 하는 자는 「축산물 위생관리법」 제31조나 「가축 및 축산물 이력관리에 관한 법률」제18조 등 다른 법률에 따라 발급받은 원산지 등이 기재된 영수증이나 거래명세서 등을 매입일부터 6개월간 비치·보관하여야 한다.

(6) 원산지 표시 등의 위반에 대한 처분 등

1) 농림축산식품부장관, 해양수산부장관, 관세청장, 시·도지사 또는 시장·군수·구청장은 제5조나 제6조를 위반한 자에 대하여 다음 각 호의 처분을 할 수 있다. 다만, 제5조제3항을 위반한 자에 대한 처분은 제1호에 한정한다.

① 표시의 이행·변경·삭제 등 시정명령

② 위반 농수산물이나 그 가공품의 판매 등 거래행위 금지

2) 농림축산식품부장관, 해양수산부장관, 관세청장, 시·도지사 또는 시장·군수·구청장은 다음 각 호의 자가 제5조를 위반하여 2년 이내에 2회 이상 원산지를 표시하지 아니하거나, 제6조를 위반함에 따라 제1항에 따른 처분이 확정된 경우 처분과 관련된 사항을 공표하여야 한다. 다만, 농림축산식품부장관이나 해양수산부장관이 심의회의 심의를 거쳐 공표의 실효성이 없다고 인정하는 경우에는 처분과 관련된 사항을 공표하지 아니할 수 있다.

① 제5조제1항에 따라 원산지의 표시를 하도록 한 농수산물이나 그 가공품을 생

산·가공하여 출하하거나 판매 또는 판매할 목적으로 가공하는 자

② 제5조제3항에 따라 음식물을 조리하여 판매·제공하는 자

3) 제2항에 따라 공표를 하여야 하는 사항은 다음 각 호와 같다.

① 제1항에 따른 처분 내용

② 해당 영업소의 명칭

③ 농수산물의 명칭

④ 제1항에 따른 처분을 받은 자가 입점하여 판매한「방송법」제9조제5항에 따른 방송채널사용사업자 또는「전자상거래 등에서의 소비자보호에 관한 법률」제20조에 따른 통신판매중개업자의 명칭

⑤ 그 밖에 처분과 관련된 사항으로서 대통령령으로 정하는 사항

4) 제2항의 공표는 다음 각 호의 자의 홈페이지에 공표한다.

① 농림축산식품부

② 해양수산부

③ 관세청

④ 국립농산물품질관리원

⑤ 대통령령으로 정하는 국가검역·검사기관

⑥ 특별시·광역시·특별자치시·도·특별자치도, 시·군·구(자치구를 말한다)

⑦ 한국소비자원

⑧ 그 밖에 대통령령으로 정하는 주요 인터넷 정보제공 사업자

5) 제1항에 따른 처분과 제2항에 따른 공표의 기준·방법 등에 관하여 필요한 사항은 대통령령으로 정한다.

① 법 제9조제1항에 따른 처분은 다음 각 호의 구분에 따라 한다.

㉠ 법 제5조제1항을 위반한 경우: 표시의 이행명령 또는 거래행위 금지

㉡ 법 제5조제3항을 위반한 경우: 표시의 이행명령

㉢ 법 제6조를 위반한 경우: 표시의 이행·변경·삭제 등 시정명령 또는 거래행위 금지

② 법 제9조제2항에 따른 홈페이지 공표의 기준·방법은 다음 각 호와 같다.

㉠ 공표기간: 처분이 확정된 날부터 12개월

㉡ 공표방법

ⓐ 농림축산식품부, 해양수산부, 관세청, 국립농산물품질관리원, 국립수산물품질관리원, 특별시·광역시·특별자치시·도·특별자치도(이하 "시·도"라 한다), 시·군·구(자치구를 말한다. 이하 같다) 및 한국소비자원의 홈

페이지에 공표하는 경우: 이용자가 해당 기관의 인터넷 홈페이지 첫 화면에서 볼 수 있도록 공표

ⓑ 주요 인터넷 정보제공 사업자의 홈페이지에 공표하는 경우: 이용자가 해당 사업자의 인터넷 홈페이지 화면 검색창에 "원산지"가 포함된 검색어를 입력하면 볼 수 있도록 공표

③ 법 제9조제3항제5호에서 "대통령령으로 정하는 사항"이란 다음 각 호의 사항을 말한다.

ⓐ "「농수산물의 원산지 표시 등에 관한 법률」위반 사실의 공표"라는 내용의 표제

ⓑ 영업의 종류

ⓒ 영업소의 주소(「유통산업발전법」제2조제3호에 따른 대규모점포에 입점·판매한 경우 그 대규모점포의 명칭 및 주소를 포함한다)

ⓓ 농수산물 가공품의 명칭

ⓔ 위반 내용

ⓕ 처분권자 및 처분일

ⓖ 법 제9조제1항에 따른 처분을 받은 자가 입점하여 판매한「방송법」제9조제5항에 따른 방송채널사용사업자의 채널명 또는「전자상거래 등에서의 소비자보호에 관한 법률」제20조에 따른 통신판매중개업자의 홈페이지 주소

④ 법 제9조제4항제4호에서 "대통령령으로 정하는 국가검역·검사기관"이란 국립수산물품질관리원을 말한다.

⑤ 법 제9조제4항제7호에서 "대통령령으로 정하는 주요 인터넷 정보제공 사업자"란 포털서비스(다른 인터넷주소·정보 등의 검색과 전자우편·커뮤니티 등을 제공하는 서비스를 말한다)를 제공하는 자로서 공표일이 속하는 연도의 전년도 말 기준 직전 3개월간의 일일평균 이용자수가 1천만명 이상인 정보통신서비스 제공자를 말한다.

(7) 원산지 표시 위반에 대한 교육

1) 농림축산식품부장관, 해양수산부장관, 관세청장, 시·도지사 또는 시장·군수·구청장은 제9조제2항 각 호의 자가 제5조 또는 제6조를 위반하여 제9조제1항에 따른 처분이 확정된 경우에는 농수산물 원산지 표시제도 교육을 이수하도록 명하여야 한다.

2) 제1항에 따른 이수명령의 이행기간은 교육 이수명령을 통지받은 날부터 최대 4개

월 이내로 정한다.

3) 농림축산식품부장관과 해양수산부장관은 제1항 및 제2항에 따른 농수산물 원산지 표시제도 교육을 위하여 교육시행지침을 마련하여 시행하여야 한다.

4) 제1항부터 제3항까지의 규정에 따른 교육내용, 교육대상, 교육기관, 교육기간 및 교육시행지침 등 필요한 사항은 대통령령으로 정한다.

① 법 제9조의2제1항에 따른 농수산물 원산지 표시제도 교육(이하 이 조에서 "원산지 교육"이라 한다)은 다음 각 호의 내용을 포함하여야 한다.

　ⓐ 원산지 표시 관련 법령 및 제도

　ⓑ 원산지 표시방법 및 위반자 처벌에 관한 사항

② 원산지 교육은 2시간 이상 실시되어야 한다.

③ 원산지 교육의 대상은 법 제9조제2항 각 호의 자 중에서 다음 각 호의 어느 하나에 해당하는 자로 한다.

　ⓐ 법 제5조를 위반하여 농수산물이나 그 가공품 등의 원산지 등을 표시하지 않아 법 제9조제1항에 따른 처분을 2년 이내에 2회 이상 받은 자

　ⓑ 법 제6조제1항이나 제2항을 위반하여 법 제9조제1항에 따른 처분을 받은 자

④ 농림축산식품부장관, 해양수산부장관, 관세청장, 시·도지사나 시장·군수·구청장은 제3항에 따른 원산지 교육을 받아야 하는 자(이하 이 항에서 "원산지교육대상자"라 한다)에게 농림축산식품부와 해양수산부의 공동부령으로 정하는 사유가 있는 경우에는 원산지교육대상자의 종업원 중 원산지 표시의 관리책임을 맡은 자에게 원산지교육대상자를 대신하여 원산지 교육을 받게 할 수 있다.

⑤ 원산지 교육을 실시하는 교육기관은 다음 각 호와 같다.

　ⓐ 「농업·농촌 및 식품산업 기본법」 제11조의2에 따른 농림수산식품교육문화정보원

　ⓑ 농림축산식품부장관과 해양수산부장관이 공동으로 정하여 고시하는 교육전문기관 또는 단체

⑥ 제1항부터 제5항까지에서 정한 사항 외에 원산지 교육의 방법, 절차, 그 밖에 교육에 필요한 사항은 법 제9조의2제3항에 따른 교육시행지침으로 정한다.

(8) 농수산물의 원산지 표시에 관한 정보제공

1) 농림축산식품부장관 또는 해양수산부장관은 농수산물의 원산지 표시와 관련된 정보 중 방사성물질이 유출된 국가 또는 지역 등 국민이 알아야 할 필요가 있다고 인정되는 정보에 대하여는 「공공기관의 정보공개에 관한 법률」에서 허용하는 범위

에서 이를 국민에게 제공하도록 노력하여야 한다.

2) 제1항에 따라 정보를 제공하는 경우 제4조에 따른 심의회의 심의를 거칠 수 있다.

3) 농림축산식품부장관 또는 해양수산부장관은 제1항에 따라 국민에게 정보를 제공하고자 하는 경우「농수산물 품질관리법」제103조에 따른 농수산물안전정보시스템을 이용할 수 있다.

(9) 수입 농산물 및 농산물 가공품의 유통이력 관리

1) 수입 농산물 등의 유통이력 관리

① 농산물 및 농산물 가공품(이하 "농산물등"이라 한다)을 수입하는 자와 수입 농산물등을 거래하는 자(소비자에 대한 판매를 주된 영업으로 하는 사업자는 제외한다)는 공정거래 또는 국민보건을 해칠 우려가 있는 것으로서 농림축산식품부장관이 지정하여 고시하는 농산물등(이하 "유통이력관리수입농산물등"이라 한다)에 대한 유통이력을 농림축산식품부장관에게 신고하여야 한다.

② 제1항에 따른 유통이력 신고의무가 있는 자(이하 "유통이력신고의무자"라 한다)는 유통이력을 장부에 기록(전자적 기록방식을 포함한다)하고, 그 자료를 거래일부터 1년간 보관하여야 한다.

③ 유통이력신고의무자가 유통이력관리수입농산물등을 양도하는 경우에는 이를 양수하는 자에게 제1항에 따른 유통이력 신고의무가 있음을 농림축산식품부령으로 정하는 바에 따라 알려주어야 한다.

④ 농림축산식품부장관은 유통이력관리수입농산물등을 지정하거나 유통이력의 범위 등을 정하는 경우에는 수입 농산물등을 국내 농산물등에 비하여 부당하게 차별하여서는 아니 되며, 이를 이행하는 유통이력신고의무자의 부담이 최소화되도록 하여야 한다.

⑤ 제1항부터 제4항까지에서 규정한 사항 외에 유통이력 신고의 절차 등에 관하여 필요한 사항은 농림축산식품부령으로 정한다.

  ㉠ 법 제10조의2제1항에 따른 유통이력 신고는 법 제10조의2제1항에 따른 유통이력관리수입농산물등의 양도일부터 5일 이내에 영 제6조의2제2항에 따른 수입농산물등유통이력관리시스템에 접속하여 제1조의2 각 호의 사항을 입력하는 방식으로 해야 한다.

  ㉡ 법 제10조의2제3항에 따라 유통이력 신고의무가 있음을 알리는 것은 거래명세서 등 서면(전자문서를 포함한다)에 명시하는 방법으로 해야 한다.

  ㉢ 제1항 및 제2항에서 규정한 사항 외에 유통이력의 신고 방법 등에 관하여

필요한 세부 사항은 농림축산식품부장관이 정하여 고시한다.

2) 유통이력관리수입농산물등의 사후관리

① 농림축산식품부장관은 제10조의2에 따른 유통이력 신고의무의 이행 여부를 확인하기 위하여 필요한 경우에는 관계 공무원으로 하여금 유통이력신고의무자의 사업장 등에 출입하여 유통이력관리수입농산물등을 수거 또는 조사하거나 영업과 관련된 장부나 서류를 열람하게 할 수 있다.

② 유통이력신고의무자는 정당한 사유 없이 제1항에 따른 수거·조사 또는 열람을 거부·방해 또는 기피하여서는 아니 된다.

③ 제1항에 따라 수거·조사 또는 열람을 하는 관계 공무원은 그 권한을 표시하는 증표를 지니고 이를 관계인에게 내보여야 하며, 출입할 때에는 성명, 출입시간, 출입목적 등이 표시된 문서를 관계인에게 내주어야 한다.

④ 제1항부터 제3항까지에서 규정한 사항 외에 유통이력관리수입농산물등의 수거·조사 또는 열람 등에 필요한 사항은 대통령령으로 정한다.

3장 / 보칙

(1) 명예감시원

1) 농림축산식품부장관, 해양수산부장관, 시·도지사 또는 시장·군수·구청장은「농수산물 품질관리법」제104조의 농수산물 명예감시원에게 농수산물이나 그 가공품의 원산지 표시를 지도·홍보·계몽하거나 위반사항을 신고하게 할 수 있다.

2) 농림축산식품부장관, 해양수산부장관, 시·도지사 또는 시장·군수·구청장은 제1항에 따른 활동에 필요한 경비를 지급할 수 있다.

(2) 포상금 지급 등

1) 농림축산식품부장관, 해양수산부장관, 관세청장, 시·도지사 또는 시장·군수·구청장은 제5조 및 제6조를 위반한 자를 주무관청이나 수사기관에 신고하거나 고발한 자에 대하여 대통령령으로 정하는 바에 따라 예산의 범위에서 포상금을 지급할 수 있다.

2) 농림축산식품부장관 또는 해양수산부장관은 농수산물 원산지 표시의 활성화를 모범적으로 시행하고 있는 지방자치단체, 개인, 기업 또는 단체에 대하여 우수사례로 발굴하거나 시상할 수 있다.

3) 제2항에 따른 시상의 내용 및 방법 등에 필요한 사항은 농림축산식품부와 해양수산부의 공동 부령으로 정한다.

(3) 권한의 위임 및 위탁

이 법에 따른 농림축산식품부장관, 해양수산부장관 또는 관세청장의 권한은 그 일부를 대통령령으로 정하는 바에 따라 소속 기관의 장, 관계 행정기관의 장에게 위임 또는 위탁할 수 있다.

(4) 행정기관 등의 업무협조

1) 국가 또는 지방자치단체, 그 밖에 법령 또는 조례에 따라 행정권한을 가지고 있거나 위임 또는 위탁받은 공공단체나 그 기관 또는 사인은 원산지 표시와 유통이력 관리제도의 효율적인 운영을 위하여 서로 협조하여야 한다.

2) 농림축산식품부장관, 해양수산부장관 또는 관세청장은 원산지 표시와 유통이력 관리제도의 효율적인 운영을 위하여 필요한 경우 국가 또는 지방자치단체의 전자정보처리 체계의 정보 이용 등에 대한 협조를 관계 중앙행정기관의 장, 시·도지사 또는 시장·군수·구청장에게 요청할 수 있다. 이 경우 협조를 요청받은 관계 중앙행정기관의 장, 시·도지사 또는 시장·군수·구청장은 특별한 사유가 없으면 이에 따라야 한다.

3) 제1항 및 제2항에 따른 협조의 절차 등은 대통령령으로 정한다.

4장 / 벌칙

(1) 벌칙

1) 제6조제1항 또는 제2항을 위반한 자는 7년 이하의 징역이나 1억원 이하의 벌금에 처하거나 이를 병과(倂科)할 수 있다.

2) 제1항의 죄로 형을 선고받고 그 형이 확정된 후 5년 이내에 다시 제6조제1항 또는 제2항을 위반한 자는 1년 이상 10년 이하의 징역 또는 500만원 이상 1억5천만원 이하의 벌금에 처하거나 이를 병과할 수 있다.

(2) 벌칙

제9조제1항에 따른 처분을 이행하지 아니한 자는 1년 이하의 징역이나 1천만원 이하의 벌금에 처한다.

(3) 자수자에 대한 특례

제6조제1항 또는 제2항을 위반한 자가 자신의 위반사실을 자수한 때에는 그 형을 감경하거나 면제한다. 이 경우 제7조에 따라 조사권한을 가진 자 또는 수사기관에 자신의 위반사실을 스스로 신고한 때를 자수한 때로 본다.

(4) 양벌규정

법인의 대표자나 법인 또는 개인의 대리인, 사용인, 그 밖의 종업원이 그 법인 또는 개인의 업무에 관하여 제14조 또는 제16조에 해당하는 위반행위를 하면 그 행위자를 벌하는 외에 그 법인이나 개인에게도 해당 조문의 벌금형을 과(科)한다. 다만, 법인 또는 개인이 그 위반행위를 방지하기 위하여 해당 업무에 관하여 상당한 주의와 감독을 게을리하지 아니한 경우에는 그러하지 아니하다.

(5) 과태료

1) 다음 각 호의 어느 하나에 해당하는 자에게는 1천만원 이하의 과태료를 부과한다.
   ① 제5조제1항·제3항을 위반하여 원산지 표시를 하지 아니한 자
   ② 제5조제4항에 따른 원산지의 표시방법을 위반한 자
   ③ 제6조제4항을 위반하여 임대점포의 임차인 등 운영자가 같은 조 제1항 각 호 또는 제2항 각 호의 어느 하나에 해당하는 행위를 하는 것을 알았거나 알 수 있었음에도 방치한 자
   ④ 제6조제5항을 위반하여 해당 방송채널 등에 물건 판매중개를 의뢰한 자가 같은 조 제1항 각 호 또는 제2항 각 호의 어느 하나에 해당하는 행위를 하는 것을 알았거나 알 수 있었음에도 방치한 자
   ⑤ 제7조제3항을 위반하여 수거·조사·열람을 거부·방해하거나 기피한 자

⑥ 제8조를 위반하여 영수증이나 거래명세서 등을 비치·보관하지 아니한 자

2) 다음 각 호의 어느 하나에 해당하는 자에게는 500만원 이하의 과태료를 부과한다.

   ① 제9조의2제1항에 따른 교육 이수명령을 이행하지 아니한 자

   ② 제10조의2제1항을 위반하여 유통이력을 신고하지 아니하거나 거짓으로 신고한 자

   ③ 제10조의2제2항을 위반하여 유통이력을 장부에 기록하지 아니하거나 보관하지 아니한 자

   ④ 제10조의2제3항을 위반하여 같은 조 제1항에 따른 유통이력 신고의무가 있음을 알리지 아니한 자

   ⑤ 제10조의3제2항을 위반하여 수거·조사 또는 열람을 거부·방해 또는 기피한 자

3) 제1항 및 제2항에 따른 과태료는 대통령령으로 정하는 바에 따라 다음 각 호의 자가 각각 부과·징수한다.

   ① 제1항 및 제2항제1호의 과태료: 농림축산식품부장관, 해양수산부장관, 관세청장, 시·도지사 또는 시장·군수·구청장

   ② 제2항제2호부터 제5호까지의 과태료: 농림축산식품부장관

■ 농수산물의 원산지 표시 등에 관한 법률 시행령 [별표 2]

과태료의 부과기준(제10조 관련)

1. 일반기준

  가. 위반행위의 횟수에 따른 과태료의 가중된 부과기준은 최근 2년간 같은 유형(제2호 각목을 기준으로 구분한다)의 위반행위로 과태료 부과처분을 받은 경우에 적용한다. 이 경우 기간의 계산은 위반행위에 대하여 과태료 부과처분을 받은 날과 그 처분 후 다시 같은 위반행위를 하여 적발된 날을 기준으로 한다.

  나. 가목에 따라 가중된 부과처분을 하는 경우 가중처분의 적용 차수는 그 위반행위 전 부과처분 차수(가목에 따른 기간 내에 과태료 부과처분이 둘 이상 있었던 경우에는 높은 차수를 말한다)의 다음 차수로 한다.

  다. 부과권자는 다음의 어느 하나에 해당하는 경우에는 제2호의 개별기준에 따른 과태료 금액의 2분의 1 범위에서 그 금액을 줄일 수 있다. 다만, 과태료를 체납하고 있는 위반행위자에 대해서는 그렇지 않다.

    1) 위반행위자가 자연재해·화재 등으로 재산에 현저한 손실이 발생했거나 사업여건의 악화로 중대한 위기에 처하는 등의 사정이 있는 경우

    2) 그 밖에 위반행위의 정도, 위반행위의 동기와 그 결과 등을 고려하여 과태료를 줄일 필요가 있다고 인정되는 경우

  라. 부과권자는 다음의 어느 하나에 해당하는 경우에는 제2호의 개별기준에 따른 과태료 금액의

2분의 1 범위에서 그 금액을 늘릴 수 있다. 다만, 늘리는 경우에도 법 제18조제1항 및 제2항에 따른 과태료 금액의 상한을 넘을 수 없다.

1) 위반의 내용·정도가 중대하여 이해관계인 등에게 미치는 피해가 크다고 인정되는 경우
2) 그 밖에 위반행위의 정도, 위반행위의 동기와 그 결과 등을 고려하여 과태료를 늘릴 필요가 있다고 인정되는 경우

2. 개별기준

위반행위	근거 법조문	과태료			
		1차 위반	2차 위반	3차 위반	4차 이상 위반
가. 법 제5조제1항을 위반하여 원산지 표시를 하지 않은 경우	법 제18조제1항제1호	5만원 이상 1,000만원 이하			
나. 법 제5조제3항을 위반하여 원산지 표시를 하지 않은 경우	법 제18조제1항제1호				
1) 쇠고기의 원산지를 표시하지 않은 경우		100만원	200만원	300만원	300만원
2) 쇠고기 식육의 종류만 표시하지 않은 경우		30만원	60만원	100만원	100만원
3) 돼지고기의 원산지를 표시하지 않은 경우		30만원	60만원	100만원	100만원
4) 닭고기의 원산지를 표시하지 않은 경우		30만원	60만원	100만원	100만원
5) 오리고기의 원산지를 표시하지 않은 경우		30만원	60만원	100만원	100만원
6) 양고기 또는 염소고기의 원산지를 표시하지 않은 경우		품목별 30만원	품목별 60만원	품목별 100만원	품목별 100만원
7) 쌀의 원산지를 표시하지 않은 경우		30만원	60만원	100만원	100만원
8) 배추 또는 고춧가루의 원산지를 표시하지 않은 경우		30만원	60만원	100만원	100만원
9) 콩의 원산지를 표시하지 않은 경우		30만원	60만원	100만원	100만원
10) 넙치, 조피볼락, 참돔, 미꾸라지, 뱀장어, 낙지, 명태, 고등어, 갈치, 오징어, 꽃게, 참조기, 다랑어, 아귀, 주꾸미, 가리비, 우렁쉥이, 전복, 방어 및 부세의 원산지를 표시하지 않은 경우		품목별 30만원	품목별 60만원	품목별 100만원	품목별 100만원
11) 살아있는 수산물의 원산지를 표시하지 않은 경우		5만원 이상 1,000만원 이하			
다. 법 제5조제4항에 따른 원산지의 표시방법을 위반한 경우	법 제18조제1항제2호	5만원 이상 1,000만원 이하			
라. 법 제6조제4항을 위반하여 임대점포의 임차인 등 운영자가 같은 조 제1항 각 호 또는 제2항 각 호의 어느 하나에 해당하는 행위를 하는 것을 알았거나 알 수 있었음에도 방치한 경우	법 제18조제1항제3호	100만원	200만원	400만원	400만원
마. 법 제6조제5항을 위반하여 해당 방송채널	법 제18조제1항	100만원	200만원	400만원	400만원

		1차 위반	2차 위반	3차 위반	4차 이상 위반
등에 물건 판매중개를 의뢰한 자가 같은 조 제1항 각 호 또는 제2항 각 호의 어느 하나에 해당하는 행위를 하는 것을 알았거나 알 수 있었음에도 방치한 경우	제3호의2				
바. 법 제7조제3항을 위반하여 수거·조사·열람을 거부·방해하거나 기피한 경우	법 제18조제1항제4호	100만원	300만원	500만원	500만원
사. 법 제8조를 위반하여 영수증이나 거래명세서 등을 비치·보관하지 않은 경우	법 제18조제1항제5호	20만원	40만원	80만원	80만원
아. 법 제9조의2제1항에 따른 교육이수 명령을 이행하지 않은 경우	법 제18조제2항제1호	30만원	60만원	100만원	100만원
자. 법 제10조의2제1항을 위반하여 유통이력을 신고하지 않거나 거짓으로 신고한 경우	법 제18조제2항제2호				
1) 유통이력을 신고하지 않은 경우		50만원	100만원	300만원	500만원
2) 유통이력을 거짓으로 신고한 경우		100만원	200만원	400만원	500만원
차. 법 제10조의2제2항을 위반하여 유통이력을 장부에 기록하지 않거나 보관하지 않은 경우	법 제18조제2항제3호	50만원	100만원	300만원	500만원
카. 법 제10조의2제3항을 위반하여 유통이력 신고의무가 있음을 알리지 않은 경우	법 제18조제2항제4호	50만원	100만원	300만원	500만원
타. 법 제10조의3제2항을 위반하여 수거·조사 또는 열람을 거부·방해 또는 기피한 경우	법 제18조제2항제5호	100만원	200만원	400만원	500만원

3. 제2호가목 및 나목11)의 원산지 표시를 하지 않은 경우의 세부 부과기준

  가. 농수산물(통관 단계 이후의 수입농수산물등 및 반입농수산물등을 포함하며, 통신판매의 경우는 제외한다)

    1) 과태료 부과금액은 원산지 표시를 하지 않은 물량(판매를 목적으로 보관 또는 진열하고 있는 물량을 포함한다)에 적발 당일 해당 업소의 판매가격을 곱한 금액으로 하고, 위반행위의 횟수에 따른 과태료의 부과기준은 다음 표와 같다.

과태료 부과금액		
1차 위반	2차 위반	3차 이상 위반
1)의 금액	1)의 금액의 200퍼센트	1)의 금액의 300퍼센트

    2) 1)의 해당 업소의 판매가격을 알 수 없는 경우에는 인근 2개 업소의 동일 품목 판매가격의 평균을 기준으로 한다. 다만, 평균가격을 산정할 수 없는 경우에는 해당 농수산물의 매입가격에 30퍼센트를 가산한 금액을 기준으로 한다.

    3) 과태료 부과금액의 최소단위는 5만원으로 하고, 5만원 이상은 천원 미만을 버리고 부과하되, 부과되는 총액은 1천만원을 초과할 수 없다.

  나. 농수산물 가공품(통관 단계 이후의 수입농수산물등 또는 반입농수산물등을 국내에서 가공한 것을 포함하며, 통신판매의 경우는 제외한다)

1) 가공업자

기준액(연간 매출액)	과태료 부과금액(만원)		
	1차 위반	2차 위반	3차 이상 위반
1억원 미만	20	30	60
1억원 이상 2억원 미만	30	50	100
2억원 이상 4억원 미만	50	100	200
4억원 이상 6억원 미만	100	200	400
6억원 이상 8억원 미만	150	300	600
8억원 이상 10억원 미만	200	400	800
10억원 이상 12억원 미만	250	500	1,000
12억원 이상 14억원 미만	400	600	1,000
14억원 이상 16억원 미만	500	700	1,000
16억원 이상 18억원 미만	600	800	1,000
18억원 이상 20억원 미만	700	900	1,000
20억원 이상	800	1,000	1,000

가) 연간 매출액은 처분 전년도의 해당 품목의 1년간 매출액을 기준으로 한다.

나) 신규영업·휴업 등 부득이한 사유로 처분 전년도의 1년간 매출액을 산출할 수 없거나 1년간 매출액을 기준으로 하는 것이 불합리한 것으로 인정되는 경우에는 전분기, 전월 또는 최근 1일 평균 매출액 중 가장 합리적인 기준에 따라 연간 매출액을 추계하여 산정한다.

다) 1개 업소에서 2개 품목 이상이 동시에 적발된 경우에는 각 품목의 연간 매출액을 합산한 금액을 기준으로 부과한다.

2) 판매업자: 가목의 기준을 준용하여 부과한다.

다. 통관 단계의 수입농수산물등 및 반입농수산물등

1) 과태료 부과금액은 수입농수산물등 및 반입농수산물등의 세관 수입신고 금액의 100분의 10에 해당하는 금액으로 한다.

2) 과태료 부과금액의 최소단위는 5만원으로 하고, 5만원 이상은 천원 미만을 버리고 부과하되 부과되는 총액은 1천만원을 초과할 수 없다.

라. 통신판매: 나목1)의 기준을 준용하여 부과한다.

4. 제2호다목의 원산지의 표시방법을 위반한 경우의 세부 부과기준

가. 농수산물(통관 단계 이후의 수입농수산물등 및 반입농수산물등을 포함하며, 통신판매의 경우와 식품접객업을 하는 영업소 및 집단급식소에서 조리하여 판매·제공하는 경우는 제외한다)

1) 제3호가목의 기준에 따른 과태료 부과금액의 100분의 50을 부과한다.

2) 과태료 부과금액의 최소단위는 5만원으로 하고, 5만원 이상은 천원 미만을 버리고 부과한다.

나. 농수산물 가공품(통관 단계 이후의 수입농수산물등 또는 반입농수산물등을 국내에서 가공한 것을 포함하며, 동신판매의 경우는 제외한다)

1) 제3호나목의 기준에 따른 과태료 부과금액의 100분의 50을 부과한다.

2) 과태료 부과금액의 최소단위는 5만원으로 하고, 5만원 이상은 천원 미만을 버리고 부과한다.

다. 통관 단계의 수입농수산물등 및 반입농수산물등

1) 과태료 부과금액은 제3호다목의 기준에 따른 과태료 부과금액의 100분의 50에 해당하는 금액으로 한다.

2) 과태료 부과금액의 최소단위는 5만원으로 하고, 5만원 이상은 천원 미만을 버리고 부과한다.

라. 통신판매

1) 제3호라목의 기준에 따른 과태료 부과금액의 100분의 50을 부과한다.

2) 과태료 부과금액의 최소단위는 5만원으로 하고, 5만원 이상은 천원 미만은 버리고 부과한다.

마. 식품접객업을 하는 영업소 및 집단급식소

위반행위	과태료 금액		
	1차 위반	2차 위반	3차 이상 위반
1) 삭제 〈2017. 5. 29.〉			
2) 쇠고기의 원산지 표시방법을 위반한 경우	25만원	100만원	150만원
3) 쇠고기 식육의 종류의 표시방법만 위반한 경우	15만원	30만원	50만원
4) 돼지고기의 원산지 표시방법을 위반한 경우	15만원	30만원	50만원
5) 닭고기의 원산지 표시방법을 위반한 경우	15만원	30만원	50만원
6) 오리고기의 원산지 표시방법을 위반한 경우	15만원	30만원	50만원
7) 양고기 또는 염소고기의 원산지 표시방법을 위반한 경우	품목별 15만원	품목별 30만원	품목별 50만원
8) 쌀의 원산지 표시방법을 위반한 경우	15만원	30만원	50만원
9) 배추 또는 고춧가루의 원산지 표시방법을 위반한 경우	15만원	30만원	50만원
10) 콩의 원산지 표시방법을 위반한 경우	15만원	30만원	50만원
11) 넙치, 조피볼락, 참돔, 미꾸라지, 뱀장어, 낙지, 명태, 고등어, 갈치, 오징어, 꽃게, 참조기, 다랑어, 아귀, 주꾸미, 가리비, 우렁쉥이, 전복, 방어 및 부세의 원산지 표시방법을 위반한 경우	품목별 15만원	품목별 30만원	품목별 50만원
12) 살아있는 수산물의 원산지 표시방법을 위반한 경우	제2호나목11) 및 제3호가목의 기준에 따른 부과금액의 100분의 50		

Part 03

수확 후 품질관리론

1장 / 성숙과 수확

1. 성숙

(1) 성숙의 개념

1) 식물체상에서 미숙한 과실이 수확 가능한 상태로 변해가는 과정을 성숙과정이라 하며 먹기에 가장 적합한 상태로 익어가는 과정을 숙성이라 한다.
2) 생리적 성숙: 식물이 외관을 갖추어지고 충실해지며 꽃이 피고 열매를 맺어 종자가 발아할 수 있는 상태가 되며 수확의 적기가 되는 것을 성숙이라 한다.
3) 원예적 성숙: 생리적 성숙에는 미치지 못하였더라도 애호박이나 오이 등은 원예적 이용 목적에 따라 수확하는 시기를 원예적 성숙이라 한다.
4) 상업적 성숙: 상업적 가치에 따라 수확시기가 결정된다.

(2) 생리적 성숙도 판정기준

1) 원예산물의 품종 고유의 색깔 및 특색이 발현된다.
2) 익어가는 과실은 신맛과 떫은맛이 적어지고 단맛이 많아지며 과육이 연하여 물러진다.
3) 품종고유의 색이 오르고 향기가 나며 씨가 굳는다.
4) 개화시기에서 성숙기까지는 거의 일정한 시간이 걸린다.
5) 잘 익은 과실은 본주에서 꼭지가 잘 떨어진다.

(3) 과실별 판정지표

1) 전분함량: 사과
   ex) 요오드 검사: 전분은 요오드와 반응하여 청색을 나타낸다. 사과는 성숙이 진행될수록 반응이 약해져 완전히 숙성된 과일은 반응이 나타나지 않는다. 요오드 반응의 정도에 따라 장기저장용, 단기저장용, 직출하용으로 나누어 수확기를 결정할 수 있다.
2) 경도: 복숭아
3) 쥬스함량: 감귤
4) 결구: 배추
5) 떫은맛: 단감
6) 산함량: 키위, 멜론

2. 수확

(1) 수확기

1) 원예산물의 이용 목적에 따라 수확기를 결정한다.
2) 발육정도, 재배조건, 시장조건, 기상조건에 따라 수확시기를 결정한다.
3) 외관상 판정할 수 있는 품종도 있으나 외관상 판단이 어려운 것도 많다. 따라서 개화일자를 기록하여 날수로 판단함이 정확하다.

(2) 수확적기의 판정

1) 수확을 위한 적당한 성숙에 이르렀는지 여부를 결정한다.
2) 수확 당시의 품질이 최상의 상태가 아닌 소비자 구매 시 생산물의 품질이 가장 우수할 때가 되는 시점이다.
3) 생리대사의 변화
   ① 호흡속도: 성숙, 숙성 중 호흡의 변화량에 따라 결정할 수 있다. 클라이메트릭(호흡급등현상)형 과실의 호흡량이 최저에 달했다가 약간 증가되는 초기단계로 수확의 적기이다.
      ㉠ 성숙과 숙성과정에서 호흡이 급격하게 증가하는 호흡급등형(climacteric type)과실과 호흡의 변화가 없는 비호흡급등형(non-climacteric type)과실이 있다.

    ⓛ 호흡급등형과실은 사과, 배, 복숭아, 참다래, 바나나, 아보카도, 토마토, 수박, 살구, 멜론, 감, 키위, 망고, 파파야 등이 있다.

    ⓒ 비호흡급등형은 포도, 감귤, 오렌지, 레몬, 양앵두, 고추, 가지, 오이, 딸기, 호박, 파인애플 등이 있다.

② 에틸렌 대사: 호흡급등형 과실은 성숙과정과 에틸렌 발생량이 매우 밀접한 관계를 가지고 있어 에틸렌 발생량이나 과일 내부의 에틸렌 농도를 측정하여 성숙 정도를 알 수 있어 수확 시기를 결정할 수 있다.

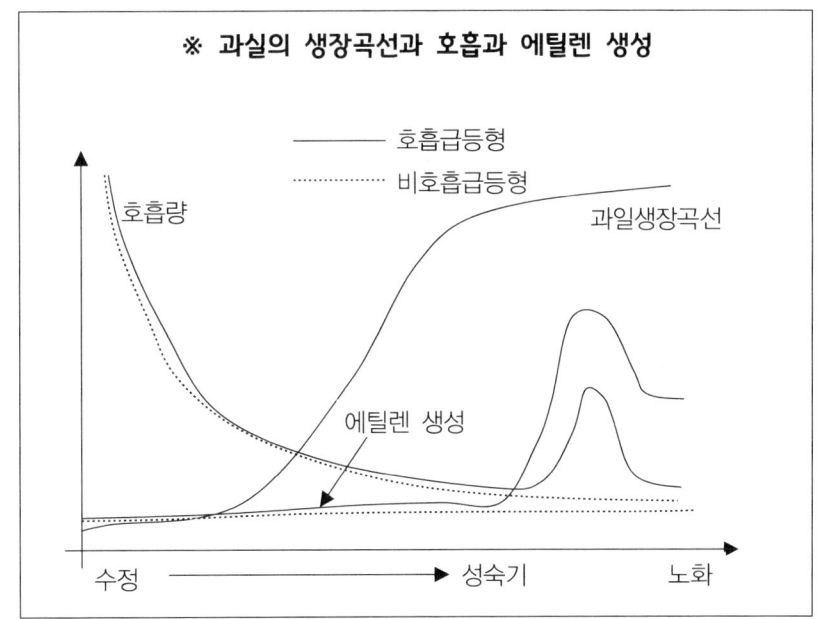

③ 성숙 및 숙성과정의 대사산물의 변화

    ㉠ 단맛의 증가 : 사과, 키위, 바나나 등은 전분이 당으로 가수분해 되며 단맛이 증가한다.

    ㉡ 신맛의 감소 : 사과, 키위, 살구 등은 유기산의 변화로 신맛이 감소하게 된다.

    ㉢ 색의 변화 : 엽록소 분해 및 색소의 합성 및 발현으로 색의 변화가 일어난다.

    ㉣ 과육의 연화 : 세포벽이 붕괴되며 과육의 연화현상이 일어난다.

    ㉤ 떫은맛의 소실 : 감은 타닌의 중화반응으로 떫은맛이 없어진다.

    ㉥ 풍미발생 : 사과, 유자 등은 휘발성 에스테르의 합성으로 고유의 풍미가 나타난다.

    ㉦ 과피 외관 및 상품성 : 표면에 왁스물질의 합성 및 분비로 외관이 좋아지며 상품성이 향상된다.

4) 만개 후 일수: 꽃이 80% 이상 개화된 만개일시를 기준으로 한다.
   ① 후지사과: 개화 후 160~170일
   ② 신고배: 개화 후 165~170일
5) 색깔, 맛, 경도 및 품질과 내·외적 품질구성 요소를 만족시켜야 한다.

(3) 수확 시기의 중요성

1) 수확 시기는 산물의 색, 크기 등 외관은 물론 맛과 품질을 결정하나 적정 수확 시기는 수확기의 품질과 생산량에 따라 결정되는 것이 아니고 수확 후 저장기간 또는 유통기간을 고려하여 결정되어야 한다.
2) 수확 시기는 산물의 품질을 결정한다.
3) 수확 시기에 따라 저장력이 결정된다.
   ① 배 신고의 경우 수확 시기가 늦을 경우 저장 장해의 발생이 크게 증가하므로 적기에 수확하는 것이 장기저장을 위해서 바람직하다.
   ② 사과 후지의 경우도 저온저장, CA저장을 할 경우 수확기가 늦으면 저장 중 내부갈변 등 생리장해가 크게 증가한다.
   ③ 양파의 경우 수확 시기가 늦으면 전체 수확량은 증가하나 저장 중 손실이 급격히 증가한다.
   ④ 봄배추의 경우 수확 시기가 늦으면 결구상태는 좋아지나 저장 중 부패 또는 깨씨무늬증상이 심하게 발생할 수 있다.
4) 경제성과의 관계를 고려하여야 한다.
   ① 생산량 : 생산량을 위해 수확기를 늦출 경우 수확량은 증가할지 모르나 품질이 떨어져 제 가격을 받지 못할 수 있으므로 품질과 생산량 두 가지 요인이 모두 충족되는 시점을 잡아야 한다.
   ② 가격 : 산물의 가격 변동이 클수록 수확기의 결정은 어렵다. 수확기의 결정은 품질, 생산량, 가격의 각 요인에 따라 수확기를 결정하여야 한다.
   ③ 기타요인 : 수확 전 낙과 현상이 심한 경우 낙과되기 전에 수확을 끝낼 수 있는 수확 계획 역시 수확기의 결정에 고려 사항이다.
5) 용도와 출하시기를 고려하여야 한다.
   ① 생리적 성숙과 원예적 성숙이 일치하지 않을 수 있으므로 산물의 용도에 따라 수확 시기를 결정하여야 한다.
   ② 수확 후 바로 출하할 것인지 저장할 것인지에 따라 수확기에 간격을 두기도 한다. 사과나 배와 같은 저장용 과일은 수확 시기에 따라 저장력의 차이를 보이

기도 한다.

(4) 수확방법

1) 물리적 손상을 받기 쉬운 작물은 손으로 수확하는 방법이 아직은 절대적 수확방법이다.
2) 수확 시간은 기온이 낮은 이른 아침부터 오전 중에 수확한다.
3) 성숙한 과일부터 몇 차례 나누어 수확한다.
4) 압력을 주면 상처를 받기 쉬우므로 치켜올려 따거나 가위나 칼로 딴다.
5) 수확된 산물은 던지거나 충격을 주어서는 안 된다.
6) 소비지가 멀거나 장기저장용 산물은 약간 덜 숙성된 것을 수확하고 즉석해서 팔거나 먹을 것은 완숙된 것을 수확하는 것이 좋다.
7) 충해나 병해를 입은 산물은 별도로 따서 처리한다.

(5) 기계수확과 인력수확

1) 기계수확
   ① 신선농산물은 조직이 연하여 수확 시 상처가 발생하기 쉬우므로 성숙상태의 과실수확에는 적당하지 않다.
   ② 가공용인 경우 노동력의 절감을 위하여 기계로 수확하는 것이 일반적이다.
   ③ 단시간에 많은 면적의 수확이 가능하다.
2) 인력수확
   ① 상처발생을 최소화하기 위하여 손으로 수확하는 것이 일반적인 수확방법이다.
   ② 생식용 원예산물은 대부분 인력으로 수확하며 전체 노동력 가운데 수확에 소요되는 비중이 큰 편이다.

| 2장 | 수확 후의 생리작용 |

1. 호흡

(1) 호흡작용

1) 살아있는 생명체로 수확된 과실도 호흡작용은 계속 진행된다.
2) 호흡은 살아있는 식물체에서 발생하는 주된 물질대사 과정으로 전분, 당, 탄수화물 및 유기산 등의 저장양분(기질)이 산화(분해)되는 과정으로 같은 세포 내에 존재하는 복합물질들을 이산화탄소나 물과 같은 단순물질로 변환시키고 이와 동시에 세포가 사용할 수 있는 여러 가지 분자와 에너지를 방출하는 일종의 산화적 분해과정이다. 생성된 에너지는 일부 생명유지에 필요한 대사작용에 소모되기도 하나 수확한 과실의 경우는 대부분 호흡열로 체외로 방출된다.
3) 호흡하는 동안 발생하는 열을 호흡열이라 하고 이것은 저장과 저장고 건축 시 냉각용적 설계에 중요한 자료가 된다.
4) 수확 후 관리기술은 호흡열을 줄이기 위하여 외부환경요인을 조절한다.

(2) 호흡과정

호흡의 과정은 다음과 같다.

포도당+산소 → 이산화탄소+수분+에너지(대사에너지+열)

(화학식) $C_6H_{12}O_6 + 6O_2 \rightarrow 6CO_2 + 6H_2O + 에너지$

---

(3) 호흡에 미치는 환경 요인

1) 온도
   ① 수확 후 저장수명에 가장 크게 영향을 주는 요인은 온도이다. 온도는 대사과정에서 호흡 등 생물학적 반응에 크게 영향을 주기 때문이다. 대부분 작물의 생리적인 반응을 근거로 온도상승은 호흡반응의 기하급수적인 상승을 유도한다.
   ② 생물학적 반응속도는 온도 10℃ 상승에 2~3배 상승한다. 온도 10℃ 간격에 대한 온도상수를 Q_{10}이라 부르는데 Q_{10}은 높은 온도에서의 호흡률을 10℃ 낮은 온도에서의 호흡률로 나눈 값으로 $Q_{10} = \dfrac{R_2}{R_1}$이라 한다.

③ Q_{10}은 다른 온도에서 알고 있는 값에서 어떤 온도에서의 호흡률을 계산하는데 이용되는 것이다. 보통 Q_{10}은 온도에 따라 다르게 변화하며 높은 온도일수록 낮은 온도에서 보다 Q_{10} 값이 적게 나타난다.

④ Q_{10} 값은 여러 온도 조건에서 호흡률이나 품질열화 그리고 상대적인 저장 수명이 각각 다르게 나타난다. 20℃에서 13일간 저장수명이 유지되는 저장산물이 0℃에서 100일간 유지될 수 있고 반대로 40℃에서는 4일 밖에 유지되지 않는다.

2) 대기조성

① 식물은 충분한 산소조건에서 호기성호흡을 한다. 대부분 작물에서 산소농도가 21%에서 2~3%까지 떨어질 때 호흡률과 대사과정은 감소한다. 1% 이하의 산소농도는 저장온도가 최적일 때 저장수명을 연장하지만 저장온도가 높을 때는 ATP(아데노신3인산)에 의한 산소소모가 있기 때문에 혐기성호흡으로 변하게 된다.

② 왁스처리, 표면코팅처리, 필름피막처리포장 등 수확 후 여러 취급과정을 선택하는 데는 충분한 산소농도가 필요하다. 예를 들어 포장처리하는 동안 대기조성이 잘못될 경우 저장산물은 혐기성호흡이 진행되어 이취가 발생하게 된다.

③ 저장산물 주변의 이산화탄소 농도가 증가하게 되면 호흡을 감소시키고 노화를 지연시키며 균의 생장을 지연시키지만 낮은 산소 조건에서 높은 이산화탄소 농도는 발효과정을 촉진시킬 수 있다.

④ 산소유무에 따른 호흡유형의 분류

㉠ 호기성호흡

㉡ 혐기성호흡

㉢ 미호기성호흡

㉣ 통성혐기성호흡

3) 저온스트레스와 고온스트레스

① 수확 후 식물이 받는 스트레스에 따라 호흡률이 크게 영향을 받는다. 일반적으로 식물은 수확 후 0℃ 이상의 온도 범위에서는 저장온도가 낮을수록 호흡률은 떨어진다. 그러나 열대나 아열대산 원산지인 식물은 수확 후 빙점온도(0℃) 이상에서 10~12℃ 이하의 온도에서는 저온에 의하여 저온스트레스를 받게 되는데 이 때 호흡률은 Q_{10}의 공식에 따르지 않는다.

② 온도가 생리적인 범위를 넘으면 호흡상승률은 떨어진다. 이 상승률은 조직이 열괴사 상태에 이르면서 마이너스가 되고 대사과정은 불규칙하게 되면서 효소

단백질은 파괴된다. 많은 조직들은 단지 몇 분 동안 고온에서 견딜 수 있는데 이러한 특성을 기초로 몇몇 과일에서는 과피의 포자를 죽이는데 이러한 특성을 이용하기도 한다.

4) 물리적 스트레스
① 약간의 물리적 스트레스에도 호흡반응은 흐트러지고 심할 경우에는 에틸렌 발생 증가와 더불어 급격한 호흡 증가를 유발한다. 물리적 스트레스에 의해 발생된 피해 표시는 장해 조직으로부터 발생하기 시작하여 나중에는 인접한 피해 받지 않은 조직에까지 생리적 변화를 유발한다.
② 중요한 생리적 변화로는 호흡증가, 에틸렌 발생, 페놀물질의 대사과정 그리고 상처 치유 등이다. 상처에 의해 유기된 호흡은 일시적이고 단지 몇 시간이나 며칠 동안 지속된다. 하지만 몇몇 조직에서의 상처는 숙성을 촉진하는 등 발달 과정의 변화를 촉진하여 지속적인 호흡증가를 유지하게 된다. 에틸렌은 호흡을 자극하는 반응 외 저장산물에 많은 생리적인 효과를 가져온다.

(4) 호흡상승과와 비호흡상승과

1) 호흡은 산소의 이용 유무에 따라 호기적 호흡과 혐기적 호흡으로 구분할 수 있다. 작물의 호흡률은 조직의 대사활성을 나타내는 좋은 지표가 되며, 따라서 작물의 잠재적인 저장 수명을 예상할 수 있게 한다.
2) 작물의 무게 단위당 호흡률은 미숙상태일 때 가장 높게 나타나며 이후 지속적으로 감소한다. 토마토, 사과와 같은 작물은 숙성과 일치하여 호흡이 현저히 증가하는 현상을 보인다. 그러한 호흡현상을 나타내는 작물을 호흡상승과라고 분류한다.
3) 호흡상승의 시작은 대략 작물의 크기가 최대에 도달했을 때와 일치하며 숙성동안 발생하는 모든 특징적인 변화가 이 시기에 일어난다. 숙성과정의 완성뿐만 아니라 호흡상승도 작물이 모체에 달려 있을 때나 수확했을 때 모두 진행한다.
4) 감귤류, 딸기, 파인애플과 같은 작물들은 호흡상승을 나타내지 않으며 이러한 작물들은 비호흡상승과로 분류한다. 비호흡상승과들은 호흡상승과에 비하여 느린 숙성과정을 보이는데 대부분의 채소류는 비호흡상승과로 분류된다.
① 호흡상승과: 사과, 바나나, 토마토, 복숭아, 감, 키위, 망고
② 비호흡상승과: 고추, 가지, 오이, 딸기, 호박, 감귤, 포도, 오렌지, 파인애플
5) 식물조직이 성숙하게 되면 그들의 호흡률은 전형적으로 감소하는데 이것은 많은 채소류와 미성숙 과일 같은 생장 중 수확된 산물의 호흡률은 매우 높은 반면, 성숙한 과일과 휴면 중인 눈 그리고 저장기관은 상대적으로 낮다.

6) 수확 후의 호흡률은 일반적으로 낮아지는데 비호흡상승과 저장기관에서는 천천히 낮아지고 영양조직과 미성숙 과일에서는 빠르게 낮아진다. 호흡반응에서의 중요한 예외는 수확 후 언젠가 호흡이 급격히 증가한다는 것인데 이러한 현상은 호흡상승과의 숙성 중 일어난다.

7) 수확한 원예산물에서의 호흡은 숙성진행과 생명유지를 위해서는 필요하지만 신선도 유지 및 저장이라는 측면에서는 수확 후 품질변화에 나쁜 영향을 끼칠 수 있다. 따라서 농산물의 대사작용에 장해가 되지 않는 선에서 호흡작용을 억제하는 것이 신선도 유지에 효과적이다.

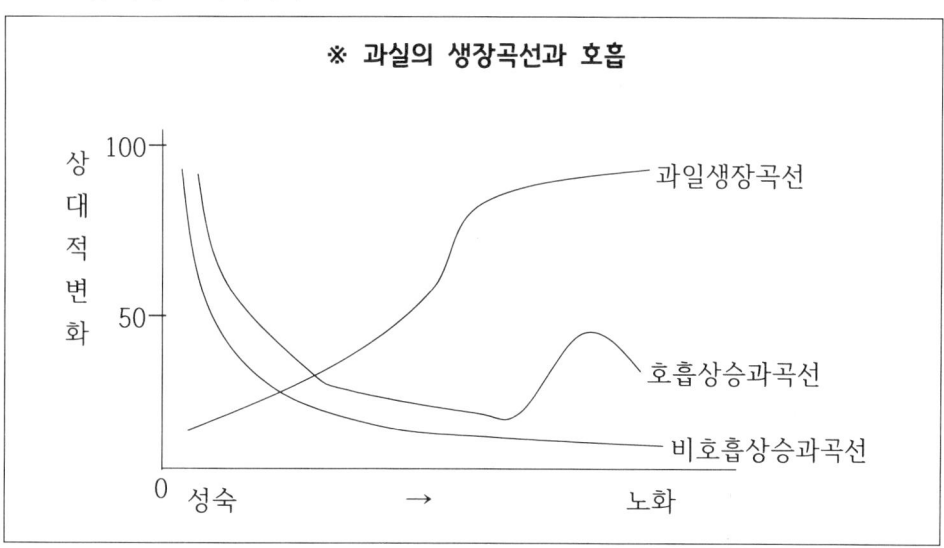

(5) 호흡속도

1) 호흡속도는 원예산물의 저장력과 밀접한 관련이 있어 저장력의 지표로 사용된다. 호흡은 저장양분을 소모시키는 대사작용이므로 호흡속도를 알면 호흡으로 소모되는 기질의 양을 계산할 수 있다. 호흡속도는 일정 무게의 식물체가 단위시간 당 발생하는 이산화탄소의 무게나 부피의 변화로 표시한다.

2) 수확 후 호흡속도는 원예생산물의 형태적 구조나 숙도에 따라 결정되며 생리적으로 미숙한 식물이나 표면적이 큰 엽채류는 호흡속도가 빠르고 감자, 양파 등 저장기관이나 성숙한 식물은 호흡속도는 느리다. 호흡속도가 빠른 식물은 저장력이 약하다.

3) 호흡속도가 낮은 작물은 증산에 의한 중량감소가 잘 조절될 수 있으므로 장기간 저장이 가능하다. 체내의 호흡속도가 높은 산물은 저장력이 매우 약하며 주위온도

가 높아져 호흡속도가 상승하면 역시 저장기간이 단축된다.

4) 원예산물이 물리적, 생리적 장해를 받았을 경우 호흡속도가 상승한다. 따라서 호흡은 작물의 온전성을 타진하는 수단으로도 이용할 수 있다. 이처럼 호흡의 측정은 원예생산물의 생리적 변화를 합리적으로 예측할 수 있게 해 준다.

5) 일반적으로 호흡속도가 빠른 작물은 수확 후 품질변화도 급속히 진행되는 특성을 보인다.

6) 호흡속도의 특징

① 주변 온도가 높아지면 빨라진다.

② 물리적 또는 생리적 스트레스 발생 시 증가한다.

③ 저장가능기간에 영향을 주며 상승하면 저장기간이 단축된다.

④ 내부성분 변화에 영향을 준다.

⑤ 원예작물의 온전성 타진의 수단이 되기도 한다.

7) 호흡속도에 따른 원예산물의 분류

① 매우 높음: 버섯, 강낭콩, 아스파라거스, 브로콜리 등

② 높음: 딸기, 아욱, 콩 등

③ 중간: 서양배, 살구, 바나나, 체리, 복숭아, 자두 등

④ 낮음: 사과, 감귤, 포도, 키위, 망고, 감자, 양파 등

⑤ 매우 낮음: 견과류, 대추야자 열매류 등

> ※ **원예생산물의 호흡속도**
> – 과일 : 딸기 〉복숭아 〉배 〉감 〉사과 〉포도 〉키위 순으로 빠르다.
> – 채소 : 아스파라거스 〉완두 〉시금치 〉당근 〉오이 〉토마토 〉무 〉수박 〉양파 순으로 빠르다.

(6) 호흡조절

1) 호흡상승과의 공통점은 익으면서 에틸렌의 생성이 증가하며 외부처리로부터 에틸렌 또는 유사한 물질(프로필렌, 아세틸렌 등)을 처리하면 과실의 호흡이 증가한다.

2) 미성숙 과실은 에틸렌에 대한 감응능력이 발달되어 있지 않기 때문에 미성숙과 및 비호흡상승과는 에틸렌에 의해 호흡만 증가하고 에틸렌 생성은 촉진되지 않는다.

2. 숙성과 노화

(1) 숙성과정은 과일의 조직감과 풍미가 발달하는 단계로 식물체 상에서 숙성이 완료되는 과실은 성숙과 숙성단계의 구별이 모호한 경우가 많다.

(2) 숙성 다음에 오는 노화는 발육의 마지막 단계에서 일어나는 일련의 비가역적 변화로서 궁극적으로 세포의 붕괴와 죽음을 유발한다.

(3) 과일이나 채소는 노화를 거치는 동안 연화 및 증산에 의해 상품성을 잃게 되고 병균의 침입으로 쉽게 부패한다.

3. 증산작용

(1) 의의

1) 식물체에서 수분이 빠져나가는 현상으로 식물생장에는 필수적인 대사작용이지만 수확한 산물에 있어서는 여러 가지 나쁜 영향을 미친다.

2) 수분은 신선한 과일, 채소의 경우 중량의 80~95%를 차지하는 가장 많은 성분이고 신선한 산물의 저장 생리에서 매우 중요한 분야이다.

3) 일반적으로 증산으로 인한 중량 감소는 호흡으로 발생하는 중량 감소의 10배 정도 크다.

(2) 증산에 따른 상품성의 변화

1) 중량감소

2) 조직에 변화를 일으켜 신선도 저하

3) 시듦현상으로 외양에 지대한 영향을 미친다. 일반적으로 수분이 5% 정도 소실되면 상품가치를 잃게 된다.

4) 대부분 채소는 수분함량이 90% 이상 되는데 온도가 높아지고 상대습도가 낮은 환경에서는 증산이 많아져 산물의 생체중이 5~10%까지 줄어들며 상품성이 크게 떨어지게 된다.

5) 과실은 수분함량이 85~95%로 이루어져 있는데 수분이 5~8% 정도 증산되면 상품가치를 잃게 된다.

6) 사과의 경우 9% 정도 중량감소가 일어나면 표피가 쭈그러지는 위조현상이 일어난다.

(5) 증산작용의 증가

1) 온도가 높을수록 증산량은 증가한다.
2) 상대습도가 낮을수록 증산량은 증가한다.
3) 공기유동량이 많을수록 증산량은 증가한다.
4) 부피 대비 표면적이 넓을수록 증산량은 증가한다.
5) 큐티클층이 얇을수록 증가한다.
6) 표피조직에 상처나 절단된 경우 그 부위를 통하여 증산량이 증가한다.

(6) 작물에 따른 증산량

증산량	채소류	과일류
많음	파, 쌈채소, 딸기, 버섯, 파슬리, 엽채류	살구, 복숭아, 감, 무화과, 포도
중간정도	완두, 오이, 아스파라거스, 고추, 당근, 토마토, 고구마, 셀러리	배, 바나나, 석류, 레몬, 밀감, 오렌지, 천도복숭아
적음	마늘, 양파, 감자, 가지	사과, 참다래

4. 에틸렌

(1) 의의

1) 에틸렌은 기체상태의 식물 호르몬으로 climacteric 과실의 과숙에 관여한다. 에틸렌의 영향 중 경제적으로 중요한 작용 중의 하나는 사과, 자두, 복숭아, 살구, 토마토, 바나나, 오이류 등의 Climacteric 과실류에서 과숙을 조절하는 작용이다.
2) 대부분의 원예산물은 수확 후 노화가 진행되거나 과실이 익는 동안 에틸렌이 생성되는데 에틸렌가스는 과실의 숙성 및 잎이나 꽃의 노화를 촉진시키므로 노화호르몬이라고 부르기도 한다.
3) 에틸렌은 과실의 연화현상, 숙성과 관련된 여러 가지 생리적 변화를 유발한다.
4) 원예산물을 취급하는 과정에서 상처나 불리한 조건에 처하면 조직으로부터 에틸렌이 발생하는데 이는 산물의 품질을 나쁘게 변화시키는 요인으로 작용한다.
5) 일반적으로 조생품종은 만생품종에 비해 에틸렌 발생량이 비교적 많고 저장성도 낮다.
6) 에틸렌 발생 등을 고려하여 장기간 저장 시는 단일품종, 단일과종만을 저장하는 것이 유리하다.

7) 에세폰은 에틸렌을 발생하는 식물조절제로 이용되고 있는데 미국에서는 여러 가지 용도에 처리되고 있다.

8) 에틸렌에 의해 클로로필(chlorophyll: 엽록소)은 클로로필리드와 피톨로 분해된다.

(2) 에틸렌의 특성

1) 불포화탄화수소로 상온, 대기압에서 가스로 존재한다.

2) 가연성이며 색깔은 없고 약간 단 냄새가 난다.

3) 0.1ppm의 낮은 농도에서도 생물학적 영향을 미친다.

4) 수확 후 관리에 있어 노화, 연화 및 부패를 촉진하여 상품 보존성을 저하시킨다.

5) 긍정적 영향으로는 성숙을 촉진시켜 식미를 높이거나 착색 등 외관을 좋게 하기도 한다.

6) 화학구조가 비슷한 프로필렌, 아세틸렌가스 등의 유사물질도 에틸렌과 같은 영향을 보이는 경우가 있다.

(3) 에틸렌 발생

1) 생물체의 대사반응 또는 화학반응에 의해 만들어진다.

2) 동물에서는 정상적인 대사산물은 아니나 인간이 숨을 쉴 때에도 미량 발생한다.

3) 고등식물은 종에 따라 발생량의 편차가 크다. 특히 발육단계에 따라 발생량의 편차를 보이는 경우가 흔하다.

　① 엽근채류는 에틸렌 발생이 매우 적지만 에틸렌에 의해서 쉽게 피해를 받아 품질이 나빠지게 된다. 상추나 배추는 조직이 갈변하고 당근은 쓴맛이 나며 오이는 과피의 황화를 촉진한다.

　② 에틸렌이 다량 발생하는 품목으로는 토마토, 바나나, 복숭아, 참다래, 조생종 사과, 배 등이 있고 에틸렌 발생이 미미한 과실에는 포도, 딸기, 귤, 신고배 등이 있다.

4) 유기물질이 산화될 때 또는 태울 때도 발생하며 화석연료를 연소시킬 때, 특히 불완전 연소될 때 더 많은 양이 발생한다.

5) 원예산물의 스트레스에 의한 발생

　① 생물학적 요인: 병, 해충에 의한 스트레스로 발생

　② 저온에 의한 발생: 주로 열대 아열대 작물 등 저온에 약한 작물은 12~13℃ 이하의 온도에서 피해를 일으키는데 이런 피해에 작물은 에틸렌 발생량이 많아

지고 쉽게 부패하며, 오이, 가지, 호박, 파파야, 미숙토마토, 고추 등이 이에 속한다.

③ 고온에 의한 발생: 지나치게 높은 고온에 노출되어도 피해를 받으며 직사광선은 작물의 온도를 높여 생리작용을 촉진하여 에틸렌 발생과 함께 노화를 촉진시킨다.

6) 에틸렌의 생성경로

① 에틸렌의 생성량은 조직 및 기관의 종류, 식물 발달단계, 작물 종류 등에 따라 크게 달라진다.

② 식물에서의 에틸렌의 생성은 그 원인이 어디에 있던 모든 동일한 생합성 경로를 거치며, 그 과정은 Methionine → SAM → ACC → Ethylene을 경유한다.

③ 에틸렌은 2개의 탄소 원자가 불포화 결합되어 있는 매우 단순한 구조의 탄화수소이다.

④ 에틸렌의 전구물질은 ACC이고, 에틸렌의 작용은 에틸렌 수용체와의 결합, 특정 유전자의 발현, 효소의 합성 또는 활성화 등과 같은 일련의 과정을 경유한다.

(4) 에틸렌 제거

1) 과실에 따른 에틸렌 발생을 잘 숙지하여 에틸렌을 다량 발생하는 품목은 다른 품목과 같은 장소에 저장하거나 운송되지 않도록 주의하여야 한다.

2) 에틸렌의 제거방법에는 흡착식, 자외선 파괴식, 촉매분해식 등이 있으며 흡착제로는 과망간산칼륨($KMnO_4$), 목탄, 활성탄, 오존, 자외선 등이 이용되고 있다.

3) 1-MCP(1-Methylcyclopropene): 새로운 식물생장조절제로서 식물체의 에틸렌 결합부위를 차단하여 에틸렌의 작용을 무력화하는 특성을 지닌 물질이다. 따라서 과실의 연화, 식물의 노화 등을 감소시켜 수확 후 저장성을 향상시키는데 유용하게 쓰일 수 있다. 1,000ppb의 농도로 12-24시간 사용하여 호흡, 에틸렌 생성, 휘발성 물질 생성, 엽록소 소실, 색깔, 단백질, 세포막 붕괴, 연화, 산도, 당도 등에 영향을 미쳐 과일, 채소류 등의 수확 후 저장성 및 품질을 향상시킨다.

(5) 에틸렌의 영향

1) 저장이나 수송하는 과일의 후숙과 연화를 촉진시킨다.

2) 신선한 채소의 푸른색을 잃게 하거나 노화를 촉진시킨다.

3) 수확한 채소의 연화를 촉진시킨다.

4) 상추에서 갈색반점이 나타난다.

5) 이층형성의 촉진으로 낙엽을 촉진한다.

6) 과일이나 구근에서 생리적인 장해

7) 절화의 노화촉진

8) 분재식물의 잎이나 꽃잎의 조기낙엽

9) 당근과 고구마의 쓴맛 형성

10) 엽록소 함유 엽채류에서 황화현상과 잎의 탈리현상으로 인한 상품성 저하를 가져 온다.

11) 대부분의 식물조직은 조기에 경도가 낮아져 품질 저하를 가져온다.

12) 아스파라거스와 같은 줄기채소의 경우 조직의 경화현상을 보인다.

(6) 에틸렌의 농업적 이용

1) 과일의 성숙 및 착색촉진제로 이용된다.

2) 녹숙기의 바나나, 토마토, 떫은감, 감귤, 오렌지 등의 수확 후 미숙성 시 후숙 처리(엽록 소 분해, 착색 촉진, 떫은 감의 연화 등의 상품 가치 향상)를 위한 에틸렌 처리

3) 오이, 호박 등의 암꽃 발생을 유도한다.

4) 파인애플의 개화를 유도한다.

5) 발아촉진제로 사용된다.

(7) 에틸렌 피해의 방지

1) 피해의 방지를 위해서는 지속적으로 발생하는 에틸렌의 발생원을 제거하거나 축적 된 에틸렌을 제거해 줘야 한다.

2) 에틸렌의 제거는 에틸렌 감응도가 높은 작물의 저장성을 향상시키며, 절화류에서 는 에틸렌 발생을 억제함으로써 선도를 유지할 수 있다.

3) 에틸렌의 민감도에 따라 혼합관리를 피해야 한다.

에티렌 감응도에 따른 분류

구분	과수	채소
매우 민감	키위, 감, 자두	수박, 오이
민감	배, 살구, 무화과, 대추	멜론, 가지, 애호박, 미숙토마토, 당근
보통	사과(후지), 복숭아, 밀감, 오렌지, 포도	완숙토마토, 늦은 호박, 고추
둔감	앵두	피망

*자료; 농수산물유통공사, 알기쉬운 농산물 수확후 관리(에틸렌의 역할과 이용), 황용수

에틸렌 발생이 많은 작물과 에틸렌 가스에 피해받기 쉬운 작물

에틸렌 발생이 많은 작물	에틸렌 피해가 쉽게 발생하는 작물
사과, 살구, 바나나(완숙과), 멜론, 참외, 무화과, 복숭아, 감, 자두, 토마토, 모과	당근, 고구마, 마늘, 양파, 강낭콩, 완두, 오이, 고추, 풋호박, 가지, 시금치, 꽃양배추, 상추, 바나나(미숙과), 참다래(미숙과)

*자료; 농수산물유통공사, 알기쉬운 농산물 수확후 관리(에틸렌의 역할과 이용), 황용수

에틸렌에 의한 저장작물의 피해 유형

작물명	피해유형	대표적 증상
시금치, 브로콜리, 파슬리, 애호박	엽록소 분해	황화
대부분 과실류	성숙 및 노화 촉진	연화
양치(고사리 등)	잎의 장해	반점 형성
당근	맛 변질	쓴 맛 증가
감자, 양파	휴면 타파	발아촉진, 건조
관상식물	낙엽, 낙화	이층형성 촉진
카네이션	비정상 개화	개화정지
아스파라거스	육질 경화	조직이 질겨짐
동양배	과피 장해	박피, 얼룩

*자료; 농수산물유통공사, 알기쉬운 농산물 수확후 관리(에틸렌의 역할과 이용), 황용수

(8) 에틸렌 발생원의 제거

저장고에 과도한 에틸렌의 축적을 방지하기 위해서 발생원을 미리 제거하여야 한다. 저장 작물 중 과숙, 부패 및 상처 받은 작물은 미리 제거하고 부패성 미생물이 서식할 경우 미생물로부터 에틸렌이 발생하므로 저장고를 미리 소독하여야 한다.

1) 환기
   ① 저장기간이 길어지거나 온도가 높을 경우 에틸렌이 축적될 수 있다.
   ② 에틸렌 축적이 예상될 경우 환기를 시켜 에틸렌 농도를 낮출 필요성이 있다.
   ③ 저장고와 외부 온도의 차이에 따라 저장고 온도의 급격한 변화가 생기지 않는 범위 내에서 환기하여야 한다.
   ④ 저장고 외부의 공기가 건조한 경우 저장고 내 습도가 낮아지므로 환기량, 환기 시 외기 온도 및 습도 관리에 주의하여야 한다.

2) 혼합저장 회피
   ① 생리현상이나 에틸렌 감응도에 대한 고려 없이 혼합 저장하는 경우 에틸렌 감응도가 높은 작물은 심각한 피해를 입을 수 있다.

② 저장 적온을 고려하지 않는 경우는 에틸렌뿐만 아니라 저온피해까지 받는 경우가 있다.

③ 작물의 특성을 모르는 경우 혼합저장을 피해야 하며 혼합 저장을 하는 경우는 저장 적온과 에틸렌 감응도를 고려하여 단기간 저장하여야 한다.

④ 에틸렌 다량 발생 품목과 에틸렌 감응도가 높은 품목을 함께 혼합 저장하는 것은 피해야 한다.

3) 화학적 제거 방법

저장고 내 에틸렌을 제거하면 숙성 지연에 따른 품질유지, 부패 등 손실 감소 및 엽록소 분해 억제를 통한 신선도 유지 효과를 볼 수 있다.

① 과망간산칼리($KMnO_4$)

ㄱ 에틸렌 산화에 효과적이며 다공성 지지체(벽돌, 질석 등)에 과망간산칼리를 흡수시켜 저장고에 넣어 두면 에틸렌이 흡착 제거되며 주기적으로 교환하여야 한다.

ㄴ 에틸렌 제거 효율이 우수하다.

ㄷ 에틸렌 발생량이 많은 작물에 효과적이다.

ㄹ 과망간산칼리 용액과 작물이 접촉하는 경우 변색이 되므로 주의하여야 한다.

ㅁ 중금속, 망간을 포함하고 있어 폐기 시 매우 주의하여야 한다.

② 활성탄

ㄱ 흡착식이다.

ㄴ 에틸렌 제거효율은 우수하며 포화되기 전에 교체하여야 한다.

ㄷ 환경친화적이며 저농도 에틸렌 발생에 유리하다.

ㄹ 포화된 후에는 흡착된 에틸렌이 누출될 가능성이 있다.

ㅁ 가열건조할 경우 재생이 가능하다.

③ 브롬화 활성탄

ㄱ 활성탄에 브롬을 도포하여 이용하며 저농도 에틸렌도 효과적으로 제거할 수 있다.

ㄴ 제거 효율은 우수하다.

ㄷ 대량 에틸렌 발생 품목에 적합하다.

ㄹ 누출된 브롬이나 인산이 작물과 접촉할 경우 피해를 일으킬 수 있다.

ㅁ 브롬이 독성화합물이므로 폐기 시 주의해야 한다.

④ 백금촉매처리

ㄱ 에틸렌을 백금촉매와 고온 처리할 경우 산화되는 것을 이용하여 제거하는

방식이다.

ⓛ 반영구적으로 사용할 수 있다.

ⓒ 아세트알데히드와 물이 반응 후 생성된다.

ⓔ 습도조건에 영향을 받지 않는다.

ⓜ 고농도의 에틸렌제거에는 불리하다.

⑤ 이산화티타늄(TiO_2)

ⓐ 이산화티타늄을 자외선과 반응시켜 에틸렌을 산화시키며 함께 살균기능도 추가된다.

ⓛ 이산화탄소와 물이 반응물로 생성된다.

ⓒ 저장고 내부에 미생물 살균효과를 같이 기대할 수 있는 이점이 있다.

ⓔ 반응패널에 먼지가 낄 경우 효율이 떨어지는 단점이 있다.

⑥ 오존처리

ⓐ 오존의 산화력을 이용하여 에틸렌을 제거하는 방식이다.

ⓛ 살균효과를 동시에 기대할 수 있는 장점이 있다.

ⓒ 이산화탄소, 일산화탄소, 포름알데히드 등이 반응물로 생성된다.

ⓔ 너무 높은 농도의 오존이 창고 내부에 축적되면 저장산물에 직접적인 피해를 줄 수 있으니 주의하여야 한다.

(9) 혼합 저장 시 고려해야 할 사항

1) 저장온도

2) 에틸렌 발생량

3) 에틸렌 감응도

4) 방향성 물질에 대한 특성

5) 위와 같은 사항을 고려했을지라도 장기 보관은 바람직하지 않으며 임시 저정 또는 단거리 수송에서만 사용하는 것이 바람직하다.

1. 품질구성요소

외관, 조직감, 풍미, 영양적 가치, 안전성 등으로 나눌 수 있으며 이를 다시 외적요인과
내적요인으로 나눌 수 있다.

(1) 외적요인

1) 외관 : 크기, 모양, 색깔, 상처(물리적 손상)
2) 조직감 : 경도, 다즙성, 섬유질, 입자, 미끄러움
3) 풍미 : 맛(단맛, 신맛, 쓴맛, 떫은맛), 향(향기, 이취)

(2) 내적요인

1) 영양적 가치 : 미네랄 함량, 비타민 함량
2) 독성 : 솔라닌 등
3) 안전성 : 농약잔류량, 부패

2. 품질구성의 외적요인

시각적 요인, 촉각적 요인, 후각 및 미각적 요인

(1) 양적 요인

1) 외형을 결정하는 양적 요인으로 크기, 무게, 길이, 둘레, 직경, 부피 등이 포함되며
    크기 선별로 객관적 구분이 가능하다.
2) 무게, 길이, 크기 등을 계량기준으로 하여 각각의 구분표에서 무게, 길이, 크기가
    다른 것의 혼입율로 전체 포장된 산물의 등급이 결정된다. 서로 다른 크기의 작물
    이 함께 포장되면 전체적인 품질이 떨어진 것으로 여긴다.
    ① 무게: 사과, 배, 포도 등
    ② 길이: 오이, 고추, 애호박, 가지 등
    ③ 직경: 양파, 마늘 등

(2) 모양과 형태

1) 모양이란 품종고유의 모양과 형태를 말한다. 표준규격의 등급판정에 있어 품종고유의 모양이 아니거나 모양이 심히 불량한 경우는 결점으로 분류된다.

2) 원예산물의 외형을 기술하는 또 다른 요인으로 전반적인 모양 또는 형태는 직경과 높이의 비율로 결정되며 동일한 종 또는 품종은 유사한 형태를 지니게 되므로 이들을 구분하는 수단으로 활용할 수 있다.

   ex) 고구마의 장폭비: 길이÷두께로 3.0 이하인 것이 80% 이상은 둥근형 3.1 이상인 것이 80% 이상은 긴형으로 나눈다.

3) 정상적인 재배환경에서 자란 작물의 형태는 대체로 유사한 모습을 보이므로 이러한 외형에서 벗어난 작물은 기형으로 취급되며 내적 품질에 관계 없이 형태적 측면에서 품질이 낮은 것으로 평가된다.

   ex) 무, 배추, 마늘, 양파, 토마토에서는 형상불량은 중결점으로 분류되고 있다.

(3) 색상

1) 색택은 소비자에게 가장 강하게 느껴지는 상품의 선택 요인의 하나이다. 따라서 색택은 품위를 결정할 때 큰 영향을 주게 된다. 원예산물이 지닌 색 자체가 내적 품질에 기여하는 정도와는 상관관계를 보이지 않을 수 있다.

2) 원예생산물의 기본색을 조절하는 식물색소는 플라보노이드(붉은색의 안토시아닌과 노란색의 플라본), 클로로필(녹색) 및 카로티노이드(노란색~오렌지색) 등이 있다.

<주요색소>

	색소	색상
프라보노이드계	안토시아닌	pH에 따라 빨간색, 보라색, 파란색으로 나타남
	플라본	노란색
카로티노이드계	카로티노이드	노란색~오렌지색
	리코펜	주황색
클로로필	엽록소를 주성분으로 하며 녹색	

3) 색소는 다른 파장에서 빛을 흡수함으로써 특징적인 색깔을 나타낸다. 색깔이나 광택은 작물의 유전적인 특징이지만 작물의 청결 상태나 표면 수분에 의해서도 영향을 받는다.

4) 색의 평가

   ① 주관적으로 평가하거나 객관적인 측정을 통하여 평가하고 있다. 주관적 평가는

특별한 장비 없이 육안에 의하여 평가하지만 사람 또는 빛의 상태에 따라 결과가 달라질 수 있어 객관성 또는 신뢰성이 떨어지는 단점이 있다. 객관적 평가는 고가의 장비를 필요로 하며 기계로 측정하여 수치화함으로 객관성과 신뢰성이 담보되는 합리적 평가방법이다.

② 관능적평가 : 농산물의 등급판정에 있어 품위계측의 방법 중 하나로 사과, 감귤, 단감, 참외 등은 착색비율을 구하여 등급항목을 정하고 있다.

③ 색의 객관적 지표 : 표준색 또는 기기의 측정 수치로 표현하며 색의 3요소인 명도(value; lightness), 색상(hue), 채도(순도; chroma ;intensity)를 수치 또는 기호로 표시한다. 지표로는 칼라차트 또는 색체계가 이용된다.

④ 보편적으로 Munshell색체계, CIE색체계, Hunter색도 등이 사용되며, Hunter색도는 명도(L), 적녹색도(a), 황청색도(b)로 계산하여 수치와 색도간 연관성을 명료하게 나타내 널리 사용된다.

<Hunter 색차계>

a값(적녹)	(+)적색 ← 0 → 녹색(−)
b값(황청)	(+)황색 ← 0 → 청색(−)
L값(명도)	색상의 밝기를 의미함 100에 가까울수록 흰색을 나타낸다.

(4) 결점

1) 모든 원예생산물은 완전한 품질을 지닐 것으로 기대할 수 없다. 재배, 유통과정에서 다양한 원인으로 결점이 발생하여 상품 가치를 저하시키거나 상품 가치를 완전히 상실하게 된다.

ex) 등급판정에 있어 중결점, 경결점으로 분류하여 판정의 주요 지표로 삼고 있다.

2) 원예생산물의 결점은 다양한 원인에 의하여 발생하는데 환경적인 원인, 생리적인 원인, 생물학적인 원인, 기계적인 원인, 유전적인 원인, 생태적인 원인, 화학적인 원인, 부적절한 수확 후 관리에 의한 원인 등으로 구분할 수 있다.

① 환경적 원인 : 기후나 날씨, 토양상태, 관수 등 재배환경에 의하여 결점이 발생하는 경우

② 생리적 원인 : 영양소 결핍, 수확기의 부적절한 성숙정도, 내부조직 갈변, 다양한 생리적 장해에 의해 결점이 발생하는 경우

③ 생물학적인 원인 : 작물을 재배하는 과정이나 수확 후 관리하는 과정에서 병해 또는 충해를 입어 작물이 손상을 받은 경우

④ 기계적 원인(물리적 원인) : 작물을 수확·포장·수송·판매하는 과정에서 여러 가지 원인에 의해 물리적 손상(압상·자상·열상 등)이 발생하는 경우

⑤ 유전적 원인 : 품종에 따라 특정 결점에 약한 경우로 동록·열과 등이 흔히 발생하여 품질이 떨어지는 경우

⑥ 생태적 원인 : 생산한 작물을 저장하거나 유통기간이 길어질 때 싹이 트거나 뿌리가 생장하여 품질이 낮아지는 경우로 감자·마늘·양파의 발아, 양파의 뿌리 생장, 배추나 무의 추대 등이 있다.

⑦ 화학적 원인 : 사용방법이나 시기를 지키지 않고 사용하는 농약이나 화학비료 등으로 인한 농약 잔류물이 작물 표면을 오염시키거나 또는 동록을 일으키는 경우 또는 작은 반점을 형성하여 품질을 저하시키는 경우

(5) 질감(조직감)

1) 질감은 식미의 가치를 결정하는 중요한 요인으로 작용하며 수송력에도 많은 영향을 미친다. 원예생산물의 질감은 촉감인 단단한 정도, 연한 정도, 즙액의 양 등과 이로 느낄 수 있는 단단함, 연함, 사각거림, 분질성, 씹힘, 점착성 등이 있고 혀와 입안에서 느낄 수 있는 다즙성, 섬유질, 입자, 점착성, 미끄러움 등 여러 요인에 의하여 결정된다.

2) 질감은 촉감에 의해 느껴지는 물리적 특성이며 힘, 시간, 거리의 작용을 고려하여 객관적으로 측정할 수 있다.

3) 질감에 궁극적으로 영향을 끼치는 구조적 요인으로는 세포벽 구성물(전분, 효소, 펙틴) 및 그것들과 결합된 다당류와 리그닌 등을 들 수 있다.

4) 일반적으로 사용하는 원예생산물의 질감평가는 경도로서 표시할 수 있다. 대체적으로 신선작물의 경우 가공식품과 달리 조직의 단단함 정도가 경도를 대표하며 이것이 전반적인 질감을 나타내는 대표적인 요인으로 간주될 수 있다.

5) 원예산물에 따른 조직감의 유형

① 사과 : 숙성이 진행되며 경도가 감소하므로 씹는 느낌의 사각거림을 중요한 조직감의 요인으로 평가된다.

② 배 : 석세포가 씹히는 느낌과 다즙성으로 평가된다.

③ 감귤류 : 수분함량과 관련하여 과즙의 양에 따라 조직감이 평가된다.

④ 복숭아 : 쉽게 연화되는 특성이 있어 연화의 정도로 조직감을 평가한다.

(6) 풍미(맛과 향기)

1) 풍미(맛과 향기)는 질감보다 정의하기 더욱 어려운 품질구성 요인인데 대체적으로 풍미는 조직을 입에 넣어 씹을 때 종합적으로 느낄 수 있다. 이는 맛과 향의 화학적 반응에 의하여 입과 코로 인지할 수 있기 때문이다.

2) 맛을 구성하는 네 가지 기본적인 기준은 단맛, 쓴맛, 신맛, 짠맛으로 나타낼 수 있다. 종종 떫은맛도 평가기준에 포함되기도 한다. 또한 매운맛은 정상적인 미각이 아니고 혀의 통각으로부터 느껴지나 고추의 품질평가에서는 중요한 요인이 되기도 한다.

   ① 단맛 : 조직이 함유하고 있는 당함량에 의해 결정되며 과일, 채소류에 가장 많이 함유된 당은 포도당, 과당, 자당 등이며 과실류에서는 일반적으로 굴절당도계를 이용한 당도로 표시한다. 또한 당함량은 비파괴선별기가 개발되어 주관적 품질을 객관적으로 표시하려는 추세이다.

   ② 신맛

      ㉠ 원예생산물이 가지고 있는 유기산에 의하여 결정되며 작물별로 축적되는 유기산의 종류가 많으므로 산함량을 조사한 다음 그 작물의 대표적인 유기산으로 환산하여 나타낸다.

      ㉡ 대부분의 과실에는 사과산과 구연산이 많이 함유되어 있으며 사과와 배에는 능금산(사과산, 말산, malic acid), 포도의 주석산, 귤과 오렌지 등 밀감류에는 구연산의 함량이 높은 편이다.

      ㉢ 단맛과 신맛은 상대적으로 당함량이 높아도 산함량이 높으면 단맛을 제대로 느낄 수 없어 당도보다 산함량이 더욱 중요한 지표로 작용할 수 있다. 또한 유통과정 또는 소비단계에서 단맛의 증가는 당성분의 새로운 증가보다는 유기산의 소모로 신맛이 감소하여 상대적으로 단맛이 강하게 느껴지게 되기 때문이다.

      ㉣ 가공식품에 있어서는 적정량의 염분이 첨가되면 단맛이 강화되기도 한다.

   ③ 당산비 : 맛을 평가할 때 당과 산의 비율에 의해 결정되는 경우가 많으므로 당산비에 관하여 정확히 이해하여야 한다. 최근 당도도 높고, 동시에 산도가 풍부한 맛이 실제로 우수한 것으로 평가되고 있다.

   ④ 짠맛 : 소금을 기준으로 결정되지만 신선작물에는 짠맛을 느낄 정도의 소금이 쌓여 있지 않기 때문에 품질 결정 요인으로 보지 않는다.

   ⑤ 쓴맛 : 주요한 맛의 결정 요인은 아니지만 특정한 조건이나 생리적 장해가 발생했을 때 조직이 쓴맛을 나타내기도 한다. 당근이 에틸렌에 노출될 때 이소구

마린을 합성하여 쓴맛을 나타내는 경우도 있다.

⑥ 떫은맛 : 성숙하지 않은 작물에서 종종 나타나며 가용성 탄닌과 관련되어 있다. 떫은 감은 탈삽과정을 거쳐 탄닌이 불용화되거나 소멸되면 떫은맛이 없게 된다. 타닌은 감 뿐만 아니라 덜 익은 과실에서도 들어있다가 익으면서 줄어드는 경향이 있다.

3) 원예산물로부터 발산되는 냄새는 향기 결정에 중요하지만 이를 구체적으로 결정하기란 쉽지 않다. 사람은 약 1만 종의 냄새를 구분하는데 냄새를 만드는 화학물질은 매우 낮은 농도에서도 독특한 향을 나타내므로 이를 검출하기 매우 어렵다.

4) 일부 과일에서는 향기가 품질에 큰 영향을 미치기도 한다. 후지 사과의 경우 특유의 향기가 풍부해야 고품질로 인정받으며 딸기 복숭아 등도 품질에 중요한 영향을 미친다. 향기는 휘발성 물질에 의해 결정되며 원예산물의 종류나 숙성에 따라 종류, 함량이 달라진다.

3. 품질구성의 내적요인

품질을 구성하는 내적 요인으로는 영양적 가치, 독성 및 잔류 농약 등 안전성 문제를 들 수 있다.

(1) 영양적 가치

1) 원예생산물은 인간에게 필요한 여러 가지 영양물질을 공급해 주는 중요한 공급원이나 영양적 가치는 눈에 보이는 품질요인이 아니므로 소비자가 작물을 선택할 때 큰 영향을 미치지 않는 경우가 흔하다.

2) 원예생산물로부터 인간에게 필요한 영양물질의 공급은 무기원소, 탄수화물, 지방, 단백질, 비타민 등이 있다. 이러한 영양물질 중 원예생산물은 섬유소, 무기원소 (Na, K, Ca, Fe, P 등), 약간의 탄수화물과 비타민의 중요한 공급원이다. 그러나 대부분 원예산물은 지방함량이 낮아 지방의 공급원이 되지는 못한다.

3) 비타민 중 수용성 비타민의 중요한 공급원이며 직접적인 형태 또는 전구물질의 형태로 공급된다. 또한 섬유소는 소화되지 않지만 대장의 활동을 강화하여 변비를 방지하는 효과를 나타내며 원예산물의 중요한 섬유소 공급원이다.

4) 원예산물로부터 공급되는 이러한 영향 물질 중 비타민 C는 수확 후 관리가 부적절할 때 더욱 많이 감소하는 경향을 보인다.

5) 고추의 매운맛인 캡사이신과 마늘, 양파에는 알린계의 매운맛의 성분이 다량 함유되어 있는데 이는 항암성, 항산화작용 등 건강기능성이 매우 우수한 것으로 밝혀져 있다.

(2) **안전성** : 안전성에 영향을 주는 위해요소는 크게 물리적, 화학적, 생물학적 요소로 구분된다.

1) 물리적 요소 : 흙이나 돌조각 같은 이물질
2) 화학적 요소 : 잔류농약, 중금속 등 유독성 화학물질
3) 생물학적 요소 : 곰팡이, 박테리아, 바이러스와 같은 미생물 및 그들의 독소, 기생충 등

(3) **천연 독성물질**

1) 오이의 쿠쿠비타신(cucurbitacin)과 상추의 락투시린(lactucirin) 같은 배당체는 쓴맛을 내는 독성물질이다. 작물의 재배과정에서 환경조건이나 시비 조건이 맞지 않으면 고농도의 질산염과 아질산염이 작물에 축적되는데 이들도 바람직하지 않은 물질로 알려져 있다.
2) 근대나 토란 같은 근채류의 경우 성숙과정에서 영양적인 불균형에 의해 수산염이 생성된다. 감자는 괴경(덩이줄기)이 광(光)에 노출되면 솔라닌(solanine)이 축적되는데 이것이 고농도일 경우 인체에 치명적일 수 있다. 고구마에서는 이포메아마론(ipomeamarone)이 축적될 수 있다.
3) 배추나 무, 순무 등 십자화과류에서는 글루코시놀레이트(glucosinolate)가 축적될 수 있다.
4) 자연 오염물질로 곰팡이에 의해 생성되는 진독균(mycotoxin)과 박테리아에서 분비되는 독소(toxin)가 병든 작물에서 발생 된다.
   ① 아플라톡신: 옥수수, 땅콩, 쌀, 보리 등에서 검출되는 곡류독
   ② 오클라톡신: 밀, 옥수수 등 곡류와 육류, 가공식품에서 검출
   ③ 제잘레논: 옥수수, 맥류 등에서 검출되며 생식기능장애와 불임 등을 유발한다.
   ④ 파튤린: 사과쥬스에 오염
5) 토양 내 중금속은 작물의 뿌리를 통해 흡수된 후 과일이나 잎에 축적되는데 수은(Hg), 카드뮴(Cd), 납(Pb) 등의 중금속은 체내 과다축적 시 치명적인 중독증상을 나타내는 것으로 알려져 있다.

6) 작물의 재배과정에서 환경조건이나 시비조건이 맞지 않으면 고농도의 질산염과 아질산염이 작물에 축적되는데 이들도 바람직하지 않은 물질이다.

(4) 미생물 오염

1) 유기질 비료는 채소와 과일에 이용되기 전에 소독처리과정을 거쳐 신선생산물이 살모넬라(salmonella)나 리스테리아(listeria) 등의 병균에 오염될 위험을 피해야 한다. 수확된 작물은 토양으로부터 쉽게 오염되므로 수확·선별과정에서 주의 깊게 취급하고 세척하는 과정이 필요하다.

2) 미생물에 대한 안전성 문제는 비위생적인 조건 하에서 수확 후 관리되거나 적정온도(대부분의 경우 0℃)보다 높은 온도에서 최소 가공된 과일 및 채소에서 일어날 가능성이 더 높다.

3) 미생물 오염과 관련된 안전성 평가는 이미 법제화되어 있고 또한 안전성에 많은 연구가 국내외에서 지속적으로 수행되고 있다.

(5) 잔류농약

1) 소비자의 식품안전에 대한 요구와 함께 농산물의 농약 잔류에 대한 관심이 커지고 있다. 특히 국가간 무역에 의한 농산물 수출입 시 검역과도 연관되어 농산물의 경우 농약의 잔류허용기준이 각국 마다 정해져 있다. 대부분의 국가들은 신선채소에 잔류된 농약을 안전성에 있어서 가장 중요한 요인으로 여기고 있다.

2) 잔류허용기준은 작물별, 농약 종류별로 다르므로 농약의 사용에 있어 반드시 사용지침에 따라 사용하여야 한다.

3) 농약잔류허용량의 개념 : 농약으로 오염된 산물을 섭취하였을 때 잔류하여도 건강상 무방한 기준 농도이다. 설정은 원칙적으로 세계보건기구(WHO), 세계식량농업기구(FAO), 농약전문가합동회의에서 정해진 방법에 따르며 한 가지 농약이라도 여러 작용에 사용되어 작물에 따라 잔류량이 모두 다를 때는 작물별 잔류허용량을 설정하여야 한다.

4) 농약 잔류허용량의 산출 : 특정식품의 1일 평균소비량과 식습관을 고려하며 농약 허용 최대한계(permissible level)는 다음 공식에 따른다.

$$P(ppm) = \frac{ADI \times W}{F}$$

P: 농약허용 최대한계(mg/kg 식품)

W: 체중

F: 농약이 함유된 식품의 1일 평균소비량

ADI: 인체 허용 1일 섭취량(mg/kg 체중)

4. 품질평가 일반

(1) 품질의 정의

1) 품질의 의미 : 원예산물 품질의 우수성은 맛, 조직감, 모양, 형태뿐 아니라 향기, 영양적 가치 및 안전성에 의해 결정된다. 최근에는 영양적 가치나 안전성 및 기능성이 구성요소로 크게 부각되고 있으며 환경친화형 농업의 중요성이 확산되며 잔류농약 등 식품안전성에 관심이 커지고 있어 원예산물의 품질평가에 있어 중요한 구성요소로 자리 잡고 있다.

2) 체계적인 품질평가는 합리적 가격산정, 품질의 향상, 우수한 상품의 유통을 유도해 소비자의 신뢰도를 높이고 있다.

(2) 품질평가 기준

1) 상품성과 관련된 품질평가는 지금까지 주로 품질의 크기, 부피, 모양, 색깔 등의 외적 요인을 기준으로 수행되어 왔다.

2) 최근에는 색깔, 당도, 조직감, 안전성 등의 산물의 내적 요인을 기준으로 한 품질평가가 유통센터를 중심으로 이루어지고 있다.

(3) 평가방법

품질평가는 파괴적인 방법으로 오래 전부터 사용되어 온 관능검사법과 대형물류센터에서 많은 물량의 품질을 신속하게 판단할 수 있도록 정밀한 분석기기를 이용한 비파괴적 분석 방법으로 구분된다.

최근까지 주로 크기를 기준으로 한 비파괴적 품질평가가 이루어졌으며 최근까지 당도, 과피색 등이 중심이 되어 이와 관련된 선별기가 개발되어 왔다.

앞으로 농산물의 조직감을 측정할 수 있는 경도평가 방법 및 안전성과 관련한 품질평가방법 확립에 대한 연구가 진행 중이고 머지않아 이와 관련된 자동선별기의 산업화가 가능할 전망이다.

1) 형상
① 과실의 형상을 나타내는 가장 단순한 방법은 과고와 과경을 측정하여 그 비를 나타내는 방법이다.
② 학술적으로 널리 사용하는 용어로는 원형도(Roundness)와 구형도(Sphericity)가 있다.
③ 원형도는 물체의 모서리가 얼마나 예리한가를 나타내는 척도이며, 구형도는 물체의 원주들이 얼마나 균일한가를 나타내는 척도이다.

2) 밀도 또는 비중
① 밀도는 물체의 단위 부피당 질량을 나타내는 척도로, kg/m^3, g/cm^3의 단위를 주로 사용한다.
② 밀도를 물의 밀도에 대비하여 나타낸 것이 비중이다. 과실의 비중을 측정하는 손쉬운 방법에는 부력법이 있다.
③ 부력법은 용기에 물을 채우고 물체가 용기의 벽면에 닿지 않으면서 완전히 물속에 잠기게 하였을 때 물의 부피가 증가한 만큼 나타나는 저울의 무게를 측정하여 비중으로 환산하는 방법이다.
④ 부력법에 의해 물체의 비중뿐만 아니라 부피와 밀도를 측정할 수 있다.

3) 수분 함량
수분은 105℃ 건조법에 의하여 측정함을 원칙으로 하되 이와 동등한 측정결과를 얻을 수 있는 130℃ 건조법, 적외선 조사식 수분계, 전기저항식 수분계, 전열건조식 수분계, 기타 수분 측정이 가능한 장비 등에 의한 측정을 보조방법으로 채택할 수 있다.

4) 당도
① 과실의 단맛을 내는 성분은 포도당, 과당과 같은 단당류와 자당과 같은 소당류로 수용성 고형분에 해당한다.
② 단맛의 정도를 당도라 하는데, 흔히 굴절당도계로 측정한다.
③ 굴절당도계의 값이 당 함량의 참값은 아닐지라도 그 일관성과 편의성으로 인하여 널리 사용되고 있다.
④ 굴절계는 원래 물질의 굴절률(공기 중에서의 빛의 속도에 대비한 물질 속에서의 빛의 속도비)을 측정하는 기기인데, 수용성 고형분의 함량에 따른 굴절률을 이용하여 당도를 측정하게 된다.
⑤ 당도의 측정 단위는 일반적으로 브릭스로 나타낸다.

5) pH(산도)
  ① 과실의 신맛은 과실이 함유하고 있는 유기산에 기인하며, 유기산이 함유된 정도를 산도라 한다.
  ② 과실에서 가장 풍부한 유기산은 사과산(Malic Acid)과 구연산(Citric Acid)이며, 품목에 따라서는 주석산(Tartaric Acid), 옥살산(Oxalic Acid) 등과 같은 다양한 유기산이 존재한다.
  ③ 유기산은 수산기(-OH)와 밀접한 관계가 있기 때문에 pH 값이 곧 산도를 뜻하지는 않는다 하더라도 pH계로 측정한 pH 값으로 유기산 함량의 정도를 가늠해 볼 수 있다.
6) 경도(압축특성)
  과실이 얼마나 단단한가를 나타내는 척도로 흔히 경도계를 사용한다.

(4) 관능검사법

1) 농산물의 품질을 한 가지로 통일시켜 객관화하여 측정하기는 불가능하다. 관능검사법은 검사인의 주관적인 판단에 의하여 결정되지만 여러 사람에 의하여 반복되고 훈련되어진 과정을 거쳐 주관적인 결과를 객관화시키는 방법이다. 따라서 숙련된 검사원이 필요하다.
2) 상품성의 판단은 보통 맛(당도, 산도 등), 색깔, 질감, 크기와 모양 등을 종합하는데 이 중 당도는 일반적으로 굴절당도계, 질감은 경도계 또는 씹을 때 느낌 등에 의하여 판단하므로 관능검사법은 파괴적인 방법으로 분류한다.

(5) 비파괴 품질평가방법

1) 비파괴 품질평가방법이란 선별과정에서 빠르게 지정한 품질요인 분석을 실시한 뒤 그 결과에 따라 선별하는 방식으로 진행된다. 과일과 채소의 비파괴적방법에 의한 평가요인은 색, 모양, 크기 등의 외양, 질감과 향미 등이다.
2) 지금까지 이용되고 있는 여러 비파괴 품질평가와 관련한 이용들은 참깨와 인삼의 원산지 판별에 이용되는 광학적 특성 이용방법, 오렌지의 동결장해과의 자동선별장치와 수박과육의 자동선별기에 이용되는 X-ray 및 MRI 이용 방법, 그 외 신호의 주파수와 진폭을 품질에 연계하여 해석하여 품질을 분석하는 방법인 음향 또는 초음파 기술 등이 있다.
3) 비파괴검사법에 있어 파괴적평가방법에 대한 장점 및 단점
  ① 신속하고 정확하다.

② 사용한 시료를 반복 사용이 가능하다.

③ 숙련된 검사원을 필요로 하지 않아 인건비가 절약된다.

④ 시설의 대형화가 요구된다.

⑤ 시설에 대한 초기 투자비용이 크다.

4장 / 수확 후 처리

1. 세척

(1) 세척방법

1) 건식세척

① 비용은 저렴하게 드나 재오염의 가능성이 높은 단점이 있다.

② 체눈의 크기를 이용한 이물질의 제거

③ 바람에 의한 이물질의 제거

④ 자석에 의한 이물질의 제거

⑤ 원심력에 의한 이물질의 제거

⑥ 솔을 이용한 이물질의 제거

⑦ 정전기를 이용한 미세먼지 제거

⑧ X선에 의한 이물질의 제거

2) 습식세척

① 원예산물에 부착되어 있는 오염물질을 세척제를 사용하여 침적, 용해, 흡착, 분산 등 화학적인 방법과 확산과 이동의 물리적 방법을 사용하여 제거하는 방법이다.

② 세척 후 습기제거가 수반되어야 한다.

③ 재오염이 되지 않도록 하고 손상이나 변질이 없어야 한다.

④ 세척수를 이용한 담금에 의한 세척

⑤ 분무에 의한 세척

⑥ 부유에 의한 세척

⑦ 초음파를 이용한 세척

3) 자외선 살균

자외선을 이용하여 세균, 곰팡이 등을 죽여 살균효과를 높이며 주로 이용되는 자외선의 파장은 10~400nm인 것이 화학작용에 강하다.

4) 탈수

세척 후 원예산물에 남아있는 수분을 제거하여야 한다. 부착수가 남는 경우 곰팡이, 미생물 등의 증식으로 인한 부패, 골판지상자의 강도저하 요인이 될 수 있다.

(2) 원예산물별 세척

1) 근채류 : 당근, 감자, 샐러리, 무 등은 세척시점과 소비시점이 길지 않아야 한다.

2) 엽채류

① 미생물의 확산이나 취급과정에서 생긴 상처부위에 따라 곰팡이의 증식요인이 되기도 한다.

② 곰팡이의 억제제로 클로린(염소) 100ppm 정도를 사용한다.

3) 과채류 : 이물질을 제거해 주기 위하여 과일을 닦는 일은 이물질을 제거하거나 광택을 낼 수 있으나 한편 상처를 낼 수 있고 손상된 세포를 통하여 숙성을 촉진시켜 에틸렌 발생이 증가한다.

2. 큐어링

(1) 의의

1) 수확 시 원예산물이 받은 상처에 상처 치료를 목적으로 유상조직을 발달시키는 처리과정을 말한다.

2) 땅속에서 자라는 감자, 고구마는 수확 시 많은 물리적인 상처를 입게 되고 마늘, 양파 등 인경채류는 잘라낸 줄기부위가 제대로 아물고 바깥의 보호엽이 제대로 건조되어야 장기저장 할 수 있다.

3) 수확 시 입은 상처는 병균의 침입구가 되므로 빠른 시일 내에 치유가 되어야 수확 후 손실을 줄일 수 있다.

(2) 품목별 처리방법

1) 감자 : 수확 후 온도 15~20℃, 습도 85~90%에서 2주일 정도 큐어링하여 코르크 층이 형성되어 수분 손실과 부패균의 침입을 막을 수 있다. 큐어링 중에는 온도와

습도를 유지하여야 하기 때문에 가급적 환기를 피하고 22℃ 이상인 경우에는 호흡량과 세균의 감염이 급속도로 증가하기 때문에 주의가 필요하다.

2) 고구마 : 수확 후 1주일 이내에 온도 30~33℃, 습도 85~90%에서 4~5일간 큐어링 한 후 열을 방출시키고 저장하면 상처가 잘 치유되고 당분 함량이 증가한다.

3) 양파와 마늘

① 양파와 마늘은 보호엽이 형성되고 건조가 되어야 저장 중 손실이 적다.

② 일반적으로 밭에서 1차 건조시키고 저장 전에 선별장에서 완전히 건조시켜 입고하고 온도를 낮추기 시작한다.

3. 예냉

(1) 의의

1) 수확 후 원예산물에서 발생할 수 있는 품질 악화의 기회를 감소시켜 소비할 때까지 신선한 상태로 유지할 수 있도록 하는 매우 중요한 수확 후 처리과정이다.

2) 수확한 원예산물은 본주로부터 더 이상 양분과 수분을 공급받지 못하지만 생리현상은 계속 진행되므로 축적된 양분과 수분을 이용하여 생명현상을 유지하여야 하는데 이러한 대사작용의 속도는 온도에 영향을 크게 받으므로 수확 후 온도관리는 가장 중요한 수확 후 관리기술이다.

3) 수확한 작물에 축적된 열을 포장열이라 하는데 수확기 온도가 높은 작물이 저장고에 입고되는 경우 저장고 온도가 잘 떨어지지 않는다. 예냉은 이러한 포장열을 작물에 나쁜 영향을 주지 않는 적합한 수준으로 온도를 낮추어 주는 과정이다.

4) 수확 직후의 청과물의 품질을 유지하기 위하여 수송 또는 저장하기 전의 전처리로 급속히 품온을 낮추는 것을 예냉이라 한다.

5) 청과물을 저장하기 전에 동결점 근처까지 급속히 냉각시켜 호흡을 억제함으로서 저장양분의 소모를 감소시켜 품질열화를 방지하고 저장성과 수송성을 높이며 증산과 부패를 억제하여 신선도를 유지하기 위해 사용한다.

6) 청과물 자체의 호흡량을 억제하는 냉각작업으로 저온유통체계를 활성화시킨다.

(2) 예냉의 효과

1) 작물의 온도를 낮추어 호흡 등 대사작용 속도 지연

2) 에틸렌 생성억제

3) 병원성 미생물 및 부패성 미생물의 증식 억제

4) 노화에 따른 생리적 변화를 지연시켜 신선도 유지

5) 증산량 감소로 인한 수분손실 억제

6) 유통과정의 농산물을 예냉함으로 유통과정 중 수분손실 감소

(3) 예냉의 효과를 높이기 위한 방법

1) 수확 후 바로 저온시설에 수송하기 어려운 경우 차광막 등 그늘에 둔다.

2) 작물에 적합한 냉각방식을 택하여 적용한다.

3) 예냉의 시기를 놓치지 않고 제 때에 예냉한다.

4) 속도와 목표온도가 정확하여야 한다.

5) 예냉 후 처리가 적절하여야 한다.

(4) 예냉적용 품목

1) 호흡작용이 격심한 품목

2) 기온이 높은 여름철에 주로 수확되는 품목

3) 인공적으로 높은 온도(하우스 재배 등)에서 수확된 시설 채소류

4) 선도 저하가 빠르면서 부피에 비하여 가격이 비싼 품목

5) 에틸렌 발생량이 많은 품목

6) 증산량이 많은 품목

7) 세균, 곰팡이 등 미생물 발생율이 높은 품목과 부패율이 높은 품목

(5) 예냉방식

1) 냉풍냉각식((Room Cooling)

　① 일반 저온저장고에 냉장기를 가동시켜 냉각하는 방식으로 냉각속도가 매우 느리며 냉각시간은 냉각공기와 접하는 상자 표면적과 산물 중량에 따라 좌우된다.

　② 냉각속도가 느리므로 급속 냉각이 요구되는 산물에는 적용할 수 없지만 온도에 따른 품질 저하가 적은 작물이나 장기저장 하는 작물(사과, 감자, 고구마, 양파 등) 등에 주로 이용된다.

　③ 저장고 면적에 비하여 적은 양의 산물을 넣고 냉각시킬 경우 지나치게 건조하게 되어 품질이 떨어지기도 한다.

④ 장점
ㄱ 일반저온저장고를 이용하므로 특별한 예냉시설이 필요하지 않다.
ㄴ 예냉과 저장을 같은 장소에서 실시하므로 예냉 후 저장 산물을 이동시킬
필요가 없다.
ㄷ 냉동기의 최대부하를 작게 할 수 있다.
⑤ 단점
ㄱ 냉각속도가 느려 급속한 냉각이 요구되는 작물에는 이용할 수 없으며 예냉
중 품질저하의 우려가 있다.
ㄴ 포장용기와 냉기 사이에 접촉이 좋도록 적재하여야 하기 때문에 용기 사이
에 공간을 두어야하므로 저장고 활용면적이 낮다.
ㄷ 냉각이 용기 주변으로부터 내부로 진행되므로 내부의 공기가 외부로 이동
하면서 외부쪽 산물에 결로가 생길 우려가 있다.
ㄹ 적재 위치에 따라 온도가 불균일하기 쉽다.

2) 강제통풍식 예냉(Forced Air Cooling)
① 공기를 냉각시키는 냉동장치와 찬공기를 적재물 사이로 통과시키는 공기순환
장치로 구성하여 예냉고 내의 공기를 강제적으로 교반시키거나 산물에 직접
냉기를 불어 넣는 방법으로 냉풍냉각식 보다는 냉각속도가 빠르다.
② 냉각 소요시간은 품목, 포장용기, 적재방법, 용기의 통기공, 냉각용량 등에 영
향을 받는다.
③ 포장상자의 통기공이나 적재방법에 따라 냉각속도에 큰 차이가 있다. 적재상자
와 상자 사이로 찬공기가 흐르지 않고 상자의 통기공을 거쳐 산물과 직접 접촉
하게 공기가 흐르도록 하여야 한다.
④ 산물이 비를 맞았을 경우 냉각효과가 떨어지므로 입고량을 줄이고 풍량과 풍속
을 증가시켜 냉각속도를 빠르게 하여야 한다.
⑤ 냉풍온도는 동결온도 보다 낮으면 동해를 입을 수 있으므로 산물의 빙결점 보
다 1℃ 정도 높은 온도로 하는 것이 안전하다. 또한 과채류 등 저온장해를 입
기 쉬운 품목은 저온장해를 일으키지 않는 온도범위를 결정하여야 한다.
⑥ 장점
ㄱ 냉풍냉각식에 비하여 예냉 속도가 빠르다.
ㄴ 예냉실 위치별 온도가 비교적 균일하게 유지된다.
ㄷ 기존 저온저장고의 개조가 가능하므로 시설비가 저렴하다.
ㄹ 예냉 후 저장고로 사용이 가능하다.

⑦ 단점

　　㉠ 냉기의 흐름과 방향에 따라 온도가 불균일해질 가능성이 있다.

　　㉡ 냉각기 근처의 산물은 저온장해를 받기 쉽다.

　　㉢ 차압통풍식에 비하여 예냉속도가 느리다.

　　㉣ 가습장치가 없을 경우 과실의 수분손실을 가져올 수 있다.

3) 차압통풍식 예냉

① 강제통풍식에 비하여 냉각속도가 빠르고 약간의 경비로 기존 저온저장고의 개조가 가능하다.

② 포장용기 및 적재방법에 따라 냉각편차가 발생하기 쉽다.

③ 냉각속도는 강제통풍식에 비해 빠르고 냉각불균일도 비교적 적다.

④ 골판지상자에 통기구멍을 내야하고 차압팬에 의해 흡기 및 배기가 된다.

⑤ 장점

　　㉠ 공기가 상류층에서 하류층으로 항상 흐르므로 냉풍냉각식과 같은 결로현상이 없다.

　　㉡ 냉각 중 변질이 적다.

　　㉢ 강제통풍식과 같이 거의 모든 작물의 예냉에 이용이 가능하다.

　　㉣ 냉각속도가 빨라 단위시간, 예냉고 체적당 냉각능력이 크고 예냉비용을 줄일 수 있다.

⑥ 단점

　　㉠ 상자의 적재 시간이 많이 걸린다.

　　㉡ 용기에 통기공을 뚫어야 하므로 골판지상자의 경우 강도저하 요인이 된다.

　　㉢ 공기 통로가 필요하므로 적재효율이 나쁘다.

　　㉣ 적재량이 많거나 냉기 관통거리가 길어지면 상류와 하류의 온도가 균일하지 않을 수 있다.

　　㉤ 풍속이 빨라지면 중량감소가 많아질 수 있다.

4) 진공식 예냉

① 원예산물의 주변에 압력을 낮추어 산물로부터 수분증발을 촉진시켜 증발잠열을 빼앗는 원리를 이용하여 냉각한다. 물은 1기압(760mmHg)에서는 100℃에서 증발하나 압력이 저하되면 비등점도 낮아져 4.6mmHg에서는 0℃에서 끓기 시작하며 0℃의 물 1kg이 증발할 때 597Kcal의 열을 빼앗긴다.

② 장치는 진공조, 진공장치(진공펌프 또는 이젝터), 콜드 트랩, 냉동기 및 제어장치 등으로 구성되이 있다.

③ 엽채류의 냉각속도는 빠르지만 토마토, 피망 등은 속도가 느려 부적당하다. 또한 동일 품목에서도 크기에 따라 냉각속도가 달라진다.

④ 냉각속도가 서로 다른 품목을 혼합하는 경우 위조현상이나 동해의 발생도 가능하므로 냉각시간이 같은 종류의 품목을 조합하여야 한다.

⑤ 장점
  ㉠ 냉각속도가 빠르고 균일하다.
  ㉡ 출하용기에 포장 상태로 예냉이 가능하다.

⑥ 단점
  ㉠ 시설비와 운영 경비가 많이 든다.
  ㉡ 품목에 따라서는 냉각이 잘 되지 않는 품목도 있다.
  ㉢ 수분의 증발에 따라 중량의 감모현상이 발생할 수 있다.
  ㉣ 조작에 따라 원예산물의 기계적 장해가 생길 수 있다.

5) 냉수냉각식 예냉
  ① 냉각기 또는 얼음으로 물을 0~2℃로 냉각하여 매체로 사용하여 냉수와 산물의 열전달에 의하여 냉각하는 예냉방식이다.

  ② 접촉방식에 따른 유형
    ㉠ 스프레이식 : 압력으로 가압한 냉각수를 분무하여 냉각하는 방식
    ㉡ 침전식 : 냉각수가 들어 있는 수조에 침전시켜 냉각하는 방식
    ㉢ 벌크식 : 대량의 벌크 상태의 산물을 냉각 전반은 침전식으로 후반은 컨베이어벨트로 끌어 올려 살수하여 냉각하는 방식

  ③ 냉각효율은 매우 좋으나 실용화를 위해서는 미생물 오염과 같은 여러 문제점을 해결하여야 한다.

  ④ 과채류, 근채류, 과실류의 예냉에 효율적이며 시금치, 브로콜리, 무, 당근 등에 이용된다.

  ⑤ 청과물이 물에 젖게 되므로 작물에 따라 문제가 생기기도 한다.

  ⑥ 빠른 냉각속도에 함께 세척효과도 있어 근채류에 적합하다.

  ⑦ 장점
    ㉠ 냉각속도가 매우 빠르다.
    ㉡ 위조현상이 없고 오히려 작물에 따라 시듦현상이 회복될 수 있다.
    ㉢ 냉각 중 동해가 발생할 우려가 없다.
    ㉣ 시설비 운영경비가 다른 냉각법에 비하여 적게 든다.
    ㉤ 냉각부하가 큰 수박을 비롯하여 무, 당근 등과 같은 근채류에 알맞다.

⑧ 단점

　　㉠ 포장재에 따라 흡습으로 무거워질 수 있다.

　　㉡ 골판지상자를 포장재로 사용할 경우 강도가 저하된다.

　　㉢ 물에 젖게 되므로 품목에 따라서는 사용이 불가능하다.

　　㉣ 냉각수에 의해 미생물 등에 오염될 수 있다.

　　㉤ 부착수를 제거하여야 한다.

6) 빙냉식

① 잘게 부순 얼음을 원예산물과 함께 포장하여 수송하므로 수송 중 냉각이 이루어진다.

② 얼음과 산물이 직접 접촉하므로 신속한 예냉이 이루어진다.

③ 일반적으로 고온에 품질변화가 빠르고 물에 젖어도 변화가 적은 작물에 이용된다.

④ 포장재가 젖게 되므로 내수성이 강한 재료를 사용하여야 한다.

(6) 예냉 방식별 적용 가능 품목

1) 냉풍냉각식, 강제통풍식, 차압통풍식 : 사과, 배, 복숭아, 단감, 감귤, 포도, 키위, 딸기, 양배추, 브로콜리, 콜리플라워, 오이, 참외, 멜론, 수박, 애호박, 토마토, 고추, 피망, 파프리카, 감자

2) 냉수냉각식 : 사과, 배, 브로콜리, 샐러리, 아스파라거스, 파, 무, 당근, 고구마, 멜론, 오이, 참외, 고추, 피망, 파프리카, 단옥수수, 감자

3) 진공식 : 결구상추, 배추, 양배추, 시금치, 샐러리, 버섯, 콜리플라워

4) 빙냉식 : 브로콜리, 저온장해에 강한 엽채류, 파, 완두, 단옥수수

(7) 예냉효율의 의미와 요인

1) 예냉효율은 산물의 온도저하 속도를 의미한다.

2) 생산물의 품온과 냉매의 온도 차이

3) 냉매의 이동속도

4) 냉매의 물리적 성상

5) 표면적의 기하학적 구조 등의 요인에 의해 결정된다.

6) Q_{10}값이 클수록 효율이 높다.

(8) 품목별 예냉효과

1) 예냉효과가 높은 품목: 사과, 포도, 오이, 딸기, 시금치, 브로콜리, 아스파라거스, 상추 등
2) 예냉효과가 낮은 품목: 감귤, 마늘, 양파, 감자, 호박, 수박, 멜론, 만생종 과일류 등

4. 반감기

(1) 예냉효율의 지표가 되며 예냉효율은 온도가 절반으로 떨어지는데 소요되는 시간을 의미하는 반감기 개념을 이용하여 표시한다.
(2) 방사성 물질의 반감기는 방사성 물질의 양이 반으로 줄어드는데 소요되는 시간을 의미하는 것과 같이 원예산물의 온도를 목표하는 온도까지의 절반으로 줄어드는데 소요되는 시간을 말한다.
(3) 반감기가 짧을수록 예냉이 빠르게 이루어지는 것으로 해석할 수 있다.
(4) 단감의 경우 품온 반감시간은 50분 정도이며 목표온도까지 떨어지는데 6~8시간이 소요된다.

5. 예건

(1) 수확 시 외피에 수분 함량이 많고 상처나 병충해 피해를 받기 쉬운 작물은 호흡 및 증산작용이 왕성하여 그대로 저장하는 경우 미생물의 번식이 촉진되고 부패율도 급속히 증가하기 때문에 충분히 건조시킨 후 저장하여야 한다.
(2) 식물의 외층을 미리 건조시켜 내부조직의 수분 증산을 억제시키는 방법으로 수확 직후에 수분을 어느 정도 증산시켜 과습으로 인한 부패를 방지한다.
(3) 마늘의 경우 수확 직후 수분 함량은 85% 정도로 부패하기 쉽다. 장기저장을 위해서는 인편의 수분 함량을 약 65%까지 감소시켜 부패를 막고 응애와 선충의 밀도를 낮추어야 한다.
(4) 현재 국내 농가에서는 예냉시설부족으로 주로 예건을 실시하여 수확 후 과실의 호흡작용을 안정시키고 과피가 탄력이 생겨 상처를 받기 어렵고 과피의 수분을 제거함으로 곰팡이의 발생을 억제할 수 있다.
(5) 수확 직후 건물의 북쪽이나 나무 그늘 등 통풍이 잘 되고 직사광선이 닿지 않는 곳을

택하여 야적하였다가 습기를 제거한 후 기온이 낮은 아침에 저장고에 입고시킨다.

6. 맹아(움돋이)억제

(1) 양파, 마늘, 감자 등의 품목은 기간이 지나면 휴면기가 끝나고 보통 저장고에서는 싹이 자라면서 상품가치가 급속히 저하되므로 맹아의 발생을 억제하여야 한다.

(2) MH 처리 : 양파의 생장점은 인엽으로 쌓여 있어 수확 후에 약제를 처리하는 것으로 효과가 없다. 수확 약 2주 전에 0.2~0.25%의 MH를 엽면 살포하면 생장점의 세포분열이 억제되면서 맹아의 생장을 억제한다. 살포시기가 너무 빠르면 저장 중 구 내에 틈이 생기기 쉽고 늦으면 효과가 적다.

(3) 방사선처리 : 양파와 마늘, 감자 등에 이용되며 r선을 조사함으로써 맹아를 억제할 수 있는데, 맹아방지에 필요한 최저선량은 양파는 2,000r, 감자는 7,000~12,000r로 맹아를 방지할 수 있다. 선량이 과다하면 부패량이 많아진다. 생장점 부근의 조직은 방사선에 대해 감수성이 가장 예민하므로 이 부분의 장해를 맡고 다른 조직에 대해서는 영향이 가장 적은 선량이 바람직하다. 상온에서도 상당히 장기간 저장할 수 있다.

– 비교–

발아촉진처리방법
생리적휴면타파 : 건조보관, 예냉, 예열, 광, 질산칼리처리, 지베렐린 처리, 폴리에틸렌피복
경실종자처리방법 : 침지, 기계적 상처내기, 산으로 상처내기

---

7. 딸기 CO_2처리

(1) 딸기는 수확 후 쉽게 경도가 약해지면서 물러져 선도유지가 어려운 작물로 딸기를 수확 후 적정하게 CO_2가스를 처리하면 딸기의 경도가 증가하면서 신선도 유지에 도움이 된다.

(2) 딸기의 CO_2처리조건

  1) 딸기의 CO_2 처리는 수확 후 1일 이내에 처리하는 것이 좋다.

  2) 20~30% CO_2를 밀폐 장소에서 약3시간 처리하면 경도가 증가한다.

  3) 딸기의 품종에 따라 설향, 매향의 처리 효과가 우수하고, 장희는 효과가 크지 않다.

(3) 처리방법

　　1) 밀폐된 저장고를 설치하여 CO_2가스를 주입하는 방법도 적용할 수 있으나 비용이 많이 들고 큰 창고에서 처리하면 CO_2의 낭비로 효율성이 낮다.

　　2) 플라스틱필름을 이용하여 팔레트 위에 적재된 딸기를 덮어 밀폐 후 CO_2를 주입하는 것이 경제성이 높은 방법이다.

5장 　 선별과 포장

1. 품질규격

(1) 품질의 규격화

　　1) 의의

　　　① 품질의 규격화는 출하 전 상품성 부여를 위한 기본단계이다.

　　　② 생산자는 수취가격에 대한 기대치를 결정한다.

　　　③ 소비자는 구입 시 가격에 대한 의사결정 요인이 된다.

　　2) 목적

　　　① 좋은 상품에 대한 시장과 소비자의 요구 및 다양한 소비자 계층 요구의 충족을 위해 상품의 다양한 등급화가 이루어져야 한다.

　　　② 시장 유통질서를 위해 거래 시 판단을 용이하게 한다.

　　　③ 품질과 가격에 대한 거래 당사자간 분쟁을 해결하여 공정한 거래를 실현시킨다.

　　　④ 생산자는 자신의 상품과 다른 상품에 대한 품질 차이를 인식함으로써 생산기술과 상품성을 향상시킨다.

(2) 품질규격과 선별의 필요성

　　1) 선별은 객관적인 등급규격에 맞게 생산물을 구분하는 작업이다.

　　2) 선별의 결과에 따라 생산자, 유통업자, 소비자의 입장에서 품질평가의 만족도가 달라진다.

　　3) 선별이 잘된 상품은 신뢰도가 높아져 좋은 가격이 보장된다.

2. 선별

(1) 의의

원예산물의 선별은 불필요한 물질이나 변형, 부패된 산물을 분리, 제거하고 객관적인 품질평가기준에 따라 등급을 분류하고 분류된 등급에 상응하는 품질을 보증함으로써 농산물의 균일성으로 상품가치를 높이고 유통상의 상거래질서를 공정하게 유지하도록 한다.

(2) 선별방법

1) 무게에 의한 선별 : 원예산물을 개체 중량에 따라 분류하는 선과기로서 사과, 배, 복숭아, 감 등의 낙엽과수 그리고 피망, 토마토, 감자 등의 선별에 이용되고 있다. 계측방법은 개체의 중량, 분동, 용수철의 장력 등에 의해 선별하는 기계식 중량선별기에서 중량센서를 계측중심부로 이용하는 전자식 중량선별기로 나뉠 수 있다.
2) 크기에 의한 선별 : 체질에 의한 선별과 크기 기준에 따른 선별로 드럼식 형상선별기 등이 사용된다.
3) 모양에 의한 선별 : 생산물 고유의 모양에 의한 선별로 원판분리기 등이 사용된다.
4) 색에 의한 선별 : 품종 고유의 색택에 의한 선별로 색체선별기, 광학선별기 등이 이용된다.
5) 비파괴 선별 : 광의 투과, 반사 및 흡수특성을 이용하여 구성성분과 정성 및 정량을 분석 하는 선별 방법으로 비파괴 과실 당도 측정기 등이 이에 해당한다.

3. 포장

(1) 의의와 기능

1) 포장의 의의 : 포장이란 농산물의 유통과정에 있어 그 보존성과 위생적 안전성을 높이고 편의성과 보호성을 부여하며 판매를 촉진하기 위하여 알맞은 재료나 용기를 사용하여 적절한 처리를 하는 기술을 의미한다.
2) 기능 : 생산에서부터 소비까지 이르는 과정에 있어 수송 중의 물리적 충격의 방지와 미생물과 병충해에 의한 오염방지 및 빛, 온도, 수분 등에 의한 산물의 변질을 방지한다.
3) 목적
   ① 편익성 : 상품이 수송, 하여, 보관과 유통상의 편의를 위해 필요성이 커지고 있다.

② 표준화 및 정보제공 : 상품의 품질, 등급 및 생산정보의 표시 수단이 된다.

③ 소비자 구매욕구 증대 : 브랜드 개념을 도입한 다양한 디자인을 통하여 소비자의 구매욕을 증대시키는 목적도 큰 비중을 차지한다.

(2) 포장의 분류

1) 소비, 유통측면의 포장분류

① 겉포장 : 속포장한 농산물의 운반과 수송 및 취급을 목적으로 큰 단위로 포장하는 것

② 속포장 : 상품을 몇 개씩 용기에 담아 유통 단위나 소비 단위로 만드는 것을 속포장이라 한다.

③ 낱개포장 : 속포장의 일종이지만 특별히 상품을 하나씩 포장하는 방식이다.

2) 유통기능에 따른 분류

① 1차포장 : 제품을 직접 담는 용기 혹은 필름백

② 2차포장 : 안전성 향상을 위한 박스포장

③ 3차포장(직송포장) : 수송 및 저장의 안전성과 효율을 높이기 위한 대단위 포장

(3) 포장재의 기본요건

1) 겉포장재

① 외부의 충격방지

② 수송, 취급의 편리성

③ 부적절한 환경으로부터 내용물의 보호

2) 속포장재

① 상품이 서로 부딪혀 물리적 상처를 받지 않도록 한다.

② 적절한 공간확보와 충격의 흡수성

③ 유통 중 발생할 수 있는 부패 또는 오염의 확산을 막을 수 있는 재질

(4) 포장재의 구비조건

1) 위생성 및 안전성

① 속포장재의 경우 포장재질로부터 유해물질이 내용물에 전이되지 않아야 한다.

② 속포장재를 사용하지 않고 바로 겉포장을 하는 경우 겉포장재의 위생성 및 안전성이 확보되어야 한다.

2) 보존성, 보호성 및 차단성
  ① 내용물의 보존성과 보호성에 적합한 통기구를 가지고 있어야 하며 물리적 강도를 가져야 한다.
  ② 차단성
    ㉠ 겉포장재는 물리적 강도유지를 위한 방습성, 방수성이 있어야 한다.
    ㉡ 속포장재는 내용물의 품질을 보호하기 위해 냄새의 차단성이 필요로 한다. 유통과정에서의 오염물질, 휘발성 이취발생물질의 노출위험과 인쇄 잉크의 유기용매 냄새가 산물에 오염되는 경우도 있으므로 이러한 물질에 대한 차단성을 갖추어야 한다.
    ㉢ 생리활성이 높은 농산물의 경우 지나친 차단성은 CO_2 축적에 따른 생리적 장해가 발생하거나 결로현상으로 인한 미생물 증가의 위험성이 있으므로 속포장재를 플라스틱 필름으로 사용하는 경우에는 저산소 장해, 고이산화탄소 장해, 과습에 의한 부패 등을 고려하여 포장재를 선택하거나 가스의 투과성을 고려하여야 한다.
3) 작업성(기계화)
  ① 겉포장재로는 접은 상태로 보관하여 공간점유면적이 최소화되도록 하여야 한다.
  ② 쉽게 펼쳐지고, 모양을 갖출 수 있어야 하며 봉합이 용이하도록 설계되어야 한다.
  ③ 속포장재는 일정한 경탄성, 미끄럼성, 열접착성이 있어야 하고 정전기가 발생하지 않도록 대전성이 없어야 한다.
4) 인쇄적정성 및 정보성
  ① 인쇄적정성, 광택, 투명성 등 외관은 물론 상품의 특성이 잘 나타나야 한다.
  ② 속포장 필름의 경우는 상품의 품질이 쉽게 확인될 수 있도록 투명해야 소비자의 신뢰도를 높일 수 있다.
  ③ 인증표시 등 소비자가 요구하는 정보가 제대로 표시되어야 한다.
5) 편리성 : 소비자 입장에서 해체구조 및 개봉이 편리해야 한다.
6) 경제성
  ① 포장재료의 생산비, 디자인 개발비 등은 모두 포장경비에 포함되므로 경제성을 갖추어야 한다.
  ② 소비자 욕구에 부응하고 물류효율화에 적합한 포장설계가 필요하다.
7) 환경친화성
  ① 분해성, 소각성이 좋아야 한다.
  ② 쓰레기 문제가 야기되지 않도록 재활용, 재사용 시스템을 갖추어야 한다.

8) 예냉과 내열성 : 포장 후 예냉하는 경우 빠른 예냉이 가능하고, 내열성을 갖추어야한다.

(5) 포장재의 종류 및 특성

1) 골판지상자

① 장점

㉠ 대량 생산품의 포장에 적합하다.

㉡ 대량 주문요구를 수용할 수 있다.

㉢ 가볍고 체적이 작아 보관이 편리하므로 운송 및 물류비가 절감된다.

㉣ 작업이 용이하고 기계화와 생력화(省力化)가 가능하다.

㉤ 조건에 맞는 강도 및 형태의 제작이 용이하다.

㉥ 외부충격을 완충하여 내용물의 손상을 방지한다.

② 단점

㉠ 습기에 약하고 수분에 의한 강도가 저하된다.

㉡ 소단위 생산 시 단위당 비용이 많이 든다.

㉢ 취급 시 변형과 파손이 되기 쉽다.

③ 원예산물의 저장과 수확 후 관리 중 골판지상자의 강도저하 요인

㉠ 세척 시 탈수과정에서 수분이 남았을 때 과습에 의한 저하

㉡ 냉수냉각식 예냉에서 수분의 제거가 덜 된 경우

㉢ 산물이 저온저장고에서 상온으로 출고되었을 때 결로에 의한 강도 저하

㉣ 저온저장고 안에서 흡습으로 인한 강도저하

㉤ 차압통풍식 예냉에서 통기공에 의한 강도저하

㉥ 적제하중에 따른 강도저하

④ 발수성의 표현 : 골판지의 방수특성은 발수도 R로 표현한다. 물을 흘려보낼 때 물이 스미는 정도를 나타내며 R 값이 클수록 방수성이 높은 것을 의미한다.

㉠ R2 이상 : 건조된 농산물로 PE대 PP대 등으로 속포장하여 내용물의 수분이 영향을 거의 미치지 않는 농산물(쌀, 콩, 들깨, 참깨, 땅콩 등)

㉡ R4 이상 : 수분증발과 호흡작용이 대체로 적은 농산물(사과, 배, 오이, 호박, 양파 등)과 수분과 호흡작용이 과다하나 겉포장을 보호하기 위해 PE대 등으로 속포장한 농산물(상추, 깻잎, 두릅 등)

㉢ R6 이상 : 수분과 호흡작용이 과다하여 내용물의 수분이 상자에 영향을 미칠 우려가 있는 농산물(감자, 고구마, 시금치, 파, 딸기 등)과 PE대 등 속

포장에도 불구하고 수분이 겉포장에 영향을 미칠 우려가 있는 농산물(미나리 등)

2) 플라스틱상자
① 폴리프로필렌 성형수지에 규정된 2종 05500급 이상 또는 폴리에틸렌 성형재료의 3종 3~4류를 사용한다.
② 낙하 충격 및 하중변형에 견디는 강도를 필요로 한다.

3) PE대(폴리에틸렌대)
① 폴리에틸렌 필름 봉투형태의 겉포장재로 내용물의 중량에 따라 적정한 두께가 정해져 있다.
② 인장강도, 신장율, 인열강도 등은 KS M3509(포장용 폴리에틸렌 필름)에 따른다.

4) PP대(직물제 포대) : 포장용 폴리올레핀 연신사로 직조한 포대포장으로 인장강도, 직조 밀도 등을 규정한다.

5) 그물망
① 양파, 마늘 등의 겉포장재로 널리 쓰인다.
② 고밀도 폴리에틸렌 모노필라멘트계 원단을 사용해 메리야스상으로 직조한 그물로서 포장단량에 따라 적당한 그물망의 강도를 무게로 정하고 있다.

6) PE, PP, PVC
① PE(polyethylene) : 과일류, 채소류 포장재료로 많이 이용되며 가스의 투과도가 높다.
② PP(polypropylene) : 방습성, 내열성, 내한성, 투명성이 높아 투명포장 및 채소류 수축포장에 많이 이용된다.
③ PVC(염화비닐; polyvinyl chloride) : 과일류, 채소류 및 식품포장에 많이 이용되고 있다.

(6) 그 밖에 기능성 포장재

1) 방담(防曇)필름 : 선도유지를 목적으로 한 기능성 포장재로 청과물의 수분 증산을 억제하고 투습상태에 있어 결로를 방지하는 목적으로 이용된다.
2) 항균필름 : 항균력 있는 물질을 코팅하여 곰팡이 및 유해 미생물에 대한 안전성을 확보하기 위한 포장재이다.
3) 고차단성 필름 : 수분, 산소, 질소, 이산화탄소와 저장산물의 고유한 향을 내는 유기화합물 등의 차단성 높인 포장재를 고차단성 포장재라 한다.
4) 키토산필름 : 키토산은 유해균의 성장을 억제하는 효과가 있으며 200ppm 정도의

농도에서 유해균에 대한 강력한 저해활성을 발휘한다. 이와 같은 항균물질을 필름 제조 시 압축성형 및 코팅처리한 필름을 키토산 필름 포장재라 한다.

5) 미세공필름 : 포장재에 미세한 공기구멍이 있어 수증기의 투과도를 높여 포장 내부 습도를 유지시킨 필름이다.

6장 / 저장

1. 저장의 의의와 개념

(1) 저장의 의의

1) 저장이란 식품의 품질이 변하지 않도록 하는 일이다.

2) 여기서 품질은 영양학적인 가치와 기호적인 가치 및 위생학적인 가치를 들 수 있는데 소비자들은 기호적인 가치를 더 중요시하는 경향이 있다.

3) 식품의 기호적인 가치에 영향을 미치는 것은 화학성분, 물리적 성분 및 조직적 상태이며 이들의 성상이 변치 않도록 하는 수단이 저장의 궁극적인 목적이라 할 수 있다.

4) 저장의 가장 바람직한 환경은 온도, 공기순환, 상대습도, 대기조성이 조정될 수 있는 시설을 갖춤으로써 가능하다.

(2) 저장의 기능

1) 수확 후 신선도 유지기능 : 생산된 원예산물이 생산 이후 소비될 때까지 신선도를 유지하도록 한다.

2) 수급조절의 기능 : 수확 시기에 따른 홍수출하로 인한 가격폭락, 또는 흉작과 계절별 편재성에 따른 가격의 급등을 방지하며 유통량의 수급을 조절하는 기능을 가지고 있다.

3) 계절적 편재성이 높은 원예산물을 장기저장함으로 소비자에게 연중 공급이 가능하도록 한다.

4) 저장력이 높아지면서 장거리 수송이 가능해져 소비와 수요가 확대되는 기능을 가지고 있다.

5) 가공산업에 원료 농산물을 연중 지속적으로 공급이 가능해져 농산물 가공산업을 발전시킨다.

(3) 저장력에 영향을 미치는 요인

1) 저장 중 온도
   ① 저장 중 온도가 높으며 호흡량의 증가로 내부성분의 변화가 촉진된다.
   ② 온도가 높으면 세균, 미생물, 곰팡이 등의 증식이 활발해지므로 부패율이 증가한다.
   ③ 온도에 따른 증산량의 증가로 중량의 감모율이 증가한다.
   ④ 저온에 저장하는 것이 적당하지만 작물에 따라서는 저온장해를 받는 작물이 있으므로 작물의 저장 적온을 알고 저장하는 것이 중요하다.
2) 저장 중 습도 : 저장고의 습도가 너무 낮으면 증산량이 증가하여 중량의 감모현상이 나타나며 습도가 너무 높으면 부패 발생률이 증가한다.
3) 재배 중 온도와 강우 : 과일의 경우는 건조한 조건과 온도가 높은 조건에서 재배된 것이 저장력이 강하다.
4) 재배 중 토양 : 사질토 보다는 점질토에서, 경사지로 배수가 잘 되는 토양에서 재배된 과실이 저장력이 강하다.
5) 재배 중 비료
   ① 질소의 과다한 시비는 과실을 크게하지만 저장력을 저하시킨다.
   ② 충분한 칼슘은 과실을 단단하게 하여 저장력이 강해진다.
6) 수확시기
   ① 일반적으로 조생종에 비하여 만생종의 저장력이 강하다.
   ② 장기저장용 과일은 일반적으로 적정수확시기보다 일찍 수확하는 것이 저장력이 강하다.
7) 수분활성도(Aw : Water activity)
   ① 미생물의 생육에 필요한 물의 활성정도를 나타내는 지표이다.
   ② 0에서 1까지의 범위를 갖으며 1에 가까울수록 증식에 좋은 환경이며 0에 가까울수록 미생물 증식에 나쁜 환경을 의미한다.
   ③ 수분의 건조, 물의 온도 저하, 소금의 첨가 등은 Aw를 낮출 수 있다.

2. 상온저장

(1) 상온저장

상온저장은 보통저장이라고도 하는데 외기의 온도변화에 따라 외기의 도입, 차단, 강제 송풍처리, 보온, 단열, 밀폐처리 등으로 가온이나 저온처리장치 없이 저장하는 방법이다.

1) 도랑저장 : 가장 간단한 저장법으로서 주로 호냉성채소인 무, 당근, 감자, 배추, 양배추 등의 저장에 많이 쓰인다. 그러나 기온이 급격히 떨어지면 어는 경우가 있고, 미리 두껍게 덮어서 과온이 되기 쉬우므로 흙덮기에 주의해야 한다. 자재가 거의 들지 않고 무제한으로 대량저장이 가능하지만, 꺼내기가 불편하다.

2) 움저장 : 땅에 1~2m 깊이로 구덩이를 판 뒤 그 안에 수확한 원예산물을 넣고 그 위에 왕겨나 짚을 덮고 다시 흙으로 덮어준다. 채소류는 싹이 트지 않도록 거꾸로 세워 저장한다. 현재처럼 저장시설이 발달하지 못했던 때 많이 이용하던 방법으로 움의 온도는 10℃ 내외, 습도는 85%로 유지하는 것이 저장에 유리하다.

3) 지하저장고 : 여름에는 시원하고 겨울에는 따뜻하여 연중 채소저장에 편리하다. 특히, 겨울 동안 고구마, 토란, 생강 등 호온성채소의 저장에 좋으나 환기가 불량하면 과습하게 되기 쉽다.

4) 환기저장 : 환기는 원예산물의 장기저장 시에는 필요하다. 청과물의 상온저장은 온도변화를 작게 하고 통풍설비가 완비된 시설에서 저장하는 것이 좋다.

(2) 피막제에 의한 저장

1) 각종 왁스, 증산억제제 처리방법 등에 의한 저장방법이다.
2) 식품위생상의 문제점이 있지만, 감귤, 사과 등에 이용되고 있다.

(3) 방사선을 이용한 저장

1) 방사선 중에서도 감마선과 베타선이 이용되고 있다.
2) 주로 발아억제를 목적으로 많이 이용하고 있으며, 밤의 저장 중의 발아억제를 위한 감마선 조사가 현저한 효과가 있다.
3) 방사선의 조사는 일시적으로 호흡이 촉진되므로 바나나의 숙도조절이나, 감의 탈삽 등에도 이용되고 있다.

3. 저온저장

(1) 저온저장

1) 냉각에 의해 일정한 온도까지 원예산물의 온도를 내린 후(동결점 이상) 일정한 저온에서 저장하는 것을 말하며 일반적으로 냉장이라고 한다.
2) 원예산물에서 일어나는 생리적 반응들은 온도의 변화에 큰 영향을 받으며 온도가 낮을수록 반응속도는 느려진다. 또한 온도의 저하는 미생물 활성도 낮춤으로 부패 발생률이 낮아진다.
3) 최근 저온저장고의 온도 및 습도를 인터넷으로 모니터링하고 필요 시 원격제어하는 기술이 개발되어 농산물 저온저장고 건축 시 이러한 시스템의 정착이 가능해졌다.
4) 실내온도를 균일하게 하기 위해 팬으로 공기를 순환시키며, 채소류는 많은 수분을 발산하여 과습하기 쉬우므로 유의해야 한다.

(2) 저온저장고

저장고는 기능과 구조가 일반 건축물과는 다르므로 위치 및 건축자재 등의 선택에 달리 신경을 써야 한다. 단열자재의 선택, 건물 내부 및 외부의 청결상태 유지를 위한 구조설계 등이 요구된다.

1) 냉장원리
   ① 냉매가 기화되면서 주변 열을 흡수하므로 주변의 온도를 낮추는 원리를 이용한다.
   ② 냉매를 압축기에서 압축하고 응축기에서 액체상태로, 이 액화된 냉매는 팽창밸브를 거치며 저압으로 변하여 증발기 내를 흐르며 기체로 변한다.
2) 냉장기기
   ① 압축기
   ② 응축기
   ③ 팽창밸브
   ④ 냉각기(증발기)
   ⑤ 제상장치
3) 냉장용량 : 냉장용량은 저장고에서 발생하는 모든 열량을 합산하여 구하며 이를 냉장부하라 하며 온도상승요인은 포장열, 호흡열, 전도열, 대류침투열, 장비열 등이 있고 포장열과 호흡열이 냉장부하의 대부분을 차지한다.
   ① 포장열
      ㉠ 수확한 작물이 지니고 있는 열을 의미한다.

      ⓛ 포장열을 얼마나 빨리 제거하느냐가 저온저장의 효과가 달라진다.

      ⓒ 고온에서 수확하는 농산물은 품온이 높아 예냉 하지 않은 상태로 입고하는 경우 포장열 제거에 필요한 냉장용량이 많이 차지하게 된다.

② 호흡열

      ㉠ 산물의 호흡에 의해 방출되는 생리대사열을 호흡열이라 한다.

      ⓛ 호흡열은 산물의 호흡에 의해 지속적으로 발생한다.

      ⓒ 산물의 온도가 낮아지면 호흡열도 동시에 감소한다.

      ⓔ 작물에 따라 상이하며 온도가 낮을수록 줄어들고 CA환경에서 더욱 감소한다.

③ 전도열

      ㉠ 저장고 외부에서 저장고 안으로 전도되는 열을 전도열이라 한다.

      ⓛ 저장고 외부에서 내부로 전도되는 열은 저장고의 온도상승을 유발하므로 지속적으로 제거되어야 한다.

      ⓒ 저장고 내, 외부의 온도 차이와 단열재료에 따라 상이하다.

      ⓔ 실제 외부 온도에 따라 열의 유입과 열의 손실도 일어나지만 냉장용량의 계산 시에는 유입열량만 고려한다.

④ 대류열

      ㉠ 외부로부터 내부로 공기가 혼입되며 일어나는 대류현상으로 유입되는 열을 대류열이라 한다.

      ⓛ 대류열의 유입은 문을 자주 여닫는 경우 심하며 저장고를 닫았을 때 최소화된다.

      ⓒ 완전히 밀폐된 CA저장고의 경우 이론적으로 대류열은 0이 된다.

⑤ 장비열

      ㉠ 적재 시 사용되는 지게차, 조명등, 송풍기 등에서 발산되는 열을 장비열이라 한다.

      ⓛ 저장고 내에서 작동하는 기계류 등에서 발생하는 열량도 냉장용량의 계산 시 고려하여야 한다. 특히 지속적으로 작동되는 기기의 열량은 추가되여야 한다.

⑥ 냉장용량의 계산

      ㉠ 저온저장고 내 제거해야 할 열량은 각 원인에서 발생하는 열량의 합산으로 구한다.

      ⓛ 제상시간을 고려하여야 한다.

      ⓒ 위의 5가지 요인에 의한 열량의 합산치에 1.2~1.3배가 냉장용량이 된다.

⑦ 적정 냉장용량의 중요성

　　㉠ 냉장용량의 설정은 저장산물의 품질에 미치는 영향은 매우 크다.

　　㉡ 모든 작물은 온도가 빠르게 저하될수록 품질이 오래 유지된다.

　　㉢ 냉장용량의 결정은 저장실별로 저장 품목, 포장열, 1일 입고량, 호흡속도, 저장고 단열정도에 근거하여 계산 후 선정한다.

(3) 저온저장고의 관리

1) 온도관리

① 적재방법

　　㉠ 온도가 균일하기 위해서는 냉각기의 찬 공기가 저장고 전체에 고르게 퍼져 나가야 한다.

　　㉡ 산물의 적재는 저장고 바닥, 포장재와 벽면 사이, 천정 사이에 공기의 통로가 확보되도록 적재하여야 한다.

　　㉢ 일반적으로 중앙통로 50cm, 팔레트와 벽면의 사이 및 팔레트와 팔레트 사이는 30cm, 천정과는 50cm 이상의 바람이 지날 수 있는 공간을 확보하여야 한다.

② 온도의 설정

　　㉠ 저장고 내 온도는 산물의 호흡, 세균, 미생물, 곰팡이 등의 번식과 밀접한 관계가 있다.

　　㉡ 노화에 의한 조직의 연화현상은 저장고 온도가 높을 때 빠르게 진행된다.

　　㉢ 저장고 온도를 균일하게 맞추기 힘들므로 온도분포를 고려하여 안전범위가 되도록 설정하는 것이 좋다.

장기저장 시 적정 저장 온도, 습도 및 동결온도

품목	적정 온도(℃)	적정 습도(%)	동결온도(℃)
사과	−0.5~0.5	90~95	−1.5~−1.1
배	0.5~1.0	90~95	−1.5
복숭아	−0.5~0.0	90~95	−0.9
포도	−0.5~0.0	85~90	−1.2
단감	−1.0~0.0	90~95	−2.1
밀감	5.0~8.0	90~95	5.0(저온장해)
배추	0.5~0.0	95~98	−0.7

브로콜리	0.5~0.0	95~98	−0.6
양파	−0.5~0.0	70~80	−0.8
마늘	−1.5~−0.5	70~80	−0.8

동결온도 : 동결이 일어날 수 있는 가장 높은 온도 범위기준
마늘의 경우 건조정도에 따라 −3.0~0.0 범위에서 선택적으로 설정
* 자료; 농수산물유통공사, 알기쉬운 농산물 수확후 관리(저장기술 및 저장고 환경관리), 박윤문

③ 원예산물별 최적 저장온도

㉠ 0℃ 혹은 그 이하 : 콩, 브로콜리, 당근, 샐러리, 마늘, 상추, 버섯, 양파, 파슬리, 시금치

㉡ 0~2℃ : 아스파라거스, 사과, 배, 복숭아, 매실, 포도, 단감, 자두

㉢ 2~7℃ : 서양호박(주키니)

㉣ 4~5℃ : 감귤

㉤ 7~13℃ : 애호박, 오이, 가지, 수박, 단고추, 토마토(완숙과), 바나나

㉥ 13℃ 이상 : 생강, 고구마, 토마토(미숙과)

④ 온도편차 범위

㉠ 적정온도 보다 낮은 온도는 저온장해 또는 동해를 일으킨다.

㉡ 적정온도 보다 높은 온도는 저장 가능 기간을 단축시킨다.

㉢ 설정온도에서 ±0.5도를 벗어나지 않는 선에서 조절되는 것이 바람직한 온도의 편차 범위이다.

㉣ 설비의 오류, 냉장용량의 부족, 공기 통로의 부족, 온도관리의 부주의 등으로 온도편차가 커지면 상대습도의 변화도 커지며 저장력은 떨어진다.

저장고 내 위치별 온도편차

① 가장 높음 : 공기가 순환된 후 돌아가는 지점
② 가장 낮음 : 냉각기 앞
③ 평균 온도 : 냉각기 공기가 통로를 타고 나오는 지점

---

2) 습도관리

① 의의

㉠ 저장의 효과를 보기 위해서는 온도 다음으로 고려할 점으로 상대습도를 높게 유지하여야 한다.

㉡ 일반적으로 과일은 85~95%, 채소는 90~98%의 고습도가 신선도 유지에 유리하다.

㉢ 양파, 마늘, 늙은 호박 등은 60~75%가 장기저장에 알맞은 습도이며, 무,

당근 등의 근채류는 90~95%의 고습도를 유지해야 조직의 유연성이 유지되며 중량감소가 일어나지 않는다.

  ㉣ 산물에 따라 요구되는 습도와 상품성 유지를 위한 수분감량 허용치가 다르므로 종류나 저장온도 등을 고려하여 습도를 유지하여야 한다.

② 습도 변화의 원인
  ㉠ 냉장기기의 작동주기
  ㉡ 제상주기에 의한 온도변화
  ㉢ 냉각기에 생기는 결로
  ㉣ 결로현상은 냉매의 증발 온도가 낮을수록 증가한다.
  ㉤ 습도가 낮아지면 산물의 증산량이 많아져 결과적으로 신선도 저하와 중량감소가 일어난다.

③ 습도유지 방법
  ㉠ 구조 및 기기
   ⓐ 적합한 냉장기기와 방습벽의 설치
   ⓑ 송풍기 가동 시 공기유동 억제
   ⓒ 환기는 가능한 극소화
   ⓓ 결로현상을 줄이기 위해 저장고 온도와 냉각기 온도편차를 줄여야 한다.
  ㉡ 수분의 보충
   ⓐ 저장고 바닥에 물을 충분히 뿌려 콘크리트 바닥의 수분흡수를 줄인다.
   ⓑ 가습기를 주기적으로 가동하여 수분을 보충한다.
   ⓒ 포장용기는 수분흡수가 적은 것을 사용한다.
   ⓓ 가습기 이용 시는 분무입자가 작아야 효율적이다.

④ 습도측정
  ㉠ 건습구온도계
   ⓐ 수분증발에 의한 온도차이를 상대습도로 환산하는 방식으로 젖은 천으로 온도계를 감싼 습구 온도계와 건구 온도계의 온도 차이로 습도를 환산한다.
   ⓑ 가격이 저렴하고 고장이 없다.
   ⓒ 온습도 도표를 이용하여 상대습도를 쉽게 측정할 수 있다.
   ⓓ 단점으로는 지속적인 측정 기록이 어렵다.
   ⓔ 0℃ 이하에서는 습구 온도계의 물이 얼어 습도의 측정이 어렵다.
   ⓕ 저온에서는 측정이 부정확하다.

ⓛ 전자식 습도계

ⓐ 공기 중 수분 함량에 따른 전기저항성의 변화를 이용한다.

ⓑ 2% 내외의 정확도가 있다.

ⓒ 감지장치의 오염이나 수분이 응결된 경우 정확한 습도측정이 불가능하다.

ⓒ 물리적 감지장치

ⓐ 공기 중 수분 함량에 따라 길이와 부피가 변하는 물질을 이용하는 원리를 사용한다.

ⓑ 물질의 습도에 따른 신축도에 따라 측정된다.

ⓒ 상대습도가 높아지면 정확도가 떨어지는 단점이 있다.

ⓓ 사용기간이 길어지면 신축성이 변하여 정확한 측정이 불가능하다.

3) 서리제거

① 냉각기에 결로가 생겨 얼음층으로 덮이면 열교환이 일어나지 않아 저장고 온도 유지가 어려워지며 심하면 온도가 상승하게 된다.

② 고온가스 서리제거방식과 전열식 서리제거방법이 있다.

③ 서리 제거의 주기와 시간은 서리의 양에 따라 결정하고 제거가 끝나면 바로 냉장에 들어가야 불필요한 에너지 소모와 저장고 내 온도의 상승을 막을 수 있다.

4) 에틸렌 제거

① 노화호르몬인 에틸렌이 축적되며 숙성이 촉진되어 신맛의 감소와 연화현상을 촉진해 저장기간의 단축과 품질저하가 초래된다.

② 에틸렌 농도가 일정 수준 이상으로 증가하면 자가촉매반응에 의해 급속히 증가하므로 저장 초기부터 제거하여 일정 수준치를 넘지 않도록 주의해야 한다.

③ 에틸렌의 제거는 환기로도 가능하나 저장고 온도상승이 일어나므로 흡착제를 교환해 주거나 분해기를 작동시키는 장치가 필요하다.

④ 에틸렌작용 억제제인 1-MCP(1-methylcyclopropene) 처리기술을 활용하여 품질유지 효과를 거둘 수 있다. 1-MCP는 기체 상태이므로 밀폐된 상태에서만 효과를 볼 수 있다.

5) 저장고의 소독

① 저장고 안에 원예산물로부터 전염된 세균, 곰팡이 등 미생물이 남아있을 수 있다.

② 오염된 저장고를 계속 사용하는 경우 저장 산물에 오염되고 저장 중 문제가 생기지 않더라도 출하 후 부패 증상이 나타날 수 있다.

③ 저온에서도 활성이 있는 세균들도 있어 부패를 발생할 수 있으므로 저장 전 저장고를 소독하는 것이 바람직하다.

④ 세균과 곰팡이 중에는 에틸렌을 발생하는 종류도 있어 산물의 숙성을 촉진시키 거나 과피 얼룩 등의 장해를 일으키기도 한다.

⑤ 소독방법

　㉠ 유황훈증

　㉡ 포름알데히드, 차아염소나트륨 수용액, 제3인산나트륨 또는 벤레이트가 함 유된 약제를 뿌려 소독

　㉢ 친환경 저장고 소독법인 초산 훈증법

4. CA저장(Controlled Atmosphere Storage)

(1) 의의

1) 온도, 습도, 대기조성 등을 조절함으로써 장기저장하는 가장 이상적인 방법이다.

2) CA저장은 대기조성(대략 N_2 78%, O_2 21%, CO_2 0.03%)과는 다른 공기조성을 갖는 조건에서 저장하는 것을 말한다.

3) 산소농도는 대기보다 약 4~20배(O_2 : 8%) 낮추고 이산화탄소는 약 30~500배 (CO_2 : 1~5%) 증가시키는 조건으로 조절하여 저장하는 방식이다.

4) 또한 신선한 과실, 채소, 관상식물 등 전 수확 후 관리과정에서 각 작물마다 적절한 온도와 상대습도 조건을 충족하여야 한다.

5) 이러한 조건에서는 호흡이 억제되고, 에틸렌의 생성 및 작용의 억제되는 등의 효과에 의해 유기산의 감소, 과육의 연화 지연, 당과 유기산 성분 및 엽록소의 분해 등과 같은 과실의 후숙과 노화현상이 지연되며 미생물의 생장과 번식이 억제되어 원예산물의 품질을 유지하면서 장기간의 저장이 가능해진다.

(2) 원리 및 특징

1) CA는 호흡이론에 근거를 두고 원예산물 주변의 가스조성을 변화시켜 저장기간을 연장하는 방식이다.

2) 호흡은 원예산물 내 저장양분이 소모되면서 이산화탄소와 열을 발산하는 대사작용으로 산소가 필수적이므로 저장물질의 소모를 줄이려면 호흡작용을 억제하여야 하며 이를 위해서는 산소를 줄이고 이산화탄소를 증가시킴으로써 가능하다.

3) CA효과는 높은 농도의 이산화탄소와 낮은 농도의 산소조건에서 생리대사율을 저하시킴으로서 품질변화를 지연시킨다.

(3) 이산화탄소 농도 및 에틸렌 농도 제어

1) CA저장고 내 이산화탄소의 농도는 일정수준까지 증가시키다가 장해가 발생하는 상한선에서는 제거해 주어야 한다.

2) 한편 CA저장고의 효과를 높이려면 숙성호르몬으로 일컫는 에틸렌가스의 제거가 수반되어야 한다.

3) 에틸렌가스의 제거방식으로는 흡착인자를 이용하는 흡착식, 자외선파괴식, 촉매분해식 등이 있는데 최근까지 개발방식으로는 촉매분해식이 경제적 타당성이 높다. 자외선파괴식은 경제성이 뛰어나지만 현재로서는 실용화되지 못하고 있는 실정이다.

(4) CA저장의 유형

1) 급속 CA(Rapid CA) : 일반적으로 입고 후 산소농도를 원하는 농도까지 낮추는데 시간이 많이 소요되는데(1주일 이상) 질소 발생기를 이용하여 소요 기간을 크게 단축하게 되었다. 산소 농도를 24시간 안에 신속하게 낮추어 저장하는 방법이 이용되는데 이를 급속 CA저장이라 하며 저장 초기의 신속한 산소농도의 저하는 저장기간의 연장에 효과가 크다.

2) 초저산소 CA(ULO-CA; Ultra Low Oxygen CA)
   ① 산소농도를 한계농도인 1%까지 낮추어 저장하는 방식이다.
   ② 시설 및 기기의 성능과 밀접한 관련이 있으며 설비에 고도의 정밀도가 요구된다.
   ③ 산소농도를 한계점까지 낮추기 때문에 약간의 산소농도 저하에도 저산소에 의한 생산물의 심각한 피해를 받을 수 있다.
   ④ 이산화탄소의 농도는 일반적 CA저장 보다는 낮게 유지하여야 한다.

3) 저에틸렌 CA(Low ethylene CA)
   ① 산소농도가 낮기 때문에 에틸렌 발생량이 많지 않으나 밀폐형 저장이기에 발생된 에틸렌의 축적은 불가피하다.
   ② 에틸렌 감응도가 높은 품목은 에틸렌 농도를 낮추어야 한다.
   ③ 별도의 에틸렌 제거장치를 이용하여 에틸렌 농도를 낮추어 저장하는 방법을 저에틸렌 CA저장이라 한다.

4) 기타 방법
   ① 이산화탄소의 농도를 10~20%까지 높게 유지하는 고이산화탄소 CA저장이 이용되기도 하는데 이는 이산화탄소 장해에 강한 품목에 적용되며 단감의 CA 조건이 이에 해당된다. 일반적으로는 단기보관 또는 수송 시 많이 이용되며 장기

저장에 이용되는 경우는 드물다.

② CA 장해에 매우 민감한 작물의 경우는 장해 발생을 방지하기 위하여 수확 후 일정기간 저온저장을 한 후 CA저장 방식을 적용하는 경우가 있다. 대표적으로 후지 사과로 4주 정도 저온저장 후 CA저장방식을 적용한다.

(4) CA저장의 효과

1) 호흡, 에틸렌 발생, 연화, 성분변화와 같은 생화학적, 생리적 변화와 연관된 작물의 노화를 방지한다.
2) 에틸렌 작용에 대한 작물의 민감도를 감소시킨다.
3) 작물에 따라서 저온장해와 같은 생리적 장해를 개선한다.
4) 조절된 대기가 병원균에 직접 혹은 간접으로 영향을 미침으로써 곰팡이의 발생률을 감소시킨다.

(5) CA저장의 위험요소

1) 토마토와 같은 일부작물에서 고르지 못한 숙성을 야기할 수 있다.
2) 감자의 흑색심부, 상추의 갈색반점과 같은 생리적 장해를 유발할 수 있다.
3) 낮은 산소 농도에서 혐기적 호흡의 결과로 이취를 유발할 수 있다.

(6) CA저장의 문제점

1) 시설비와 유지비가 많이 든다.
2) 공기조성이 부적절할 경우 장해를 일으킨다.
3) 저장고를 자주 열 수 없으므로 저장물의 상태를 파악하기 힘들다.

(7) CA저장고의 관리와 운영

1) 전제조건
① 밀폐도 : 저장고의 구조 적합성을 가장 고려하여야 하는데 특히 가스 밀폐가 잘 이루어져야만 원하는 CA환경을 유지할 수 있으며 따라서 장기간 산물의 품질 유지가 가능하다.
② 적정 조건 및 조성의 유지
㉠ 작물과 품종에 따라 적정 공기조성의 범위를 유지하는 것이 CA저장에 중요한 요소가 된다.

ⓛ 저장 원예산물이 CA환경에서 품질유지 효과와 공기조성에 따른 장해에 정확한 정보가 있어야 한다.

ⓒ 작물 또는 품종에 따라 저산소, 고이산화탄소 장해에 따른 내성의 차이가 있다.

ⓔ 작물의 생리적 특성, 재배환경의 영향 등을 고려하여 산소농도는 저산소 장해의 한계점 이상, 이산화탄소 농도는 고이산화탄소 장해의 한계점 이하로 유지하는 관리기술이 필요하다.

ⓜ 사과의 경우 일반 품종은 산소 1~3%, 이산화탄소 1~5%가 적합하나, 후지 품종의 경우는 이산화탄소에 민감하므로 1% 이하로 유지해야만 고이산화탄소 장해를 피할 수 있다.

주요 과일의 CA 저장조건

품종	적정 CA범위($\%O_2 + \%CO_2$)	산소농도의 한계	이산화탄소농도의 한계
사과 – 후지	1~3+≥1.0%	≥0.5%	1.0%
사과 – 일반품종	1~3+1~5%	≥1.5%	5.0%
배 – 신고	1~3+≥1%	1.0%	1.0%
복숭아	1~2.5+5.0	1.0%	5.0, 10.0%
단감 – 부유	1~3+8~12%	0.5%	≤12.0%

* 자료 : 농수산물유통공사, 알기쉬운 농산물 수확후 관리(저장기술 및 저장고 환경관리), 박윤문

주요 채소의 표준 CA 저장조건

품종	적정 CA범위($\%O_2 + \%CO_2$)	산소농도의 한계	이산화탄소농도의 한계
양배추	2.5~5.0+2.5~5.0%	2.0%	10.0%
브로콜리	1.0+10~15%	0.5%	15.0%
결구상추	1.0~3.0+0(2~3)%	0.5%	2.0%
버섯	air+10~15%	0.5%	20.0%
딸기	5~10+15~20%	2.0%	25.0%

*자료; 농수산물유통공사, 알기쉬운 농산물 수확후 관리(저장기술 및 저장고 환경관리), 박윤문

2) 저장고 구조 및 기기

① 건물구조

ⓛ CA저장고는 일정한 산소와 이산화탄소의 농도가 유지되어야 하므로 저장고 내로 외부공기가 유입되지 않도록 밀폐가 유지되어야 한다.

ⓛ 냉장설비, 전선 등의 연결로 생기는 틈을 완전 밀봉하여야 하고 출입문 또한 특수한 구조를 이용하여 설치하여야 한다.
ⓒ 온도 변화 시 압력 변화를 완화시킬 수 있는 압력조절장치가 필요하다.

② 기기
㉠ 산소농도를 낮추기 위한 질소발생기
ⓛ 이산화탄소 농도 유지를 위한 이산화탄소 흡착기
ⓒ 에틸렌 제어를 위한 기기
ⓔ 산소 및 이산화탄소 농도를 측정하는 분석기기 및 제어기기

3) 환경 조성 및 유지
① 환경 조성
㉠ 질소를 불어넣어 저장고 내 산소를 밀어내어 치환한다.
ⓛ 저장고 산소농도가 5% 수준까지 떨어지면 질소공급을 멈추고 저장고를 밀폐한다.
ⓒ 밀폐가 우수한 저장고는 저장산물의 호흡에 의해 산소농도는 감소하며 이산화탄소 농도는 증가하여 적정수준에 도달한다.

② 환경 유지
㉠ 가스순환 방식에 따라 밀폐순환식과 배출식이 있다.
ⓛ 밀폐순환식
　ⓐ 질소 발생기와 이산화탄소 제거기를 부착하며 에틸렌 제거기를 별도로 부착하는 방식이다.
　ⓑ 이산화탄소와 에틸렌의 농도가 높아지면 내부 공기를 외부에 부착된 이산화탄소 흡착기나 에틸렌분해기로 강제 순환시키며 이산화탄소에 에틸렌을 제거한다.
　ⓒ 산소농도가 지나치게 낮아지면 공기를 조금씩 넣어 농도를 조절한다.
ⓒ 배출식
　ⓐ 질소발생기만 이용하고 이산화탄소와 에틸렌 제거기는 별도로 부착하지 않는 방식이다.
　ⓑ 질소발생기만 가지고 산소농도를 맞추며 이산화탄소 농도가 높아지면 질소를 불어넣어 질소에 의해 이산화탄소, 에틸렌 등은 배출되는 출구가 있어 배출되는 특징이 있다.
　ⓒ 밀폐식에 비해 설비가 단순하고 유해가스 축적을 피하는 장점이 있다.
　ⓓ 단점으로는 질소기스의 소모가 많아 질소빌생기 작동을 많이 해야하며

고이산화탄소 환경을 요구하는 산물은 농도 조절이 어렵다.

4) CA저장의 잠재적 위험

① 원예산물은 품목 또는 품종별로 저산소와 고이산화탄소에 대한 내성이 서로 다르다.

② 지나친 저산소 또는 고이산화탄소 농도 조건에서는 변색, 조직의 붕괴, 이취발생 등 생리적 장해현상이 나타난다.

③ 특정 유형의 부패가 증가하기도 한다.

④ 따라서 품목과 품종별로 적정 수준의 환경을 조성하여야 한다.

5. MA저장(Modified Atmosphere Storage)

(1) 원리 및 효과

1) 필름이나 피막제를 이용하여 산물을 하나씩 또는 소량을 외부와 차단하여 호흡에 의한 산소농도의 저하와 이산화탄소농도의 증가에 의해 호흡을 줄임으로 품질변화를 억제하는 방법이다. MA처리는 압축된 CA 저장이라 할 수 있다.

2) 포장재의 개발과 함께 발달되었으며 유통기간의 연장 수단으로 많이 사용되고 있다.

3) 각종 플라스틱 필름 등으로 원예산물을 포장하는 경우 필름의 기체투과성, 산물로부터 발생한 기체의 양과 종류에 의하여 포장내부의 기체조성은 대기와 현저하게 달라지기 때문에 이것에 의한 저장방법을 말한다.

4) MA저장은 적정한 가스의 농도가 산물의 종류에 따라 다르다. 사과는 품종에 따라 다르나 산소가 2~3%, 이산화탄소 2~3%, 감은 산소 1~2%, 이산화탄소 5~8%, 배에는 산소 4%, 이산화탄소 5%의 적정농도가 유지되어야 한다.

5) MA저장에 사용되는 필름은 수분투과성, 이산화탄소나 산소 및 다른 공기의 투과성이 무엇보다도 중요하다.

6) 수증기의 이동을 억제하여 증산량이 감소한다.

7) 온도에 민감해 장해를 일으키는 작물의 장해 발생감소에 효과적이다.

8) 낱개 포장하는 경우 물리적 손상을 방지할 수 있다.

9) 필름과 피막처리는 CA효과를 볼 수 있으므로 과육연화현상과 노화현상을 지연시킬 수 있다.

10) 단감을 제외한 일반적인 원예산물의 경우 포장, 저장 및 유통기술이므로 MAP (Modified Atmosphere Packaging; 가스치환포장방식)로 표현하는 것이 더욱

적절하다.

(2) 전제조건

1) 포장 내 과습으로 인한 부패와 내부의 부적합한 가스 조성에 따른 생리장해를 초래할 수 있으므로 다음 사항을 고려하여야 한다.

2) 고려사항
   ① 작물의 종류
   ② 성숙도에 따른 호흡속도
   ③ 에틸렌 발생량 및 감응도
   ④ 필름의 두께
   ⑤ 종류에 따른 가스투과성
   ⑥ 피막제 특성

3) 필름 종류별 가스투과성
   저밀도폴리에틸렌(LDPE)〉폴리스틸렌(PS)〉폴리프로필렌(PP)〉폴리비닐클로라이드(PVC)〉폴리에스터(PET)

필름종류	가스투과성(ml/㎡ · 0.025mm · 1day)		포장내부
	이산화탄소	산소	이산화탄소:산소
저밀도폴리에틸렌(LDPE)	7,700~77,000	3,900~13,000	2.0~5.9
폴리비닐클로라이드(PVC)	4,263~8,138	620~2,248	3.6~6.9
폴리프로필렌(PP)	7,700~21,000	1,300~6,400	3.3~5.9
폴리스티렌(PS)	10,000~26,000	2,600~2,700	3.4~5.8
폴리에스터(PET)	180~390	52~130	3.0~3.5

(3) MA저장의 이용

1) 필름포장
   ① 엽채류와 비급등형 작물은 주로 수분 손실억제와 생리적 장해 및 노화 지연에 목적을 두고 있다.
   ② 호흡급등형에 속하는 작물은 포장 내 가스조성 변화를 통한 저장효과에 목적을 둔다.
   ③ 흡착물질을 첨가하여 품질유지효과를 보기도 한다.
   ④ 단감의 PE필름 저장 : 저밀도 PE필름 MA저장으로 4~5개월 장기저장이 가능하다.

⑤ 유의사항

㉠ 지나친 차단성은 이산화탄소 축적에 따른 생리적 장해와 결로현상에 의한 미생물 증식의 위험성이 있다.

㉡ 속포장에 플라스틱 필름을 사용하는 경우는 저산소 장해, 이산화탄소장해, 과습에 따른 부패 등에 따른 포장재를 선택하거나 가스투과성을 고려하여야 한다.

2) 피막제

① 왁스 및 동식물성 유지류 등이 산물의 저장, 수송, 유통 중 품질유지를 위하여 사용되고 있다.

② 피막제의 도포는 경도와 색택을 유지하고 산함량 감소를 방지하는 효과를 볼 수 있다.

③ 과일의 색감 증가나 표면의 광택증진 등 외관을 향상시키는 왁스처리가 실용화되어 있다.

④ 부분적 위축과 상처 및 장해현상을 유기하기도 하므로 작물의 종류에 따라 적합한 피막제를 선택하여야 한다.

3) 기능성 포장재의 개발

① 품질유지를 위하여 여러 가지 물질을 첨가한 기능성 포장재가 개발되고 있다.

② 에틸렌 흡착 필름 : 제올라이트나 활성탄을 도포하여 포장 내 에틸렌 가스를 흡착하여 에틸렌에 의한 노화현상을 지연시킨다.

③ 방담 필름 : 식물성 유지를 도포하여 수증기 포화에 의한 포장 내부 표면에 결로현상을 억제한다.

④ 항균 필름 : 항생·항균성 물질 또는 키토산 등을 도포하여 포장 내 세균에 대한 항균작용으로 과습에 의한 부패를 감소시킨다.

(4) 수동적 MA저장

1) 폴리에틸렌, 폴리프로필렌 필름 등을 이용하여 밀봉할 경우 밀봉된 포장 내에서 원예산물의 호흡에 의한 산소소비와 이산화탄소의 방출로 포장 내에 적절한 대기가 조성되도록 하는 방법이다.

2) 포장에 사용된 필름은 가스확산을 막을 수 있는 제한적인 투과성을 지니고 있다.

(5) 능동적 MA저장

1) 포장 내부의 대기조성을 원하는 농도의 가스로 바꾸는 방법이다.

2) 대부분의 능동적 MA저장은 포장재 표면에 계면활성제를 처리하여 결로현상을 방지하는 방담필름과 항균물질을 첨가한 항균필름 등이 있다.

3) 최근 고분자필름 소재에 기능성 충전제를 충전시켜 포장하면 농산물들을 일반포장재로 포장하여 유통시킬 경우보다 신선도 유지기간을 획기적으로 연장시킬 수 있는 환경친화성 신선도 유지형 포장재가 완성되었다.

6. 화훼류의 수확 후 관리

(1) 품질평가 요소

1) 절화류

① 절화의 품질은 꽃뿐만 아니라 잎, 줄기, 절화 수명 등을 포함한다.

② 평가 요인

 ㉠ 꽃 : 품종, 모양, 크기, 수, 색, 개화기간, 향기, 신선도, 착색 상태, 병충해, 상처, 오염 정도 등

 ㉡ 줄기 : 길이 굵기, 색, 곧음, 강도 등

 ㉢ 잎 : 색, 신선도, 물리적 상처, 위조, 병충해, 농약 잔재 등

 ㉣ 절화 수명 : 꽃 모양, 줄기 모양, 잎의 신선도 등

③ 품종별 각 필요 요인을 통해 특, 상, 보통의 등급으로 구분한다.

2) 분화류

① 화목류 : 지제부 지름, 꽃눈의 수, 식물체 초장과 꽃눈의 수, 잎과 꽃의 색, 잎과 꽃의 상해 정도, 꽃의 노화 증상 등을 기초로 한 외관으로 평가된다.

② 관엽식물

 ㉠ 꽃이 관상의 대상이 아니므로 관엽식물의 상태, 형태와 줄기 및 잎 등으로 평가된다.

 ㉡ 소비자가 최종 소비지에서 구매 후 일정 기간 품질이 잘 유지되어야 하므로 사전에 순화시켜 판매하는 것이 좋다.

(2) 절화의 수확

1) 수확적기는 꽃의 종류, 재배 시기와 조건, 온도, 수송기간과 방법, 유통기간, 소비

자의 기호 등으로 고려하여야 한다.

2) 하루 중 식물체 내 수분이 가장 많은 아침이나 양분이 가장 많은 저녁에 하는 것이 좋다.

3) 한낮의 수확은 고온으로 절화의 수명이 짧아지므로 좋지 않다.

(3) 절화의 수확 후 생리

1) 꽃

① 대체로 절화는 봉오리 상태로 수확되는 경우가 많아 물올림이 좋지 않거나 너무 이른 수확은 꽃이 완전 개화하기 전 봉오리가 건조해지게 된다.

② 완전히 개화된 후 꽃잎이 떨어지게 되나 꽃의 영양 상태나 수분 상태가 좋지 않으면 꽃잎이 떨어지기 전 꽃목이 굽는 현상이 발생한다.

③ 절화의 에틸렌 민감도

㉠ 매우 민감 : 카네이션, 금어초, 알스트로메리아, 델피니움, 프리지아, 나리, 수선, 숙근안개초, 스위트피, 난초류

㉡ 둔감 : 안스리움, 거베라, 튤립, 국화

④ 종류별 에틸렌 피해 증상

㉠ 금어초 : 소화 탈리

㉡ 카네이션 : 꽃잎 말림, 꽃잎 위조

㉢ 알스트로메리아 : 기형화, 꽃잎 흑변, 꽃잎 탈리

㉣ 프리지아 : 봉우리의 기형 또는 고사, 노화 촉진

㉤ 포인세티아 : 상편 생장, 잎과 꽃의 탈리, 줄기 신장 억제

㉥ 튤립 : 꽃잎 말림, 꽃잎 청색화, 노화촉진

㉦ 구근아이리스 : 꽃잎 말림, 꽃눈 고사, 노화촉진

㉧ 팔레놉시스 : 꽃의 적색화, 상편생장(위쪽의 생장이 아래쪽의 생장보다 빨라 잎이 아래로 굽는 현상), 노화촉진

㉨ 장미 : 개화 억제, 꽃잎 상편생장, 꽃잎 청색화, 노화촉진

㉩ 나팔수선 : 꽃의 소형화, 노화촉진

㉪ 나리 : 꽃눈 고사, 꽃잎 탈리

⑤ 종류에 따라 수명이 다양하며 가장 큰 영향을 미치는 요인은 수분과 영양 상태, 에틸렌에 대한 민감도이다.

2) 잎과 줄기

① 잎은 꽃보다 수명이 긴 편이어서 오랫동안 녹색을 유지하지만, 시간의 경과에

따라 잎이 마르고 여러 생리현상이 나타난다.

② 생리 장해

　㉠ 국화 : 황화 현상

　㉡ 프로테아 : 흑변 현상

　㉢ 장미, 거베라 : 수분 흡수 감소 시 꽃목이 굽어지거나 줄기가 휘는 현상

　㉣ 글라디올러스, 금어초 : 꽃을 눕혀 놓게 되면 꽃이 다린 쪽이 위를 향해 휘어지므로 이런 항굴지성이 있는 경우 반드시 세워서 저장 및 수송해야 한다.

(3) 절화의 저장과 수명 연장

1) 저장

① 품질 유지를 위해 수확 후 바로 절화 수명 연장제가 담긴 보존 용액에 담가둔다.

② 온도

　㉠ 저장 또는 수송 중 0~5℃로 예냉을 실시하여 호흡량을 줄이고 물올림을 좋게 한다.

　㉡ 열대성인 안스리움, 서양란 등은 10~13℃ 정도가 더 효과적이다.

③ 상대습도 : 저장 중 상대습도는 80% 정도가 적당하다.

④ 항굴지성 절화 : 금어초, 글라디올러스와 같은 항굴지성 절화는 반드시 세워서 수송 또는 저장해야 한다.

⑤ 저장 중 호흡량 감소를 위해 CA저장을 이용하기도 한다.

⑥ 저장 중 에틸렌 발생량 감소를 위해 감압 저장을 실시하기도 한다.

2) 수명 연장

① 화병 속에 담그기 전 줄기 내 기포 방지를 위해 기부로부터 2.5cm 정도에서 수중에서 비스듬히 절단하는 것이 좋다.

② 화병의 물은 pH3.2~3.5 정도 산성인 것이 살균효과가 있어 좋다.

③ 화병의 물은 약간의 당분을 포함하는 것이 효과적이다.

④ 찬물보다 43℃ 정도의 약간 따뜻한 물에 담그는 것이 수분 흡수에 좋다.

⑤ 상업적 절화 수명 연장제는 당, 질산은, 살균제, 시토키닌 등이 포함되어 있다.

⑥ 물리적 방법으로 줄기의 자른 부위를 80℃ 정도 뜨거운 물에 담그거나 불에 태워 기부를 소독하기도 하고, 기부를 부스러뜨려 흡수 면적을 늘리기도 한다.

7. 콜드체인시스템(cold chain system : 저온유통체계)

(1) 의의

1) 수확 즉시 산물의 품온을 낮춰 수확에서부터 판매까지 적정 저온이 유지되도록 관리하는 체계를 콜드체인시스템 또는 저온유통체계라 한다.

2) 원예산물의 신선도 및 품질을 유지하기 위하여 산물에 알맞은 적정 저온으로 냉각시켜 저장·수송·판매에 걸쳐 적정온도를 일관성 있게 관리하는 것이다.

(2) 관리방법

1) 산지 : 출하되기 전까지 적정 저온에 저장할 수 있는 저온저장고가 필요하다.

2) 운송 : 냉장차량의 보급으로 저온을 유지하며 산지에서 소비지까지 운송되어야 한다.

3) 판매 : 적정 저온을 유지할 수 있는 냉장시설을 판매대에도 설치되어야 한다.

(3) 저온유통체계의 장점

1) 호흡억제

2) 숙성, 노화억제

3) 연화억제

4) 증산량 감소

5) 미생물 증식 억제

6) 부패 억제

(4) 도입효과

1) 신선도 유지

① 저온상태로 농산물을 유통시킴으로써 호흡속도억제, 에틸렌 발생 속도 억제, 갈변반응 억제, 증산작용 및 각종 부패를 일으키는 미생물의 생육억제 등 생산물의 품질을 수확 당시에 가깝게 유지시켜 준다.

② 보통 농산물에 있어서 각종 생화학 반응은 온도를 10℃ 올리거나 내림에 따라 2배에서 많게는 4배 정도 빨라지거나 늦춰지게 된다.

③ 여름철의 경우 30℃에서 0℃로 품온을 내리면 이론적으로 6배에서 10배까지 유통기한이 연장될 수 있다.

2) 유통체계의 안정화

① 장기간 신선도를 유지하여 농산물의 판매시기를 조절하여 안정된 유통체계를 가짐으로 산지체계를 강화시킬 수 있다.

② 여름철에 과잉 생산되는 농산물의 경우 예냉처리에 의하여 저온저장고에 보관함으로써 문제를 해결할 수가 있다. 배추의 경우 이상기후에 의해 여름철 폭우가 계속 될 경우, 6월 중순경에 노지 봄배추를 수확하여 예냉 처리한 다음 저온저장할 경우 길게는 2개월까지도 저장이 가능하기 때문에 배추 품귀에 의한 가격 폭등을 방지할 수 있다.

③ 특히 채소류의 경우 우리나라 도매시장처럼 당일에 팔리지 않으면 헐값에 처분하거나 쓰레기화 되는 것이 아니라 도매시장에 설치되어 있는 저온보관창고에 보관하여 다음날 동일한 가격으로 팔 수 있어 저온유통체계도입에 의하여 안정된 가격으로 유통이 가능해진다.

(5) 관련 기술

1) 콜드체인시스템은 예냉과 같은 한 가지 공정의 완벽한 수행만으로는 만족할만한 효과를 거두기는 어렵고 결국 수확 후부터 소비자 손에 들어가기까지 종합적인 품질관리가 필요하다.

2) 운영과 관련된 직접기술에는 산지예냉, 포장, 저온수송과 배송, 저온보관 및 저장, 소비지 판매시설 및 주요기술 등이 있다.

3) 목적 달성을 위한 보조 기술에는 전처리기술, 표면살균 및 안전성 관련기술, 선별·규격·표준화기술, 소포장기술, 환경기술 등이 있다.

7장 / 수확 후 장해

1. 생리장해

(1) 온도에 의한 장해

1) 동해
   ① 저장 중 빙점(0℃) 이하의 온도에서 일어나는 장해이다.
   ② 식물의 세포는 많은 영양물질을 가지고 있어 물의 빙점(0℃)보다는 약간 낮은 온도에서 결빙된다.
   ③ 작물의 결빙 온도는 작물의 종류 등에 따라 다르나 약 -2℃ 이하에서 조직의 결빙으로 동해가 나타난다.
   ④ 동해를 입은 작물은 호흡이 증가하고 병원균에 쉽게 감염되어 부패하기 쉽다.
   ⑤ 동해의 증상은 결빙 중보다는 해동 후에 나타난다.
      ㉠ 엽채류 : 수침현상과 조직이 반투명해지며 엽맥보다는 엽신이 동해에 민감하다.
      ㉡ 과일 : 수침현상이 나타나며 과육이 연화되고 조직이 부분적으로 괴사가 일어난다.
      ㉢ 사과 : 표면에 불규칙적으로 수침현상과 함께 갈변현상이 나타난다.
      ㉣ 배 : 투명한 수침형 조직이 먼저 나타나고 심한 경우 과육에 동공이 생긴다.

2) 저온장해
   ① 작물의 종류에 따라 빙점 이상의 온도에서 저온에 의한 생리적 장해를 입는 경우가 있다.
   ② 특이한 한계온도 이하의 저온에 노출될 때 영구적인 생리장해가 나타나는데 이를 저온장해라 한다.
   ③ 빙점 이하에서 조직의 결빙으로 나타나는 동해와는 구별된다.
   ④ 저온장해를 입는 한계온도는 작물에 따라 다르게 나타나며 저장기간과는 관계없이 장해가 나타나기 시작하는 온도이다.
   ⑤ 온대 작물에 비해 열대, 아열대 원산의 작물이 저온에 민감하며 작물로는 고추, 오이, 호박, 토마토, 바나나, 멜론, 파인애플, 고구마, 가지, 옥수수 등이 있다.
   ⑥ 저온장해 증상
      ㉠ 표피조직의 함몰과 변색

ⓛ 곰팡이 등의 침입에 대한 민감도 증가

ⓒ 세포의 손상으로 조직의 수침현상

ⓓ 사과의 과육변색

ⓜ 토마토, 고추의 함몰

ⓗ 복숭아의 과육의 섬유질화

저온장해 한계온도((Ryall and Lipton, 1979)			
작물	저온장해 유발		저온장해 회피온도(℃)
	온도(℃)	기간(일)	
바나나			13
멜론	5	10	7~10
호박	0~7	8	10
생강	7	14~21	13
토마토	10	8	12
고구마	10	10	13

3) 고온장해

① 대부분의 효소는 40~60℃의 고온에서 불활성화되며 이는 대사작용의 불균형
   이 나타난다.

② 조직이 치밀한 작물의 경우 고온에 의한 왕성한 호흡작용으로 조직의 산소 소
   모가 지나쳐 조직 내의 산소 결핍 현상이 일어난다.

③ 바나나의 경우 30℃ 이상의 고온에서는 정상적인 성숙이 불가능하다.

④ 토마토의 경우 32~38℃에서 리코펜의 합성이 억제되어 착색이 불량해지며 펙
   틴 분해효소의 불활성화로 과육연화 지연 등이 나타난다.

⑤ 사과나 배에서는 껍질덴병

⑥ 고온의 경우 증산량의 증가로 품질의 악화를 초래한다.

(2) 가스에 의한 장해

1) 이산화탄소 장해

① 일반적으로 이산화탄소 장해의 증상은 표피에 갈색 함몰 부분이 생기며 저산
   소, 미성숙 등의 영향을 받으며 이는 주로 저장 초기에 나타난다.

② 외관으로 나타나지 않고 내부 중심 조직에 나타나는 경우도 있다.

③ 후지 사과의 경우 이산화탄소 3% 이상의 조건에서 과육갈변을 일으킬 수 있다.

④ 배의 이산화탄소 장해는 숙도와 노화정도에 비례하며 저장기간 등의 영향을 받
   는다.

⑤ 토마토의 경우 5% 이산화탄소 조건에 1주일 저장하면 이산화탄소에 의해 성숙이 비정상적으로 지연되며 착색이 부분적으로 이루어지며 악취와 부패과의 발생이 증가한다.

⑥ 감귤류는 과피 함몰이 나타난다.

⑦ 양배추, 결구상추 등은 조직의 갈변현상이 나타난다.

2) 저산소 장해

① 정상적인 호흡이 곤란한 낮은 농도의 산소 조건에서 작물은 생리적 장해를 받는다.

② 세포막이 파괴되며 무기호흡의 결과로 알코올 발효가 진행되어 독특한 냄새와 맛이 나타난다.

③ 표피에 진한 갈색의 수침형 부분이 생기며 표피 및 조직도 영향을 받는다. 심한 경우 과심 부분에도 갈색의 수침 부분이 생긴다.

④ 왁스처리를 한 경우 온도가 높거나 왁스층이 두꺼울 경우 발생하기 쉽다.

3) 에틸렌 장해

① 저장 중 에틸렌 농도가 높으면 노화 촉진 등 장해가 발생한다.

② 감귤류 경우 에틸렌 농도나 온도가 높으면 껍질에 회갈색에서 자주빛이 나는 함몰형의 불규칙적인 반점이 생기며 심하면 이취가 발생한다.

(3) 영향장해(칼슘 결핍에 의한 장해)

1) 특정 성분의 결핍 또는 과다는 영양 성분의 불균형으로 인한 장해를 일으키기도 한다.

2) 영양성분의 결핍은 다양한 갈변 증상을 보이며 이는 재배 중 또는 수확 후 결핍된 성분을 처리함으로 어느 정도 억제가 가능하다.

3) 칼슘 부족으로 인한 장해 유형 : 토마토 배꼽썩음병, 사과 고두병, 양배추 흑심병, 배의 콜크스폿, 상추 잎끝마름병

2. 기계적 장해

(1) 발생요인

1) 원예산물의 표피에 상처, 멍 등 물리적인 힘에 의해 받는 모든 장해를 포함한다.

2) 마찰에 의한 장해 : 과일과 과일 또는 상자의 표면과 마찰에 의한 손실

3) 압축에 의한 장해 : 적재 용기 내에 물리적 힘의 의해 발생하는 손실

4) 진동에 의한 장해 : 수송 중 진동에 의한 손실

5) 산물의 포장 시 상자에 과하게 넣으면 멍이 들기 쉽고 상자 내에 공간이 여유가 너무 있으면 진동에 의한 물리적 장해를 받기 쉽다.

(2) 장해증상

1) 과육 및 과피의 변색

2) 상처부위를 통한 수분증발이 증가하여 수분손실이 많아진다.

3) 부패균의 침입이 용이하여 부패율이 높아진다.

4) 기계적 장해를 받은 작물은 호흡속도의 증가, 에틸렌 발생량 증가되어 노화가 촉진되어 저장력을 잃고 쉽게 부패하게 된다.

3. 병리적 장해

(1) 의의

1) 원예산물이 생산 후 소비자에게 이르는 과정상에서 발생하는 병해에 의한 피해를 말한다.

2) 원예산물은 수분과 양분의 함량이 높아 미생물 등의 생장, 번식에 유리한 조건을 갖고 있다.

(2) 병해에 영향을 미치는 요인

1) 성숙도 : 노화, 성숙이 진행될수록 균에 대한 감수성이 증가하여 발병이 쉬워지며 노화, 성숙을 억제하면 병해 또한 억제된다.

2) 온도 : 저온은 성숙과 노화를 억제시켜 작물의 균에 대한 저항성을 증가시키고 균의 생장을 억제시킬 수 있다.

3) 습도 : 높은 습도는 작물의 상처부위가 다습해져 균의 증식이 쉬워지므로 수확 후 건조시켜 상처 부위를 아물게 하면 감염에 대한 저항성이 증가한다.

4. 수확 후 중요 장해

(1) 사과의 내부갈변

1) 과육에 갈변이 퍼지는 현상을 말하며 중심부분 또는 바깥 과육이 영향을 받으며 심한 경우 모든 내부조직에 퍼진다.
2) 저장고 내의 이산화탄소 축적으로 발생하며 밀증상이 많은 사과일수록 증상이 심하다.
3) 밀증상이 심한 사과는 저장하지 않는 것이 좋으며 저장고 내의 이산화탄소 축적을 막아야 한다.

(2) 껍질덴병

1) 사과 저장 중 과피가 갈색으로 얼룩지는 현상으로 품종에 따라 나타나는 현상이 다소 다르다.
2) 초기에는 과피의 녹색부분이나 미착색 부분에서 나타나 과피 전체로 확산되고 피해가 가벼운 것은 표피의 큐티클라층 세포만 고사, 갈변하나 병징이 진행되면 바로 밑 과육까지 갈변한다.
3) 과피 내 알파(α)-farnesene의 산화에 따른 conjugated trienes와 관련이 있은 것으로 알려져 있다.
4) 저장고 내 휘발성 가스의 축적에 의한 장해이므로 환기를 잘 시켜주어야 한다.

(3) 밀증상

1) 사과의 유관속 주변에 투명해지는 수침현상을 말하며 솔비톨이라는 당류가 과육의 특정부위에 비정상적으로 축적되어 나타나는 현상이다.
2) 심한 경우 에탄올이나 아세트알데히드가 축적되어 조직 내 혐기상태를 형성하여 과육 갈변이나 내부조직의 붕괴를 일으킨다.
3) 밀증상이 있는 사과는 가급적 저장하지 않는 것이 좋으며 저온저장을 하더라도 단기간 저장하고 출하하는 것이 좋다.
4) 수확이 늦은 과실일수록 발생률이 높으며 연화될수록 정도가 심화되어 상품성이 저하되므로 적기에 수확하는 것이 중요하다.

(4) 배의 심부병

1) 과실의 심부주변 조직이 갈변하고 축축해지면서 붕괴된다. 심한 경우 과경과 심부를 연결하는 유관속이 검게 변한다.
2) 과숙한 과일이나 고온과 같이 저장 수명이 단축되는 조건에서 조기에 이 장해가 일어날 수 있다.

(5) 배의 과피흑변(果皮黑變)

1) 저온저장 초기에 발생하며 배의 표피에 흑갈색 무늬가 발생하여 차츰 확대되는 저장 생리장해이다.
2) 과피에 함유되어 있는 폴리페놀 화합물이 폴리페놀 산화효소의 작용으로 산화되어 갈변된 것으로, 과피의 조직에만 분포하고 과육에는 이상이 없다.
3) 재배 중 질소비료 과다시용으로 많이 발생하며 수확이 늦어진 과일의 저장고 입고 시, 그리고 저장고 내의 과습에 의해서도 많이 발생한다.
4) 저온저장 전에 예건하여 과피의 수분함량을 감소시켜 과피흑변을 줄일 수 있다.
5) 금촌추, 추황배, 신고와 같은 품종에서 심하게 발생한다.

(6) 배의 탈피과

1) 저장 중 과피와 과육이 분리되어 벗겨지는 현상이다.
2) 저장 중 변온에 의해 많이 발생하며, 에틸렌 축적에 의해서도 발생한다.
3) 발생의 방지를 위해 저장고 내 온도변화의 방지와 주기적 환기로 유해가스 축적을 막아야 한다.

(7) 단감의 과피흑변과 과육갈변

1) 과피흑변 : 과피조직에 흑변현상이 발생하며 흑변조직을 제거하면 과육은 이상이 없으나 외관이 불량하여 상품성이 떨어진다.
2) 과육갈변 : 저장 중 산소농도가 지나치게 낮아지거나 이산화탄소의 농도가 급격히 증가할 때 무기호흡에 의한 과육 내 아세트알데히드 알코올 등의 유해성분의 축적으로 주로 발생한다. 단감의 과정부에 원형으로 과피 뿐만 아니라 과육까지 갈변하여 과실 전체에 피해를 준다.

(8) 포도의 저장 중 장해

1) 탈립 : 송이로부터 포도알이 떨어지는 현상으로 온도와 습도 유지 에틸렌 제거로 억제할 수 있다.
2) 부패 : 상처의 방지 및 적정온도, 아황산가스 훈증, 아황산 발생 패드를 이용한 부패 방지 방법을 사용한다.

(9) 감귤의 저장 중 장해

꼭지썩음병, 검은썩음병, 검은무늬병이 나타날 수 있다.

8장 / 안전성

1. 중요성

(1) 소비환경이 변화됨에 따라 식품의 안전성에 대한 관심은 산물의 고품질 유지와 더불어 가장 중요한 문제로 인식되고 있다.
(2) 농산물품질관리법에도 농산물의 품질향상과 안전한 농산물의 생산공급을 위하여 토양, 용수, 자재 등과 생산, 저장(생산자 저장)의 단계나 출하되기 전단계의 농산물에 대하여 잔류된 농약, 중금속, 곰팡이 독소, 식중독균 및 항생물질, 기타 유해물질이 농림부령이 정하는 잔류허용기준 등의 초과 여부에 관한 조사의 실시와 유통단계, 판매단계까지 관리를 실시한다.

2. 농산물우수관리제도(GAP : Good Agricultural Practices)

(1) 의의

1) 농산물의 안전성을 확보하기 위하여 농산물의 생산단계부터 수확 후 포장단계까지 위해요소를 관리하는 기준이다.
2) GAP는 자연환경에 대한 위해요인을 최소화하고, 소비자에게 안전한 농산물을 제공하기 위하여 농산물의 재배, 수확, 수확 후 처리, 저장과정 중에 농약, 중금속, 미생물 등의 관리 및 그 관리사항을 소비자가 알 수 있게 하는 체계이다.

3) 농산물품질관리법에는 "토양, 수질 등 농업환경보호 및 농산물 안전성 확보를 위하여 농산물 생산에서 포장단계까지의 농약, 중금속, 유해생물 등 위해요소를 허용기준 이하로 관리하는 것을 말한다"라고 정의하고 있다.

4) 농산물우수관리인증제도는 일정한 자격을 갖춘 민간기관을 농림부장관으로부터 인증기관으로 지정받아 농산물우수관리인증을 할 수 있도록 되어 있다.

(2) 필요성

1) 국가 농산물생산관리시스템을 향상시키기 위한 방안으로 도입 및 농산물 안전성에 대한 소비자의 관심과 요구 증대가 증대됨에 따라 안전하고 위생적인 농산물에 대한 소비자의 욕구를 충족하기 위하여 생산단계에서부터 시작되는 농산물 안전관리체계 구축이 필요하고 농산물 생산단계의 GAP관리체계와 생산이력관리체계를 구축하여 생산 → 유통·가공 → 판매에 이르는 일관화된 농산물관리체계 마련이 필요하다.

2) 최근 시장개방화에 농산물의 수입이 급증함에 따라 고품질 안전농산물에 대한 소비자의 선호도가 증가하고 있다.

3) 특히 농산식품의 안전성은 농산물을 구매할 때 중요한 결정요인으로 작용하여 농업과 식품산업에 큰 영향을 미치고 있다.

4) 농산물 안전에 관련된 국제 기준에 따른 수입농산물과 품질경쟁력 확보체계의 구축과 수출에 있어서 대응이 필요하다.

(3) 중요성

1) 농업인의 입장에서는 안전한 농산물의 소비시장 확대를 통해 농가소득 향상과 지역경제의 안정화를 도모하고 일반소비자나 국민의 입장에서는 안전하고 다양한 기능을 지닌 고품질의 농산물을 공급받을 수 있는 장점이 있다.

2) 농산물의 소비자에게 안전한 농산물을 공급하기 위하여 농산물의 생산 및 단순가공 과정에서 토양, 용수, 농약, 중금속, 유해생물 등 식품안전성에 문제를 발생시킬 수 있는 요인을 종합적으로 관리가 가능해진다.

3) 농산물의 안전성에 대한 소비자 인식이 제고되어 소비자가 만족하는 투명한 우수농산물 생산체계 구축을 통하여 국산 농산물에 대한 소비자 인식 및 신뢰 향상으로 수익성 증대를 도모할 수 있다.

4) 저투입지속형농법으로 전환하여 자연환경에 미치는 악영향을 최소화하고 농업의 지속성을 확보할 수 있다.

3. 위해요소중점관리기준(HACCP : Hazard Analysis Critical Control Points)

(1) 의의

1) 식품의 원재료 생산에서부터 제조, 가공, 보존, 유통단계를 거쳐 최종 소비자가 섭취하기 전까지의 각 단계에서 발생할 우려가 있는 위해요소를 규명하고, 이를 중점적으로 관리하기 위한 중요관리점을 결정하여 자주적이며 체계적이고 효율적인 관리로 식품의 안전성(safety)을 확보하기 위한 과학적인 위생관리체계라 할 수 있다.

2) HACCP은 위해분석(HA)과 중요관리점(CCP)으로 구성되어 있는데, HA는 위해가능성이 있는 요소를 찾아 분석·평가하는 것이다.

3) CCP는 해당 위해 요소를 방지·제거하고 안전성을 확보하기 위하여 중점적으로 다루어야 할 관리점을 말한다.

(2) HACCP의 원칙(국제식품규격위원회-CODEX에서 설정)

1) 위해분석(HA)을 실시한다.
2) 중요관리점(CCP)를 결정한다.
3) 관리기준(CL)을 결정한다.
4) CCP에 대한 모니터링 방법을 설정한다.
5) 모니터링 결과 CCP가 관리상태의 위반 시 개선조치(CA)를 설정한다.
6) HACCP가 효과적으로 시행되는지를 검증하는 방법을 설정한다.
7) 이들 원칙 및 그 적용에 대한 문서화와 기록유지방법을 설정한다.

<HACCP의 7원칙 12절차>

절차 1	HACCP팀 구성	준비단계
절차 2	제품설명서 작성	
절차 3	용도 확인	
절차 4	공정흐름도 작성	
절차 5	공정흐름도 현장 확인	
절차 6	위해요소 분석	원칙 1
절차 7	중요관리점 결정	원칙 2
절차 8	한계기준 설정	원칙 3
절차 9	모니터링 체계 확립	원칙 4
절차 10	개선조치방법 수립	원칙 5
절차 11	검증절차 및 방법 수립	원칙 6
절차 12	문서화 및 기록 유지	원칙 7

(3) 중요성

1) 원예산물을 가공하고 포장하는 동안 물리적, 화학적 그리고 미생물 등의 오염을 예방하는 일은 안전한 농산물의 생산에 필수적인 것이다.
2) HACCP은 자주적이고 체계적이며 효율적인 관리로 식품의 안전성을 확보하기 위한 과학적인 위생관리체계라 할 수 있다.

(4) 효과

1) 적용업소 및 제품에는 HACCP 인증 마크가 부착되므로 기업 및 상품 이미지 향상
2) 소비자의 건강에 대한 염려 및 관심으로 제품의 경쟁력, 차별성, 시장성 증대
3) 관리요소, 제품 불량·폐기·반품, 소비자 불만 등의 감소로 기업의 비용 절감
4) 체계적이고 자율적으로 위생 관리를 수행할 수 있는 위생관리시스템 확립 가능
5) 위생관리 효율성 증대, 농식품의 안전성 제고
6) 미생물 오염 억제에 의한 부패 저하, 수확 후 신선도 유지 기간 증대

4. 농산물이력추적관리제도

(1) 의의

1) "농산물이력추적관리"라 함은 농산물을 생산단계부터 판매단계까지 각 단계별로 정보를 기록·관리하여 해당 농산물의 안전성 등에 문제가 발생할 경우 해당 농산물을 추적하여 원인규명 및 필요한 조치를 할 수 있도록 관리하는 것을 말한다.
2) 목적 : 농산물에 대한 추적과 역추적 체계를 확립함으로서 농산물의 안전성을 확보하고 문제발생 시 신속한 원인규명 및 조치를 취하여 농산물에 대한 소비자의 신뢰성 확보에 있다.
3) 농산물의 품목 및 품종, 생산자정보, 포장정보(면적·위치), 작부내용(파종 및 정식일, 수확개시일, 수확종료일), 재배방법(유기, 무농약, 저농약 및 시비횟수), 시비내용(비료의 종류 및 시비횟수), 농약살포(농약의 종류, 사용횟수, 사용시기 등), 잔류농약검사 유무 등의 정보를 소비자가 역으로 거슬러 올라가 확인할 수 있도록 각 단계에서 작성된 기록을 바코드, IC카드, 인터넷 등을 통하여 검색할 수 있는 제도를 말하며 이 중에서도 생산과정에 관련된 정보에 초점을 맞춘 것이다.

(2) 이력추적관리품 표시방법 및 표시사항

1) 산지 : 농산물을 생산한 지역으로 시·군·구 단위까지 기재한다.
2) 품목(품종) : 종자산업법 제2조제4호 또는 농산물품질관리법시행규칙 제6조 제2항 제3호에 따라 표시한다.
3) 중량·개수 : 포장단위의 실중량 또는 개수
4) 등급 : 표준규격 대상품목인 경우에는 표준규격을 사용하고 표준규격이 없는 경우 다른 법령에서 규정하는 규격을 사용한다.
5) 생산자 : 생산자성명 또는 생산자단체·조직명, 주소, 전화번호
6) 이력추적관리번호 : 이력추적이 가능하도록 부여된 이력추적관리번호

(3) 효과

1) 농산물에 대한 체계적인 관리를 통해 농산물의 안전성 확보와 신뢰성 향상으로 우리농산물의 국제경쟁력이 강화된다.
2) 유통 중인 농산물에 문제 발생 시 추적을 통한 신속한 원인의 규명 및 해당 농산물의 회수가 가능하다.
3) 농산물에 대한 생산 · 유통 · 판매단계의 정확한 정보를 제공함으로써 소비자의 알권리 충족이 가능하다.

9장 / 신선편이농산물

1. 의의

(1) 정의

신선한 상태로 다듬거나 절단되어 세척과정을 거친 농산물을 본래의 식품적 특성을 가지고 있으며 위생적으로 포장되어 있어 편리하게 이용할 수 있는 농산물

(2) 의의

원료가 본래의 형태에서 물리적인 변화를 갖으나 신선한 상태가 유지되는 과일, 채소

또는 그들의 혼합을 신선편이 농산물이라 한다. 다듬거나, 박피, 절단 세척한 과일, 채소로서 버려지는 것 없이 모두 이용할 수 있으며, 포장되어 신선한 상태로 유지되어 소비자에게 높은 편이성과 영양가를 제공할 수 있는 제품이다.

2. 포장

신선편이 농산물은 초기에는 단체급식, 음식점 등에 납품하기 위하여 포장단위도 매우 컸지만, 지금에 와서는 소비자가 직접 구입할 정도로 규격이 소규모 및 다양하게 포장되고 있다.

3. 특성

(1) 농산물의 선택에 있어서도 간편성과 합리성을 추구하면서 구입 후 다듬거나 세척할 필요 없이 바로 먹을 수 있거나 조리에 사용할 수 있는 농산물

(2) 세절절단, 표피와 껍질제거, 호흡열이 높고 에틸렌 발생이 높으며 미생물 침입을 막는 표피제거, 노출된 표면적이 크고 취급단계가 복잡하여 스트레스가 심하며 가공작업이 물리적 상처로 작용하는 특성이 있다.

(3) 일반적으로 요리 시간의 절약, 균질의 산물 공급, 건강식품의 섭취, 저장공간의 절약, 포장한 채로 저장, 감모율도 줄일 수 있다.

4. 주의사항

신선 편이 농산물의 상품화 공정에서 항시 고려해야 할 사항은 다음과 같다.

(1) 산물의 품질이 쉽게 변한다.

(2) 절단, 물리적 상처, 화학적 변화 등이 초래되어 일반적으로 유통기간이 짧다.

(3) 정밀한 온도관리가 중요하며 청결위생, 즉 안전성 확보가 기본 전제조건이며 제품의 품질은 향기와 영양가를 동시에 만족시킬 수 있어야 한다.

5. 상품화 공정

신선편이 농산물의 일반적인 상품화 공정은 다음과 같다.

(1) 청과물의 살균 및 세척을 한다.

1) 세척 : 일반적으로 3차례 세척을 실시하며 오염되지 않은 물을 선도유지를 위하여 3~5℃로 냉각하여 세척한다.

① 1차 세척 : 과채류에 묻어 있는 벌레 및 이물질을 제거한다.

② 2차 세척 : 염소수를 사용하여 미생물을 제거한다.

③ 3차 세척 : 먹는물을 이용하여 깨끗하게 헹군다.

2) 염소 세척

① 장점으로 비용이 가장 적게 들어간다.

② 살균효과가 있어 살균 소독에 가장 널리 이용되고 있다.

③ pH 농도와 온도에 따라 살균효과가 다르며 pH4.5 내외가 가장 효과적이며 높으면 점차 낮아진다. 산업에서는 장비의 부식을 피하여 pH6.5~7 정도를 사용한다.

④ 염소계 살균소독제의 종류 : 차아염소산나트륨($NaClO$)과 차아염소산칼슘($CaCl_2O_2$)이 사용된다.

3) 오존수 세척

① 산화력이 높아 염소 보다 빠르게 미생물을 사멸시키며 낮은 농도로도 사용이 가능하다.

② 위해성 잔류물이 남지 않으며 처리과정에 pH 조정이 필요 없다.

③ 과채류의 부패방지에 매우 효과적이다.

④ 오존가스는 인체에 독성이 있는 문제점이 있어 작업장에 오존가스 농도가 높아지는 것을 주의하여야 한다.

⑤ 시설 및 설비에 들어가는 초기 경제적 부담이 큰 단점이 있다.

4) 전해수를 이용한 살균소독

① 전해수 : 식염, 염화가리 등을 전기분해하여 얻어진 차아염소산, 차아염소나트륨 등을 함유한 수용액을 말하며 pH에 따라 강산성 전해수, 약산성 전해수, 약알카리성 전해수로 구분한다.

② 신선편이 세척분야와 단체급식업체의 식기세척 등에 이용되고 있다.

5) 열처리를 이용한 살균소독

① 신선편이 농산물의 경우 신선도를 위하여 저온을 유지하는 것이 기본이나 살균소독제 사용 시 냄새 등을 피하기 위하여 열처리를 사용하기도 한다.

② 세척 품목의 조직 특성을 감안하여 열처리 온도 및 시간을 결정하여야 한다. 결구상추와 같이 조직이 연한 경우 50℃에서 30초 이상 처리할 경우 조직이

물러져 쉽게 상품성을 상실하고 유통기간 중 미생물의 수도 더욱 증가하게 된다.

③ 신선편이에 열처리를 사용하는 품목으로는 오이 슬라이스 등이 있다. 1차 세척, 다듬기, 2차 세척 후 100℃에서 1초간 열처리하고 절단하는데 열처리로 미생물의 수를 줄일 수 있다.

6) 탈수

① 세척 후 표면에 남아있는 수분을 제거하기 위하여 탈수 또는 건조과정을 거쳐야 한다.

② 원심분리식 탈수 : 주로 엽채류 세척 후 이용되며 품목별로 적정 회전속도 및 시간이 다르므로 유의하여야 한다.

③ 강제통풍식 탈수 : 과채류와 같이 압상을 받기 쉬운 품목은 송풍에 의해 표면의 수분을 제거하는 방법이다.

(2) 박피 및 절단 과정

1) 박피 : 조리용 채소류에 있어 양파, 감자가 대표적이며 과일류는 키위, 오렌지류, 밤 등이 박피를 필요로 한다.

2) 절단 : 채소의 경우 겉잎 제거, 다듬기 후 절단을 하는데 결구상추, 양배추 등은 자동절단기를 사용, 감자 피망, 단호박, 파 등은 수작업으로 절단한다.

3) 칼날 : 칼날과 절단면이 신선도 유지에 영향을 미치므로 칼날은 아주 날카롭게 갈아 사용하고 수시로 갈아 날카로움을 유지하여야 한다.

4) 칼날 소독 : 수시로 소독하여 칼날에 의한 교차오염을 방지하여야 한다.

(3) 선별

(4) 포장

내부의 수분, 가스, 오염, 이취 등을 차단 또는 제한하여 갈변, 이취, 조직감 등의 품질에 영향을 미치는 기술로 MA(Modified Atmosphere)포장 및 용기포장으로 구분한다.

1) MA포장

① 선택적 가스투과성을 가진 필름을 이용하여 포장 내부의 산소농도를 낮추고 이산화탄소의 농도를 높여 신선편이 농산물의 선도를 유지하는 포장방법이다.

② 산소와 이산화탄소의 농도에 따라 갈변현상이나 이취가 발생할 수 있으므로 적합한 포장 필름의 선택이 중요하다.

③ 원료의 절단 형태에 익한 호흡률, 무게, 포장재의 산소투과율, 포장재의 크기

등이 선도유지에 영향을 미치므로 특성에 따라 조건을 달리하여야 한다.

④ 그동안 PE, PP필름 등이 사용되었으나 점차 미세공(micro-perforated) 등이 도입되어 사용되고 있다.

2) 용기포장

① 장점

㉠ 물리적 피해를 줄일 수 있어 압상 등에 민감한 품목에 적합하다.

㉡ 그릇 역할을 하여 이용에 편리하다.

㉢ 판매에 있어 진열이 용이하며 외관이 뛰어나 구매욕구를 불러일으킬 수 있다.

② 단점

㉠ 플라스틱 필름에 비해 단가가 높다.

㉡ 밀봉하지 않을 경우 부패, 갈변 등의 문제가 야기될 수 있다.

3) 진공포장

① 식품의 산화 등의 변질 방지를 위해 이용된다.

② 부피 등을 줄여 수송에 유리하다.

③ 갈변 억제에 도움이 되나 유통과정이 길면 이취 등이 발생할 수 있으므로 저온 유통이 필수적이다.

④ 심한 진공포장은 압상 등 물리적 피해의 원인이 될 수 있으며 급격한 기압의 변화로 증산작용에 의한 시듦현상이 발생할 수 있다.

(4) MAP 포장 시 이산화탄소를 충전하여 호흡을 억제시킨다.

(5) 적정온도에 맞게 저온저장 및 저온유통을 반드시 실시한다.

6. 원료의 품질유지

신선편이 농산물은 원료의 품질이 좋지 않으면 아무리 우수한 기술과 시설을 갖추어도 고품질 및 안전한 상품을 생산하는데 한계가 있어 원료의 신선도 유지가 매우 중요하다.

(1) 원료가 품질에 미치는 영향

1) 원료의 품질에 따라 가공 후 품질 및 유통기간이 영향을 받는다. 같은 가공방법, 온도를 유지하여도 원료의 품질이 나쁘면 유통기간 중 품질변화가 발생할 확률이 높다.

2) 신선편이 상품의 품질에는 수확시기 뿐만 아니라 재배환경도 크게 영향을 미친다.

3) 숙성정도를 선별하여 가공하는 품목도 있으므로 품목에 따라서는 저온저장고뿐만 아니라 숙성실의 설치가 필요한 경우도 있다.

4) 과육이 연한 과채류는 상품화 공정 후 품질이 빨리 변하기 때문에 가공 시 원료가 미숙한 것을 선택하는 것이 좋다. 유통과정 중 숙성되어 착색이 증진되고 향기도 살아나므로 원료의 숙성정도를 잘 판정하여야 한다.

(2) 원료의 품질유지

1) 온도관리
  ① 수확부터 가공공장에 도착하기까지 품온을 낮게 유지하여야 한다.
  ② 산지에서 공장까지 운송 중에도 철저한 온도관리가 필요하며 수송차량은 5℃ 이내로 유지할 수 있어야 한다.

2) 취급 장비 관리
  ① 원료의 취급과 가공공장의 취급자 및 장비의 분리는 교차오염의 방지에 도움이 된다.
  ② 시설과 장비로부터 원료가 오염되는 것을 방지하여야 한다.
  ③ 원료가 직접적으로 접촉하는 장비 및 상자는 살균, 세척 및 위생적 유지관리가 쉬운 스테인레스나 플라스틱으로 제작하는 것이 바람직하다.
  ④ 운반상자
    ㉠ 운반상자는 깨끗하게 소독하여 사용하여야 한다.
    ㉡ 원료의 상자는 산지의 오염물질이 묻어 있을 수 있으므로 청결을 유지하여야 한다.
    ㉢ 운반상자는 음식, 농약, 화학물질 등 유해 물질을 운반하는데 사용되지 않도록 하여야 한다.

7. 가공시설의 위생관리

(1) 시설관리

오염을 방지하기 위해서는 원료의 반입, 선별장과 제조시설은 각기 떨어져 있어야 하며 작업자도 달리하는 것이 이상적이다.

1) 가공시설 및 장비의 관리
   ① 가공시설 내 장비는 정기적으로 검사 및 관리를 하여야 한다.
   ② 중요한 시설은 점검 수칙을 갖고 정기적으로 점검하여야 한다.
   ③ 가공장비 등은 세정을 철저히 하여야 하며 각 장치별 위험성이 있는 부위는 수시로 점검하여야 한다.
2) 살균소독 프로그램의 운영
   ① 가공공장의 모든 장비 등은 정기적 세정 및 살균소독 표준운영절차를 설정하여야 한다.
   ② 장비 및 시설에 대한 육안검사 또는 모니터링을 실시할 때는 시설의 위치 및 주요 장비에 따라 살균, 소독 지침에 따라 하는 것이 필요하다.
3) 제품 및 자재 저장시설의 위생관리
   ① 가공된 제품은 바닥과 직접 접촉하지 않도록 팔레트 위에 두고 팔레트와 벽 사이, 바닥 사이에 간격을 둔다.
   ② 저장고는 깨끗하게 주기적으로 청소하여야 한다.
   ③ 설치류 및 곤충류가 없어야 한다.
   ④ 화학물질, 폐기물 및 냄새나는 물질이 근처에 저장되지 않도록 하여야 한다.
   ⑤ 정확하고 기록이 가능한 온도 및 습도 조절 장치가 있어야 한다.
   ⑥ 포장재는 깨끗하고 건조하여야 한다.
   ⑦ 곤충 및 동물류가 없어야 하며, 오염원으로부터 떨어지게 보관되어야 한다.
4) 시설의 구역 분리
   효율적인 위생관리를 위해서는 공장 내 시설을 오염 확률의 정도에 따라 청결지역, 준청결지역, 오염지역 등으로 구분하여 관리하여 장갑, 앞치마, 모자 등을 착용한 뒤에 출입하여야 한다.

(2) 시설 주변의 위생관리

1) 동물 및 병충해 방제
   ① 가축 분뇨는 병원성 미생물의 오염원이 되기 때문에 시설 주변에 동물 및 분뇨의 유입이 없도록 하여야 한다.
   ② 곤충류, 조류, 동물에 의한 원료에 생기는 물리적 상처는 품질저하와 함께 미생물이 침입할 수 있는 통로가 되어 내부에 오염이 될 수 있는 위험성이 증가한다.

③ 생물학적 위해요소에 의한 오염을 방지하기 위해서는 시설로부터 곤충, 조류, 동물 등으로부터 멀리하여야 한다.

2) 수질관리

제조과정상 물은 필수 요소로 세척 등에 사용되어 가공 과정에서 오염을 감소시킬 수 있는 매우 중요한 부분이다.

① 가공 공정상 사용되는 물

　　㉠ 먹는물 기준 이상이어야 한다.

　　㉡ 질병을 유발하는 생물체가 없어야 한다.

　　㉢ 바로 먹거나 조리에 이용하는 신선편이 생산을 위한 세척 공정에서는 먹는물 이상의 수질이 권장된다.

② 주의사항

　　㉠ 산물의 품질유지를 위하여 냉각수를 이용해 세척하므로 호흡률을 낮추고 특성이 변하는 것을 지연시키는 효과가 있다.

　　㉡ 농산물과 냉각수 온도 차이가 너무 큰 경우 흡입효과가 발생하여 농산물 표면의 오염원 또는 물 속의 오염원이 산물에 침투할 수 있다.

　　㉢ 냉각수는 농산물 내부 온도 보다 5℃ 높게 유지하는 것은 흡입효과를 방지하는데 도움이 된다.

　　㉣ 온도 차이를 감소시키기 위하여 물세척 이전에 먼저 농산물을 냉각시킨다.

　　㉤ 당근 등 조직이 치밀한 농산물은 흡입효과 잘 생기지 않는다.

③ 물에 의한 오염을 낮추는 방법

　　㉠ 오염된 물을 세척에 사용하거나 물 관리가 소홀할 경우 세척 시 오염이 발생할 수 있다.

　　㉡ 물 시료를 채취하여 미생물 검사를 실시하여야 한다.

　　㉢ 정기적으로 물을 교환하여 위생적인 상태를 유지한다.

　　㉣ 물이 직접적으로 접촉하는 표면 부분을 세척하고 소독한다.

　　㉤ 오염된 물의 역류를 방지하는 역류 방지 장치를 설치한다.

　　㉥ 수질 유지를 위해 설치한 장비를 정기적으로 검사하고 유지 보수한다.

(3) 작업자의 위생관리

작업자에게 위생관리의 중요성을 강조하고 위생 관리기술을 이해할 수 있도록 교육하여 위생 수칙을 따르게 하여야 한다.

1) 개인 관리
   ① 철저한 손씻기, 장갑, 청결한 의복, 앞치마, 모자 착용 등 기본적인 개인 위생 관리가 반드시 필요하다.
   ② 검사자, 구매자, 방문객도 위생 및 안전 관리 절차를 따라야 한다.
2) 작업자
   가공에 참여하는 작업자는 역할이 구분되어 정해진 위치에서 작업 하는 것이 필요하다.

(4) 시설의 청소

1) 각 품목의 작업이 끝나면 장비와 주변은 철저히 청소하여야 한다.
2) 당일 가공이 끝나면 시설 및 장비에 대한 오염상태를 점검하고 철저히 소독하여야 한다.

제2과목

농산물 등급판정 실무

Part 04

등급판정 실무

1장 / 농산물 등의 검정방법

Ⅰ. 총칙

1. 시료축분 및 체별방법

가. 시료 축분법

시료 축분은 원칙적으로 균분기를 사용한다. 다만, 균분기가 없을 경우 또는 균분기로 축분할 수 없는 시료에 대하여는 그 보조방법으로 4분법에 따라 축분한다.

  1) 균분기를 사용한 시료 축분법

    가) 시료는 축분 전에 충분히 혼합한다.

    나) 균분기를 수평으로 안치한 후 깔때기에 시료를 넣고 개폐기를 일시에 가볍게 완전히 연다.

    다) 2분된 시료 중 임의로 그 하나를 선택하여 소요량이 될 때까지 반복하여 축분한다.

  2) 4분법(보조방법)

    가) 시료는 축분 전에 충분히 혼합한다.

    나) 혼합된 시료를 다음 그림과 같이 원형으로 평평히 엷게 펴놓고 종횡으로 선을 그어 4등분 한다.

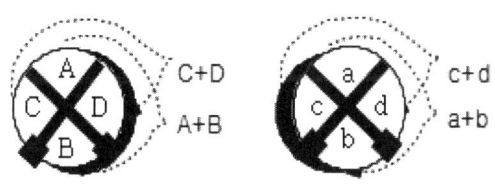

(4분법 도해)

　　다) 4등분된 시료는 대각의 부분끼리 모아 2개로 축분한다.

　　라) 2개로 축분된 시료 중 그 하나를 임의로 택하여 이와 같은 방법으로 소요량이
　　　될 때까지 반복하여 축분한다.

나. 체별법

　시료의 체별은 원칙적으로 사동기를 사용한다. 다만, 사동기가 없을 경우 또는 사동기로 체별을 할 수 없는 시료에 대하여는 그 보조방법으로 체별한다.

　1) 시료

　　미맥류 및 잡곡류의 시료량은 체판 면적 100㎠당 50g±10%을 기준으로 한다.

　2) 사동기를 사용한 체별법

　　가) 진동폭이 250㎜인 사동기를 사용한다.

　　나) 체눈 연속선상의 직선방향 또는 체눈의 길이가 긴 쪽의 방향을 사동기의 직선
　　　왕복선과 일치시켜 체를 고정한다.

　　다) 체별 시간 및 횟수는 25±0.5초 동안에 왕복 30회를 체별한다.

　3) 수동(보조방법)

　　가) 자세를 바로 하고 양 팔꿈치를 양 허리에 부착시켜 팔꿈치와 손과 체판을 수
　　　평으로 하고 체별한다.

　　나) 그물체 및 삼각눈의 판체는 정면에서 보아 체눈이 정사각형 및 정삼각형이 되
　　　도록 잡고 치며, 세로눈의 판체 및 줄체와 둥근눈의 판체는 체눈의 방향으로
　　　잡고 체별자의 몸통을 중심으로 좌우방향으로 친다.

　　다) 체별 시간 및 횟수는 20초 동안에 좌우 30회를 체별한다.

　4) 체별 후 체눈에 걸린 것은 체 위에 가산한다.

2. 수치 취급방법

가. 수치의 취급방법은 다음 각 호와 같다.

　1) 계측에 있어서 측정치는 규격수치 단위 이하 1자리까지 산출한다.

　2) 검정치는 규격수치 단위 이하 1자리에서 반올림한 수치로 한다.

　　〈예시〉 규격수치가 0.2이고 계측값이 0.165인 경우 측정값은 0.16, 검정값은 0.2

나. 모든 계측표에는 측정값으로 표시하여야 하며, 검사관계 증빙서류에는 검정값으로

표시한다.

II. 측정

1. 제현율(製玄率)

가. 벼 시료를 시료축분법에 따라 50g 이상을 축분하여 계량한 후 제현기로 벼 껍질을 벗긴다.

나. 현미 중에 섞여 있는 왕겨와 이물을 제거한 후 「농산물 검사기준」(농식품부 고시)의 벼 품위 검사규격에서 정한 줄체로 체별법에 따라 체별한다.

다. 체 위에 남은 현미를 활성현미와 사미(체적의 3/4이상이 분상질 상태인 낟알을 말한다)로 구분한다.

라. 활성현미와 사미를 각각 계량하여 아래와 같이 제현율을 산출한다.

　1) 체 위 현미 중 사미가 차지하는 비율이 기준한계치* 이하일 경우

$$제현율(\%) = \frac{활성현미무게(g) + 체위사미무게(g)}{공시무게(g)} \times 100$$

　2) 체 위 현미 중 사미가 차지하는 비율이 기준한계치* 초과할 경우

$$제현율(\%) = \frac{활성현미무게(g) \times \left(1 + \dfrac{기준한계치}{100 - 기준한계치}\right)}{공시무게(g)} \times 100$$

　※ 기준한계치 : 쌀의 품위 검사규격 밥쌀용(쌀 등급기준 '상'등급)의 "분상질립·피해립·열손립"의 최고한도를 더한 수치임

2. 정립(整粒)

가. 미맥류·두류·잡곡류의 건전립을 정립이라 하며, 정립률은 공시량에 대한 정립의 무게비율로 표시한다.

나. 시료는 시료축분법에 의하여 미맥류는 50g 이상을, 그 외 다른 품목은 별표 4 곡종별 품위 검사 순위표의 중량 이상을 채취하여 사용한다.

다. 정립률 산출은 다음에 따른다.

$$정립률(\%) = \frac{정립의 무게(g)}{공시 무게(g)} \times 100$$

　※ 품목별 정립의 정의 및 한계는 '농산물 검사기준' 참고

3. 용적중(容積重)

가. 용적중은 시료 1ℓ 의 무게로 표시한다.

나. 용적중은 "1ℓ 용적중 측정 곡립계"로 측정함을 원칙으로 하되 이와 동등한 측정
결과를 얻을 수 있는 부라웰 곡립계, 전기식 곡립계 등에 의한 측정을 보조방법으
로 할 수 있다.

다. "1ℓ 용적중 측정 곡립계"의 제원은 다음과 같다.(「그림」참고)

1) 1ℓ 용기는 안쪽지름 119.6㎜, 안쪽높이 91.3㎜의 용기로 제작하여 내용적이
1000.0㎖가 되어야 한다.

2) 호퍼(hopper)는 상부 안쪽지름 196㎜, 수직 높이 169㎜(개폐구간 10㎜포함)
의 원뿔대 형태이어야 한다.

3) 개폐구(조리개형) 크기는 호퍼 하부 안쪽지름 31.8㎜

4) 낙하높이는 호퍼 밑면에서 1ℓ 용기 상단까지 50㎜

5) 시료 수평판은 목재 230㎜×70㎜×8㎜

6) 지지대, 수평기, 시료회수통 등 용적중을 안정되게 측정할 수 있어야 한다.

라. 설치

1) 호퍼와 1ℓ 용기는 수평으로 설치하고 시료 낙하높이는 50㎜가 되도록 고정한다.

2) 호퍼와 1ℓ 용기의 중심선이 일치되게 한다.

마. 측정방법

1) 시료 1.2ℓ 를 호퍼에 넣고 개폐구를 짧은 시간에 완전히 가볍게 열어 1ℓ 용기
에 넘쳐야 한다.

2) "시료 수평판"을 수직 상태로 1ℓ 용기의 한쪽 면에서 가볍게 놓고 지그재그로
반복하여 시료를 수평으로 만든 후 저울로 계량한다.

3) 용적중은 3회 반복 측정치의 평균치를 측정값으로 한다.

> 1ℓ 용적중 측정 곡립계

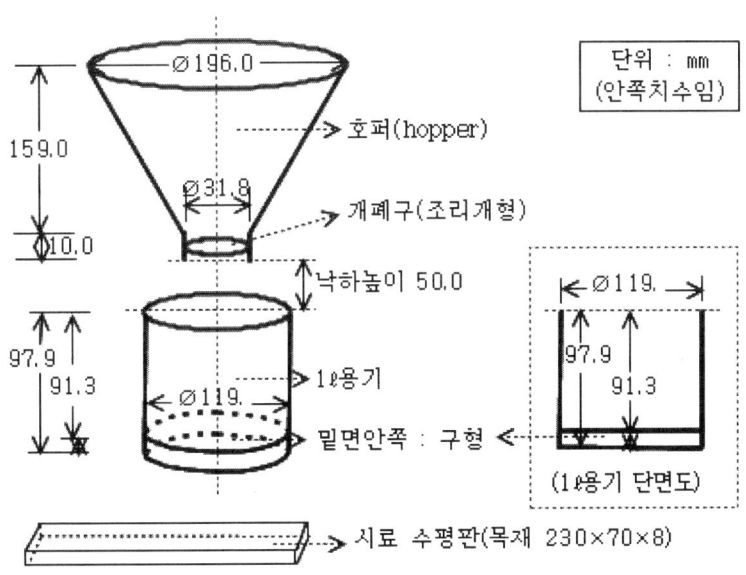

단위 : mm
(안쪽치수임)

- ∅196.0
- 159.0
- ∅31.8
- 10.0
- 호퍼(hopper)
- 개폐구(조리개형)
- 낙하높이 50.0
- 1ℓ용기
- 밑면안쪽 : 구형
- 97.9
- 91.3
- ∅119.
- ∅119.
- 97.9
- 91.3
- (1ℓ용기 단면도)
- 시료 수평판(목재 230×70×8)

4. 싸라기

가. 싸라기는 KS A 5101-1(금속망체) 중 호칭치수 1.7㎜의 금속망체로 쳐서 체를 통과하지 아니하는 낟알 중 그 길이가 완전한 낟알 평균길이의 4분의 3미만인 것을 말한다. 다만, 1.7mm의 금속망체를 통과하지 아니하는 싸라기 중 세로로 쪼개진 것은 그 길이에 상관없이 싸라기로 간주한다.

나. 보리쌀의 큰싸라기는 KS A 5101-1(금속망체) 중 호칭치수 1.7㎜의 금속망체로 쳐서 체를 통과하지 아니하는 싸라기로서 그 길이가 완전한 낟알 평균길이의 2분의 1미만인 것을 말한다. 다만, 1.7mm의 금속망체를 통과하지 아니하는 싸라기 중 세로로 쪼개진 것은 그 길이에 상관없이 싸라기로 간주한다.

다. 보리쌀의 잔싸라기는 KS A 5101-1(금속망체) 중 호칭치수 1.7㎜의 금속망체를 통과하고 호칭치수가 1.4mm의 금속망체를 통과하지 아니하는 싸라기를 말한다.

라. 시료의 양은 각 품목별로 특별히 정해진 경우를 제외하고 잔싸라기계측용 시료는 약 1.5kg, 싸라기 및 큰싸라기 계측용 시료는 KS A 5101-1(금속망체) 중 호칭치수 1.7㎜의 금속망체 위의 시료 중 50g 이상을 시료축분법에 따라 채취하여 사용한다.

마. 체의 사용은 체별법에 따른다.

바. 완전한 낟알의 평균 길이는 시료 중 무작위로 완전한 낟알 15개 이상을 취하여, ㄴ 길이를 각각 입형측성기(마이크로미터)로 측정하여 산출한 평균치로 한다.

사. 싸라기는 공시량에 대한 싸라기 무게 백분비로 표시하며, 다음 식에 따라 산출한다.

$$싸라기(\%) = \frac{싸라기무게(g)}{공시무게(g)} \times 100$$

5. 낟알의 고르기

가. 품목별로 검사기준에 정해진 체로 쳐서 공시량에 대한 체 위에 남은 시료의 무게 백분비로 표시한다.

나. 시료채취는 시료축분법에 따른다.

다. 체의 사용은 체별법에 따른다.

라. 낟알의 고르기 산출은 다음 식에 따른다.

$$낟알의 고르기(\%) = \frac{체 위에 남은 시료무게(g)}{공시무게(g)} \times 100$$

6. 세맥(細麥)

가. 세맥은 맥주보리를 체 눈의 크기가 2.2㎜인 세로눈의 판체로 쳤을 때 통과하는 낟알을 말하며, 공시량에 대한 세맥의 무게 백분비로 표시한다.

나. 시료는 이물과 이종곡립을 제외한 시료 중에서 시료축분법에 따라 50g 이상을 축분하여 계량한 후 사용한다.

다. 체의 사용은 체별법에 따른다.

7. 사분(砂分)

가. 사분은 4염화탄소 비중 선별법에 따르며, 공시량에 대한 사분의 무게 백분비로 표시한다.

나. 시료는 시료축분법에 따라 25g이상을 축분하여 계량 후 사용한다.

다. 사분측정병은 내경 40㎜, 길이 160㎜의 유리병으로서 병 하단에 내경 3.5㎜, 길이 40㎜, 내용적이 0.25㎖이며, 한 눈금이 0.005㎖로 나뉘어진 가느다란 관이 달려 있는 검정필 측정병을 사용한다.

라. 먼저 병의 가느다란 부분에 4염화탄소를 채운 다음 시료를 넣고 다시 30㎖의 4염화탄소를 추가한다.

마. 4염화탄소 추가 후 2분 가량 유리막대로 잘 저어주고, 30분간 놓아둔다. 이를 다시 1분간 저어주고, 30분간 놓아두었다가 가라앉은 사분의 양(㎖)을 읽는다.

바. 사분 1㎖ = 1.25g로 하여 다음 식에 따라 산출한다.

$$사분(\%)= \frac{사분(㎖) \times 1.25}{공시무게(g)} \times 100$$

8. (조)회분(灰分)

조회분은 600℃ 연소회화법에 의하여 측정함을 원칙으로 하되, 경우에 따라 다음에서 규정한 보조방법으로 측정할 수 있으며, 공시량에 대한 조회분의 무게 백분비로 표시한다.

가. 시료

축분하여 분쇄한 시료 약 2~5g을 무작위로 채취하여 15㎖(철분을 병행 측정코자 할 때는 25㎖) 사기 도가니(600℃의 전기로에서 1~2시간 태운 도가니를 데시케이터(Desiccator)에서 실온으로 방랭한 것)에 넣고 저울로 정확히 계량한다.

나. 방법

1) 600℃ 연소회화법

가) 칭량된 시료는 회화로에 안치하고 서서히 강하게 가열하다가 600℃에 달한 때부터 2~4시간 동안 동일한 온도를 유지하면서 회화시킨다.(엷은 회색 또는 항량이 될 때까지 회화)

나) 회화가 완료되면 데시케이터(Desiccator)에 넣어 실온에서 냉각한 후 칭량하여 항량에 도달한 때를 회화 종료점으로 한다.(회분은 용융상태가 되어서는 안 된다)

다) 조회분은 다음 식에 따라 산출한다.

$$조회분(\%)= \frac{(회화후회분+도가니\ 무게)-도가니\ 무게}{(시료+도가니\ 무게)-도가니\ 무게} \times 100 = \frac{회분\ 무게}{시료\ 무게} \times 100$$

라) 동일 시료에 대하여 3점을 병행 측정하여 근사치 범위 내에 있는 것의 산술평균치를 조회분 측정값으로 한다.

2) 고온회화법

위의 (1)항에서 정해진 방법에 따라 회화가 되지 않는 경우에는 회화가 완전히 이루어질 수 있도록 회화 온도를 높이거나 회화 시간을 연장할 수 있다. 다만, 이때 회화 중 용융이나 탄화가 생겨서는 안 된다.

9. 피해립·착색립·사미·분상질립·이종곡립·이물 등

가. 표시는 공시무게에 대한 중량백분비로 한다.

나. 피해립·착색립·사미·분상질립·이종곡립·이물 등의 정의 및 한계는 「농산물 검사기준」(농림축산식품부고시)에 품목별로 정해진 규정에 따른다. 다만, 시중유통 쌀의 품위 규격은 「쌀의 등급 및 단백질함량 기준」(농림축산식품부고시)에 따른다.

다. 시료취급 및 검정순서는 별표 4의 곡종별 품위 검사 순위표, 별표 7의 수입 농산물 품위검사 순서 및 방법에 따른다.

라. 시료는 시료축분법에 따라 채취하여 사용한다.

마. 산출은 다음 식에 따른다.

$$혼입률(\%) = \frac{검정대상\ 항목의\ 검출치(g)}{공시\ 무게(g)} \times 100$$

10. 다른 종피색립(種皮色粒)

가. 다른 종피색립은 공시료에 대한 중량백분비로 표시한다.

나. 곡종별 다른 종피색립 정의 및 한계는 농산물검사기준 상에 품목별로 정해진 규정에 따른다.

다. 시료는 시료축분법에 의해 두류 100g, 참깨 20g(이물 제외)이상을 채취한다.

라. 다른 종피색립 산출은 다음 식에 따른다.

$$다른\ 종피색립(\%) = \frac{다른\ 종피색립무게(g)}{공시무게(g)} \times 100$$

11. 과균비율(果均比率)

가. 과균비율은 공시료 중에서 최대과와 최소과로 인정되는 것을 각각 3과씩 채취하여 감정과로 선정한다. 다만, 귤은 1개의 지름이 검사규격의 최소치 미만인 것과 최대치 이상인 것을 제외한 것 중에서 선정한다.

나. 감정과의 최대과와 최소과의 평균무게 또는 평균지름을 각각 구하여 다음과 같이 산출한다.

1) 사과, 배, 단감 등

최대치 : (+)R = (B-A)/A×100(%)

최소치 : (-)R = (C-A)/A×100(%)
- R = 과균비율
- A = 해당시료의 전체 평균무게
- B = 최대 감정과 3개 평균무게
- C = 최소 감정과 3개 평균무게
2) 감귤
R = (A-B)/C×100(%)
- R = 과균비율
- A = 최대 감정과 3개 평균지름
- B = 최소 감정과 3개 평균지름
- C = A+B

12. 색깔비율

가. 공시량 중에서 품종 고유의 색깔이 가장 떨어지는 5과의 색깔비율을 평균한 것으로 한다.

나. 금감은 공시량 전량에 대하여 등급별 색깔비율에 미달하는 것의 개수비율을 구한다.

다. 낱개마다 품종 고유의 색깔에 대비하여 착색정도별 면적비율과 해당 면적별 색깔비율을 각각 측정하고 다음과 같이 산출한다.

※ 색깔비율(%) = (A1'B1+A2'B2+A3'B3 …… +An'Bn)/100

· A1, A2, A3,……An= 착색정도별 면적비율
· B1, B2, B3,……Bn= 해당면적별 착색비율

13. 결점과(缺點果) 혼입률

가. 결점과 혼입률은 공시료 개수의 백분비로 표시한다.

나. 결점과는 공시료 매 과마다 결점별 기준과 대비하여 경결점과 이상인 것을 공시료 전량에서 선별한 후 이를 다시 경결점, 중결점과로 분류하여 각각 개수의 백분비를 구한다.

다. 결점별 기준은 품목별 농산물검사기준에 따른다.

라. 결점과 혼입률 산출은 다음 식에 따른다.

$$혼입률(\%)= \frac{중결점(경결점)과수(개)}{공시과수(개)} \times 100$$

Ⅲ. 시험

1. 발아율(發芽率)

발아율이란 정한 조건과 기간에서 총 공시종자에 대한 발아종자 중 정상묘로 분류된 종자의 개수(입수)비율을 말하며, 시험방법은 다음과 같다.

가. 시료는 정립 종자 중에서 400립을 사용하며, 100립씩 4반복 시험한다. 종자의 크기와 종자 사이의 간격 유지에 따라 50립씩 8반복 또는 25립씩 16반복으로 나눌 수 있다.

나. 발아상의 종류에는 종이배지(TP, BP, PP), 모래, 흙 등이 있으며, 종이배지가 주로 사용된다.

다. 종자 발아촉진 처리방법에는 생리적 휴면타파 방법과 경실종자 처리방법이 있는데, 생리적 휴면타파 방법에는 건조보관, 예냉, 예열, 광, 질산카리(KNO3)처리, 지베렐린산 처리, 폴리에틸렌 피복이 있으며, 경실종자 처리 방법에는 침지, 기계적인 상처내기와 산으로 상처내기가 있다.

라. 묘의 평가는 정상묘, 비정상묘 및 불발아 종자(경실종자, 신선종자, 죽은종자, 기타범주)로 구분하며, 수입 콩나물콩의 경우는 신청자가 발아율 검정 의뢰 시 제시한 묘의 평가기준을 따를 수 있다.

마. 발아시험의 결과는 100립씩 4반복의 평균으로 계산하며 비율은 정수로 한다. 또한, 정상묘, 비정상묘 및 불발아 종자의 합은 100이 되어야 한다. 단, 반복 간 최고치와 최저치 사이의 차가 별표 14의 허용오차 이내이어야 한다.

바. 콩나물콩, 녹두의 발아조건은 다음과 같다.

품목명	배지	발아조건				휴면타파 추가조치사항
		온도		발아조사일		
		변온	항온	시작	최종	
콩나물콩	BP, S	20–30	25	5	8	없음
녹두	BP, S	20–30	25	5	7	없음

사. 기타 세부사항은 「종자산업법 시행령」 제11조(국제종자검정기관)의 국제종자검정협회(ISTA) 규정을 준용하여 실시한다.

2. 발아세(發芽勢)

발아세란 맥주보리에 한하여 일정기간까지 유아 또는 유근이 출현한 낟알 수의 비율을 말하며, 그 시험방법은 다음과 같다.

가. 시료는 정립 종자 중에서 400립을 사용하며, 100립씩 4반복 실험한다.

나. 발아시험 방법으로 휴면타파 후 BP(Between Paper : 배지 사이 치상)상에서 온도조건은 20℃ 항온, 발아조사 기간은 96시간으로 한다.

※ 생리적 휴면타파 방법은 예냉(치상하여 젖은 배지 상태로 5~10℃로 7일간 유지), 예열(30~35℃의 조건에 7일간 환기가 잘되는 곳에 둔다), 지베렐린산 처리(물 1ℓ 에 GA3 500㎎을 녹인 0.05%액으로 배지를 적신다) 등이 있다.

다. 측정방법은 유아 또는 유근이 출현한 낟알 수를 계산하여 평균을 산출한다.

3. 도정수율(搗精收率)

양곡의 도정수율은 공시 원료곡에 대한 도정한 제품 및 부산물의 무게비율을 말하며, 그 시험방법은 정부관리양곡 도정수율시험 실시요령을 원칙으로 하되 이와 동등한 시험 성적을 얻을 수 있는 시험용 기계에 의한 방법을 보조방법으로 채택할 수 있다.

가. 도정시설에 의한 방법

1) 공시량은 1점당 1,000kg 이상으로 한다.

2) 시험 횟수는 1회 시험을 원칙으로 한다.

3) 제품의 생산 기준 및 도정수율 산출방법은 다음과 같다.

가) 도정도는 검정의뢰인이 요구하는 수준으로 한다.

나) 제품 중의 싸라기·뉘·이물 등의 혼입률은 검사기준상의 최고한도 수치를 초과하지 아니하는 범위에서 그 수치에 접근되도록 한다.

다) 도정은 제현공정과 현백공정으로 구분 실시한다.

라) 도정수율 산출은 다음 공식에 따른다.

$$제품 \ 수율(\%) = \frac{제품 \ 무게}{공시료 \ 무게} \times 100$$

$$부산물 \ 수율(\%) = \frac{부산물 \ 무게}{공시료 \ 무게} \times 100$$

나. 시험용 기계에 의한 방법(보조방법)

1) 공시량은 1점당 3kg이상으로 한다. 시험기의 사용방법은 기계별로 규정된 방법에 따른다.

2) 시험 횟수는 3회 이상 반복 시험하며, 산술평균치를 시험성적으로 한다.

3) 제품의 생산 기준 및 도정수율 산출방법은 도정시설에 의한 방법과 같다.

IV. 분석

1. 일반성분

농산물에 일반적으로 함유되어 있는 성분에 관한 시험으로 수분, 산도, 단백질, 지방, 조섬유, 당도 등을 분석한다.

가. 수분

수분은 105℃ 건조법에 의하여 측정함을 원칙으로 하되 이와 동등한 측정결과를 얻을 수 있는 130℃ 건조법, 적외선 조사식 수분계, 전기저항식 수분계, 전열건조식 수분계, 기타 수분 측정이 가능한 장비 등에 의한 측정을 보조방법으로 채택할 수 있다.

1) 105℃ 건조법

가) 칭량관은 사전에 깨끗이 비눗물로 씻고 100~110℃로 조절된 건조로 속에서 항량에 도달할 때까지 건조시킨 다음 데시케이터(Desiccator)에 넣어 30분 냉각시킨 후 저울로 정확히 계량한다.

나) 공시료

(1) 시료 채취

모체의 평균치를 나타낼 수 있는 시료 30g정도를 채취한다. 다만, 시료 중 조곡은 이물을 제거한 정립을 사용한다.

(2) 시료의 분쇄

시료의 분쇄는 롤러 분쇄기 또는 막자사발을 사용하여 20mesh(약 1mm) 정도로 분쇄하고(분쇄하여도 20mesh체를 통과하지 않는 정도의 얇은 조각모양 또는 실모양의 것은 그대로 시료에 포함한다) 분쇄한 시료를 정밀한 저울로 계량하여 5g정도를 취하여 칭량관에 넣어 저울로 정확히 계량한다. 단, 벼의 경우 분쇄된 시료와 왕겨를 잘 섞은 다음 계량하여 측정한다.

(3) 건조

시료를 넣은 칭량관의 마개를 약간 열어 건조로 내에 넣고 온도가 105~110℃로 유지되기 시작한 때부터 3~5시간 건조 후 데시케이터 내에서 30분간 식힌 후 무게를 칭량하고 다시 칭량접시를 1~2시간 건조하여 항량이 될 때까지 같은 조작을 반복한다.

(4) 수분 산출식

수분함유율(%) 계산은 다음 방식에 따른다.

$$수분(\%) = \frac{(공시료+칭량관)의\ 무게 - 건조후의(공시료+칭량관)의\ 무게}{(공시료+칭량관)의\ 무게 - 칭량관의\ 무게} \times 100$$

(5) 동일 시료 5점에 대하여 동시에 병행 실시하여 근사치 범위 내에 있는 것의 평균치를 측정값으로 한다.

2) 보조 측정방법

가) 조정

보조 측정방법에 따라 사용되는 수분계는 반드시 원칙적 방법에 의한 기준기와 대비 점검하여 정확한 측정결과를 얻을 수 있도록 수시로 조정하여야 한다.

나) 측정

수분계의 측정조작은 기계별로 규정된 조작방법에 의하되, 동일한 시료에 대하여 3회 이상 반복 측정하여 근사치 범위 내에 있는 것의 평균치를 측정값으로 한다.

나. (조)단백질

(조)단백질은 총질소 및 조단백질을 측정하고자 하는 대부분의 농산물에 적용 가능하며, 「식품의 기준 및 규격」(식품의약품안전처고시) 켈달(Kjeldhal) 질소 정량법을 응용한 단백질 분석기를 이용하는 방법을 원칙으로 하되 이와 동등한 측정결과를 얻을 수 있는 단백질 신속 측정기의 사용을 보조방법으로 채택할 수 있다.

- 조단백질 산출하는 질소 계수 -

식품명	질소계수
소맥분(중등질·경질·연질·수득률(100~94%)	5.83
소맥분(중등질·수득률(93~83%) 또는 그 이하)	5.70
쌀	5.95
보리·호밀·귀리	5.83
메밀	6.31
국수·마카로니·스파게티	5.70
낙화생	5.46
콩 및 콩제품	5.71
밤·호도·깨	5.30
호박·수박 및 해바라기의 씨	5.40

1) 단백질 분석기를 이용한 측정방법

시료를 황산으로 분해한 후 단백질 분석기를 이용하여 증류 및 적정하는 방법이다.

가) 분석 장비

(1) 시료 분해장치

(2) 단백질 분석기(증류 및 적정)

나) 시약 및 시액

(1) 분해시약 : 황산(H2SO4, 순도 98%)

(2) 분해촉진제(K2SO4·Se 또는 K2SO4·Cu)

(3) 적정시약 : 0.1 N 염산

(4) 적정용 혼합지시약 : 1% H3BO3 10ℓ 에 0.1% 브로모크레졸그린용액 100㎖와 0.1% 메틸레드용액 70㎖를 혼합하거나 4% 붕산용액으로 사용

(5) 수산화나트륨용액 : 32% 또는 40% 수산화나트륨용액

다) 시험방법

(1) 시료 약 1g(3~25%의 단백질을 함유한 식품의 경우)을 정밀하게 취하여 분해튜브에 넣고 분해촉진제 2알을 넣는다. 분해촉진제는 H2SO4과 K2SO4의 비율이 1.4~2.0 : 1이 되어야 분해가 효율적으로 이뤄진다.

(2) 분해튜브에 진한 황산 12㎖를 넣는다. 다만, 검체의 지방 함량이 10% 이상이면 진한 황산 15㎖를 넣는다.

(3) 420℃의 분해장치에서 50~60분간 분해하여 분해액의 색이 투명한

연푸른색(구리 촉매제를 사용한 경우) 또는 투명한 노란색(셀레늄 촉매제를 사용한 경우)이 되면 상온으로 냉각시킨다.

(4) 분해가 완료된 시료를 단백질분석기(증류, 적정 자동분석)로 분석하여 결과를 산출한다.

(5) 3회 이상 반복 측정하여 근사치 범위 내에 있는 것의 산술 평균치를 산출한다.

　라) 계산방법

$$조단백질(\%) = \frac{(\text{HCl 소비}m\ell - \text{공시험}m\ell) \times M \times 14.01}{검체량\ (mg)} \times F \times 100$$

14.01 : 질소의 원자량

M : HCl의 몰농도

F : 켈달 계수(조단백질을 산출하는 질소계수 이용)

2) 보조측정 방법

　가) 조정

　　보조측정방법에 따라 사용되는 측정기는 반드시 원칙적 방법에 의한 기준기와 대비 점검하여 정확한 측정결과를 얻을 수 있도록 수시로 조정하여야 한다.

　나) 측정

　　측정기의 사용방법은 기계별로 규정된 방법에 따른다.

다. 조지방(粗脂肪 : 油分)

　조지방 측정은 에테르추출법에 의하여 추출한 조지방을 공시무게에 대한 중량 백분비로 표시한다. 다만 지방자동추출기를 사용할 경우 1)~6) 단계는 생략할 수 있다.

1) 분쇄된 시료 2~3g를 원통 거름종이에 넣고 상부를 탈지면으로 막는다.(건조가 필요한 것은 95~100℃에서 2~3시간 건조시킴)

2) 시료를 알콜 또는 에테르(ether)로 잘 씻은 추출기의 추출관에 넣는다.

3) 미리 세척하고 항량을 구해둔 조지방 정량병을 추출기에 연결하고 각 부위를 완전 조립한다.

4) 추출기의 상부로부터 에테르 약 70~80㎖를 가하고, 항온수조에서 50℃ 전후로 가온하여 지방을 추출시킨다.

5) 가온은 에테르의 떨어지는 속도가 매초 5~6방울로 하여 16시간 계속한다.

6) 추출이 끝나면 항온수조에서 에테르를 증발시킨다.

7) 완전히 에테르가 증발하면 95~100℃의 건조기에 넣어 1시간 건조시키고 데시케이터(Desiccator) 내에서 30분간 방열 후 칭량한다.

8) 이와 같이 건조·방냉·칭량을 반복하면 에테르의 증발로 점차 중량이 감소되나 지방의 산화에 의한 중량증가가 일어나는 수가 있다. 이때 건조를 중지하고 그의 최저치로부터 지방 정량병의 중량을 감하여 조지방으로 한다.

$$조지방(\%) = \frac{(정량병+조지방)의\ 최저무게 - 정량병의\ 무게}{시료무게} \times 100$$

라. 조섬유(粗纖維)

1) 조섬유 측정은 헨네베르크·스토오만개량법에 의한 칭량법에 따른다.

2) 분쇄한 시료 2~5g을 에테르로 5~6회 씻어 탈지한 후 500㎖의 플라스크에 넣고 석면 약 0.5g을 가한다.

3) 뜨거운 1.25%황산 200㎖를 넣고 즉시 환류냉각기를 설치하여 1분 이내에 끓기 시작하도록 가열한다. 끓기 시작하면 조용히 끓도록 버어너를 조절한다. 때때로 플라스크를 흔들고 기포가 심하게 일어나면 아밀알코올 0.5㎖를 냉각기의 상부로부터 가한다.

4) 정확히 30분간 끓인 다음 냉각기를 떼어 내고 플라스크에 여과관을 넣고 흡인 여과한다. 열탕으로 세척액이 산성을 나타내지 않을 때까지 플라스크와 잔류물을 4~5회 씻는다.

5) 다음 뜨거운 1.25% 수산화나트륨용액 200㎖를 사용하여 잔류물을 500㎖의 플라스크에 씻어 넣고 3분 후에 끓기 시작하도록 가열한다. 끓기 시작하면 조용히 끓도록 버어너를 조절하고 정확히 30분이 되면 유리여과기(1G-3)를 사용하여 흡인 여과한다.

6) 세척액이 알칼리성을 나타내지 아니할 때까지 4~5회 열탕으로 씻은 다음 에탄올 15㎖로 씻고 110℃의 건조기에서 건조하여 에테르로 씻은 다음 항량이 될 때까지 다시 건조하여(약 1시간) 데시케이터(Desiccator)에서 식히고 칭량한다. 다음 500~550℃의 전기로 중에서 항량이 될 때까지 가열하고(약 1시간) 식힌 후 칭량하여 다음 식에 따라 조섬유의 양을 구한다.

$$조섬유(\%) = \frac{W_1 - W_2}{S} \times 100$$

W1 : 유리여과기를 110℃를 건조하여 항량이 되었을 때의 무게(g)

W2 : 전기로에서 가열하여 항량이 되었을 때의 무게(g)

S : 공시료 무게(g)

마. 산도(酸度)

1) 밀가루 산도 측정

가) 밀가루의 산도는 시료 중의 산의 양을 유산으로 환산하고 시료에 대한 백분비로 표시한다.

나) 시료 10g(밀인 경우는 분쇄하여 20메쉬 체를 통과토록 함)을 상명천칭(上皿天秤, 감도 0.1g)으로 채취하고 200㎖의 삼각플라스크에 넣어 40℃의 물 100㎖을 가하여 3분간 진탕하고 항온수조에서 1시간동안 40℃로 유지시킨다.(도중 30분에 1분간 진탕시킨다)

다) 건조여지로 여과하여 여액 50㎖를 홀피펫(Hole pipette)으로 100㎖ 삼각 플라스크에 취하여 0.1% 페놀프탈레인(Phenolphthalein) 용액 2방울을 가하고 N/10 가성소다 용액으로 적색이 30초간 소실되지 않을 때까지 적정한다.

라) 적정에 소요된 ㎖수로부터 유산(乳酸)함량을 산출한다. 즉 N/10유산 1㎖ 중화에는 N/10가성소다 1㎖를 요하며, N/10 1㎖에는 0.009g의 유산이 함유되므로 N/10가성소다 1㎖은 유산 0.009g에 상당한다.

마) 산도 산출은 다음 식에 따른다.

$$산도(\%) = T \times F \times 0.009 \times \frac{A}{B} \times \frac{1}{S} \times 100$$

T : 적정에 요한 N/10 가성소다용액의 ㎖

F : N/10 가성소다 용액의 역가

A : 침출에 사용한 침출액의 ㎖수

B : 적정에 공한 침출액의 ㎖수

S : 공시료 무게

바) 0.1% 페놀프탈레인 용액 : 페놀프탈레인 0.1g를 칭량하여 에탄올에 녹여 100㎖로 한다.

2) 녹말의 산도

가) 녹말의 산도는 시료 중의 산의 양을 알카리의 소요 ㎖로 나타낸다.

나) 시료 100g을 상명천칭으로 취하여 300㎖ 삼각플라스크에 넣고 40℃의 물 100㎖를 가하여 진탕 후 1시간 방치한다.(도중 수회 진탕함)

다) 건조여지로 여과하여 여액 10㎖를 취하여 0.1% 페놀프탈레인 5 방울 가하고 30초간 방치하여도 적색이 소실되지 않을 때까지 N/50 가성소다 용액으로 적정힌다.

라) 적정 ㎖를 2배하여 산도로 한다.

$$산도 = T \times F \times 2$$

T : N/50가성소다 소요㎖수

F : N/50가성소다용액의 역가

마) 석회처리 : 녹말 등에는 알카리성의 경우가 있으므로 이때는 N/50황산 ($H2SO4$)으로 적정하고 적정 ㎖수를 2배로 하여 "-"부호를 붙여 산도로 한다.

바. 산가(酸價)

산가란 유지 1g중에 함유되어 있는 유리지방산을 중화하는데 소요되는 KOH의 mg수이다.

1) 시약

가) 에틸에테르 또는 석유에테르

나) 1.0% 페놀프탈레인(Phenolphthalein) 용액은 페놀프탈레인 1.0g을 95%의 에탄올(Ethanol)에 녹여 100㎖로 만든다.

다) 중성용매는 시료를 용해시키는 용액으로 에탄올과 에틸에테르(1 : 1, 부피 비율)를 혼합하여 만든다.

라) 0.1N 알콜성 KOH용액

(1) KOH 6.4g을 소량의 물에 녹인 후 95%이상의 에탄올로 1ℓ 가 되도록 만든다.

(2) 제조한 용액은 2~3일간 방치 후 여과(No.5)하여 사용한다.

마) KOH용액 농도계수(Factor) 산출

KOH용액의 농도계수(factor)는 다음과 같이 산출한다.

(1) 벤조산(Benzoic acid) 0.2 ~ 0.3g을 정확히 칭량한다.

(2) 중성용매(에탄놀:에틸에테르 → 1 : 1) 10㎖를 가한다.

(3) 1.0% 페놀프탈레인 지시액 2~3방울을 떨어뜨린다.

(4) 0.1N 알콜성 KOH 용액으로 엷은 분홍색이 30초 이상 유지될 때까지 적정한다.

<농도계수 산출식>

$$KOH용액의 \ 농도계수(factor) = \frac{벤조산 \ 채취량(g)}{122 \times KOH \ 적정량} \times 10,000$$

2) 측정

가) 분쇄한 시료 100g 정도를 삼각플라스크에 넣는다.

나) 시료가 잠길 정도로 에틸에테르 또는 석유에테르를 가한 후 호일로 덮는다.(500㎖ 비이커의 경우 약 300㎖ 눈금까지 채운다)

다) 2~3회 반복하여 진탕하여 정치시킨다.

라) 상등액만 깔대기와 여과지를 사용하여 여과시킨다.

마) 감압농축기를 사용하여 농축(40℃이하)한 후 105℃건조기에 1시간 정도 넣어 에테르를 완전히 증발시킨다.

바) 미리 건조된 200㎖ 비이커 3개에 추출된 유분을 각각 5g씩 정확히 칭량한다.

사) 중성용매(에탄올 : 에틸에테르 → 1 : 1) 100㎖를 가한다.

아) 1.0% 페놀프탈레인 용액 2~3방울을 떨어뜨린다.

자) 0.1N 알콜성 KOH용액으로 연분홍색이 30초간 지속될 때까지 적정하여 종말점을 찾는다.

3) 산가는 다음 식에 따라 산출한다.

$$산가(KOH\ mg/g) = \frac{56.11 \times M \times F \times B}{S(g)}$$

S : 추출된 유분 무게

M : KOH의 적정량,   F : KOH의 역가

B : KOH의 노르말 농도

사. 당도(糖度)

1) 적용대상 : 과실류 및 채소류

2) 측정기기는 "과실류 당도 측정기- 시험방법(KS B 5642)"에 적합한 것으로 한다.

3) 1과의 당도는 씨방, 핵, 껍질(감귤, 수박, 조롱수박, 메론, 배, 참외) 등을 제외한 가식부 전체를 착즙하여 측정한 값을 원칙으로 한다. 다만, 다른 규정이 있을 경우에는 그 규정에 따를 수 있다.

4) 이 규정에서 정하지 아니한 것은「농산물 표준규격」(농관원고시)의 항목별 품위계측 및 감정방법에 따를 수 있다.

2. 무기성분 · 유해중금속 · 잔류농약 · 곰팡이독소 등

농산물 등에 포함된 무기성분 · 유해중금속 · 잔류농약 · 곰팡이독소 · 항생물질 등의 분석은「농수산물 품질관리법」,「식품위생법」등 관련 법령에서 정한 분석법을 준용하며, 공인분석법 등 국제적으로 통용되는 분석법을 사용할 수 있다.

3. 품종(벼, 현미, 쌀)

유전물질(DNA)의 염기서열 중 품종 간 서로 다른 부위인 단일염기다형성(SNP, Single Nucleotide Polymorphism)을 이용하여 벼, 현미, 쌀의 품종을 분석한다. 이 경우 농관원 시험연구소에서 정한 매뉴얼을 준용하거나 공인분석법 등 국제적으로 통용되는 분석법 또는 농관원 시험연구소장이 인정한 분석법을 사용할 수 있다.

Ⅴ. 감정

1. 도정도(搗精度) 감정

양곡의 도정도는 엠이(M.E : Methylene Blue, Eosin Y) 시약 처리에 의하여 강층의 벗겨진 정도를 표준품과 비교 감정함을 원칙으로 하되, 보조방법으로 요오드염색법 (Iodine염색법)을 따를 수 있으며, 현장 신속감정을 위하여 엠이시약 조제법에 따라 조제된 도정도 감정키트를 사용할 수 있다.

  가. 도정도 표시기준
    1) 적 : 도정도가 표준품과 같은 정도
    2) 약간 저하 : 도정도가 표준품 보다 약간 낮다는 느낌을 가질 정도
    3) 저하 : 도정도가 낮음을 식별할 수 있는 정도
    4) 부적 : 도정도가 상당히 낮은 정도
  나. 시약 처리 방법
    1) 엠이시약 염색법
      가) 엠이시약 조제
        ① 쌀용 : 에탄올 1,000㎖에 Methylene Blue 0.29g와 Eosin Y 0.42g
          을 용해하여 원액을 만든다.
        ② 보리쌀용 : 에탄올 1,000㎖에 Methylene Blue 1.6g와 Eosin Y 1.5g
          을 용해하여 원액을 만든다.
        ③ 엠이시약을 사용할 때는 원액을 에탄올로 3배 희석하여 사용한다.
      나) 트리에타놀아민(Triethanolamine : 착색 촉매제) 시약 조제
        트리에타놀아민 3㎖를 100㎖ 메스플라스크에 넣고 증류수 또는 수돗물로
        희석하여 3%액으로 만든다.

다) 시약 처리 방법 및 순서

① 시료 5g을 취하여 3%의 트리에타놀아민 용액 15㏄ 정도에 30초간 침지한 다음 맑은 물에 30초간 세척한다.

② 엠이시약 8㏄ 정도에 1분간 침지하여 착색시킨다.

③ 순도 99% 이상의 에탄올에 약 30초간 잘 흔들어 세척한 후 유리판에 엷게 펴놓고 감정한다.

라) 도정도 판별 : 외피는 녹색, 호분층은 청색, 배유부는 도색(桃色)으로 착색되므로 청색 또는 녹색 부분의 많고 적음에 따라 판별한다.

2) 요오드염색법(Iodine염색법)

가) 시약은 요오드 0.5g, 요오드화칼륨(Potdssium iodide) 0.5g을 먼저 소량의 물에 녹인 다음 물을 가하여 1ℓ 가 되도록 하여 사용한다.

나) 시험관에 시료 5g과 시약을 넣고 가볍게 흔들어서 정색된 후 증류수로 1회 씻어낸 후 감정한다.

다) 배유부는 흑갈색으로 정색되므로 그의 정색반응 정도로 도정도를 판별한다.

2. 메·찰(粳糯) 감정

가. 메·찰 감정은 요오드 처리에 의한 배유부분의 정색반응 감정을 원칙으로 하며, 신속한 현장감정을 위해 메·찰 감정키트를 사용할 수 있다.

나. 시료는 5g정도를 채취하여 사용한다.

다. 시료가 현미 또는 벼인 경우에는 도정하든가 절단 또는 분쇄하여 시료로 사용한다.

라. 요오드 액은 요오드 0.5g과 요오드화칼륨 0.5g을 먼저 소량의 물에 녹인 다음 물을 가하여 1ℓ 가 되도록 희석하여 사용한다.

마. 시료를 유리판 위에 놓고 요오드 액을 적당량(시료에 따라 가감) 떨어뜨려 자색이 되면 메, 갈색이 되면 찰로 판별한다.

3. 신선도(新鮮度) 감정

가. 적용대상 : 미곡, 맥류 및 두류 등

나. 감정범위 : 신선도 감정은 G·O·P(Guaiacol·Oxydol·p-Phenylenediamine) 시약 처리에 의한 산화효소작용의 정도로 판별 감정한다.

다. 감정방법 : 신선도감정은 G·O·P시약처리 방법을 원칙으로 하되, 보조방법으로 구아야
콜 처리 방법과 G·S·P(Guaiacol·Sodium perborate· p-Phenylenediamine)시
약을 활용한 감정키트를 사용할 수 있다.

1) G·O·P시약 처리 방법

가) G·O·P시약의 농도 및 제조방법

(1) 구아야콜 : 1% 액

(2) 과산화수소 : 3% 액

(3) 파라페닐렌디아민(p-Phenylenediamine) : 0.2% 액이 시약이 산성일
경우 수산화나트륨(NaOH)을 0.1%의 농도로 첨가하여 중화시킨다.

〈예시〉

ㅇ 파라페닐렌디아민의 화학 기호가 "NH2C6H4NH2·2HCl"일 경우에는
수산화나트륨을 첨가하고, "C6H4 (NH2)2"일 경우에는 그대로 사용한다.

나) 시약처리 방법 및 순서

(1) 시료(곡류인 현미·쌀·보리·콩 등) 2g(100립 내외) 정도를 분쇄 또는
원형으로 시험관에 넣는다.

(2) 구아야콜 4㎖를 가하여 10회 흔들어준 다음 2분간 정치한다.

(3) 과산화수소 3~4방울 가하여 10회 흔들어준 다음 즉시 파라페닐렌디아
민 3㎖을 가하여 다시 10회 흔든 다음 5분간 정치한다.

(4) 맑은 물로 2회 수세하여 감정한다.

다) 정색 반응

(1) 신선한 쌀은 배아부, 배유부와 시약이 자색으로 변한다.

(2) 약간 오래된 쌀은 배아 부위만 착색된다.

(3) 오래되거나 발열 또는 변색된 쌀은 착색 반응이 일어나지 않는다.

2) 구아야콜시약 처리 방법(보조방법)

가) 시료는 무작위로 3~5g정도 분쇄 또는 원형으로 시험관에 넣어 구아야콜
1%액(원액을 100배로 희석한 액)을 가한 다음 과산화수소 1%액(시판옥
시물은 3%과산화수소) 2~3방울을 떨어뜨린다.

나) 시약 반응 정도를 관찰하면 신선도가 좋은 것은 산화효소 작용이 강하여
입면과 액의 착색이 잘 되고, 신선도가 낮은 것은 산화효소작용이 약하게
나타나며, 아주 낮은 것은 거의 반응이 없다. 다만, 쌀의 수확시기 및 보관
상태에 따라 산화효소 작용이 달라질 수 있다.

3) G·S·P시약 감정키트(보조방법)

    가) G·S·P시약 조성 : Guaiacol 1%, p-phenylenediamin 0.2%를 기질로 sodium perborate 1%에 안정제인 DPAS 1,500ppm을 촉매제로 사용한다.

    나) G·S·P 시약 감정키트 처리 방법 및 순서 :

        (1) 시료 1g(50립)을 튜브에 넣는다.

        (2) 전처리시약 ①을 넣고 10회 혼합 후 5분간 정치한다.

        (3) 발색시약 ②를 넣고 10회 혼합 후 10분간 반응시킨다.(① 시약은 버리지 않음)

        (4) 시약을 다 버린다.

        (5) 수세시약 ③을 넣고 10회 혼합 후 버리고 감정한다.

    다) 정색 반응 : G·O·P 시약 처리방법의 정색반응과 동일

2장 / 표준규격

1. 목적

이 고시는「농수산물 품질관리법」제5조 및 같은 법 시행규칙 제5조에서 제7조까지 규정에 따라 포장규격 및 등급규격에 관하여 규정함으로써 농산물의 상품성 향상과 유통효율 제고 및 공정한 거래 실현에 기여하고, 환경오염 방지와 자원순환이 가능한 포장재 사용을 목적으로 한다.

2. 정의

이 고시에서 사용하는 용어의 정의는 다음 각 호와 같다.

(1) 표준규격품 :「농수산물 품질관리법」(이하 "법"이라 한다) 제5조에 따른 포장규격 및 등급규격에 맞게 출하하는 농산물을 말한다. 다만, 등급규격이 제정되어 있지 않은 품목은 포장규격에 맞게 출하하는 농산물을 말한다.

(2) 포장규격 : 농수산물 품질관리법」시행규칙(이하 "규칙"이라 한다) 제5조의2항에 따른거래단위, 포장치수, 포장재료, 포장방법, 포장설계 및 표시사항 등을 말한다.

(3) 등급규격 : 규칙 제5조의3항에 따른 농산물의 품목 또는 품종별 특성에 따라 고르기, 크기, 형태, 색깔, 신선도, 건조도, 결점, 숙도(熟度) 및 선별상태 등 품질구분에 필요한 항목을 설정하여 특, 상, 보통으로 정한 것을 말한다.

(4) 거래단위 : 농산물의 거래 시 포장에 사용되는 각종 용기 등의 무게를 제외한 내용물의 무게 또는 개수를 말한다.

(5) 포장치수 : 포장재 바깥쪽의 길이, 너비, 높이를 말한다.

(6) 겉포장 : 산물 또는 속포장한 농산물의 수송을 주목적으로 한 포장을 말한다.

(7) 속포장 : 소비자가 구매하기 편리하도록 겉포장 속에 들어있는 포장을 말한다.

(8) 포장재료 : 농산물을 포장하는데 사용하는 재료로써「식품위생법」등 관계 법령에 적합한 골판지, 그물망, 폴리에틸렌대(P·E대), 직물제 포대(P·P대), 종이, 발포폴리스티렌(스티로폼) 등을 말한다.

(9) 친환경 포장 : 포장재의 사용을 원천적으로 줄이고 재활용이 쉬운 재질 및 구조의 포장재를 사용하며 재사용이 가능한 포장재를 선택하여 환경 영향을 최소화한 포장을 말한다.

3. 거래단위

(1) 농산물의 표준거래단위는 별표 1과 같다.

(2) 제1항에 따라 설정되지 않은 5kg 미만 또는 최대 거래단위 이상은 거래 당사자 간의 협의 또는 시장 유통여건에 따라 다른 거래단위를 사용할 수 있다.

[별표 1] 농산물의 표준거래 단위(제3조 관련)

1) 표준거래 단위 : 다음과 같음

종류	품목	표준거래단위
과실류	사과	2kg, 5kg, 7.5kg, 10kg
	배, 감귤	3kg, 5kg, 7.5kg, 10kg, 15kg
	복숭아, 매실, 단감, 자두, 살구, 모과	3kg, 4kg, 4.5kg, 5kg, 10kg, 15kg
	포 도	2kg, 3kg, 4kg, 5kg
	금감, 석류	5kg, 10kg
	유 자	5kg, 8kg, 10kg, 100과
	참다래	5kg, 10kg
	양앵두(버찌)	5kg, 10kg, 12kg
	앵 두	8kg
채소류	마른고추	6kg, 12kg, 15kg
	고추	5kg, 10kg
	오이	10kg, 15kg, 20kg, 50개, 100개
	호박	8kg, 10kg, 10~28개
	단호박	5kg, 8kg, 10kg, 4~11개
	가지	5kg, 8kg, 10kg, 50개
	토마토	2kg, 2.5kg, 4kg, 5kg, 7.5kg, 10kg, 15kg
	방울토마토, 피망	2kg, 3kg, 5kg, 10kg
	참외	5kg, 10kg, 15kg, 20kg
	딸기	1kg, 2kg
	수박	5~22kg, 1~5개
	조롱수박	5~6kg, 2~5개
	멜론	5kg, 8kg, 2~10개
	풋옥수수	8kg, 10kg, 15kg, 20개, 30개, 40개, 50개
	풋완두콩	8kg, 20kg
	풋콩	15kg, 20kg
	양파	5kg, 8kg, 10kg, 12kg, 15kg, 20kg
	마늘	1kg, 5kg, 10kg, 15kg, 20kg, 50개, 100개
	깐마늘, 마늘종	5kg, 10kg, 20kg
	대파, 쪽파	1kg, 2kg, 5kg, 10kg
	무	8~12kg, 18~20kg, 5~12개
	총각무, 비트	5kg, 10kg

종류		품목	표준거래단위
채소류		결구배추, 양배추	2~6포기
		당근	10kg, 15kg, 20kg
		시금치, 들깻잎	1kg, 4kg, 8kg, 10kg, 15kg
		결구상추	8kg
		부추	1kg, 4kg, 5kg, 10kg, 20kg
		마, 생강, 우엉,	10kg, 20kg
		연근	5kg, 15kg, 20kg
		미나리	1kg, 4kg, 5kg, 10kg, 15kg
		고구마순	10kg, 20kg
		쑥갓, 양미나리(셀러리), 케일	1kg, 2kg, 4kg, 10kg
		붉은양배추(루비볼)	14~16kg, 18~20kg
		녹색꽃양배추(브로콜리), 고들빼기, 머위	8kg, 10kg,
		꽃양배추(칼리플라워)	8kg, 10kg, 12kg
		신립초	15kg
		갓	5kg, 10kg
		콩나물	6kg, 10kg
		달래	8kg, 10kg
서류		감자	2kg, 5kg, 10kg, 15kg, 20kg
		고구마	2kg, 5kg, 10kg, 15kg
특작류		참깨, 피땅콩	20kg
		알땅콩	12kg, 15kg, 18kg, 20kg
		들깨	12kg
		수삼	10kg, 15kg, 20kg
버섯류		큰느타리버섯(새송이버섯)	2kg, 4kg, 6kg
		팽이버섯	5kg
		영지버섯	5kg, 10kg
곡류		쌀, 찹쌀, 현미, 보리쌀, 눌린보리쌀, 할맥, 좁쌀, 율무쌀, 콩, 팥, 녹두, 수수쌀, 기장쌀, 메밀	10kg, 20kg
		옥수수(팝콘용)	15kg, 20kg
		옥수수쌀	12kg, 20kg

※ 5kg이하 표준거래 단위는 별도로 정한 품목 외에 거래 당사자 사이의 협의 또는 시장 유통 여건에 따라 자율적으로 정하여 사용할 수 있음

종류	품 목	표 준 거 래 단 위
화 훼 류	국화	300~800본
	카네이션, 석죽	300~1,000본
	장미	200~700본
	백합	200~600본
	글라디올러스, 극락조화	200~300본
	튜율립, 아이리스, 리아트리스, 공작초	400~500본
	거베라, 해바라기	300~400본
	프리지아, 스타티스	350~400본
	금어초, 칼라, 리시안사스	300~350본
	안개꽃	1,000~2,000본
	스토크	250~300본
	다알리아	350~450본
	알스트로메리아	150~300본
	안스리움	20~50본
	포인세티아	6분, 8분, 12분, 15분, 20분
	칼랑코에	4분, 6분, 8분, 12분, 15분, 20분
	시클라멘	4분, 6분, 8분, 12분, 15분, 20분

4. 포장치수

(1) 농산물의 포장치수는 다음 각 호의 어느 하나에 해당하여야 한다.

1) 한국산업규격(KS T 1002)에서 정한 수송포장 계열치수
2) 별표 2에서 정하는 골판지 상자, 종이포장재, 폴리에틸렌대(P·E대), 직물제 포대 (P·P대), 그물망, 플라스틱 상자, 다단식 목재상자·금속재 상자, 발포폴리스티렌 상자의 포장규격

[별표 2] 농산물용 포장치수(제4조 관련)

① 골판지 상자

일련번호	포장치수(길이㎜×너비㎜)
1	1,300×350 * 화훼류에 한함
2	1,010×360 * 화훼류에 한함
3	1,025×533
4	930×275
5	825×275
6	554×246
7	545×335
8	530×350
9	520×280
10	510×360
11	500×366
12	450×305
13	440×310
14	430×320
15	423×254
16	420×325
17	415×260
18	400×300
19	391×317
20	366×260
21	350×350
22	350×250
23	330×256
24	300×175
25	220×165

② 종이포장재

일련번호	포장치수(길이mm×너비mm)
1	550×300(절입 75mm)
2	650×380(절입 75mm)
3	650×420(절입 75mm)

③ 폴리에틸렌대(P.E대), 직물제 포대(P.P), 그물망

일련번호	포장치수(길이mm×너비mm)
1	1,470×700
2	1,010×610
3	950×650
4	900×700
5	860×460
6	850×610
7	850×570
8	850×550
9	830×560
10	800×500
11	800×400
12	770×610
13	770×470
14	770×380
15	750×330
16	720×510
17	720×340
18	700×500
19	690×450
20	670×500
21	670×340
22	650×430
23	650×250
24	640×550
25	640×390
26	600×520
27	600×500
28	600×470
29	600×400
30	600×380
31	590×370
32	570×380
33	570×350
34	560×460
35	550×430
36	530×200
37	520×320
38	510×350
39	510×240
40	470×340
41	470×270
42	470×240
43	450×320
44	400×530
45	400×490
46	400×440
47	400×400
48	400×240
49	400×180
50	300×195
51	290×190
52	250×150

53	240×170
54	235×140
55	230×120
56	210×140

④ 플라스틱상자

일련번호	포장치수(길이㎜×너비㎜×높이㎜)
1	1,100×1,100×200
2	1,010×360×240
3	660×440×245
4	560×510×330
5	560×510×230
6	550×366×350
7	550×366×320
8	550×366×245
9	550×366×230
10	550×366×180
11	550×366×155
12	366×275×155

⑤ 다단식 목재상자·금속재 상자

일련번호	포장치수(길이㎜×너비㎜×높이㎜)
1	1,100×1,100×200

⑥ 발포폴리스티렌 상자

일련번호	포장치수(길이㎜×너비㎜)
1	535×340
2	450×310
3	440×310
4	410×340
5	348×250
6	360×260
7	355×258
8	350×264
9	350×240
10	349×249
11	365×250
12	302×232
13	280×220
14	265×203
15	257×190
16	250×195
17	250×190
18	190×140

3) T-11형 팰릿(1,100×1,100㎜) 또는 T-12형 팰릿(1,200×1,000㎜)의 평면 적재 효율이 90% 이상인 것

(2) 골판지상자, 발포폴리스티렌 상자의 높이는 해당 농산물의 포장이 가능한 적정 높이로 한다.

(3) 포장치수의 허용범위

1) 골판지상자의 포장치수 중 길이, 너비의 허용범위는 ±2.5%로 한다.
2) 그물망, 직물제포대(P·P대), 폴리에틸렌대(P·E대)의 포장치수의 허용범위는 길이 의 ±10%, 너비의 ±10㎜, 종이포장재의 경우에는 각각 길이·너비의 ±5㎜, 발 포폴리스티렌 상자의 경우는 길이·너비의 ±2㎜로 한다.
3) 플라스틱상자의 포장치수의 허용범위는 각각 길이·너비·높이의 ±3㎜로 한다.
4) 속포장의 규격은 사용자가 적정하게 정하여 사용할 수 있다.

(4) 포장재 표시중량의 허용범위

1) 골판지상자, 폴리에틸렌대(P·E대), 종이포장재, 발포폴리스티렌상자의 경우 ±5% 로 한다.
2) 직물제포대(P·P대), 그물망의 경우 ±10%로 한다.

5. 포장재료 및 포장재료의 시험방법

(1) 포장재료 및 포장재료의 시험방법은 별표 3에서 정하는 기준에 따른다.

[별표 3] 포장재료 및 포장재료의 시험방법(제6조 관련)
1) 골판지상자

표시단량	2kg미만	2kg이상 10kg미만	10kg이상 15kg미만	15kg이상
골판지 종류	양면 골판지1종	양면 골판지2종	이중양면 골판지1종	이중양면 골판지2종

※ 골판지의 품질기준 및 시험방법은 KS T 1018(상업포장용 미세골 골판지), KS T 1034(외부포장용 골판지)에서 정하는 바에 따른다. 단, 사과, 배에 사용되는 골판지상자는 아래 규격에 적합하여야 한다.

품목	포장단량(kg)	압축강도	인쇄도수
배	15	4.6~5.5 kN [470~560 (kgf)]	4도 이내
사과, 배	7.5, 10	4.4~5.4 kN [450~550 (kgf)]	
	5	4.1~5.0 kN [420~510 (kgf)]	

2) P·E대(폴리에틸렌대)

표시단량	5kg 미만	5kg 이상 10kg 미만	10kg 이상 15kg 미만	15kg 이상
P·E 두께	0.03mm이상	0.05mm이상	0.07mm이상	0.10mm이상

※ P·E대의 품질기준 및 시험방법은 KS T 1093(포장용 폴리에틸렌 필름)에서 정하는 바에 따른다.

3) P·P대(직물제 포대)

섬도(tex)	인장강도(N)	봉합실인장강도(N)	직조밀도(올/5cm)	기 타
100±1	29이상	39이상	20±2	원단의 위사 너비는 4~6mm 이내로 접혀진 원사로 제작한다.

※ P·P대의 품질기준 및 시험방법은 KS T 1015[포대용 폴리올레핀 연신사(길게 늘인 실)]에서 정하는 바에 따른다.

4) 표시 단량별 그물망의 무게

표시단량	5kg 미만	5kg 이상 10kg 미만	10kg 이상 15kg 미만	15kg 이상
포장재무게	15g이상	25g이상	35g이상	45g이상

※ 원단은 고밀도 폴리에틸렌 모노필라멘트계이며, 메리야스 상으로 직조한 것

5) 종이포장재

거래단위	10kg미만	10kg이상	20kg이상
평량(80g/㎡)	2~3겹	3겹	4겹(3겹은 평량 90g/㎡)

※ 종이포장재의 품질기준 및 시험방법은 KS M 7501(크라프트지)에서 정하는 바에 따른다.

6) 플라스틱 상자

플라스틱 상자의 품질기준 및 시험방법은 KS T 1081(플라스틱제 운반용 회수 용기)에서 정하는 바에 따른다. 단, 6.3의 압축강도는 KS T 1081「표 2」 '압축 하중 종별'에서 4m를 적용한다.

7) 발포 폴리스티렌 상자

발포폴리스티렌 상자의 품질기준 및 시험방법은 KS T 1045(포장용 발포 폴리스티렌 완충재)에서 정하는 바에 따른다.

---

(2) 제1항에도 불구하고 포장재료의 압축 · 인장강도 및 직조밀도 등에서 (별표 3)에서 정하는 기준과 동등 이상의 강도와 품질이 인정되는 경우 공인검정기관 성적서 제출 등을 통해 국립농산물품질관리원장의 확인을 받아 사용할 수 있다.

(3) 친환경 포장

1) 농산물 포장은 환경오염 방지와 자원순환이 가능하도록 친환경 포장 사용을 권장한다.

2) 친환경 포장을 선택하여 제작할 때는 감량(Reduce), 재사용(Reuse), 재활용(Recycle)이 용이하도록 별표 8에서 정하는 방법을 참고하여 설계할 수 있다.

[별표 8] 농산물의 친환경 포장 설계 방법(제6조의2 관련)

농산물 포장폐기물 발생량을 줄이기 위해 아래의 친환경 포장 설계 방법에 따라 설계하여 사용하도록 권장한다.

1. 포장디자인

가. 과대포장이 되지 않도록 단순한 디자인과 포장을 사용한다.

나. 가능하면 필름 첩합(라미네이팅) 및 복합재질 재료 사용을 지양하고 재활용이 용이한 단일 재질로 포장할 수 있도록 노력한다.

다. 소비자 판매용 포장 및 유통, 택배 등 수송포장은 각각의 단위별 포장재에 대한 인쇄 도수(사용되는 색의 수)를 최소화한다.

2. 감량(Reduce) 설계

가. 받침접시 및 고정·완충재를 제품에 중복 사용하지 않으며, 사용 시 자원 절약을 위해 가급적 두께가 얇고 무게가 가벼운 것을 사용한다.

나. 포장재의 재질은 종류를 최소화(단일화)하고 농산물의 품질을 유지할 수 있을 정도의 강도를 초과하지 않도록 한다.

다. 특히, 골판지 상자는 수송·유통과정 중에서 문제가 없는 적정 수준(최소 강도)의 상자를 사용한다.

라. POP(Point of purchase) 라벨·스티커는 종이인 경우 가정에서 분리배출이 가능하나, 플라스틱 재질 스티커는 분리배출하기에 부적당한 작은 크기이므로 가급적 종이로 사용하거나 레이저 각인을 하는 등 재활용이 안되는 폐기물이 발생하지 않도록 노력한다.

마. 가능하면 포장재의 포장 횟수를 최소화하거나 포장하지 않고 낱개 판매하여 포장폐기물 발생량을 최소화한다.

3. 재사용(Reuse) 설계

가. 포장재의 기본적인 방향은 재사용을 추구하도록 한다.

나. 단위제품 수송 및 판매 시 다회용기 사용 등 재사용 설계를 적극적으로 검토하며 재사용을 위한 시스템을 확립하도록 노력한다.

다. 다회용기는 세척이 용이한 재질 및 구조로 설계하고 제품이 다회용기를 오염시키지 않도록 이물질을 사전에 제거한다.

4. 재활용(Recycle) 설계

가. 포장재는 사용 재질별로 「포장재 재활용 용이성 등급평가 기준」(환경부 고시)에 준하여 재활용이 용이한 포장 재질로 설계한다.

나. 플라스틱 기반의 받침접시, 고정·완충재는 재활용이 용이하도록 원료 고유색의 포장재를 사용하도록 노력한다.

다. 소비자가 분리배출 시 식별이 용이하도록 「분리배출 표시에 관한 지침」(환경부 고시)에 따른 분리배출 표시를 한다.

라. 포장을 위해 사용하는 테이프의 경우, 재활용이 용이하도록 펄프와 점착제가 잘 분리되는 것이나 생분해성수지 사용을 권장한다.

3) 농산물 포장 과정에서 보조적으로 소비되는 고정재, 완충재 등 부자재는 가급적 플라스틱 사용을 줄이기 위해 종이 재질 사용을 권장한다.

6. 포장방법

내용물은 포장에서 흘러나오지 않도록 하여야 하며, 내용물이 보이도록 개방형으로 포장하는 경우에는 적재하는데 용이하여야 한다.

7. 포장설계

골판지상자의 형식은 KS T 1006에 따른다.

8. 표시방법

표준규격품의 표시방법은 별표 4에 따른다.

[별표 4] 표준규격품의 표시방법(제9조 관련)

(1) 표시사항

1) 의무 표시사항

① "표준규격품" 문구

② 품목

③ 산지 : 산지는 「농수산물의 원산지 표시에 관한 법률」시행령 제5조(원산지의 표시기준)제1항의 국산농산물 표시기준에 따른다.

④ 품종 : 품종을 표시하여야 하는 품목과 표시방법은 다음과 같다.

종 류	품 목	표시방법
과실류	사과, 배, 복숭아, 포도, 단감, 감귤, 자두	품종명을 표시
채소류	멜론, 마늘	품종명 또는 계통명 표시
화훼류	국화, 카네이션, 장미, 백합	품종명 또는 계통명 표시
위 품목 이외의 것		품종명 또는 계통명 생략 가능

⑤ 등급 : [별표 5] 농산물의 등급규격에 따른다.

⑥ 내용량 또는 개수 : 농산물의 실중량을 표시한다. 다만, [별표1] 농산물의 표준거래 단위에 따라 무게 또는 개수로 표시할 수 있는 품목은 다음과 같다.

종 류	품 목	표시방법
과실류	유자	무게 또는 개수를 표시
채소류	오이, 호박, 단호박, 가지, 수박, 조롱수박, 멜론, 풋옥수수, 마늘, 무, 결구배추, 양배추	무게 또는 개수(포기수)를 표시
화훼류	전품목	개수(본수 또는 분수)를 표시

※ 무게 또는 개수의 표시는 [별표1]농산물 표준거래 단위에 맞아야 하며, 3kg 미만의 내용물(개수) 확인이 가능한 소(속)포장은 무게를 생략하고 개수(송이수)만 표시할 수 있다.

⑦ 생산자 또는 생산자단체의 명칭 및 전화번호

※ 생산자 또는 생산자단체의 명칭은 판매자 명칭으로 갈음할 수 있다.

⑧ 식품안전 사고 예방을 위한 안전사항 문구

㉠ 버섯류(팽이, 새송이, 양송이, 느타리버섯)

- "그대로 섭취하지 마시고, 충분히 가열 조리하여 섭취하시기 바랍니다." 또는 "가열 조리하여 드세요"

㉡ 껍질째 먹을 수 있는 과실류 · 채소류(사과, 포도, 금감, 단감, 자두, 블루베리, 양앵두(버찌), 앵두, 고추, 오이, 토마토, 방울토마토, 송이토마토, 딸기, 피망, 파프리카, 브로콜리)

- "세척 후 드세요." 또는 "씻어서 드세요"

※ 세척하지 않고 바로 먹을 수 있도록 세척, 포장, 운송, 보관 된 농산물은 표시를 생략할 수 있다.

2) 권장 표시사항

① 당도 및 산도표시

㉠ 당도표시를 할 수 있는 품목(품종)과 등급별 당도규격

품목	품종	등급	
		특(°Bx)	상(°Bx)
사과	○ 후지, 화홍, 감홍, 홍로 ○ 홍월, 서광, 홍옥, 쓰가루(착색계) ○ 쓰가루(비착색계)	14 이상 12 이상 10 이상	12 이상 10 이상 8 이상
배	○ 황금, 추황, 신화, 화산, 원황 ○ 신고(상 10이상), 장십랑 ○ 만삼길	12 이상 11 이상 10 이상	10 이상 9 이상 8 이상
복숭아	○ 서미골드, 진미 ○ 찌요마루, 유명, 장호원황도, 천홍, 천중백도 ○ 백도, 선광, 수봉, 미백 ○ 포목, 창방, 대구보, 선프레, 암킹	13 이상 12 이상 11 이상 10 이상	10 이상 10 이상 9 이상 8 이상
포도	○ 델라웨어, 새단, MBA, 샤인머스켓 ○ 거봉 ○ 캠벨얼리	18 이상 17 이상 14 이상	16 이상 15 이상 12 이상
감귤	○ 한라봉, 천혜향, 진지향 ○ 온주밀감(시설), 청견, 황금향 ○ 온주밀감(노지)	13 이상 12 이상 11 이상	12 이상 11 이상 10 이상

금감	○ 특 - 12°Bx에 미달하는 것이 5%이하인 것
	     단, 10°Bx에 미달하는 것이 섞이지 않아야 한다.
	○ 상 - 11°Bx에 미달하는 것이 5%이하인 것
	     단, 9°Bx에 미달하는 것이 섞이지 않아야 한다.		

단감	○ 서촌조생, 차량, 태추, 로망 ○ 부유 ○ 대안단감	14 이상 13 이상 12 이상	12 이상 11 이상 11 이상
자두	○ 포모사 ○ 대석조생	11 이상 10 이상	9 이상
참외		11 이상	9 이상
딸기		11 이상	9 이상
수박		11 이상	9 이상
조롱 수박		12 이상	10 이상
멜론		13 이상	11 이상

※ 당도를 표시하는 경우 등급규격은 등급별 당도 규격을 포함하여 특, 상, 보통으로 표시하여야 한다.

ⓛ 당도표시 방법

    ⓐ 해당 당도를 브릭스(˚Bx) 단위로 표시하되 다음 예시와 같이 표시모형과 구분표 방식으로 표시할 수 있다.

    ⓑ 당도 구분은 (별표 4) 권장 표시사항의 등급별 당도규격의 상등급 미만은 "보통 당도", 상등급은 "높은 당도", 특등급은 "매우높은 당도"로 표시 한다.

<수박의 "당도"표시(예시)>

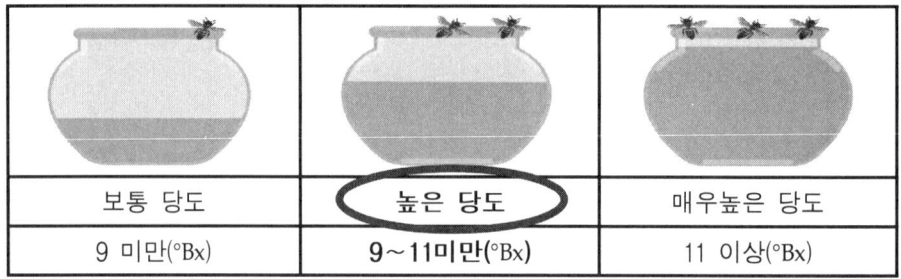

보통 당도	높은 당도	매우높은 당도
9 미만(˚Bx)	9~11미만(˚Bx)	11 이상(˚Bx)

    ○ 다만, 비파괴 당도 선별기를 이용한 품목의 경우 아래 표와 같이 당도의 허용오차를 줄 수 있다.

종 류	품 목	허용오차
과실류	사과, 배, 감귤	±0.5˚Bx
채소류	수박	±1.0˚Bx
	멜론, 참외	±1.5˚Bx

ⓒ 감귤류는 당도 이외에 산도를 % 단위로 표시

ⓔ 사과, 배의 경우 맛(당도, 산도, 경도)에 대해 시각화하여 표시할 수 있다. 이 경우 당도, 산도, 경도 중 일부를 선택하여 표시할 수 있다.

<(예시) 사과(후지)의 당도, 산도, 경도 규격 및 표시>

규격(안)	당도(˚Bx)	12.0 미만	12.0~14.0	14.0 이상
	산도(%)	0.25 미만	0.25~0.35	0.35 이상
	경도(N)	17.7 미만	17.7~23.5	23.5 이상
표시(안)	당도			
	산도			
	경도			

* 경도(N)는 5mm 프로브로 측정(kgf/∅5mm)한 값을 N으로 환산한 값

※ 위 표시는 당도, 산도, 경도를 도안 형태로 변형하여 표현 가능

[(예시) 당도   ,   ,   / 산도   ,   ,   / 경도   ,   ,   ]

② 크기(무게, 길이, 지름)구분에 따른 구분표 또는 개수(송이수) 구분표 표시

<크기 구분표시(사과 예시)>

구분 \ 호칭	3L	2L	L	M	S	2S
g/개	375 이상	300이상 375미만	250 이상 300 미만	214 이상 250 미만	188 이상 214 미만	167 이상 188 미만

또는 상자 당 단위 무게로 산출한 개수 표시

구분 \ 호칭	3L	2L	L	M	S	2S
개/5kg	13 미만	13이상 17미만	17 이상 20 미만	20 이상 23 미만	23 이상 27 미만	27 이상 30 미만

* 크기(무게) 구분표에 체크 방식으로 표시, 과일 등은 개수 구분 표시 가능

③ 포장치수 및 포장재 중량
④ 영양 · 주요 유효성분
　　㉠ 품목과 성분

품 목	영양·주요 유효성분
사과, 배, 감귤, 감자 등 농산물 표준규격이 제정된 품목(화훼류 제외)	에너지, 단백질, 지질, 탄수화물, 캡사이신, 안토시아닌 등

　　㉡ 표시방법 : 농촌진흥청의 "국가표준 식품성분표" 및 식품위생법에 따른 "식품 등의 표시기준" 등의 표시방법에 따라 표시
　　㉢ 고추 매운 정도(캡사이신 함량) 표시방법 : 고추의 매운 정도를 4단계로 구분하여 아래 표시 예시와 같이 표시

<고추 매운정도 표시(예시)>

구 분				
매운 정도	맵지 않음	약간 매움	보통 매움	매우 매움
캡사이신 함량 (mg/kg)	100 미만	100~800	800~2,000	2,000이상
생육시기 또는 소비자 입맛에 따라 매운 정도 차이가 발생할 수 있음				

* 소포장의 경우 해당 단계의 "매운정도" 표시만 할 수 있음.

(2) 표시방법

1) 포장재 겉면에 일괄 표시하되 품목, 생산자 또는 생산자단체의 명칭 및 전화번호, 권장 표시 사항은 별도로 표시할 수 있다.

2) 의무 및 권장 표시사항 외에 추가 표시사항이 있는 경우에는 추가할 수 있다.

3) 표시양식(예시)

표 준 규 격 품					
품 목		등 급		생산자(생산자단체)	
품 종		내용량 (개수)	kg ( )	이 름	
산 지				전화번호	
세척 후 드세요 또는 가열조리하여 드세요					

〈포장재치수 : 510×360×140㎜, 포장재중량 : 1,200g±5%〉

4) 글자 및 양식의 크기와 표시 위치는 품목의 특성, 포장재의 종류 및 크기 등에 따라 임의로 조정할 수 있다.

※ 곡류, 서류는 「양곡관리법」 시행규칙 제7조의3(양곡의 표시사항 등)에 따른 표시사항을 준수해야 함.

9. 등급규격

농산물 종류별 등급규격은 별표 5와 같다.

[별표 5] 농산물의 등급규격(제10조 관련)

(1) 과실류(1000)

규격번호	품 목	규격내용
1011	사 과	별 첨
1021	배	〃
1031	복 숭 아	〃
1041	포 도	〃
1051	감 귤	〃
1055	금 감	〃
1061	매 실	〃
1071	단 감	〃
1111	자 두	〃
1121	참 다 래	〃
1131	블루베리	〃

(2) 채소류(2000~3000)

규격번호	품 목	규격내용
2011	마른고추	별 첨
2012	고 추	〃
2021	오 이	〃
2031	호 박	〃
2034	단호박·미니단호박	〃
2041	가 지	〃
2051	토마토	〃
2053	방울토마토	〃

2054	송이토마토	〃
2061	참　외	〃
2071	딸　기	〃
2081	수　박	〃
2082	조롱수박	〃
2091	멜　론	〃
2101	피　망·파프리카	〃
3011	양　파	〃
3021	마　늘	〃
3041	무	〃
3051	결구배추	〃
3061	양배추	〃
3071	당　근	〃
3081	브로콜리	〃
3091	비트	〃

(3) 서류(4000)

규격번호	품　목	규격내용
4011	감　자	별　첨
4021	고구마	〃

(4) 특작류(5000)

규격번호	품　목	규격내용
5011	참　깨	별　첨
5021	피땅콩	〃
5022	알땅콩	〃
5031	들　깨	〃
5041	수　삼	〃

(5) 버섯류(6000)

규격번호	품　목	규격내용
6011	느타리버섯	별　첨
6013	큰느타리버섯(새송이버섯)	〃
6021	양송이버섯	〃
6031	팽이버섯	〃
6041	영지버섯	〃

(6) 곡류(7000)

규격번호	품　목	규격내용
7011	쌀	별　첨
7012	찹　쌀	〃
7013	현　미	〃
7021	보리쌀	〃
7031	좁　쌀	〃
7041	율무쌀	〃
7051	콩	〃
7061	팥	〃
7071	녹　두	〃
7081	찰수수쌀	〃

규격번호	품 목(품종·종류)	규격내용
7091	찰기장쌀	〃
7111	메 밀	〃
7121	옥수수(팝콘용)	〃
7122	옥수수쌀	〃

(7) 화훼류(8000)

규격번호	품 목(품종·종류)	규격내용
8011	국 화	별 첨
8021	카네이션	〃
8031	장 미	〃
8041	백 합	〃
8051	글라디올러스	〃
8061	튜울립	〃
8071	거베라	〃
8081	아이리스	〃
8091	프리지아	〃
8111	금어초	〃
8121	스타티스	〃
8141	칼 라	〃
8151	리시안시스	〃
8161	안개꽃	〃
8191	스토크	〃
8221	공작초	〃
8231	알스트로메리아	〃
8251	포인세티아	〃
8261	칼랑코에	〃
8271	시클라멘	〃

※ 공통사항 : 농산물 등급규격은 등급에 맞는 항목을 모두 충족할 경우에 표시할 수 있다. 1개 항목이라도 미달될 경우에는 미달된 등급으로 표시해야 한다.

10. 표준규격의 특례

(1) 포장규격 또는 등급규격이 제정되어 있지 않은 품목 또는 품종은 유사 품목 또는 유사 품종의 포장규격 또는 등급규격을 적용할 수 있다.

(2) 신선편이 농산물을 표준규격품으로 표시하여 출하할 경우에는 별표 7과 같이 별도의 품질규격과 포장규격, 표시사항을 적용할 수 있다.

(3) 2가지 이상 품목을 혼합하여 하나의 제품으로 포장하는 경우, 포장규격은 어느 하나의 품목기준에 따를 수 있되 거래단위는 유통현실에 따라 조정할 수 있으며, 의무표시사항은 각각 표시해야한다. 다만 공통적인 사항은 하나로 표시할 수 있다.

[별표 7]신선편이 농산물 표준규격(제11조의 ②관련)

(1) 적용범위

　　본 규격은 국내에서 생산된 농산물에 적용되며, 포장단위별로 적용한다.

(2) 적용대상

　　농산물을 편리하게 조리할 수 있도록 세척, 박피, 다듬기 또는 절단과정을 거쳐 포장되어 유통되는
　　채소류, 서류, 버섯류 등의 농산물을 대상으로 한다.

(3) 품질(적합) 규격

　1) 색깔

　　① 농산물 품목별 고유의 색을 유지하여야 함
　　② 절단된 농산물을 육안으로 판정하여 다음과 같은 변색이 나타나지 않아야 함
　　　㉠ 엽채류는 핑크색 또는 갈색이 잎의 중앙부(엽맥)까지 확산되지 않아야 함
　　　㉡ 엽경채류는 육안으로 판정하여 심한 황색 또는 갈색이 나타나지 않아야 함
　　　㉢ 근채류 중 당근은 표면에 백화현상이 심하지 않아야 하고, 무·당근·연근·우엉 등은 절단면에
　　　　서 갈변이 심하지 않아야 함
　　　㉣ 마늘은 녹변 또는 핑크색이 나타나지 않아야 하며, 양파는 색이 검게 나타나지 않고, 파는
　　　　황색으로 변하지 않아야 함
　　　㉤ 감자·고구마는 갈변과 녹변이 심하지 않아야 함

　2) 외관

　　① 병충해, 상해 등의 피해가 발견되지 않아야 함
　　② 엽채류 잎에 검은반점 또는 물에 잠긴(수침) 증상이 포장된 상태에서 육안으로 발견되지 않아
　　　야 함
　　③ 엽경채류, 근채류, 버섯류 등이 짓물려 있거나 점액물질이 심하게 발견되지 않아야 함
　　④ 과채류가 지나치게 물러져 주스가 흘러내리지 않아야 함
　　⑤ 서류는 지나치게 전분질이 나와 표면에 묻어 있지 않아야 함

　3) 이물질

　　포장된 신선편이 농산물의 원료 이외에 이물질이 없어야 함

　4) 신선도

　　① 표면이 건조되어 마른 증상이 없어야 하며, 부패된 것이 나타나지 않아야 함
　　② 물러지거나 부러짐이 심하지 않아야 함

　5) 포장상태

　　유통 중 포장재에 핀홀(구멍)이 발생하거나 진공포장의 밀봉이 풀리지 않아야 함

　6) 이취(본래의 냄새가 아닌 다른 냄새)

　　포장재 개봉 직후 심한 이취가 나지 않아야 하며, 이취가 발생하여도 약간만 느끼어 품목 고유의
　　향에 영향을 미치지 않아야 함

(4) 포장규격

　1) 포장재료는 식품위생법에 따른 기구 및 용기 포장의 기준 및 규격과 폐기물관리법 등 관계 법령에
　　적합하여야 한다.

2) 포장치수의 길이, 너비는 한국산업규격(KS T 1002)에서 정한 수송포장계열치수 69개 및 40개 모듈, 또는 표준팰릿(KS T 0006)의 적재효율이 90% 이상인 것으로 한다. 단, 5kg 미만 소포장 및 속포장 치수는 별도로 제한하지 않는다.

3) 거래단위는 거래 당사자간의 협의 또는 시장 유통여건에 따라 자율적으로 정하여 사용할 수 있다.

(5) 표시사항

출하하는 자가 표준규격품임을 표시할 경우 해당 물품의 포장표면에 "표준규격품"이라는 문구와 함께 품목·산지·품종·등급·무게·생산자 또는 생산자단체 명칭(판매자 명칭으로 갈음할 수 있음) 및 전화번호를 표시하여야 한다. 다만, 품종·등급은 생략할 수 있다.

(6) 용어의 정의

1) 신선편이 농산물이란 농산물을 편리하게 조리할 수 있도록 세척, 박피, 다듬기 또는 절단과정을 거쳐 포장되어 유통되는 조리용 채소류, 서류 및 버섯류 등의 농산물을 말한다.

2) 신선편이 농산물에 사용되는 원료 농산물의 분류는 다음과 같다.

① 채소류 : 엽채류, 엽경채류, 근채류, 과채류

㉠ 엽채류 : 상추, 양상추, 배추, 양배추, 치커리, 시금치 등

㉡ 엽경채류 : 파, 미나리, 아스파라거스, 부추 등

㉢ 근채류 : 무, 양파, 마늘, 당근, 연근, 우엉 등

㉣ 과채류 : 오이, 호박, 토마토, 고추, 피망, 수박 등

② 서류 : 감자, 고구마

③ 버섯류 : 느타리버섯, 새송이버섯, 팽이버섯, 양송이버섯 등

3) 변색이란 육안으로도 쉽게 식별할 수 있을 정도로 농산물 고유의 색이 다른 색으로 변해진 것을 말한다.

4) 백화현상(white blush)이란 당근 절단면이 주로 건조되면서 나타나는 것으로 고유의 색이 하얗게 변하는 것을 말한다.

5) 갈변이란 절단 된 신선편이 농산물이 주로 효소작용에 의해 육안으로 판정하여 고유의 색이 아닌 붉은 색 또는 갈색을 띠는 것을 말한다.

6) 녹변이란 마늘, 감자의 색이 육안으로 판정하여 구별될 수 있을 정도로 녹색으로 변한 것을 말한다.

7) 검은반점이란 엽채류에서 산소부족 및 이산화탄소 농도가 매우 높아 잎에 나타나는 것으로 처음에는 갈변의 반점이 나타나고 점차 면적이 커지면서 색이 검게 되는 것을 말한다.

8) 잠긴(수침) 증상이란 신선편이 엽채류의 잎이 더운물에 데친 것 같은 증상을 나타내는 것을 말한다.

9) 신선도란 신선편이 가공 직후 제품과 비교하였을 때 육안으로 차이가 없고, 말라서 농산물 중량이 감소하거나 부패된 것이 없는 것을 말한다.

10) 마른 증상이란 농산물 수분이 감소되어 당초 보다 부피가 작아지거나 모양이 변형된 것을 말한다.

11) 이취란 포장된 농산물을 개봉하였을 때 신선편이 농산물 고유의 냄새가 아닌 알콜취 등의 다른 냄새를 말한다.

11. 품위계측 · 감정방법

   (1) 등급규격의 항목별 품위 계측 및 감정은 별표 6과 국립농산물품질관리원 고시 「농산물 검사·검정방법 및 절차 등에 관한 규정」을 준용한다.

   (2) 계측에 사용하는 표준체의 규격은 국립농산물품질관리원 고시「농산물 검사·검정방법 및 절차 등에 관한 규정」에 따른다.

[별표 6] 항목별 품위계측 및 감정방법(제12조 관련)

1. 과실류

(1) 공시량

   포장단위 수량이 50과 이상은 50과를 무작위 추출하고, 50과 미만은 전량을 무작위 추출한다.

(2) 낱개의 고르기

   1) 크기 구분표의 크기 호칭은 공시량 평균 무게 또는 지름에 해당하는 것을 말한다.

   2) 공시량의 평균 크기(무게 또는 지름)를 기준으로 크기 구분표의 해당 호칭을 정하고, 그 평균 크기(무게 또는 지름)의 호칭과 비교하여 크기(무게 또는 지름)가 다른 것의 개수 비율을 구한다.

(3) 착색비율

   1) 공시량 중에서 품종 고유의 색깔이 가장 떨어지는 5과의 착색비율을 평균한 것으로 한다.

   2) 금감은 공시량 전량에 대하여 등급별 착색비율에 미달하는 것의 개수비율을 구한다.

   3) 낱개마다 품종 고유의 색깔에 대비하여 착색 정도별 면적비율과 해당 면적별 착색비율을 각각 측정하고 다음과 같이 산출한다.

      ※ 착색비율(%) = $(A1 \cdot B1 + A2 \cdot B2 + A3 \cdot B3 \cdots An \cdot Bn)/100$

        $A1, A2, A3 \cdots An$ = 착색정도별 면적비율

        $B1, B2, B3 \cdots Bn$ = 해당면적별 착색비율

(4) 당도

   1) 대상품목은 과실류 중 사과, 배, 복숭아, 포도, 감귤, 금감, 단감, 자두의 8품목으로 한다.

   2) 측정기기는 "과실류 당도 측정기-시험방법(KS B 5642)"에 적합한 것으로 한다.

   3) 공시량이 50개인 과실류는 품종 고유의 색깔이 가장 떨어지는 과실 5과, 공시량이 50개 미만인 과실은 품종 고유의 색깔이 가장 떨어지는 과실 3과를 측정한 평균값을 당도(°Bx)로 한다.

   4) 사과, 배는 씨방, 단감은 씨, 감귤은 껍질과 씨, 복숭아, 자두는 핵을 제거한 후 이용한다.

   5) 1과의 착즙은 씨방, 핵, 껍질, 씨 등을 제외한 가식부 전체를 착즙함을 원칙으로 하되, 품목별 특성을 고려하여 다음과 같이 착즙할 수 있다.

    ① 금감 : 꼭지를 제거한 전체를 착즙한다.

    ② 포도 : 1 송이의 상 · 중 · 하에서 중간 품위의 낱알을 각각 5알씩 채취하여 착즙한다.

    ③ 사과, 배, 단감, 복숭아, 자두, 감귤 : 『그림 1』과 같이 과실의 크기에 따라 꼭지를 중심으로 세로로 4~8등분하여 품종 고유의 색깔이 가장 떨어지는 부분과 그 반대쪽을 선택한 후 품목별 제거부위를 제외한 부위를 착즙한다.

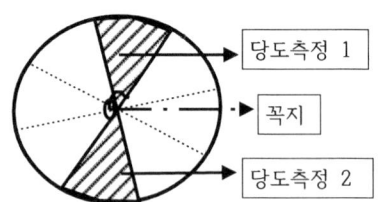

당도측정 1
꼭지
당도측정 2

(그림1) 채취 및 착즙부위

6) 착즙요령

　　① 착즙도구 : 소형 착즙기, 거름망, 착즙액 용기

　　② 착즙방법 : 착즙 부위를 적당한 크기로 절단한 후 소형 착즙기에 넣고, 거름망과 착즙액 용기를 놓은 다음 착즙하여 잘 섞은 후 측정액으로 사용한다.

7) 당도측정 : 착즙한 측정액을 굴절당도계 프리즘(측정액을 넣는 곳)에 적당량을 넣은 후 측정한다.

(5) 산함량/당산비(당도를 산도로 나눈 값)

　1) 시료는 당도 측정에 이용한 과즙을 사용한다.

　2) 산함량(산도) 측정은 "KS H 2188(과실·채소쥬스) 6.3 산도의 시험방법"을 준용하되, 이와 동등한 결과를 얻을 수 있는 방법 및 기계에 의한 방법을 보조방법으로 채택 할 수 있다.

　　※ 당산비 = 당도($^\circ$ Bx) ÷ 산함량(%)

(6) 결점과 판정기준 및 혼입률 산출방법

　1) 결점과는 공시량 중에서 매과 마다 경결점 이상인 것을 선별한 후 이를 다시 중결점, 경결점으로 분류하여 각각 개수 비율을 산출한다.

　2) 결점과 혼입률 산출은 다음 식에 의한다.

$$\text{혼입률 (\%)} = \frac{\text{중결점(경결점) 개수}}{\text{공시 개수}} \times 100$$

　3) 동일한 결점이 산재한 것은 종합하여 판정하고, 1과에 여러 가지 결점이 있는 것은 가장 중한 결점에 따른다.

2. 채소류

(1) 공시량

　포장단위 수량이 50개 이상은 50개, 50개 미만은 전량을 무작위 추출한다.

　포장단위 수량이 50과 이상은 50과를 무작위 추출하고, 50과 미만은 전량을 무작위 추출한다.

(2) 낱개의 고르기

　1) 마른고추, 고추, 오이, 호박, 가지 : 공시량 중에서 중결점 및 경결점, 심하게 구부러진 것 등을 제외하고 매개의 길이 또는 무게를 측정하여 평균을 구하고 품목(품종)별 허용길이 또는 무게를 초과하거나 미달하는 것의 개수 비율을 구한다. 단, 평균 길이(무게)는 공시량 중에서 10개를 무작위로 추출하여 측정한 값을 사용할 수 있다.

　2) 위의 품목을 제외한 채소류 : 공시량 중에서 중결점과를 제외하고 전량의 무게(또는 크기)를 계측하여 무게(또는 크기) 구분표에서 무게(또는 크기)가 다른 것의 개수 비율을 구한다.

(3) 마른고추의 품질평가

　1) 수분 : 고르기 계측용 시료중에서 30g 정도를 무작위로 채취하여 꼭지를 제거한 후 시료분쇄기로 과피와 씨를 20매쉬(약1mm) 정도로 분쇄 혼합하여 측정한다.

　2) 탈락씨 및 이물 : 매 포장단위에서 탈락씨와 이물을 따로 골라내어 전체 무게에 대한 비율을 구한다.

(4) 마늘의 품질평가

　1) 열구 : 공시료(50구) 중에서 마늘쪽의 일부 또는 전부가 줄기로부터 벌어져 있는 통마늘을 분류하여 개수비율을 산출한다. 다만, 마늘통 높이의 3/4 이상이 외피에 싸여 있는 것은 제외한다.

　2) 쪽마늘 : 포장단위 전체에서 쪽마늘을 분리한 후 전체 무게에 대한 무게비율을 구한다.

(5) 당도

　1) 대상품목은 과채류 중 수박, 조롱수박, 참외, 멜론, 딸기의 5품목으로 한다.

　2) 측정기기는 "과실류 당도 측정기–시험방법(KS B 5642)"에 적합한 것으로 한다.

　3) 공시량이 50개인 과채류는 품종 고유의 색깔이 가장 떨어지는 과채류 5개, 공시량이 50개 미만인 과채류는 품종 고유의 색깔이 가장 떨어지는 과채류 3개를 측정한 평균값을 당도(°Bx)로 한다.

　4) 수박, 조롱수박은 껍질과 씨, 참외는 태좌와 씨, 멜론은 껍질, 태좌, 씨를 제거한 후 이용한다.

　5) 1개의 착즙은 씨, 껍질, 태좌 등을 제외한 가식부 전체를 착즙함을 원칙으로 하되, 품목별 특성을 고려하여 다음과 같이 착즙할 수 있다.

　　① 딸기 : 꼭지를 제거한 전체를 착즙한다.

　　② 수박, 조롱수박 : 『그림 1』과 같이 크기에 따라 꼭지를 중심으로 세로로 4~8등분하여 X자(대칭)로 2조각(『그림 1』참조)을 선택하여 각각 『그림 2』와 같이 3개 부위를 절단한 후 제거부위를 제외한 부위를 착즙한다.

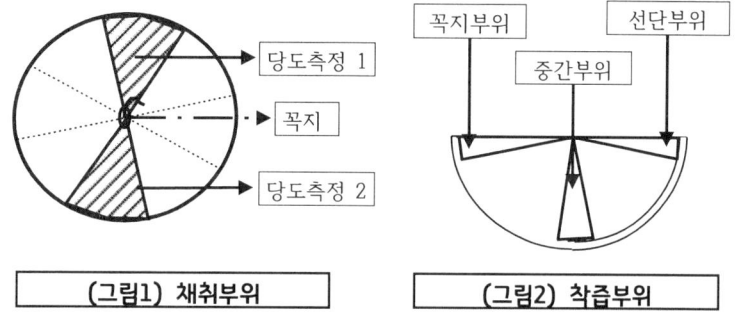

(그림1) 채취부위　　　　　**(그림2) 착즙부위**

　　③ 참외, 멜론 : 꼭지와 꽃자리의 중간부위를 수평으로 『그림 1』과 같이 2등분하여 각 등분별로 X자(대칭)로 2조각(『그림 2』)을 선택한 후 제거부위를 제외한 부위를 착즙한다.

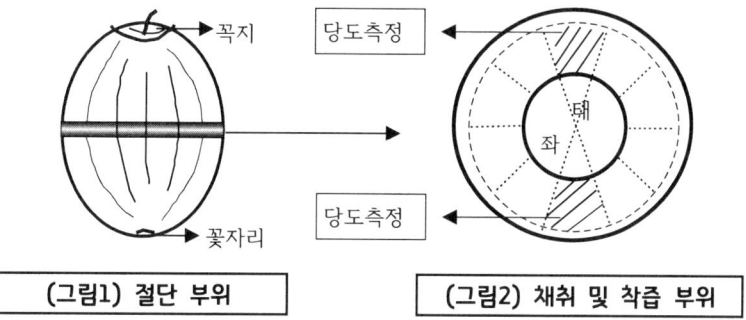

(그림1) 절단 부위　　　　　**(그림2) 채취 및 착즙 부위**

6) 착즙요령

    ① 착즙도구 : 소형 착즙기, 거름망, 착즙액 용기

    ② 착즙방법 : 착즙 부위를 적당한 크기로 절단한 후 소형 착즙기에 넣고, 거름망과 착즙액 용기를 놓은 다음 착즙하여 잘 섞은 후 측정액으로 사용한다.

7) 당도측정 : 착즙한 측정액을 굴절당도계 프리즘(측정액을 넣는 곳)에 적당량을 넣은 후 측정한다.

(6) 결점 판정기준 및 혼입률 산출방법

1) 결점은 매개 마다 경결점 이상인 것을 선별한 후 이를 다시 경결점, 중결점으로 분류하여 각각 개수 비율을 산출한다.

2) 결점 혼입률 산출은 다음 식에 의한다.

$$\text{혼입률 (\%)} = \frac{\text{중결점(경결점) 개수}}{\text{공시 개수}} \times 100$$

3. 서류(薯類) : 채소류에 준한다.

4. 특작류

(1) 고르기(알땅콩) : 매 포장단위에서 200g 정도를 무작위로 추출하여 무게 구분표에서 무게가 다른 것의 중량비율을 구한다.

(2) 빈 꼬투리, 이물 : 매 포장단위에서 200g 정도를 균분하여 각각의 무게비율을 구한다.

(3) 용적중 : "1ℓ 용적중 측정 곡립계"로 측정함을 원칙으로 하되 이와 동등한 측정결과를 얻을 수 있는 브라웰곡립계 등에 의한 측정을 보조방법으로 할 수 있다. 단, 브라웰곡립계 계측 시 이물을 제외한 시료를 150g 균분하여 사용한다.

(4) 피해립, 이종곡립, 이종피색립 : 용적중을 계측한 시료 중에서 50g 정도를 균분하여 각각의 무게비율을 구한다.

(5) 수삼 낱개의 고르기·결점 혼입률 : 채소류에 준한다.

5. 곡류

국립농산물품질관리원 고시 「농산물 검사 · 검정방법 및 절차 등에 관한 규정」[별표 4] "곡종별 품위 검정 순위표"에 준한다. 다만, 해당 품목이 없을 경우 유사한 품목을 적용한다.

3장 / 등급규격

① 검사항목 특이사항

1. 등급규격 항목

과실류	등급규격의 항목
사과	낱개의 고르기, 색택, 신선도, 중결점과, 경결점과
배	낱개의 고르기, 색택, 신선도, 중결점과, 경결점과
복숭아	낱개의 고르기, 색택, 중결점과, 경결점과
포도	낱개의 고르기, 색택, **낱알의 형태**, 중결점과, 경결점과
감귤	낱개의 고르기, 색택, **과피, 껍질뜬 것(부피과)**, 중결점과, 경결점과
금감	낱개의 고르기, 색택, 중결점과, 경결점과
매실	낱개의 고르기, **숙도**, 중결점과, 경결점과
단감	낱개의 고르기, 색택, **숙도**, 중결점과, 경결점과
자두	낱개의 고르기, 색택, 중결점과, 경결점과
참다래	낱개의 고르기, 색택, **향미, 털**, 중결점과, 경결점과
블루베리	낱개의 고르기, 색택, **낱알의 형태**, 중결점과, 경결점과

채소류	등급규격의 항목
마른고추	낱개의 고르기, 색택, **수분, 탈락씨, 이물**, 중결점과, 경결점과
고추	낱개의 고르기, **길이(꽈리고추)**, 색택, 신선도, 중결점과, 경결점과
오이	낱개의 고르기, 색택, **모양**, 신선도, 중결점과, 경결점과
호박	낱개의 고르기, 색택, **모양**, 신선도, 중결점과, 경결점과
단호박, 미니단호박	낱개의 고르기, **모양·색택**, 중결점과, 경결점과
가지	낱개의 고르기, 색택, **모양**, 신선도, 중결점과, 경결점과
토마토	낱개의 고르기, 색택, 신선도, **꽃자리 흔적**, 중결점과, 경결점과
방울토마토	낱개의 고르기, 색택, 신선도, **숙도**, 중결점과, 경결점과
송이토마토	**모양**, 색택, 신선도, 중결점과, 경결점과
참외	낱개의 고르기, 색택, **신선도·숙도**, 중결점과, 경결점과
딸기	낱개의 고르기, 색택, 신선도, 중결점, 경결점
수박	색택, 신선도, **숙도**, 중결점과, 경결점과
조롱수박	낱개의 고르기, **모양**, 신선도, 중결점과, 경결점과
멜론	낱개의 고르기, 색택, **신선도·숙도**, 중결점과, 경결점과

피망, 파프리카	낱개의 고르기, 색택, 신선도, 중결점과, 경결점과
양파	낱개의 고르기, 모양, 색택, 손질, 중결점, 경결점
마늘	낱개의 고르기, 모양, 손질, 열구(난지형), 쪽마늘, 중결점, 경결점
무	낱개의 고르기, 모양, 신선도, 잎길이, 중결점, 경결점
결구배추	낱개의 고르기, 결구, 신선도, 다듬기, 중결점, 경결점
양배추	낱개의 고르기, 결구, 신선도, 다듬기, 중결점, 경결점
당근	낱개의 고르기, 색택, 모양, 손질, 중결점, 경결점
녹색꽃양배추	낱개의 고르기, 결구, 신선도, 다듬기, 중결점, 경결점
비트	낱개의 고르기, 신선도, 손질, 중결점, 경결점

서류, 특작류, 버섯류	등급규격의 항목
감자	낱개의 고르기, 손질, 중결점, 경결점
고구마	낱개의 고르기, 손질, 중결점, 경결점
참깨	모양, 수분, 용적중(g/ℓ), 이종피색립, 이물 — 수확년도 조건 있음.
피땅콩	모양, 수분, 빈꼬투리, 피해꼬투리, 이물
알땅콩	낱개의 고르기, 모양, 수분, 피해립, 이물
들깨	모양, 수분, 용적중, 피해립, 이종곡립, 이종피색립, 이물 — 수확년도 조건 있음
수삼	낱개의 고르기, 모양, 육질, 색택, 손질, 신선도, 중결점, 경결점
느타리버섯	낱개의 고르기, 갓의 모양, 신선도, 이물, 중결점, 경결점
큰느타리버섯	낱개의 고르기, 갓의 모양, 갓의 색깔, 신선도, 결점, 이물
양송이버섯	낱개의 고르기, 갓의 모양, 신선도, 자루길이, 이물, 중결점, 경결점
팽이버섯	갓의 모양, 갓의 크기, 색택, 신선도, 이물, 중결점, 경결점
영지버섯	낱개의 고르기, 갓의 모양, 절편의 넓이, 갓의 두께, 자루길이, 수분, 이물, 중결점, 경결점

곡류	등급규격의 항목
쌀	수분, 싸라기, 분상질립, 피해립, 열손립, 기타이물
찹쌀	모양, 냄새, 수분, 멥쌀혼입, 싸라기, 피해립, 열손립, 기타이물 – 수확년도 조건 있음
현미	모양, 용적중, 정립, 수분, 사미, 피해립, 열손립, 메현미 혼입, 돌, 뉘·이종곡립 (1.5kg중), 이물 – 수확년도 조건 있음
보리쌀	모양, 냄새, 수분, 메보리쌀 혼입, 열손립, 싸라기, 돌(1.5kg중), 이물
좁쌀	모양, 냄새, 수분, 피해립, 이물, 메좁쌀 혼입, 이종곡립, 조 – 수확년도 조건
율무쌀	모양, 냄새, 수분, 정립, 열손립, 피해립, 피율무(1.5kg중), 이종곡립, 돌, 이물 – 수확년도 조건
콩	모양, 수분, 발아율(콩나물콩), 낟알의 굵기, 정립, 피해립, 이종곡립, 이종피색립, 이물 – 수확년도 조건
팥	모양, 수분, 정립, 피해립, 이종곡립, 이종피색립, 이물 – 수확년도 조건
녹두	모양, 수분, 정립, 발아율(나물용), 피해립, 이종곡립, 이종피색립, 이물 – 수확년도 조건
찰수수쌀	모양, 냄새, 수분, 피해립, 이종곡립, 메수수쌀 혼입, 싸라기, 이물, 돌(1.0kg중) – 수확년도 조건
찰기장쌀	모양, 냄새, 수분, 피해립, 이종곡립, 메기장쌀 혼입, 싸라기, 기장, 이물 – 수확년도 조건
메밀	모양, 수분, 용적중, 피해립, 미숙립, 이종곡립, 이물 – 수확년도 조건
옥수수(팝콘용)	모양, 수분, 정립, 피해립, 미숙립, 이종곡립, 이물, 돌(500g중) – 수확년도 조건
옥수수쌀	모양, 냄새, 수분, 정립, 피해립, 파쇄립, 메옥수수쌀 혼입, 이종곡립, 이물, 돌 (500g중) – 수확년도 조건

화훼류	등급규격의 항목
포인세티아	기본품질, 잎, 개화정도, 착색정도, 볼륨감, 균형미(초폭/초장)
칼랑코에	기본품질, 꽃, 잎, 개화정도, 분지수/꽃대수, 균형미(초폭/초장)
시클라멘	기본품질, 꽃, 잎, 개화정도, 기형화, 균형미(초폭/초장)
거베라	크기의 고르기, 꽃, 줄기, 개화정도, 손질, 중결점, 경결점 – 조건(캡 씌우고 줄기 18cm까지 테이핑)
국화, 카네이션, 장미, 백합, 글라디올러스, 튜울립, 아이리스, 프리지아, 금어초, 스타티스, 칼라, 리시안사스, 안개꽃, 스토크, 공작초, 알스트로메리아	크기의 고르기, 꽃, 줄기, 개화정도, 손질, 중결점, 경결점

2. 낱개의 고르기

무게 · 길이 · 크기 등을 기준으로 각각의 구분표에서 무게·길이·크기가 다른 것이 혼입된 비율로 「특」· 「상」· 「보통」의 3단계 등급이 결정된다.

과실류	특	상
사과	무게가 다른 것이 섞이지 않은 것	5% 이하, 1단계 초과할 수 없다
배	무게가 다른 것이 섞이지 않은 것	5% 이하, 1단계 초과할 수 없다
복숭아	무게가 다른 것이 섞이지 않은 것	5% 이하, 1단계 초과할 수 없다
포도	10% 이하, 1단계 초과할 수 없다	30% 이하, 1단계 초과할 수 없다
감귤	5% 이하, 1단계 초과할 수 없다	10% 이하, 1단계 초과할 수 없다
금감	5% 이하, 1단계 초과할 수 없다	10% 이하, 1단계 초과할 수 없다
매실	무게 또는 지름 다른 것 5% 이하	10% 이하
단감	5% 이하, 1단계 초과할 수 없다	10% 이하, 1단계 초과할 수 없다
자두	5% 이하, 1단계 초과할 수 없다	10% 이하, 1단계 초과할 수 없다
참다래	5% 이하, 1단계 초과할 수 없다	10% 이하, 1단계 초과할 수 없다
블루베리	20% 이하, 1단계 초과할 수 없다	30% 이하, 1단계 초과할 수 없다

채소류	특	상
마른고추	평균길이 ±1.5cm 초과 10% 이하	평균길이 ±1.5cm 초과 20% 이하
고추	평균길이 ±2.0cm 초과 10% 이하 (꽈리고추 : 20% 이하)	평균길이 ±2.0cm 초과 20% 이하 (꽈리고추 : 50% 이하)
오이	평균길이 ±2.0cm 초과(다다기계 ±1.5) 10% 이하	평균길이 ±1.5cm 초과 20% 이하
호박	쥬키니 : 평균길이 ±2.5cm 초과 10% 이하	평균길이 ±2.5cm 초과 20% 이하
	애호박 : 평균길이 ±2.0cm 초과 10% 이하	평균길이 ±2.0cm 초과 20% 이하
	풋호박 : 평균무게 ±50g 초과 10% 이하	평균무게 ±50g 초과 20% 이하
단호박, 미니단호박	무게가 다른 것이 섞이지 않은 것	무게가 다른 것이 섞이지 않은 것
가지	평균길이 ±2.5cm 초과 10% 이하	평균길이 ±2.5cm 초과 20% 이하
토마토	5% 이하, 1단계 초과할 수 없다	10% 이하, 1단계 초과할 수 없다
방울토마토	무게, 지름 다른 것 10% 이하, 1단계 초과할 수 없다	20% 이하, 1단계 초과할 수 없다
참외	3% 이하, 1단계 초과할 수 없다	5% 이하, 1단계 초과할 수 없다
딸기	10% 이하	20% 이하
조롱수박	무게가 다른 것이 없는 것	무게가 다른 것이 없는 것
멜론	무게가 다른 것이 섞이지 않은 것	무게가 다른 것이 섞이지 않은 것

피망, 파프리카	5% 이하	10% 이하
양파	10% 이하	20% 이하
마늘	10% 이하, 1단계 초과할 수 없다	20% 이하, 1단계 초과할 수 없다
무	10% 이하	20% 이하
결구배추	무게가 다른 것이 섞이지 않은 것	무게가 다른 것이 섞이지 않은 것
양배추	무게가 다른 것이 섞이지 않은 것	무게가 다른 것이 섞이지 않은 것
당근	10% 이하	20% 이하
녹색꽃양배추	무게가 다른 것이 섞이지 않은 것	무게가 다른 것이 섞이지 않은 것
비트	10% 이하, 1단계 초과할 수 없다	20% 이하, 1단계 초과할 수 없다

화훼류	특	상
절화류 전부	크기가 다른 것이 없는 것	크기가 다른 것이 5% 이하인 것

서류, 특작류, 버섯류	특	상
감자	10% 이하	20% 이하
고구마	10% 이하	20% 이하
알땅콩	「L」인 것 95% 이상인 것	「L」, 「M」인 것 90% 이상
수삼	10% 이하, 1단계 초과할 수 없다	상 : 15% 이하, 보통 : 30% 이하
느타리버섯	20% 이하	40% 이하
큰느타리버섯	10% 이하, 1단계 초과할 수 없다	20% 이하, 1단계 초과할 수 없다
양송이버섯	5% 이하, 1단계 초과할 수 없다	10% 이하, 1단계 초과할 수 없다
영지버섯	원형 : 크기가 다른 것이 섞이지 않은 것	크기가 다른 것이 섞이지 않은 것
	절편 : 9.0cm 이상이 40% 이상, 　　　 5.0cm 이하가 10% 이하	7.0cm 이상이 40% 이상, 5.0cm 이하가 10% 이하

3. 다듬기, 손질

양파, 결구배추, 감자, 고구마 등과 같이 흙 등의 이물질을 제거하거나 마늘과 같이 줄기를 절단해야 하는 품목, 절화류와 같이 마른잎이나 이물질을 제거해야 하는 품목에 적용되며 「특」·「상」·「보통」의 3단계 등급이 결정된다.

품 목	「특」의 등급기준	
녹색꽃양배추	화구 줄기 7cm 이하에 나머지 부위는 깨끗하게 다듬은 것	다듬기
양배추	겉잎과 오염된 잎을 제거하고 뿌리를 깨끗이 자른 것	
결구배추	겉잎과 오염된 잎을 제거하고 뿌리를 깨끗이 자른 것	
당근	잎은 1.0cm 이하로 자르고 흙과 수염뿌리를 제거한 것	손질
감자	흙 등 이물질 제거 정도가 뛰어나고 표면이 적당하게 건조된 것	
고구마	흙, 줄기 등 이물질 제거 정도가 뛰어나고 표면이 적당하게 건조된 것	
양파	흙 등 이물이 잘 제거된 것	
마늘	– 통마늘의 줄기는 마늘통으로부터 2.0cm 이내로 절단한 것 – 풋마늘의 줄기는 마늘통으로부터 5.0cm 이내로 절단한 것	
비트	흙, 줄기 등 이물질 제거 정도가 뛰어나고 표면이 적당히 건조된 것	
수삼	– 수삼 : 흙 등 이물질이 적당히 제거된 것 – 세척수삼 : 흙 등 이물질이 완전히 제거된 것	
거베라	이물질이 깨끗이 제거된 것	
국화, 카네이션, 장미, 백합, 글라디올러스, 튜울립, 아이리스, 프리지아, 금어초, 스타티스, 칼라, 리시안사스, 안개꽃, 스토크, 공작초, 알스트로메리아	마른 잎이나 이물질이 깨끗이 제거된 것	

4. 숙도

숙도는 과육의 성숙 정도 말하며 「특」·「상」·「보통」의 3단계 등급이 결정된다.

품 목	「특」의 등급기준
단감	숙도가 양호하고 균일한 것
매실	과육의 숙도가 적당하고 손으로 만져 단단한 것
방울토마토	과육의 성숙정도가 적당하고 균일한 것
참외(신선도·숙도)	과육의 성숙 정도가 적당하며 과피에 갈변현상이 없고 신선도가 뛰어난 것
수박	과육은 성숙에 따른 품종 고유의 색깔이 뚜렷하고 성숙 정도가 적당한 것
메론(신선도·숙도)	꼭지가 시들지 아니하고 과육의 성숙도가 적당한 것

5. 색택, 색깔

1) 품종 고유의 색택으로 낱개에 대한 색택면적의 비율을 기준으로 「특」·「상」·「보통」의 3단계 등급이 결정된다.

2) 색택은 소비자에게 가장 강하게 느껴지는 품위 결정 요인의 하나로서 색택에 따른 품위를 결정할 때 영향을 주게 된다. 농산물의 기본색을 조절하는 식물색소는 플라보노이드(붉은색의 안토시아닌과 노란색의 플라본), 클로로필(녹색) 및 카로티노이드(노랑~오렌지) 리코펜(주황색) 등으로 각 색소는 다른 파장에서 빛을 흡수함으로써 특징적인 색택을 나타낸다.

과실류	특	상
사과	'특' 이외의 것이 섞이지 않은 것	'상'에 미달하는 것이 없는 것 보통 : '보통'에 미달하는 것이 없는 것
배	품종고유의 색택이 뛰어난 것	양호한 것
복숭아	품종고유의 색택이 뛰어난 것	양호한 것
포도	품종고유의 색택 갖추고 과분의 부착 양호	품종고유의 색택 갖추고 과분의 부착 양호
감귤	'특' 이외의 것이 섞이지 않은 것	'상'에 미달하는 것이 없는 것 보통 : '보통'에 미달하는 것이 없는 것
금감	'특'에 미달하는 것이 1% 이하	'상'에 미달하는 것이 3% 이하 보통 : '보통'에 미달하는 것이 5% 이하
단감	착색비율이 80% 이상인 것	착색비율이 60% 이상인 것
자두	착색비율이 40% 이상인 것	착색비율이 20% 이상인 것
참다래	품종고유의 색택이 뛰어난 것	양호한 것
블루베리	품종고유의 색택 갖추고 과분의 부착 양호	품종고유의 색택 갖추고 과분의 부착 양호

채소류	특	상
마른고추	품종 고유 색택으로 선홍색 진홍색으로 광택 뛰어난 것	양호한 것
고추	풋, 꽈리고추 : 짙은 녹색 균일하고 윤기 뛰어난 것	짙은 녹색 균일하고 윤기 있는 것
	홍고추 : 품종 고유 색깔 선명하고 윤기 뛰어난 것	품종 고유 색깔 선명하고 윤기 있는 것
오이	품종고유의 색택이 뛰어난 것	양호한 것
호박	품종고유의 색깔로 광택 뛰어난 것	품종고유의 색깔로 광택 뛰어난 것
단호박, 미니단호박	모양·색택 : 품종고유 모양과 색택이 뛰어난 것	양호한 것
가지	품종고유 흑자색으로 광택이 뛰어난 것	양호한 것
토마토	출하시기별로 착색기준표의 착색기준에 맞고 착색 상태가 균일한 것	
방울토마토	품종고유 색택으로 착색 정도가 뛰어나며 균일한 것	양호하며 균일한 것
송이토마토	70% 이상인 것	70% 이상인 것
참외	90% 이상인 것	80% 이상인 것
딸기	품종고유의 색택이 뛰어난 것	양호한 것
수박	과피는 품종고유 색깔 선명하고 윤기가 뛰어난 난 것	양호한 것
멜론	품종고유 모양과 색택이 뛰어나며 네트계 멜론은 그물모양이 뚜렷하고 균일한 것	품종고유 모양과 색택이 양호하며 네트계 멜론은 그물모양이 양호한 것
피망, 파프리카	품종고유의 색택이 선명하고 윤기가 뛰어난 것	양호한 것
양파	품종고유의 선명한 색택으로 윤기가 뛰어난 것	양호한 것
당근	품종고유의 색택이 뛰어난 것	양호한 것

서류, 특작류, 버섯류	특	상
수삼	표피 색이 **연한 황색 또는 황백색인 것**	표피 색이 연한 황색 또는 황백색인 것
큰느타리버섯	갓의 색깔 : 품종고유의 색깔을 갖춘 것	품종고유의 색깔을 갖춘 것
팽이버섯	품종고유의 색택이 뛰어난 것	양호한 것

6. 모양, 형태

품종 고유의 모양이나 형태를 기준으로 「특」·「상」·「보통」의 3단계 등급이 결정된다.

과실류	특	상
포도	낱알의 **형태** : 낱알 간 숙도와 고르기가 뛰어난 것	양호한 것
블루베리	낱알의 **형태** : 낱알 간 숙도와 고르기가 뛰어난 것	양호한 것

채소류	특	상
오이	품종고유의 모양으로 처음과 끝의 굵기가 일정하며 **구부러진 정도가 다다기, 취청계 1.5cm 이내, 가시계 2.0cm 이내**	품종고유의 모양으로 처음과 끝의 굵기가 대체로 일정하며 **구부러진 정도가 다다기, 취청계 3.0cm 이내, 가시계 4.0cm 이내**
호박	쥬키니 : 처음과 끝의 굵기가 거의 비슷하며 **구부러진 정도가 2.0cm 이내**	처음과 끝의 굵기가 거의 비슷하며 **구부러진 정도가 4.0cm 이내**
	애호박 : 처음과 끝의 굵기가 거의 비슷하며 구부러진 것이 없는 것	처음과 끝의 굵기가 대체로 비슷하며 **구부러진 정도가 2.0cm 이상이 20% 이내**
	풋호박 : 구형 또는 난형으로 모양이 균일한 것	대체로 균일한 것
단호박, 미니단호박	모양색택 : 품종고유 모양과 색택이 뛰어난 것	양호한 것
가지	처음과 끝의 굵기가 거의 비슷하며 **구부러진 정도가 2.0cm 이내**	처음과 끝의 굵기가 거의 비슷하며 **구부러진 정도가 4.0cm 이내**
송이토마토	**송이당 4개 이상의 낱알**이 달린 것	**송이당 4개 이상의 낱알**이 달린 것
조롱수박	품종고유의 모양으로 윤기가 뛰어난 것	양호한 것
양파	품종고유의 모양인 것	품종고유의 모양인 것
마늘	품종고유 모양이 뛰어나며 각 **마늘쪽이 충실**하고 고른 것	품종고유 모양 갖추고 각 마늘쪽이 대체로 충실하고 고른 것
무	껍질이 매끄러우며 잔뿌리가 적은 것	껍질이 매끄러우며 잔뿌리가 적은 것
당근	표면이 매끈하고 **꼬리부위의 비대가 양호**한 것	표면이 매끈하고 꼬리부위의 비대가 양호한 것

서류, 특작류, 버섯류	특	상
참깨	품종고유 모양과 색택을 갖춘 것으로 껍질이 얇고 충실하며 고르고 윤기가 있는 것	
피땅콩	품종고유의 모양과 색택으로 크기가 균일하고 충실한 것	
알땅콩	낱알 모양과 크기 균일하고 충실하며 **껍질 벗겨진 것이 5.0% 이하**인 것	10.0% 이하인 것
들깨	낱알의 모양과 크기가 균일하고 충실한 것	
수삼	수삼 고유 형태인 **머리, 몸통, 다리의 모양**을 갖춘 것	
느타리버섯	갓의 모양 : 품종고유 형태와 색깔로 윤기가 있는 것	
큰느타리버섯	갓의 모양 : 갓은 우산형으로 개열되지 않고 자루는 굵고 곧은 것	갓은 우산형으로 개열이 심하지 않으며 자루가 대체로 굵고 곧은 것
양송이버섯	갓의 모양 : 버섯 갓과 자루 사이의 피막이 떨어지지 아니하고 육질이 두껍고 단단하며 색택이 뛰어난 것	버섯 갓과 자루 사이 피막이 떨어지지 아니하고 육질이 두껍고 단단하며 색택이 양호한 것
팽이버섯	갓의 모양 : 갓이 펴지지 않은 것	
영지버섯	갓의 모양 : 품종고유 모양과 색택을 갖추고 조직이 단단한 것	

곡류	특	상
찹쌀	강층이 완전히 제거되고 낟알의 윤기가 뛰어나고 충실한 것	
현미	품종고유 모양으로 낟알 **표면의 긁힘**이 거의 없고 광택이 뛰어나며 낟알이 충실하고 고른 것	
보리쌀	강층이 완전히 제거된 것으로 품종고유 모양을 갖춘 것	
좁쌀	강층이 완전히 제거된 것으로 낟알이 충실한 것	
율무쌀	강층이 완전히 제거된 것으로 낟알이 충실한 것	
콩	품종고유 모양과 색택을 갖춘 것으로 낟알이 충실하고 고른 것	
팥	품종고유 모양과 색택을 갖춘 것으로 낟알이 충실하고 고른 것	
녹두	품종고유 모양과 색택을 갖춘 것으로 낟알이 충실하고 고른 것	
찰수수쌀	강층의 제거 정도가 적당하고 낟알이 충실하고 고른 것	
찰기장쌀	강층이 완전히 제거된 것으로 낟알이 충실한 것	
메밀	품종고유 모양과 색택을 갖춘 것으로 낟알이 충실하고 고른 것	
옥수수(팝콘용)	품종고유 모양과 색택을 갖춘 것으로 낟알이 충실하고 굵기가 고른 것	
옥수수쌀	강층이 완전히 제거된 것으로 낟알이 충실한 것	

7. 신선도

사과·배 등은 윤기가 나고 껍질의 수축현상이 나타나지 않음. 오이 등은 꼭지가 마르지 않음 등을 기준으로 「특」·「상」·「보통」의 3단계 등급이 결정된다.

과실류	특	상
사과	윤기 나고 껍질의 수축현상이 나타나지 않은 것	껍질의 수축현상이 나타나지 않은 것
배	껍질의 수축현상이 나타나지 않은 것	껍질의 수축현상이 나타나지 않은 것

채소류	특	상
고추	꼭지가 시들지 않고 신선하며 탄력이 뛰어난 것	양호한 것
오이	꼭지와 표피가 메마르지 않고 싱싱한 것	
호박	꼭지와 표피가 메마르지 않고 싱싱한 것	
가지	표피에 주름이 없고 싱싱하며 탄력이 있는 것	
토마토	꼭지가 시들지 않고 껍질의 탄력이 뛰어난 것	양호한 것
방울토마토	과피의 탄력이 뛰어난 것	양호한 것
송이토마토	꼭지가 시들지 않고 껍질의 탄력이 뛰어난 것	양호한 것
참외	신선도·숙도 : 과육 성숙 정도가 적당하며 과피에 갈변현상이 없고 신선도가 뛰어난 것	과육 성숙 정도가 적당하며 과피에 갈변현상이 경미하고 신선도가 양호한 것
딸기	꼭지가 시들지 않고 표면에 윤기가 있는 것	
수박	꼭지 절단부분의 마른 정도가 양호하고 과피가 단단하고 신선한 것(꼭지는 짧게 절단하는 것을 권장)	
조롱수박	꼭지가 마르지 않고 싱싱한 것	
멜론	신선도·숙도 : 꼭지가 시들지 아니하고 과육의 성숙도가 적당한 것	
피망, 파프리카	꼭지가 시들지 아니하고 탄력이 뛰어난 것	양호한 것
무	뿌리가 시들지 아니하고 싱싱하며 청결한 것	
결구배추	잎이 시들지 아니하고 싱싱하며 청결한 것	
양배추	잎이 시들지 아니하고 싱싱하며 청결한 것	
녹색꽃양배추	특, 상 : 화구가 황화되지 아니하고 싱싱하며 청결한 것 보통 : 화구의 황화 정도가 전체 면적의 5% 이하인 것	
비트	손으로 만져 단단한 정도가 뛰어난 것	적당한 것

서류, 특작류, 버섯류	특	상
수삼	수확 당시 수준의 신선도를 유지하고 있는 것	
느타리버섯	신선하고 탄력이 있는 것으로 **갈변현상이 없고 고유의 향기**가 뛰어난 것	
큰느타리버섯	육질이 부드럽고 단단하며 탄력이 있는 것으로 고유의 **향기**가 뛰어난 것	양호한 것
양송이버섯	버섯 갓이 퍼지지 않고 탄력이 있는 것	
팽이버섯	육질의 탄력이 있으며 **고유의 향기**가 있는 것	

8. 이물, 이종곡립

이물은 해당 품목 외의 것을 말하며 혼입 정도에 따라 「특」·「상」·「보통」의 3단계 등급이 결정된다.
1) 등급항목에 이종곡립 항목이 있는 경우 : 곡립 외의 것
2) 등급항목에 이종곡립 항목이 없는 경우 : 자신 외의 것은 모두 이물(곡립도 이물로 분류)

1) 이물(% 이하)

버섯류, 곡류	특(% 이하인 것)	상(% 이하인 것)	보통(% 이하인 것)
느타리버섯	없는 것	없는 것	없는 것
큰느타리버섯	없는 것	없는 것	없는 것
양송이버섯	없는 것	없는 것	없는 것
팽이버섯	없는 것	없는 것	없는 것
영지버섯	없는 것	없는 것	없는 것
마른고추	0.5	1.0	2.0
참깨	1.0	2.0	5.0
피땅콩	0.5	1.0	2.0
알땅콩	0.1	0.5	1.0
들깨	0.5	1.0	2.0
쌀(기타이물)	0.1	0.3	0.6
	돌, 플라스틱, 유리, 쇳조각 등 고형물은 1kg 3반복조사 합산 1개 이내, 이종곡립(뉘 포함) 특, 상은 2개 이하, 보통은 5개 이하여야 함		
찹쌀(기타이물)	0.1	0.3	1.0
	돌, 광물질의 고형물은 3반복 조사 합산 1개 이내이어야 한다.		
현미	0.0	0.3	0.5
보리쌀	0.0	0.2	0.4

좁쌀	0.0	0.3	0.5
율무쌀	0.3	0.5	1.0
콩	0.0	0.2	0.5
팥	0.0	0.2	0.5
녹두	0.0	0.2	0.5
찰수수쌀	0.0	0.3	0.5
찰기장쌀	0.0	0.3	0.5
메밀	0.5	1.0	2.0
옥수수(팝콘용)	0.0	0.1	0.3
옥수수쌀	0.1	0.3	0.5

2) 이종곡립

곡류	특(% 이하인 것)	상(% 이하인 것)	보통(% 이하인 것)
들깨	0.0	0.3	0.5
현미	뉘, 이종곡립(1.5kg중) 없는 것	없는 것	3개 이하인 것
좁쌀	0.0	0.3	0.5
율무쌀	0.0	0.3	0.5
콩	0.0	0.1	0.3
팥	0.0	0.1	0.3
녹두	0.1	0.3	0.5
찰수수쌀	0.0	0.2	0.4
찰기장쌀	0.0	0.3	0.5
메밀	0.1	0.3	0.5
옥수수(팝콘용)	0.5	1.0	2.0
옥수수쌀	0.0	0.3	0.5

9. 수분

수분은 105℃ 건조법에 의하여 측정함을 원칙으로 하며 건조 정도에 따라 「특」·「상」·「보통」의 3단계 등급이 결정된다.

「특」의 등급기준	품 목
9.0% 이하	알땅콩
10.0% 이하	참깨, 피땅콩, 들깨
13.0% 이하	영지버섯, 율무쌀
14.0% 이하	그 외
15.0% 이하	찰수수쌀, 옥수수쌀, 마른고추
16.0% 이하	쌀, 찹쌀, 현미

10. 이종피색립

이종피색립은 해당 품목과 종피(껍질)의 색깔이 다른 것을 말하며 혼입 정도에 따라 「특」·「상」·「보통」의 3단계 등급이 결정된다.

곡류	특	상	보통
참깨	1.0	2.0	5.0
들깨	2.0	5.0	10.0
콩	0.0	0.2	0.5
팥	0.0	0.2	0.5
녹두	0.0	0.2	0.5

11. 결구

	특	상
결구배추	양손으로 만져 단단한 정도가 뛰어난 것	양호한 것
양배추	양손으로 만져 단단한 정도가 뛰어난 것	양호한 것
녹색꽃양배추	양손으로 만져 단단한 정도가 뛰어난 것	양호한 것

12. 용적중(g/L)

시료 1L의 무게로 표시하며 "1L용적중 측정 곡립계"로 측정함을 원칙으로 하며 브라웰 곡립계, 전기식곡립계 등에 의한 측정을 보조방법으로 할 수 있다.

곡류	특	상	보통
참깨	600 이상인 것	580 이상인 것	550 이상인 것
들깨	500 이상인 것	470 이상인 것	440 이상인 것
현미	810 이상인 것	800 이상인 것	780 이상인 것
메밀	600 이상인 것	560 이상인 것	500 이상인 것

13. 싸라기

곡류		정의	특	상	보통
쌀		1.7mm 금속망 체로 쳐서 체를 통과하지 아니하는 낟알 중 그 길이가 완전한 낟알 평균길이 3/4 미만인 것	3.0	7.0	12.0
찹쌀		1.7mm 금속망 체로 쳐서 체 위에 남은 것 중 완전한 낟알 평균길이 3/4 미만의 깨진 낟알	3.0	7.0	20.0
보리쌀	겉, 찰	1.7mm 금속망 체로 쳐서 체 위에 남은 것 중 부러졌거나 깨진 낟알	4.0	8.0	15.0
	쌀, 찰쌀		2.0	4.0	10.0
찰수수쌀		1.4mm 금속망 체로 쳐서 체 위에 남은 것 중 부러졌거나 깨진 낟알	5.0	10.0	15.0
찰기장쌀		850㎛(0.85mm) 금속망 체로 쳐서 체 위에 남은 것 중 부러졌거나 깨진 낟알	5.0	10.0	20.0
옥수수(파쇄립)		4.0mm 둥근 눈의 금속판 체로 쳐서 체 위에 남은 옥수수쌀로 부러졌거나 깨진 낟알	10.0	15.0	20.0

14. 냄새

곡류	특	상	보통
찹쌀, 보리쌀, 좁쌀, 율무쌀, 찰수수쌀, 찰기장쌀, 옥수수쌀	곰팡이 및 묵은 냄새가 없는 것		

15. 정립, 피해립

1) 정립(% 이상)

곡류	정의	특	상	보통
현미	피해립, 사미, 열손립, 미숙립, 뉘, 이종곡립, 이물을 제외한 낟알	85.0	75.0	70.0
율무쌀	1.7mm 금속망체로 쳐서 체위에 남은 율무쌀로 그 길이가 완전한 낟알의 3/4 이상인 것	75.0	65.0	55.0
콩	피해립, 미숙립, 이종곡립, 이물을 제외한 건전한 낟알	95.0	85.0	75.0
팥	피해립, 미숙립, 이종곡립, 이물을 제외한 건전한 낟알	95.0	85.0	75.0

녹두	피해립, 이종곡립, 이물을 제외한 건전한 낟알	95.0	85.0	75.0
옥수수(팝콘용)	피해립, 미숙립, 이종곡립, 이물을 제외한 건전한 낟알	95.0	90.0	80.0
옥수수쌀	4.0mm 둥근 눈의 금속판 체로 쳐서 체위에 남은 옥수수쌀로 그 크기가 완전한 낟알의 3/4 이상인 건전한 낟알	90.0	85.0	80.0

2) 피해립(% 이하)

곡류	정의	특	상	보통
알땅콩	부패·변질립, 병충해립, 발아립, 미숙립, 깨진립 등	3.0	5.0	10.0
들깨	병해립, 충해립, 변질립, 변색립, 파쇄립 등	0.5	1.0	2.0
쌀	오염된립, 병해립, 충해립, 발아립, 생리장해립, 적조 및 흑조가 낟알 길이의 1/4 이상 부착된 것	1.0	2.0	4.0
찹쌀		1.0	2.0	6.0
현미	손상된 낟알(발이립, 병해립, 충해립, 부패립, 금간 낟알, 기형립, 싸라기 등)	5.0	7.0	10.0
좁쌀	오염된립, 병해립, 충해립, 변질립, 변색립, 파쇄립 등	5.0	10.0	15.0
율무쌀	오염된 낟알, 병해립, 충해립, 반점립, 흑점립, 생리장해립 등	0.2	0.5	1.0
콩	손상된 낟알(병해립, 충해립, 부패립, 변질립, 변색립, 파쇄립, 껍질이 갈라지거나 벗겨진 립 등), 다만 성숙 도중 자연적으로 껍질의 일부가 갈라진 것, 자반병립 중 자주색 병반의 면적이 표면적의 20% 이하인 것 등 피해가 경미한 것 제외	5.0	15.0	25.0
팥	손상된 낟알(병해립, 충해립, 부패립, 변질립, 변색립, 파쇄립, 껍질이 갈라지거나 벗겨진 립 등), 다만 성숙 도중 자연적으로 껍질의 일부가 갈라진 것 등 피해가 경미한 것 제외	5.0	15.0	25.0
녹두	오염된 낟알, 병해립, 충해립, 변질립, 변색립, 파쇄립, 부패립, 미숙립 등	5.0	15.0	25.0
찰수수쌀	오염된 낟알, 병해립, 충해립, 변색립, 변질립, 흑점립, 생리장해립 등	1.0	2.0	3.0
찰기장쌀	오염된 낟알, 병해립, 충해립, 변색립, 변질립, 파쇄립 등	3.0	5.0	10.0
메밀	손상된 낟알(병해립, 충해립, 변색립, 변질립, 파쇄립 등)	1.0	2.0	3.0
옥수수(팝콘용)	손상된 낟알(병해립, 충해립, 부패립, 변색립, 변질립, 파쇄립 등)	2.0	4.0	10.0
옥수수쌀	손상된 낟알(병해립, 충해립, 부패립, 변색립, 변질립, 파쇄립 등)	0.1	0.5	1.0

16. 열손립(% 이하)

곡류	정의	특	상	보통
쌀	열 등에 의하여 변색 또는 손상된 낟알, 미립표면적이 1/4 이상이 주황색으로 착색된 것, 다만 착색 정도가 주황색 기준 이하이거나 1/4 미만은 피해립으로 적용	0.0	0.0	0.1
		1kg 중 특은 3립 이하, 상은 7립		
찹쌀		0.0	0.1	0.5
현미		0.0	0.1	0.3
보리쌀	열에 의하여 변색 또는 손상된 낟알	0.0	0.1	0.2
율무쌀		0.0	0.1	0.2

17. 메 혼입률(찰에만 적용)(% 이하)

곡류	특	상	보통
찹쌀	3.0	8.0	15.0
현미(찰현미)	3.0	8.0	15.0
보리쌀(찰, 찰쌀)	5.0	10.0	20.0
좁쌀(차좁쌀)	5.0	10.0	15.0
찰수수쌀	5.0	10.0	15.0
찰기장쌀	5.0	10.0	15.0
옥수수쌀	10.0	20.0	25.0

18. 돌

곡류	정의	특	상	보통
현미	콘크리트 조각 등 광물성 고형물로써 1.7mm 금속망 체를 통과하지 아니하는 크기의 것	없는 것		
보리쌀	1.7mm 금속망 체로 쳐서 체위 남은 돌, 콘크리트 조각 등 광물성 고형물	없는 것(1.5kg 중)		
율무쌀	1.7mm 금속망 체로 쳐서 체위 남은 돌, 콘크리트 조각 등 광물성 고형물	없는 것		
찰수수쌀	1.4mm 금속망 체로 쳐서 체위 남은 돌, 콘크리트 조각 등 광물성 고형물	없는 것(1.0kg 중)		
옥수수(팝콘용), 옥수수쌀	돌, 콘크리트 조각 등 광물성 고형물	없는 것(500g 중)		

19. 꽃

화훼류	특	상
국화, 카네이션, 장미, 튤립, 글라디올러스, 거베라, 아이리스, 프리지아, 금어초, 스타티스, 칼라, 리시안사스, 안개꽃, 스토크, 공작초, 알스트로메리아	품종 고유의 모양으로 색택이 선명하고 뛰어난 것	양호한 것
백합	품종 고유 모양으로 색택이 선명하고 뛰어나며 크기가 균일한 것	품종 고유 모양으로 색택이 선명하고 양호한 것
칼랑코에, 시클라멘	품종 고유 색상으로 화색이 선명한 것	품종 고유 색상으로 화색이 조금 떨어지는 것

20. 줄기

화훼류	특	상
국화	세력이 강하고, 휘지 않으며, 굵기가 일정한 것	
카네이션, 백합, 글라디올러스, 장미, 튤립, 거베라, 아이리스, 프리지아, 금어초, 스타티스, 칼라, 스토크, 리시안사스, 안개꽃, 공작초, 알스트로메리아	세력이 강하고, 휘지 않으며, 굵기가 일정한 것	세력이 강하고, 휘어진 정도가 약하며 굵기가 비교적 일정한 것

21. 기본품질, 잎, 꽃, 균형미(초폭/초장) – 분화류

1) 기본품질

화훼류	특	상
포인세티아	잎이 풍성하며 화분의 흙이 보이지 않고 병충해 및 상처가 없고 신선한 것	잎이 풍성하지 않고 화분의 흙이 약간 보이며 병충해 흔적 등 상처가 경미하게 있는 것
칼랑코에, 시클라멘	잎이 풍성하며 화분의 흙이 보이지 않고 병충해 및 상처가 없는 것	

2) 잎

화훼류	특	상
포인세티아	잎의 색상이 선명한 것	잎의 색상의 선명도가 조금 떨어지는 것
칼랑코에, 시클라멘	잎의 색상, 무늬가 선명하고 윤기가 있는 것	잎의 색상, 무늬 선명도 및 윤기가 조금 떨어지는 것

3) 균형미(초폭/초장)

화훼류	특	상
포인세티아, 시클라멘	1.6±0.2, 치우침 없음	1.6±0.2초과, 치우침 없음
칼랑코에	1.5±0.2, 치우침 없음	1.5±0.2초과, 치우침 없음

22. 개화정도

화훼류		특	상
국화	스탠다스	꽃봉오리 1/2 정도 개화	2/3 정도 개화
	스프레이	꽃봉오리가 3~4개 정도 개화, 전체적 조화	5~6개 정도 개화, 전체적 조화
카네이션	스탠다스	꽃봉오리 1/4 정도 개화	1/2 정도 개화
	스프레이	꽃봉오리가 1~2개 정도 개화, 전체적 조화	3~4개 정도 개화, 전체적 조화
장미	스탠다스	꽃봉오리 1/5 정도 개화	2/5 정도 개화
	스프레이	꽃봉오리가 1~2개 정도 개화	3~4개 정도 개화
백합		꽃봉오리 상태에서 화색 보이고 균일	1/3 정도 개화
글라디올러스		꽃봉오리 2~3개의 화색이 보이는 것	3~4개의 화색이 보이는 것
튜울립		꽃봉오리 상태에서 화색이 보이는 것	1/3 정도 개화
거베라		4/5 정도 개화	완전히 개화된 것
아이리스		꽃봉오리가 1/3 정도 올라온 것	1/2 정도 올라온 것
프리지아		꽃봉오리 아래 부분의 소화가 화색이 보이는 것	아래 부분 소화가 1~2개 개화된 것
금어초		전체 소화 중 1/3 정도 개화된 것	전체 소화 중 1/2 정도 개화된 것
스타티스		전체 소화 중 2/3 정도 개화된 것	전체 소화 중 2/3 정도 개화된 것
칼라	백색	꽃봉오리 1/3 정도 개화	2/3 정도 개화
	유색	꽃봉오리 2/3 정도 개화	완전히 개화된 것
리시안사스		각 측지의 1번화가 1/2 정도 개화된 것	각 측지의 1번화가 완전히 개화된 것
안개꽃		전체 소화 중 2/3 정도 개화된 것	전체 소화 중 2/3 정도 개화된 것
스토크		전체 소화 중 1/3 정도 개화된 것	전체 소화 중 2/3 정도 개화된 것
공작초		전체 꽃봉오리 중 1/3 정도 개화된 것	전체 꽃봉오리 중 2/3 정도 개화된 것
알스트로메리아	하계(5~10월)	꽃봉오리 중 가장 빠른 것의 개화가 1/3 정도인 것	
	동계(11~4월)	꽃봉오리 중 가장 빠른 것의 개화가 2/3 정도인 것	
포인세티아		꽃가루가 터지지 않은 상태의 것	꽃가루가 조금 터진 상태의 것
칼랑코에		꽃대가 균일하게 올라오고 30~50% 개화된 것	꽃대가 균일하게 올라오는 정도는 약간 다르며 50~80% 개화 또는 30% 미만으로 개화된 것
시클라멘		꽃대가 균일하게 올라오고 8개 이상 개화된 것(진제 10~13개)	꽃대가 균일하게 올라오는 정도는 약간 다르며 4~6개 개화된 것(전체 6~8개)

23. 기타항목

1) 과실류

항목	품목	등급기준
낱알의 형태	포도	특 : 낱알 간 숙도와 크기의 고르기가 뛰어난 것 / 상 : 양호한 것
	블루베리	특 : 낱알 간 숙도의 고르기가 뛰어난 것 / 상 : 양호한 것
과피	감귤	특, 상 : 품종고유의 과피로서 수축현상이 나타나지 않는 것
껍질뜬 것(부피과)	감귤	특 : 없음(0) / 상 : 가벼움(1) / 보통 : 중간정도(2)
향미	참다래	특 : 품종고유 향미가 뛰어난 것 / 상 : 양호한 것
털	참다래	특 : 털의 탈락이 없는 것 / 상 : 경미한 것 / 보통 : 심하지 않은 것

2) 채소류

항목	품목	등급기준
탈락씨	마른고추	특 : 0.5% 이하 / 상 : 1.0% 이하 / 보통 : 2.0% 이하
꽃자리 흔적	토마토	특 : 거의 눈에 띄지 않은 것 / 상 : 두드러지지 않은 것
열구(난지형)	마늘	특 : 20% 이하 / 상 : 30% 이하 / 보통 : 특, 상에 미달하는 것
쪽마늘	마늘	특 : 4% 이하 / 상 : 10% 이하 / 보통 : 15% 이하
잎길이	무	저장무는 3.0cm 이하(김장용은 적용하지 아니함)

3) 특작류, 버섯류

항목	품목	등급기준
빈꼬투리	피땅콩	특 : 3.0% 이하 / 상 : 5.0% 이하 / 보통 : 10.0% 이하
피해꼬투리	피땅콩	특 : 3.0% 이하 / 상 : 5.0% 이하 / 보통 : 10.0% 이하
육질	수삼	특, 상 : 조직이 치밀하고 탄력이 있는 것
자루길이	양송이	특 : 1.0cm 이하 절단 / 상 : 2.0cm 이하 절단 / 보통 : 특,상에 미달
	영지버섯	특 : 1.0cm 이하 절단 / 상 : 3.0cm 이하 절단 / 보통 : 3.0cm 이하 절단
절편넓이	영지버섯	특, 상, 보통 : 2~8mm인 것

4) 곡류

항목	품목	등급기준
분상질립	쌀	특 : 2.0 / 상 : 6.0 / 보통 : 10.0
사미	현미	특 : 3.0% 이하 / 상 : 6.0% 이하 / 보통 : 10.0% 이하
조	좁쌀	특 : 0.3% 이하 / 상 : 0.5% 이하 / 보통 : 1.0% 이하
피율무(1.5kg 중)	율무쌀	특 : 3립 이하인 것 / 상 : 5립 이하 / 보통 : 10립 이하
낟알의 굵기	콩	특, 상, 보통 : 체위 남는 무게 비율 80% 이상(특 : 콩나물콩은 소립종)
발아율	콩(나물용)	특, 상, 보통 : 85% 이상인 것
	녹두(나물용)	특, 상, 보통 : 85% 이상인 것
기장	찰기장쌀	특 : 0.0% 이하 / 상 : 0.5% 이하 / 1.0% 이하
미숙립	메밀	특 : 10.0% 이하 / 상 : 20.0% 이하 / 보통 : 25.0% 이하
	옥수수(팝콘)	특 : 2.0% 이하 / 상 : 4.0% 이하 / 보통 : 6.0% 이하
파쇄립	옥수수쌀	특 : 10.0% 이하 / 상 : 15.0% 이하 / 보통 : 20.0% 이하

5) 화훼류

항목	품목	등급기준
조건	거베라	특, 상 : 꽃봉오리에 캡을 씌우고 줄기 18cm까지 테이핑한 것
볼륨감	포인세티아	특 : 잎의 수가 일정수준 이상으로 30장 내외인 것 상 : 잎의 수가 일정수준 이상으로 25장 내외인 것
분지수/꽃대수	칼랑코에	특 : 7개/15대 이상 / 상 : 5~7개/10~15대
기형화	시클라멘	특 : 전체 꽃의 15% 이하 / 상 : 전체 꽃의 15~30% 이하

② 등급항목

농산물 표준규격
사 과

[규격번호 : 1011]

I. 적용 범위

본 규격은 국내에서 생산되어 신선한 상태로 유통되는 사과에 적용하며, 가공용 또는 수출용에는 적용하지 않는다.

II. 등급 규격

등급 항목	특	상	보통
낱개의 고르기	별도로 정하는 크기 구분표 [표 1]에서 무게가 다른 것이 섞이지 않은 것	낱개의 고르기 : 별도로 정하는 크기 구분표 [표 1]에서 무게가 다른 것이 5% 이하인 것. 단, 크기 구분표의 해당 무게에서 1단계를 초과할 수 없다.	특·상에 미달하는 것
색택	별도로 정하는 품종별/등급별 착색비율 [표 2]에서 정하는 「특」이외의 것이 섞이지 않은 것. 단, 쓰가루(비착색계)는 적용하지 않음	별도로 정하는 품종별/등급별 착색비율 [표 2]에서 정하는 「상」에 미달하는 것이 없는 것. 단, 쓰가루(비착색계)는 적용하지 않음	별도로 정하는 품종별/등급별 착색비율 [표 2]에서 정하는 「보통」에 미달하는 것이 없는 것
신선도	윤기가 나고 껍질의 수축현상이 나타나지 않은 것	껍질의 수축현상이 나타나지 않은 것	특·상에 미달하는 것
중결점과	없는 것	없는 것	5% 이하인 것(부패·변질과는 포함할 수 없음)
경결점과	없는 것	10% 이하인 것	20% 이하인 것

[표 1] 크기 구분

호칭 구분	3L	2L	L	M	S	2S
g/개	375 이상	300 이상 ~ 375 미만	250 이상 ~ 300 미만	214 이상 ~ 250 미만	188 이상 ~ 214 미만	167 이상 ~ 188 미만

[표 2] 품종별/등급별 착색비율

품종 \ 등급	특	상	보통
홍옥, 홍로, 화홍, 양광 및 이와 유사한 품종	70% 이상	50% 이상	30% 이상
후지, 조나골드, 세계일, 추광, 서광, 선홍, 새나라 및 이와 유사한 품종	60% 이상	40% 이상	20% 이상
쓰가루(착색계) 및 이와 유사한 품종	20% 이상	10% 이상	–

<용어의 정의>

① 착색비율은 낱개별로 전체 면적에 대한 품종 고유의 색깔이 착색된 면적의 비율을 말한다.

② 중결점과는 다음의 것을 말한다.

   ㉠ 이품종과 : 품종이 다른 것

   ㉡ 부패, 변질과 : 과육이 부패 또는 변질된 것(과숙에 의해 육질이 변질된 것을 포함한다.)

   ㉢ 미숙과 : 당도, 경도, 착색으로 보아 성숙이 현저하게 덜된 것(성숙 이전에 인공 착색한 것을 포함한다.)

   ㉣ 병충해과 : 탄저병, 검은별무늬병(흑성병), 겹무늬썩음병, 복숭아심식나방 등 병해충의 피해가 과육까지 미친 것

   ㉤ 생리장해과 : 고두병, 과피 반점이 과실표면에 있는 것

   ㉥ 내부갈변과 : 갈변증상이 과육까지 미친 것

   ㉦ 상해과 : 열상, 자상 또는 압상이 있는 것. 다만 경미한 것은 제외한다.

   ㉧ 모양 : 모양이 심히 불량한 것

   ㉨ 기타 : 경결점과에 속하는 사항으로 그 피해가 현저한 것

③ 경결점과는 다음의 것을 말한다.

   ㉠ 품종 고유의 모양이 아닌 것

   ㉡ 경미한 녹, 일소, 약해, 생리장해 등으로 외관이 떨어지는 것

   ㉢ 병해충의 피해가 과피에 그친 것

   ㉣ 경미한 찰상 등 중결점과에 속하지 않는 상처가 있는 것

   ㉤ 꼭지가 빠진 것

   ㉥ 기타 결점의 정도가 경미한 것

농산물 표준규격
배

[규격번호 : 1021]

I. 적용 범위

본 규격은 국내에서 생산되어 신선한 상태로 유통되는 배에 적용하며, 가공용 또는 수출용에는 적용하지 않는다.

II. 등급 규격

등급 항목	특	상	보통
낱개의 고르기	별도로 정하는 크기 구분표 [표 1]에서 무게가 다른 것이 섞이지 않은 것	별도로 정하는 크기 구분표 [표 1]에서 무게가 다른 것이 5% 이하인 것. 단, 크기 구분표의 해당 무게에서 1단계를 초과할 수 없다.	특·상에 미달하는 것
색택	품종 고유의 색택이 뛰어난 것	품종 고유의 색택이 양호한 것	특·상에 미달하는 것
신선도	껍질의 수축현상이 나타나지 않은 것	껍질의 수축현상이 나타나지 않은 것	특·상에 미달하는 것
중결점과	없는 것	없는 것	5% 이하인 것(부패·변질과는 포함할 수 없음)
경결점과	없는 것	10% 이하인 것	20% 이하인 것

[표 1] 크기 구분

호칭 구분	3L	2L	L	M	S	2S
g/개	750 이상	600 이상 ~ 750 미만	500 이상 ~ 600 미만	430 이상 ~ 500 미만	375 이상 ~ 430 미만	333 이상 ~ 375 미만

<용어의 정의>

① 중결점과는 다음의 것을 말한다.

  ㉠ 이품종과 : 품종이 다른 것

  ㉡ 부패, 변질과 : 과육이 부패 또는 변질된 것

  ㉢ 미숙과 : 당도, 경도 및 색택으로 보아 성숙이 현저하게 덜된 것(성숙 이전에 인공 착색한 것을 포함한다.)

  ㉣ 과숙과 : 경도, 색택으로 보아 성숙이 지나치게 된 것

  ㉤ 병충해과 : 붉은별무늬병(적성병), 검은별무늬병(흑성병), 겹무늬병, 심식충류, 매미충류 등 병해충의 피해가 과육까지 미친 것

  ⓗ 상해과 : 열상, 자상 또는 압상이 있는 것. 다만 경미한 것은 제외한다.

  ⓢ 모양 : 모양이 심히 불량한 것

  ⓞ 기타 : 경결점과에 속하는 사항으로 그 피해가 현저한 것

② 경결점과는 다음의 것을 말한다.

  ㉠ 품종 고유의 모양이 아닌 것

  ㉡ 경미한 과피흑점, 얼룩, 녹, 일소 등으로 외관이 떨어지는 것

  ㉢ 병해충의 피해가 과피에 그친 것

  ㉣ 경미한 찰상 등 중결점과에 속하지 않는 상처가 있는 것

  ㉤ 꼭지가 빠진 것

  ⓗ 기타 결점의 정도가 경미한 것

농산물 표준규격
복숭아

[규격번호 : 1031]

Ⅰ. 적용 범위

본 규격은 국내에서 생산되어 신선한 상태로 유통되는 복숭아에 적용하며, 가공용 또는 수출용에는 적용하지 않는다.

Ⅱ. 등급 규격

등급 항목	특	상	보통
낱개의 고르기	별도로 정하는 크기 구분표 [표 1]에서 무게가 다른 것이 섞이지 않은 것	별도로 정하는 크기 구분표 [표 1]에서 무게가 다른 것이 5% 이하인 것. 단, 크기 구분표의 해당 크기에서 1단계를 초과할 수 없다.	특·상에 미달하는 것
색택	품종 고유의 색택이 뛰어난 것	품종 고유의 색택이 양호한 것	특·상에 미달하는 것
중결점과	없는 것	없는 것	5% 이하인 것(부패·변질과는 포함할 수 없음)
경결점과	없는 것	5%이하인 것	20% 이하인 것

[표 1] 크기 구분

품종		호칭 2L	L	M	S
1개의 무게(g)	유명, 장호원황도, 천중백도, 서미골드 및 이와 유사한 품종	375 이상	300 이상 ~ 375 미만	250 이상 ~ 300 미만	210 이상 ~ 250 미만
	백도, 천홍, 사자, 창방, 대구보, 진미. 미백 및 이와 유사한 품종	250 이상	215 이상 ~ 250 미만	188 이상 ~ 215 미만	150 이상 ~ 188 미만
	포목조생, 선광, 수봉 및 이와 유사한 품종	210 이상	180 이상 ~ 210 미만	150 이상 ~ 180 미만	120 이상 ~ 150 미만
	백미조생, 찌요마루, 선프레, 암킹 및 이와 유사한 품종	180 이상	150 이상 ~ 180 미만	125 이상 ~ 150 미만	100 이상 ~ 125 미만

<용어의 정의>

① 중결점과는 다음의 것을 말한다.
    ㉠ 이품종과 : 품종이 다른 것
    ㉡ 부패, 변질과 : 과육이 부패 또는 변질된 것
    ㉢ 미숙과 : 당도, 경도 및 색택으로 보아 성숙이 현저하게 덜된 것

     ② 과숙과 : 경도, 색택으로 보아 성숙이 지나치게 된 것

     ⑩ 병충해과 : 복숭아탄저병, 세균성구멍병(천공병), 검은점무늬병(흑점병), 복숭아명나방, 복숭아심식나방 등 병해충의 피해가 과육까지 미친 것

     ⓗ 상해과 : 열상, 자상 또는 압상이 있는 것. 다만 경미한 것은 제외한다.

     ⓢ 모양 : 모양이 심히 불량한 것, 외관상 씨 쪼개짐이 두드러진 것

     ⓞ 기타 : 경결점과에 속하는 사항으로 그 피해가 현저한 것

② 경결점과는 다음의 것을 말한다.

     ㉠ 품종 고유의 모양이 아닌 것

     ㉡ 외관상 씨 쪼개짐이 경미한 것

     ㉢ 병해충의 피해가 과피에 그친 것

     ㉣ 경미한 일소, 약해, 찰상 등으로 외관이 떨어지는 것

     ㉤ 기타 결점의 정도가 경미한 것

농산물 표준규격
포 도

[규격번호 : 1041]

Ⅰ. 적용 범위

본 규격은 국내에서 생산되어 신선한 상태로 유통되는 포도에 적용하며, 가공용 또는 수출용에는 적용하지 않는다.

Ⅱ. 등급 규격

등급 항목	특	상	보통
낱개의 고르기	별도로 정하는 크기 구분표 [표 1]에서 무게가 다른 것이 10% 이하인 것 단, 크기 구분표의 해당 무게에서 1단계를 초과할 수 없다.	별도로 정하는 크기 구분표 [표 1]에서 무게가 다른 것이 30% 이하인 것. 단, 크기 구분표의 해당 무게에서 1단계를 초과할 수 없다.	특·상에 미달하는 것
색택	품종 고유의 색택을 갖추고, 과분의 부착이 양호한 것	품종고유의 색택을 갖추고, 과분의 부착이 양호한 것	특·상에 미달하는 것
낱알의 형태	낱알 간 숙도와 크기의 고르기가 뛰어난 것	낱알 간 숙도와 크기의 고르기가 양호한 것	특·상에 미달하는 것
중결점과	없는 것	없는 것	5% 이하인 것(부패·변질과는 포함할 수 없음)
경결점과	없는 것	5% 이하인 것	20% 이하인 것

[표 1] 크기 구분

품종	호칭	2L	L	M	S
1 송이의 무게(g)	샤인머스켓, 거봉, 흑보석, 자옥 등 무핵(씨없는 것)과와 유사한 품종	700 이상	600 이상 ~ 700 미만	500 이상 ~ 600 미만	500 미만
	마스캇베일리에이, 마스컷오브알렉산드리아, 이탈리아 등 이와 유사한 품종	600 이상	500 이상 ~ 600 미만	400 이상 ~ 500 미만	400 미만
	거봉, 흑보석, 자옥 등 유핵(씨있는 것)과와 유사한 품종	500 이상	400 이상 ~ 500 미만	300 이상 ~ 400 미만	300 미만
	캠벨얼리, 새단 등 이와 유사한 품종	450 이상	350 이상 ~ 450 미만	300 이상 ~ 350 미만	300 미만
	델라웨어, 킹델라 등 이와 유사한 품종	250 이상	150 이상 ~ 250 미만	100 이상 ~ 150 미만	100 미만

<용어의 정의>

① 중결점과는 다음의 것을 말한다.
  ㉠ 이품종과 : 품종이 다른 것
  ㉡ 부패, 변질과 : 부패, 경화, 위축 등 변질된 것(과숙에 의해 육질이 변질된 것을 포함한다.)
  ㉢ 미숙과 : 당도, 색택 등으로 보아 성숙이 현저하게 덜된 것
  ㉣ 병충해과 : 탄저병, 노균병, 축과병 등 병해충의 피해가 있는 것
  ㉤ 피해과 : 일소, 열과, 오염된 것 등의 피해가 현저한 것
② 경결점과는 다음의 것을 말한다.
  ㉠ 품종 고유의 모양이 아닌 것
  ㉡ 낱알의 밀착도가 지나치거나 성긴 것
  ㉢ 병해충의 피해가 경미한 것
  ㉣ 기타 결점의 정도가 경미한 것

```
┌──────────────────────┐
│   농산물 표준규격     │
│      블루베리         │
└──────────────────────┘
```

[규격번호 : 1131]

I. 적용 범위

본 규격은 국내에서 생산되어 신선한 상태로 유통되는 하이부시 블루베리와 레빗아이 블루베리에 적용하며, 가공용 또는 수출용에는 적용하지 않는다.

II. 등급 규격

항목＼등급	특	상	보통
낱개의 고르기	별도로 정하는 크기 구분표 [표 1]에서 크기가 다른 것이 20% 이하인 것. 단, 크기 구분표의 해당 무게에서 1단계를 초과할 수 없다.	별도로 정하는 크기 구분표 [표 1]에서 크기가 다른 것이 30% 이하인 것. 단, 크기 구분표의 해당 무게에서 1단계를 초과할 수 없다.	특·상에 미달하는 것
색택	품종 고유의 색택을 갖추고, 과분의 부착이 양호한 것	품종 고유의 색택을 갖추고, 과분의 부착이 양호한 것	특·상에 미달하는 것
낱알의 형태	낱알 간 숙도의 고르기가 뛰어난 것	낱알 간 숙도의 고르기가 양호한 것	특·상에 미달하는 것
중결점	없는 것	없는 것	5% 이하인 것(부패·변질된 것은 포함할 수 없음)
경결점	없는 것	5% 이하인 것	20% 이하인 것

[표 1] 크기 구분

구분＼호칭	2L	L	M	S
과실 횡경 기준(mm)	17이상	14이상 ~ 17미만	11이상 ~ 14미만	11미만

<용어의 정의>

① 중결점과는 다음의 것을 말한다.
　　㉠ 이품종과 : 품종이 다른 것
　　㉡ 부패, 변질과 : 과육이 부패 또는 변질된 것
　　㉢ 미숙과 : 당도, 색택 등으로 보아 성숙이 현저하게 덜된 것
　　㉣ 병충해과 : 미이라병, 노린재 등 병해충의 피해가 과육까지 미친 것
　　㉤ 피해과 : 일소, 열과, 오염된 것 등의 피해가 현저한 것
　　㉥ 상해과 : 열상, 자상 또는 압상이 있는 것. 다만 경미한 것은 제외한다.
　　㉦ 과숙과 : 경도, 색택으로 보아 성숙이 지나친 것

◎ 기타 : 경결점과에 속하는 사항으로 그 피해가 현저한 것
② 경결점과는 다음의 것을 말한다.
  ㉠ 품종 고유의 모양이 아닌 것
  ㉡ 병해충의 피해가 경미한 것
  ㉢ 경미한 찰상 등 중 결점과에 속하지 않는 상처가 있는 것
  ㉣ 기타 결점의 정도가 경미한 것

농산물 표준규격
감 귤

[규격번호 : 1051]

Ⅰ. 적용 범위

본 규격은 국내에서 생산되어 신선한 상태로 유통되는 감귤에 적용하며, 가공용 또는 수출용에는 적용하지 않는다.

Ⅱ. 등급 규격

등급 항목	특	상	보통
낱개의 고르기	별도로 정하는 크기 구분표 [표 1], [표 2]에서 무게 또는 지름이 다른 것이 5% 이하인 것. 단, 크기 구분표의 해당 크기(무게)에서 1단계를 초과할 수 없다.	별도로 정하는 크기 구분표 [표 1], [표 2]에서 무게 또는 지름이 다른 것이 10% 이하인 것. 단, 크기 구분표의 해당 무게에서 1단계를 초과할 수 없다.	특·상에 미달하는 것
색택	별도로 정하는 품종별/등급별 착색비율[표 3]에서 정하는 "특" 이외의 것이 섞이지 않은 것	별도로 정하는 품종별/등급별 착색비율 [표 3]에서 정하는 "상"에 미달하는 것이 없는 것	별도로 정하는 품종별/등급별 착색비율 [표 2]에서 정하는 "보통"에 미달하는 것이 없는 것
과피	품종 고유의 과피로써, 수축현상이 나타나지 않은 것	품종 고유의 과피로써, 수축현상이 나타나지 않은 것	특·상에 미달하는 것
껍질뜬 것 (부피과)	별도로 정하는 껍질 뜬 정도 [그림 1]에서 정하는 "없음(0)"에 해당하는 것	별도로 정하는 껍질 뜬 정도 [그림 1]에서 정하는 "가벼움(1)" 이상에 해당하는 것	별도로 정하는 껍질 뜬 정도 [그림 1]에서 정하는 "중간정도(2)" 이상에 해당하는 것
중결점과	없는 것	없는 것	5% 이하인 것(부패·변질과는 포함할 수 없음)
경결점과	5% 이내인 것	10% 이하인 것	20% 이하인 것

[표 1] 크기 구분-1(한라봉, 청견, 진지향 및 이와 유사한 품종)

품종	호칭	2L	L	M	S	2S
1개의 무게(g)	한라봉, 천혜향 및 이와 유사한 품종	370 이상	300 이상 ~ 370 미만	230 이상 ~ 300 미만	150 이상 ~ 230 미만	150 미만
	청견, 황금향 및 이와 유사한 품종	330 이상	270 이상 ~ 330 미만	210 이상 ~ 270 미만	150 이상 ~ 210 미만	150 미만
	진지향 및 이와 유사한 품종	125 이상 ~ 165 미만	100 이상 ~ 125 미만	85 이상 ~ 100 미만	70 이상 ~ 85 미만	70 미만

[표 2] 크기 구분-2(온주밀감 및 이와 유사한 품종)

구분＼호칭	2S	S	M	L	2L
1개의 지름 (mm)	49~53	54~58	59~62	63~66	67~70
1개의 무게 (g)	53~62	63~82	83~106	107~123	124~135

※ 드럼식 선과기는 지름, 중량식 선과기는 무게를 적용하고, 호칭 숫자 뒤의 명칭은 유통현실에 따를 수 있음

[표 3] 품종별/등급별 착색 비율(%)

품종＼등급		특	상	보통
온주밀감	5~10월 출하	70 이상	60 이상	50 이상
	11~4월 출하	85 이상	80 이상	70 이상
한라봉, 천혜향, 청견, 황금향 진지향 및 이와 유사한 품종		95 이상	90 이상	90 이상

[그림 1] 껍질 뜬 정도

없음(0)	가벼움(1)	중간정도(2)	심함(3)
껍질이 뜨지 않은 것	껍질 내표면적의 20%이하가 뜬 것	껍질 내표면적의 20~50%가 뜬 것	껍질 내표면적의 50%이상이 뜬 것

<용어의 정의>

① 착색비율은 낱개별로 전체 면적에 대한 품종고유의 색깔이 착색된 면적의 비율을 말한다.
② 중결점과는 다음의 것을 말한다.
　㉠ 이품종과 : 품종이 다른 것, 숙기(조생종, 중생종, 만생종)가 다른 것
　㉡ 부패, 변질과 : 과육이 부패 또는 변질된 것(과숙에 의해 육질이 변질된 것을 포함한다)
　㉢ 미숙과 : 당도, 색택으로 보아 성숙이 현저하게 덜된 것(덜익은 과일을 수확하여 아세틸렌, 에틸렌 등의 가스로 후숙한 것을 포함한다.)
　㉣ 일소과 : 지름 또는 길이 10mm 이상의 일소 피해가 있는 것
　㉤ 병충해과 : 더뎅이병, 궤양병, 검은점무늬병, 곰팡이병, 깍지벌레, 으름나방 등 병해충의 피해가 있는 것
　㉥ 상해과 : 열상, 자상 또는 압상이 있는 것. 다만, 경미한 것은 제외한다.
　㉦ 모양 : 모양이 심히 불량한 것, 꼭지가 떨어진 것
　㉧ 경결점과에 속하는 사항으로 그 피해가 현저한 것
③ 경결점과는 다음의 것을 말한다.
　㉠ 품종 고유의 모양이 아닌 것

    ⓛ 경미한 일소, 약해 등으로 외관이 떨어지는 것
    ⓒ 병해충의 피해가 과피에 그친 것
    ⓔ 경미한 찰상 등 중결점과에 속하지 않는 상처가 있는 것
    ⓜ 꼭지가 퇴색된 것
    ⓗ 기타 결점의 정도가 경미한 것

[규격번호 : 1055]

Ⅰ. 적용 범위

본 규격은 국내에서 생산되어 신선한 상태로 공급되는 금감에 적용하며, 가공용 또는 수출용에는 적용하지 않는다.

Ⅱ. 등급 규격

항목 \ 등급	특	상	보통
낱개의 고르기	별도로 정하는 크기 구분표 [표 1]에서 무게가 다른 것이 5% 이하인 것. 단, 크기 구분표의 해당 무게에서 1단계를 초과할 수 없다.	별도로 정하는 크기 구분표 [표 1]에서 무게가 다른 것이 10% 이하인 것. 단, 크기 구분표의 해당 무게에서 1단계를 초과할 수 없다.	특·상에 미달하는 것
색택	별도로 정하는 등급별 착색비율 [표 2]에서 "특"에 미달하는 것이 1% 이하인 것	별도로 정하는 등급별 착색비율 [표 2]에서 "상"에 미달하는 것이 3% 이하인 것	별도로 정하는 등급별 착색비율 [표 2]에서 "보통"에 미달하는 것이 5% 이하인 것
중결점과	없는 것	없는 것	5% 이하인 것(부패·변질과는 포함할 수 없음)
경결점과	5% 이하인 것	10% 이하인 것	20% 이하인 것

[표 1] 크기 구분

구분 \ 호칭	2L	L	M	S
1개의 무게(g)	20 이상	15 이상 ~ 20 미만	10 이상 ~ 15 미만	10 미만

[표 2] 등급별 착색비율

등급	특	상	보통
착색비율	95% 이상	90% 이상	85% 이상

<용어의 정의>

① 착색비율은 낱개별로 전체 면적에 대한 품종고유의 색깔이 착색된 면적의 비율을 말한다.
② 중결점과는 다음의 것을 말한다.
    ㉠ 이품종과 : 품종이 다른 것
    ㉡ 부패, 변질과 : 과육이 부패 또는 변질된 것(과숙에 의해 육질이 변질된 것을 포함한나.)

ⓒ 미숙과 : 당도, 색택으로 보아 성숙이 현저하게 덜된 것(덜익은 과일을 수확하여 아세틸렌,
에틸렌 등의 가스로 후숙한 것을 포함한다.)

ⓔ 병충해과 : 병해충의 피해가 있는 것

ⓜ 상해과 : 열상, 자상 또는 압상이 있는 것. 다만 경미한 것은 제외한다.

ⓗ 모양 : 모양이 심히 불량한 것, 꼭지가 떨어진 것

ⓢ 기타 : 경결점과에 속하는 사항으로 그 피해가 현저한 것

③ 경결점과는 다음의 것을 말한다.

ⓖ 품종 고유의 모양이 아닌 것

ⓛ 경미한 일소, 약해 등으로 외관이 떨어지는 것

ⓒ 병해충의 피해가 과피에 그친 것

ⓔ 경미한 찰상 등 중결점과에 속하지 않는 상처가 있는 것

ⓜ 꼭지가 퇴색된 것

ⓗ 기타 결점의 정도가 경미한 것

```
┌─────────────────────────┐
│   농산물 표준규격        │
│      매    실           │
└─────────────────────────┘
```

[규격번호 : 1061]

I. 적용 범위

본 규격은 국내에서 생산되어 신선한 상태로 유통되는 매실에 적용하며, 가공용 또는 수출용에는 적용하지 않는다.

II. 등급 규격

등급 항목	특	상	보통
낱개의 고르기	별도로 정하는 크기 구분표 [표 1]에서 무게 또는 지름이 다른 것이 5% 이하인 것	별도로 정하는 크기 구분표 [표 1]에서 무게 또는 지름이 다른 것이 10% 이하인 것	특·상에 미달하는 것
숙도	과육의 숙도가 적당하고 손으로 만져 단단한 것	과육의 숙도가 적당하고 손으로 만져 단단한 것	특·상에 미달하는 것
중결점과	없는 것	없는 것	5% 이하인 것(부패·변질과는 포함할 수 없음)
경결점과	3% 이하인 것	5% 이하인 것	20% 이하인 것

[표 1] 크기 구분

호칭 구분	2L	L	M	S	2S
1개의 무게(g)	25 이상	20 이상 ~ 25 미만	15 이상 ~ 20 미만	10 이상 ~ 15 미만	10 미만
1개의 지름(mm)	36 이상	33 이상 ~ 36 미만	30 이상 ~ 33 미만	27 이상 ~ 30 미만	27 미만

<용어의 정의>

① 숙도가 적당하다는 것은 과피가 황변되거나, 과육이 연화되기 이전을 말한다.
② 중결점과는 다음의 것을 말한다.
　　㉠ 이품종과 : 품종이 다른 것
　　㉡ 부패, 변질과 : 과육이 부패 또는 변질된 것
　　㉢ 과숙과 : 경도, 색택으로 보아 성숙이 지나친 것
　　㉣ 병충해과 : 검은별무늬병(흑성병), 균핵병, 큰무늬병(반문병), 깍지벌레 등 병해충의 피해가 두드러진 것
　　㉤ 상해과 : 열상, 자상, 압상 등이 있는 것. 다만, 경미한 것은 제외한다.
　　㉥ 모양 : 모양이 심히 불량한 것
　　㉦ 기타 : 경결점과에 속하는 사항으로 그 피해가 현저한 것

③ 경결점과는 다음의 것을 말한다.
  ㉠ 품종 고유의 모양이 아닌 것
  ㉡ 경미한 녹, 일소, 약해, 생리장해 등으로 외관이 떨어지는 것
  ㉢ 미숙과 : 성숙이 덜된 것
  ㉣ 병해충의 피해가 과피에 그친 것
  ㉤ 경미한 찰상 등 중결점과에 속하지 않는 상처가 있는 것
  ㉥ 기타 결점의 정도가 경미한 것

농산물 표준규격
단 감

[규격번호 : 1071]

Ⅰ. 적용 범위

본 규격은 국내에서 생산되어 신선한 상태로 유통되는 단감에 적용하며, 가공용 또는 수출용에는 적용하지 않는다.

Ⅱ. 등급 규격

항목＼등급	특	상	보통
낱개의 고르기	별도로 정하는 크기 구분표 [표 1]에서 무게가 다른 것이 5% 이하인 것 단, 크기 구분표의 해당 무게에서 1단계를 초과할 수 없다.	별도로 정하는 크기 구분표 [표 1]에서 무게가 다른 것이 10% 이하인 것 단, 크기 구분표의 해당 무게에서 1단계를 초과할 수 없다.	특·상에 미달하는 것
색택	착색비율이 80% 이상인 것	착색비율이 60% 이상인 것	특·상에 미달하는 것
숙도	숙도가 양호하고 균일한 것	숙도가 양호하고 균일한 것	특·상에 미달하는 것
중결점과	없는 것	없는 것	5% 이하인 것(부패·변질과는 포함할 수 없음)
경결점과	3% 이하인 것	5%이하인 것	20% 이하인 것

[표 1] 크기 구분

구분＼호칭	2L	L	M	S	2S
g/개	250 이상	200 이상 ~ 250 미만	165 이상 ~ 200 미만	142 이상 ~ 165 미만	142 미만

<용어의 정의>

① 착색비율은 낱개별로 전체 면적에 대한 품종 고유의 색깔이 착색된 면적의 비율을 말한다.
② 중결점과는 다음의 것을 말한다.
   ㉠ 이품종과 : 품종이 다른 것
   ㉡ 부패, 변질과 : 과육이 부패 또는 변질된 것(과숙에 의해 육질이 변질된 것을 포함한다.)
   ㉢ 미숙과 : 당도(맛), 경도 및 색택으로 보아 성숙이 덜된 것(덜익은 과일을 수확하여 아세틸렌, 에틸렌 등의 가스로 후숙한 것을 포함한다.)
   ㉣ 병충해과 : 탄저병, 검은별무늬병, 감꼭지나방 등 병해충의 피해가 있는 것
   ㉤ 상해과 : 열상, 자상 또는 압상이 있는 것. 다만 경미한 것을 제외한다.
   ㉥ 꼭지 : 꼭지가 빠지거나, 꼭지 부위가 갈라진 것
   ㉦ 모양 : 모양이 심히 불량한 것

◎ 기타 : 경결점과에 속하는 사항으로 그 피해가 현저한 것
③ 경결점과는 다음의 것을 말한다.
　㉠ 품종 고유의 모양이 아닌 것
　㉡ 경미한 일소, 약해 등으로 외관이 떨어지는 것
　㉢ 그을음병, 깍지벌레 등 병해충의 피해가 과피에 그친 것
　㉣ 꼭지가 돌아갔거나, 꼭지와 과육 사이에 틈이 있는 것
　㉤ 경미한 찰상 등 중결점과에 속하지 않는 상처가 있는 것
　㉥ 기타 결점의 정도가 경미한 것

농산물 표준규격
자 두

Ⅰ. 적용 범위

본 규격은 국내에서 생산되어 신선한 상태로 유통되는 자두에 적용하며, 가공용 또는 수출용에는 적용하지 않는다.

Ⅱ. 등급 규격

등급 항목	특	상	보통
낱개의 고르기	별도로 정하는 크기 구분표 [표 1]에서 무게가 다른 것이 5% 이하인 것 단, 크기 구분표의 해당 무게에서 1단계를 초과할 수 없다.	별도로 정하는 크기 구분표 [표 1]에서 무게가 다른 것이 10% 이하인 것 단, 크기 구분표의 해당 무게에서 1단계를 초과할 수 없다.	특·상에 미달하는 것
색택	착색비율이 40% 이상인 것	착색비율이 20% 이상인 것	특·상에 미달하는 것
중결점과	없는 것	없는 것	5% 이하인 것(부패·변질과는 포함할 수 없음)
경결점과	3% 이하인 것	5% 이하인 것	20% 이하인 것

[표 1] 크기 구분

품종		호칭	2L	L	M	S
1과의 기준 무게 (g)	대과종	포모사, 솔담, 산타로사, 캘시(피자두) 및 이와 유사한 품종	150 이상	120 이상 ~ 150 미만	90 이상 ~ 120 미만	90 미만
	중과종	대석조생, 비유티 및 이와 유사한 품종	100 이상	80 이상 ~ 100 미만	60 이상 ~ 80 미만	60 미만

<용어의 정의>

① 착색비율은 낱개별로 전체 면적에 대한 품종 고유의 색깔이 착색된 면적의 비율을 말한다.
② 중결점과는 다음의 것을 말한다.
　　㉠ 이품종과 : 품종이 다른 것
　　㉡ 부패, 변질과 : 과육이 부패 또는 변질된 것(과숙에 의해 육질이 변질된 것을 포함한다.)
　　㉢ 미숙과 : 맛, 육질, 색택 등으로 보아 성숙이 현저하게 덜된 것
　　㉣ 병충해과 : 검은무늬병, 심식충 등 병해충의 피해가 있는 것
　　㉤ 상해과 : 찰상, 자상, 압상 등의 상처가 있는 것. 다만 경미한 것은 제외한다.
　　㉥ 모양 : 모양이 심히 불량한 것

      ⊗ 기타 : 오염된 것 등 그 피해가 현저한 것
③ 경결점과는 다음의 것을 말한다.
    ⊙ 품종 고유의 모양이 아닌 것
    ⓛ 약해, 일소 등 피해가 경미한 것
    ⓒ 병충해, 상해의 정도가 경미한 것
    ⓡ 기타 결점의 정도가 경미한 것

[규격번호 : 1121]

I. 적용 범위

본 규격은 국내에서 생산되어 신선한 상태로 유통되는 참다래에 적용하며, 가공용 또는 수출용에는 적용하지 않는다.

II. 등급 규격

항목 \ 등급	특	상	보통
낱개의 고르기	별도로 정하는 크기 구분표 [표 1]에서 무게가 다른 것이 5% 이하인 것 단 크기 구분표의 해당 무게에서 1단계를 초과할 수 없다.	별도로 정하는 크기 구분표 [표 1]에서 무게가 다른 것이 10% 이하인 것 단 크기 구분표의 해당 무게에서 1단계를 초과할 수 없다.	특·상에 미달하는 것
색택	품종 고유의 색택이 뛰어난 것	품종 고유의 색택이 양호한 것	특·상에 미달하는 것
향미	품종 고유의 향미가 뛰어난 것	품종 고유의 향미가 양호한 것	특·상에 미달하는 것
털	털의 탈락이 없는 것	털의 탈락이 경미한 것	털의 탈락이 심하지 않은 것
중결점과	없는 것	없는 것	5% 이하인 것(부패·변질과는 포함할 수 없음)
경결점과	5% 이하인 것	10% 이하인 것	20% 이하인 것

[표 1] 크기 구분

구분	호칭	2L	L	M	S	2S
1개의 무게(g)	홍양	95 이상	75 이상 ~ 95 미만	55 이상 ~ 75 미만	40 이상 ~ 55 미만	40 미만
	스위트골드	115 이상	95 이상 ~ 115 미만	75 이상 ~ 95 미만	60 이상 ~ 75 미만	60 미만
	헤이워드, 해금	125 이상	105 이상 ~ 125 미만	85 이상 ~ 105 미만	70 이상 ~ 85 미만	70 미만
	골드원	140 이상	120 이상 ~ 140 미만	100 이상 ~ 120 미만	90 이상 ~ 100 미만	90 미만

<용어의 정의>

① 중결점과는 다음의 것을 말한다.
    ㉠ 이품종과 : 품종이 다른 것
    ㉡ 부패, 변질과 : 과육이 부패 또는 변질된 것
    ㉢ 과숙과 : 육질, 경도로 보아 성숙이 지나치게 된 것
    ㉣ 병충해과 : 연부병, 깍지벌레, 풍뎅이 등 병해충의 피해가 있는 것
    ㉤ 상해과 : 열상, 자상 또는 압상이 있는 것. 다만 경미한 것은 제외한다.
    ㉥ 모양 : 모양이 심히 불량한 것.
    ㉦ 기타 : 바람이 들어 육질에 동공이 생긴 것, 시든 것, 기타 경결점과에 속하는 사항으로 그 피해가 현저한 것

② 경결점과는 다음의 것을 말한다.
    ㉠ 품종 고유의 모양이 아닌 것
    ㉡ 일소, 약해 등으로 외관이 떨어지는 것
    ㉢ 병해충의 피해가 경미한 것
    ㉣ 경미한 찰상 등 중결점과에 속하지 않는 상처가 있는 것
    ㉤ 녹물에 오염된 것, 이물이 붙어 있는 것
    ㉥ 기타 결점의 정도가 경미한 것

농산물 표준규격
마른고추

[규격번호 : 2011]

Ⅰ. 적용 범위

본 규격은 국내에서 생산된 붉은 마른고추를 대상으로 하며, 가공용 또는 수출용에는 적용하지 않는다.

Ⅱ. 등급 규격

등급 항목	특	상	보통
낱개의 고르기	평균 길이에서 ±1.5cm를 초과하는 것이 10% 이하인 것	평균 길이에서 ±1.5cm를 초과하는 것이 20% 이하인 것	특·상에 미달하는 것
색택	품종 고유의 색색으로 선홍색 또는 진홍색으로서 광택이 뛰어난 것	품종 고유의 색색으로 선홍색 또는 진홍색으로서 광택이 양호한 것	특·상에 미달하는 것
수분	15% 이하로 건조된 것		
중결점과	없는 것	없는 것	3.0% 이하인 것
경결점과	5.0% 이하인 것	15.0% 이하인 것	25.0% 이하인 것
탈락씨	0.5% 이하인 것	1.0% 이하인 것	2.0% 이하인 것
이물	0.5% 이하인 것	1.0% 이하인 것	2.0% 이내인 것

<용어의 정의>

① 중결점과는 다음의 것을 말한다.
 ㉠ 반점 및 변색 : 황백색 또는 녹색이 과면의 10% 이상인 것 또는 과열로 검게 변한 것이 과면의 20% 이상인 것
 ㉡ 박피(薄皮) : 미숙으로 과피(껍질)가 얇고 주름이 심한 것
 ㉢ 상해과 : 잘라진 것 또는 길이의 1/2 이상이 갈라진 것
 ㉣ 병충해 : 흑색탄저병, 무름병, 담배나방 등 병해충의 피해가 과면의 10% 이상인 것
 ㉤ 기타 : 심하게 오염된 것
② 경결점과는 다음의 것을 말한다.
 ㉠ 반점 및 변색 : 황백색 또는 녹색이 과면의 10% 미만인 것 또는 과열로 검게 변한 것이 과면의 20% 미만인 것(꼭지 또는 끝부분의 경미한 반점 또는 변색은 제외한다.)
 ㉡ 상해과 : 길이의 1/2 미만이 갈라진 것
 ㉢ 병충해 : 흑색탄저병, 무름병, 담배나방 등 병해충의 피해가 과면의 10% 미만인 것
 ㉣ 모양 : 심하게 구부러진 것, 꼭지가 빠진 것
 ㉤ 기타 : 결점의 정도가 경미한 것
③ 탈락씨 : 떨어져 나온 고추씨를 말한다.
④ 이물 : 고추 외의 것(떨어진 꼭지 포함)을 말한다.

```
┌─────────────────────────┐
│  농산물 표준규격         │
│  고  추                  │
└─────────────────────────┘
```

[규격번호 : 2012]

Ⅰ. 적용 범위

본 규격은 국내에서 생산되어 신선한 상태로 유통되는 풋고추(청양고추, 오이맛 고추 등), 꽈리고추, 홍고추(물고추)에 적용하며, 가공용 또는 수출용에는 적용하지 않는다.

Ⅱ. 등급 규격

항목＼등급	특	상	보통
낱개의 고르기	평균 길이에서 ±2.0cm를 초과하는 것이 10% 이하인 것(꽈리고추는 20% 이하)	평균 길이에서 ±2.0cm를 초과하는 것이 20% 이하(꽈리고추는 50% 이하)로 혼입된 것	특·상에 미달하는 것
길이 (꽈리고추에 적용)	4.0~7.0cm인 것이 80% 이상		
색택	−풋고추, 꽈리고추 : 짙은 녹색이 균일하고 윤기가 뛰어난 것 −홍고추(물고추) : 품종 고유의 색깔이 선명하고 윤기가 뛰어난 것	−풋고추, 꽈리고추 : 짙은 녹색이 균일하고 윤기가 있는 것 −홍고추(물고추) : 품종 고유의 색깔이 선명하고 윤기가 있는 것	특·상에 미달하는 것
신선도	꼭지가 시들지 않고 신선하며, 탄력이 뛰어난 것	꼭지가 시들지 않고 신선하며, 탄력이 양호한 것	특·상에 미달하는 것
중결점과	없는 것	없는 것	5% 이하인 것(부패·변질과는 포함할 수 없음)
경결점과	3% 이하인 것	5% 이하인 것	20% 이하인 것

<용어의 정의>

① 길이 : 꼭지를 제외한다.
② 중결점과는 다음의 것을 말한다
    ㉠ 부패, 변질과 : 부패 또는 변질된 것
    ㉡ 병충해 : 탄저병, 무름병, 담배나방 등 병해충의 피해가 현저한 것
    ㉢ 기타 : 오염이 심한 것, 씨가 검게 변색된 것
③ 경결점과는 다음의 것을 말한다
    ㉠ 과숙과 : 붉은색인 것(풋고추, 꽈리고추에 적용)
    ㉡ 미숙과 : 색택으로 보아 성숙이 덜된 녹색과(홍고추에 적용)

ⓒ 상해과 : 꼭지 빠진 것, 잘라진 것, 갈라진 것

ⓔ 발육이 덜 된 것

ⓜ 기형과 등 기타 결점의 정도가 경미한 것

농산물 표준규격
오 이

[규격번호 : 2021]

Ⅰ. 적용 범위

본 규격은 국내에서 생산되어 신선한 상태로 유통되는 오이에 적용하며, 가공용 또는 수출용에는 적용하지 않는다.

Ⅱ. 등급 규격

항목＼등급	특	상	보통
낱개의 고르기	평균 길이에서 ±2.0cm(다다기계는 ±1.5cm)를 초과하는 것이 10% 이하인 것	평균 길이에서 ±2.0cm(다다기계는 ±1.5cm)를 초과하는 것이 20% 이하인 것	특·상에 미달하는 것
색택	품종 고유의 색택이 뛰어난 것	품종 고유의 색택이 양호한 것	특·상에 미달한 것
모양	품종 고유의 모양을 갖춘 것으로 처음과 끝의 굵기가 일정하며 구부러진 정도가 다다기·취청계는 1.5cm 이내, 가시계는 2.0cm 이내인 것	품종 고유의 모양을 갖춘 것으로 처음과 끝의 굵기가 대체로 일정하며 구부러진 정도가 다다기·취청계는 3.0cm 이내, 가시계는 4.0cm 이내인 것	특·상에 미달한 것
신선도	꼭지와 표피가 메마르지 않고 싱싱한 것	꼭지와 표피가 메마르지 않고 싱싱한 것	특·상에 미달한 것
중결점과	없는 것	없는 것	5% 이하인 것(부패·변질과는 포함할 수 없음)
경결점과	없는 것	5% 이하인 것	20% 이하인 것

<용어의 정의>

① 구부러진 정도 : 다음 그림과 같다

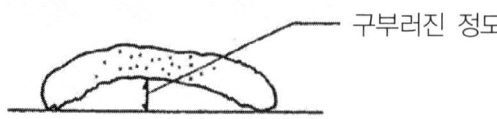

구부러진 정도

② 중결점과는 다음의 것을 말한다.
    ㉠ 과숙과 : 색택 또는 육질로 보아 성숙이 지나친 것
    ㉡ 부패, 변질과 : 과육이 부패, 변질된 것
    ㉢ 상해과 : 절상, 자상, 압상이 있는 것. 다만 경미한 것은 제외한다.
    ㉣ 병충해과 : 흰가루병, 잿빛곰팡이병 등 병해충의 피해를 입은 것

ⓜ 공동과 : 과실 내부에 공극이 있는 것
　　　ⓗ 모양 : 열과, 기형과 등 모양이 불량한 것
　　　ⓢ 기타 : 오염된 것
③ 경결점과는 다음의 것을 말한다.
　　　㉠ 형상불량 정도가 경미한 것
　　　㉡ 병충해, 상해의 정도가 경미한 것
　　　㉢ 기타 결점의 정도가 경미한 것

```
┌─────────────────────────┐
│      농산물 표준규격        │
│         호  박            │
└─────────────────────────┘
```

[규격번호 : 2031]

Ⅰ. 적용 범위

본 규격은 국내에서 생산되어 신선한 상태로 유통되는 호박(애호박, 풋호박, 쥬키니)에 적용하며, 가공용 또는 수출용에는 적용하지 않는다.

Ⅱ. 등급 규격

등급 / 항목	특	상	보통
낱개의 고르기	– 쥬키니 : 평균 길이에서 ±2.5cm를 초과하는 것이 10% 이하인 것 – 애호박 : 평균 길이에서 ±2.0cm를 초과하는 것이 10% 이하인 것 – 풋호박 : 평균 무게에서 ±50g을 초과하는 것이 10% 이하인 것	– 쥬키니 : 평균 길이에서 ±2.5cm를 초과하는 것이 20% 이하인 것 – 애호박 : 평균 길이에서 ±2.0cm를 초과하는 것이 20% 이하인 것 – 풋호박 : 평균 무게에서 ±50g을 초과하는 것이 20% 이하인 것	특상에 미달하는 것
색택	품종 고유의 색깔로 광택이 뛰어난 것	품종 고유의 색깔로 광택이 뛰어난 것	특상에 미달하는 것
모양	– 쥬키니 : 처음과 끝의 굵기가 거의 비슷하며, 구부러진 정도가 2.0cm 이내인 것 – 애호박 : 처음과 끝의 굵기가 거의 비슷하며, 구부러진 것이 없는 것 – 풋호박 : 구형 또는 난형(卵形)으로 모양이 균일한 것	– 쥬키니 : 처음과 끝의 굵기가 거의 비슷하며, 구부러진 정도가 4.0cm 이내인 것 – 애호박 : 처음과 끝의 굵기가 대체로 비슷하며, 구부러진 정도가 2.0cm 이상인 것이 20% 이내인 것 – 풋호박 : 구형 또는 난형(卵形)으로 모양이 대체로 균일한 것	특상에 미달하는 것
신선도	꼭지와 표피가 메마르지 않고 싱싱한 것	꼭지와 표피가 메마르지 않고 싱싱한 것	특상에 미달하는 것
중결점과	없는 것	없는 것	5% 이하인 것(부패·변질과는 포함할 수 없음)
경결점과	없는 것	5% 이하인 것	20% 이하인 것

[표 1] 크기 구분

품종 \ 호칭		2L	L	M	S
쥬키니	1개의 길이 (cm)	30 이상	25 이상 ~ 30 미만	20 이상 ~ 25 미만	20 미만
애호박		24 이상	20 이상 ~ 24 미만	16 이상 ~ 20 미만	12 이상 ~ 16 미만
풋호박	1개의 무게 (g)	500 이상	400 이상 ~ 500 미만	300 이상 ~ 400 미만	300 미만

<용어의 정의>

① 품종의 구분은 다음과 같다.
  ㉠ 쥬키니 : 페포계 쥬키니 및 이와 유사한 품종을 말한다.
  ㉡ 애호박 : 동양계 품종으로 장과형 및 이와 유사한 청과용을 말한다.
  ㉢ 풋호박 : 동양계 품종으로 구형·난형(卵形) 및 이와 유사한 청과용을 말한다.
② 구부러진 정도 : 다음 그림과 같다

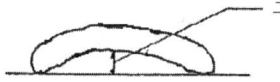
구부러진 정도

③ 중결점과는 다음의 것을 말한다.
  ㉠ 이품종과 : 품종이 다른 것
  ㉡ 부패, 변질과 : 과육이 부패, 변질된 것
  ㉢ 과숙과 : 색깔 또는 무늬로 보아 과육의 성숙이 지나친 것
  ㉣ 병충해과 : 무름병 등 병해충의 피해가 있는 것
  ㉤ 상해과 : 자상, 압상, 찰상 등의 상처가 있는 것. 다만 경미한 것은 제외한다.
  ㉥ 기타 : 기형과, 오염과 등으로 그 피해가 현저한 것
④ 경결점과는 다음의 것을 말한다.
  ㉠ 형상불량 정도가 경미한 것
  ㉡ 병충해, 상해의 정도가 경미한 것

농산물 표준규격
단호박·미니단호박

[규격번호 : 2034]

I. 적용 범위

본 규격은 국내에서 생산되어 신선한 상태로 유통되는 단호박과 미니단호박에 적용하며, 가공용 또는 수출용에는 적용하지 않는다.

II. 등급 규격

항목 \ 등급	특	상	보통
낱개의 고르기	별도로 정하는 크기 구분표 [표 1]에서 무게가 다른 것이 섞이지 않은 것	별도로 정하는 크기 구분표 [표 1]에서 무게가 다른 것이 섞이지 않은 것	특·상에 미달하는 것
모양·색택	품종 고유의 모양과 색택이 뛰어난 것	품종 고유의 모양과 색택이 양호한 것	특·상에 미달하는 것
중결점과	없는 것	없는 것	5% 이하인 것(부패·변질과는 포함할 수 없음)
경결점과	없는 것	10% 이하인 것	20% 이하인 것

[표 1] 크기 구분

구 분	호 칭	2L	L	M	S	2S
단호박	1개의 무게	2.0 이상	1.5 이상 2.0 미만	1.0 이상 1.5 미만	1.0 미만	-
미니단호박	(kg)	0.6 이상	0.5 이상 0.6 미만	0.4 이상 0.5 미만	0.3 이상 0.4 미만	0.3 미만

<용어의 정의>

① 중결점과는 다음의 것을 말한다.
  ㉠ 이품종과 : 품종이 다른 것
  ㉡ 부패, 변질과 : 과육이 부패 또는 변질된 것(과숙에 의해 육질이 변질된 것을 포함한다.)
  ㉢ 병충해과 : 병해충의 피해가 있는 것
  ㉣ 미숙과 : 경도, 색택으로 보아 성숙이 현저하게 덜된 것
  ㉤ 상해과 : 열상, 자상, 압상 등이 있는 것. 다만, 경미한 것은 제외한다.
  ㉥ 모양 : 모양이 심히 불량한 것
  ㉦ 기타 : 경결점과에 속하는 사항으로 그 피해가 현저한 것
② 경결점과는 다음의 것을 말한다.
  ㉠ 품종 고유의 모양이 아닌 것

ⓛ 병해충의 피해가 과피에 그친 것
ⓒ 상해 및 기타 결점의 정도가 경미한 것

농산물 표준규격
가 지

[규격번호 : 2041]

Ⅰ. 적용 범위

본 규격은 국내에서 생산되어 신선한 상태로 유통되는 가지에 적용하며, 가공용 또는 수출용에는 적용하지 않는다.

Ⅱ. 등급 규격

등급 \\ 항목	특	상	보통
낱개의 고르기	평균 길이에서 ±2.5cm를 초과하는 것이 10% 이하인 것	평균 길이에서 ±2.5cm를 초과하는 것이 20% 이하인 것	특·상에 미달하는 것
색택	품종 고유의 흑자색으로 광택이 뛰어난 것	품종 고유의 흑자색으로 광택이 양호한 것	특·상에 미달하는 것
모양	처음과 끝의 굵기가 거의 비슷하며, 구부러진 정도가 2.0cm 이내인 것	처음과 끝의 굵기가 거의 비슷하며, 구부러진 정도가 4.0cm 이내인 것	특·상에 미달하는 것
신선도	표면에 주름이 없고 싱싱하며, 탄력이 있는 것	표면에 주름이 없고 싱싱하며, 탄력이 있는 것	특·상에 미달하는 것
중결점과	없는 것	없는 것	부패·변질된 것을 제외하고 5% 이하인 것
경결점과	5% 이하인 것	10% 이하인 것	20% 이하인 것

<용어의 정의>

① 구부러진 정도 : 다음 그림과 같다

구부러진 정도

② 중결점과는 다음의 것을 말한다.
    ㉠ 이품종과 : 품종이 다른 것
    ㉡ 부패, 변질과 : 과육이 부패, 변질된 것
    ㉢ 과숙과 : 색깔 또는 육질로 보아 성숙이 지나친 것
    ㉣ 병충해과 : 갈색무늬병 등 병해충의 피해가 과육까지 미친 것
    ㉤ 상해과 : 열상, 자상 또는 압상 등이 있는 것. 다만 경미한 것은 제외한다.
    ㉥ 기타 : 기형과, 색택불량과, 오염과 등으로 그 피해가 현저한 것

③ 경결점과는 다음의 것을 말한다.
  ㉠ 형상 불량 정도가 경미한 것
  ㉡ 병충해, 상해의 정도가 경미한 것
  ㉢ 표면의 일부에 그친 경미한 갈색반점이 있는 것

농산물 표준규격
토마토

[규격번호 : 2051]

I. 적용 범위

본 규격은 국내에서 생산되어 신선한 상태로 유통되는 토마토에 적용하며, 가공용 또는 수출용에는 적용하지 않는다.

II. 등급 규격

항목 \ 등급	특	상	보통
낱개의 고르기	별도로 정하는 크기 구분표 [표 1]에서 무게가 다른 것이 5% 이하인 것. 단, 크기 구분표의 해당 무게에서 1단계를 초과할 수 없다.	별도로 정하는 크기 구분표 [표 1]에서 무게가 다른 것이 10% 이하인 것. 단, 크기 구분표의 해당 무게에서 1단계를 초과할 수 없다.	특·상에 미달하는 것
색택	출하 시기별로 [표 2]의 착색기준에 맞고, 착색 상태가 균일한 것	출하 시기별로 [표 2]의 착색기준에 맞고, 착색 상태가 균일한 것	특·상에 미달하는 것
신선도	꼭지가 시들지 않고 껍질의 탄력이 뛰어난 것	꼭지가 시들지 않고 껍질의 탄력이 양호한 것	특·상에 미달하는 것
꽃자리 흔적	거의 눈에 띄지 않은 것	두드러지지 않은 것	특·상에 미달하는 것
중결점과	없는 것	없는 것	5% 이하인 것(부패·변질과는 포함할 수 없음)
경결점과	없는 것	5% 이하인 것	20% 이하인 것

[표 1] 크기 구분

구분 \ 호칭		3L	2L	L	M	S	2S
1과의 무게(g)	일반계	300 이상	250 이상 ~ 300 미만	210 이상 ~ 250 미만	180 이상 ~ 210 미만	150 이상 ~ 180 미만	100 이상 ~ 150 미만
	중소형계 (흑토마토)	90 이상	80 이상 ~ 90 미만	70 이상 ~ 80 미만	60 이상 ~ 70 미만	50 이상 ~ 60 미만	50 미만
	소형계 (캄파리)	–	50 이상	40 이상 ~ 50 미만	30 이상 ~ 40 미만	20 이상 ~ 30 미만	20 미만

[표 2] 착색 기준

출하시기	착색비율	
	완숙 토마토	일반 토마토
3월 ~ 5월	전체 면적의 60% 내외	전체 면적의 20% 내외
6월 ~ 10월	전체 면적의 50% 내외	전체 면적의 10% 내외
11월~익년 2월	전체 면적의 70% 내외	전체 면적의 30% 내외

<용어의 정의>

① 착색비율은 낱개별로 전체 면적에 대한 품종 고유의 색깔이 착색된 면적의 비율을 말한다.

② 중결점과는 다음의 것을 말한다.

　㉠ 이품종과 : 품종이 다른 것

　㉡ 부패, 변질과 : 과육이 부패 또는 변질된 것

　㉢ 과숙과 : 색깔 또는 육질로 보아 성숙이 지나친 것

　㉣ 병충해과 : 배꼽썩음병 등 병해충의 피해가 있는 것. 다만 경미한 것은 제외한다.

　㉤ 상해과 : 생리장해로 육질이 섬유질화한 것. 열상, 자상, 압상 등의 상처가 있는 것. 다만 경미한 것은 제외한다.

　㉥ 형상불량과 : 품종의 특성이 아닌 타원과, 선첨과(先尖果), 난형과(亂形果), 공동과(空胴果) 등 기형과 및 열과(裂果)

③ 경결점과는 다음의 것을 말한다.

　㉠ 형상 불량 정도가 경미한 것

　㉡ 중결점에 속하지 않는 상처가 있는 것

　㉢ 병충해, 상해의 정도가 경미한 것

　㉣ 기타 결점 정도가 경미한 것

농산물 표준규격
방울토마토

[규격번호 : 2053]

Ⅰ. 적용 범위

본 규격은 국내에서 생산되어 신선한 상태로 유통되는 방울토마토에 적용하며, 가공용 또는 수출용에는 적용하지 않는다.

Ⅱ. 등급 규격

항목 \ 등급	특	상	보통
낱개의 고르기	별도로 정하는 크기 구분표 [표 1]에서 무게 또는 지름이 다른 것이 10% 이하인 것. 단, 크기 구분표의 해당 무게에서 1단계를 초과할 수 없다.	별도로 정하는 크기 구분표 [표 1]에서 무게 또는 지름이 다른 것이 20% 이하인 것. 단, 크기 구분표의 해당 무게에서 1단계를 초과할 수 없다.	특·상에 미달하는 것
색택	품종 고유의 색택으로 착색 정도가 뛰어나며 균일한 것	품종 고유의 색택으로 착색 정도가 양호하며 균일한 것	특·상에 미달하는 것
신선도	과피의 탄력이 뛰어난 것	과피의 탄력이 양호한 것	특·상에 미달하는 것
숙도	과육의 성숙정도가 적당하고 균일한 것	과육의 성숙정도가 적당하고 균일한 것	특·상에 미달하는 것
중결점과	없는 것	없는 것	5% 이하인 것(부패·변질과는 포함할 수 없음)
경결점과	없는 것	5% 이하인 것	20% 이하인 것

[표 1] 크기 구분

구분 \ 호칭	2L	L	M	S	2S
1과의 무게 (g)	25 이상	20 이상 ~ 25 미만	15 이상 ~ 20 미만	10 이상 ~ 15 미만	5 이상 ~ 10 미만
1과의 지름 (mm)	35 이상	25 이상 ~ 35 미만	20 이상 ~ 25 미만	15 이상 ~ 20 미만	15 미만

<용어의 정의>

① 중결점과는 다음의 것을 말한다.
  ㉠ 이품종과 : 품종이 다른 것
  ㉡ 부패, 변질과 : 과육이 부패 또는 변질된 것
  ㉢ 과숙과 : 색택 또는 육질의 경도로 보아 과육의 성숙이 지나친 것
  ㉣ 미숙과 : 성숙이 덜된 것

    ◎ 병충해과 : 과피 또는 과육에 병해충의 피해가 있는 것. 다만 경미한 것은 제외한다.

    ⓗ 상해과 : 생리장해로 육질이 섬유질화한 것. 열상, 자상, 압상 등의 상처가 있는 것. 다만, 경미한 것은 제외한다.

    ⓢ 형상불량과 : 기형과 및 열과(裂果)

    ⓞ 기타 결점의 정도가 심한 것

② 경결점과는 다음의 것을 말한다.

    ㉠ 형상불량의 정도가 경미한 것

    ㉡ 중결점에 속하지 않는 상처가 있는 것

    ㉢ 병충해, 상해의 정도가 경미한 것

    ㉣ 기타 결점 정도가 경미한 것

농산물 표준규격
송이토마토

[규격번호 : 2054]

Ⅰ. 적용 범위

　본 규격은 국내에서 생산되어 신선한 상태로 유통되는 송이토마토에 적용하며, 가공용 또는 수출용에는 적용하지 않는다.

Ⅱ. 등급 규격

항목 \ 등급	특	상	보통
모양	송이당 4개 이상의 낱알이 달린 것	송이당 4개 이상의 낱알이 달린 것	특·상에 미달하는 것
색택	착색비율이 70% 이상인 것	착색비율이 70% 이상인 것	특·상에 미달하는 것
신선도	꼭지가 시들지 않고 탄력이 뛰어난 것	꼭지가 시들지 않고 탄력이 양호한 것	특·상에 미달하는 것
중결점과	없는 것	없는 것	5% 이하인 것(부패·변질과는 포함할 수 없음)
경결점과	없는 것	없는 것	20% 이하인 것

[표 1] 크기 구분

구분 \ 호칭	2L	L	M	S
1개의 무게(g)	50 이상	40 이상 ~ 50 미만	30 이상 ~ 40 미만	30 미만

<용어의 정의>

① 착색비율은 낱개별로 전체 면적에 대한 품종 고유의 색깔이 착색된 면적의 비율을 말한다.
② 중결점과는 다음의 것을 말한다.
　　㉠ 부패, 변질과 : 과육이 부패 또는 변질된 것(과숙에 의해 육질이 변질된 것을 포함한다.)
　　㉡ 병충해과 : 병해충의 피해가 있는 것
　　㉢ 미숙과 : 경도, 색택 등으로 보아 성숙이 현저하게 덜된 것
　　㉣ 상해과 : 열상, 자상, 압상 등이 있는 것. 다만, 경미한 것은 제외한다.
　　㉤ 모양 : 모양이 심히 불량한 것
　　㉥ 기타 : 경결점과에 속하는 사항으로 그 피해가 현저한 것
③ 경결점과는 다음의 것을 말한다.
　　㉠ 품종 고유의 모양이 아닌 것
　　㉡ 병해충의 피해가 과피에 그친 것
　　㉢ 상해 및 기타 결점의 정도가 경미한 것

[규격번호 : 2061]

I. 적용 범위

본 규격은 국내에서 생산되어 신선한 상태로 유통되는 참외에 적용하며, 가공용 또는 수출용에는 적용하지 않는다.

II. 등급 규격

항목＼등급	특	상	보통
낱개의 고르기	별도로 정하는 크기 구분표 [표 1]에서 무게가 다른 것이 3% 이하인 것 단, 크기 구분표의 해당 무게에서 1단계를 초과할 수 없다.	별도로 정하는 크기 구분표 [표 1]에서 무게가 다른 것이 5% 이하인 것. 단, 크기 구분표의 해당 무게에서 1단계를 초과할 수 없다.	특·상에 미달하는 것
색택	착색비율이 90% 이상인 것	착색비율이 80% 이상인 것	특·상에 미달하는 것
신선도, 숙도	과육의 성숙 정도가 적당하며, 과피에 갈변현상이 없고 신선도가 뛰어난 것	과육의 성숙 정도가 적당하며, 과피에 갈변현상이 경미하고 신선도가 양호한 것	특·상에 미달하는 것
중결점과	없는 것	없는 것	5% 이하인 것(부패·변질과는 포함할 수 없음)
경결점과	3% 이하인 것	5% 이하인 것	20% 이하인 것

[표 1] 크기 구분

구분＼호칭	2L	L	M	S	2S	3S
1개의 무게 (g)	500 이상	330 이상 ～ 500 미만	250 이상 ～ 330 미만	200 이상 ～ 250 미만	165 이상 ～ 200 미만	165 미만

<용어의 정의>

① 착색비율은 낱개별로 전체 면적에 대한 품종 고유의 색깔이 착색된 면적의 비율을 말한다.
② 중결점과는 다음의 것을 말한다.
　　㉠ 이품종과 : 품종이 다른 것
　　㉡ 부패, 변질과 : 과육이 부패 또는 변질된 것
　　㉢ 과숙과 : 성숙이 지나치거나 과육이 연화된 것
　　㉣ 미숙과 : 당도, 경도, 착색으로 보아 성숙이 현저하게 덜된 것
　　㉤ 병충해과 : 탄저병 등 병해충의 피해가 있는 것. 다만, 경미한 것은 제외한다.

ⓗ 상해과 : 열상, 자상 또는 압상 등이 있는 것. 다만, 경미한 것은 제외한다.

ⓢ 모양 : 모양이 불량한 것

③ 경결점과는 다음의 것을 말한다.

ⓐ 병충해, 상해의 정도가 경미한 것

ⓑ 품종 고유의 모양이 아닌 것

ⓒ 기타 결점의 정도가 경미한 것

[규격번호 : 2071]

Ⅰ. 적용 범위

본 규격은 국내에서 생산되어 신선한 상태로 유통되는 딸기에 적용하며, 가공용 또는 수출용에는 적용하지 않는다.

Ⅱ. 등급 규격

등급 항목	특	상	보통
낱개의 고르기	별도로 정하는 크기 구분표 [표 1]에서 무게가 다른 것이 10% 이하인 것	별도로 정하는 크기 구분표 [표 1]에서 무게가 다른 것이 20% 이하인 것	특·상에 미달하는 것
색택	품종 고유의 색택이 뛰어난 것	품종 고유의 색택이 양호한 것	특·상에 미달하는 것
신선도	꼭지가 시들지 않고 표면에 윤기가 있는 것	꼭지가 시들지 않고 표면에 윤기가 있는 것	특·상에 미달하는 것
중결점과	없는 것	없는 것	5% 이하인 것(부패·변질과는 포함할 수 없음)
경결점과	5% 이하인 것	10% 이하인 것	20% 이하인 것

[표 1] 크기 구분

구분 \ 호칭	2L	L	M	S
1개의 무게(g)	25 이상	17 이상 25 미만	12 이상 17 미만	12 미만

<용어의 정의>

① 중결점과는 다음의 것을 말한다.
　㉠ 부패, 변질과 : 과육이 부패 또는 변질된 것(과숙에 의해 육질이 변질된 것을 포함한다.)
　㉡ 병충해과 : 병해충의 피해가 있는 것
　㉢ 미숙과 : 당도, 경도, 색택으로 보아 성숙이 현저하게 덜된 것
　㉣ 상해과 : 열상, 자상, 압상 등이 있는 것. 다만, 경미한 것은 제외한다.
　㉤ 모양 : 모양이 심히 불량한 것
　㉥ 기타 : 경결점과에 속하는 사항으로 그 피해가 현저한 것
② 경결점과는 다음의 것을 말한다.
　㉠ 품종 고유의 모양이 아닌 것
　㉡ 병해충의 피해가 과피에 그친 것
　㉢ 상해 및 기타 결점의 정도가 경미한 것

농산물 표준규격

수 박

[규격번호 : 2081]

I. 적용 범위

본 규격은 국내에서 생산되어 신선한 상태로 유통되는 수박에 적용하며, 가공용 또는 수출용에는 적용하지 않는다.

II. 등급 규격

항목＼등급	특	상	보통
색택	과피는 품종 고유의 색깔이 선명하고 윤기가 뛰어난 것	과피는 품종 고유의 색깔이 선명하고 윤기가 양호한 것	특·상에 미달하는 것
신선도	꼭지 절단부분의 마른정도가 양호하고, 과피가 단단하고 신선한 것 (꼭지는 짧게 절단하는 것을 권장)	꼭지 절단부분의 마른정도가 양호하고, 과피가 단단하고 신선한 것 (꼭지는 짧게 절단하는 것을 권장)	특·상에 미달하는 것
숙도	과육은 성숙에 따른 품종 고유의 색깔이 뚜렷하고, 성숙 정도가 적당한 것	과육은 성숙에 따른 품종 고유의 색깔이 뚜렷하고, 성숙 정도가 적당한 것	특·상에 미달하는 것
중결점과	없는 것	없는 것	5% 이하인 것(부패·변질과는 포함할 수 없음)
경결점과	없는 것	없는 것	20% 이하인 것

[표 1] 크기 구분

구분＼호칭	4L	3L	2L	L	M	S	2S
1개의 무게 (kg)	11.0 이상	10.0 이상 ~ 11.0 미만	9.0 이상 ~ 10.0 미만	8.0 이상 ~ 9.0 미만	7.0 이상 ~ 8.0 미만	6.0 이상 ~ 7.0 미만	6.0 미만

※ 호칭 뒤의 명칭은 유통현실에 따를 수 있음

<용어의 정의>

① 중결점과는 다음의 것을 말한다.
 ㉠ 부패, 변질 : 과육이 부패 또는 변질된 것
 ㉡ 과숙과 : 성숙이 지나치거나 과육이 연화된 것
 ㉢ 미숙과 : 타공음, 무늬의 선명도 등으로 보아 과육의 성숙이 덜된 것
 ㉣ 병충해 : 역병 등 병해충의 피해가 있는 것
 ㉤ 상해 : 열상, 자상 등의 상처가 있는 것. 다만 경미한 것은 제외한다.

  ⓑ 형상불량 : 기형과, 공동과(속이 빈 것), 색택불량 등 그 결점의 정도가 현저한 것
② 경결점과는 다음의 것을 말한다.
  ㉠ 병충해, 상해의 정도가 경미한 것
  ㉡ 품종 고유의 모양이 아닌 것
  ㉢ 기타 결점의 정도가 경미한 것
③ '씨없는 수박'이란 껍질이 단단하며, 성숙한 배(胚)를 가진 것으로 수박을 4등분(꼭지부위에서 세로로 한번, 중간부위에서 가로로 한번)으로 자른 단면에 보이는 씨가 7개 이하인 것을 말한다 (단, 미숙한 하얀색 종피 종자는 제외)

농산물 표준규격
조롱수박

[규격번호 : 2082]

Ⅰ. 적용 범위

본 규격은 국내에서 생산되어 신선한 상태로 유통되는 조롱수박에 적용하며, 가공용 또는 수출용에는 적용하지 않는다.

Ⅱ. 등급 규격

항목＼등급	특	상	보통
낱개의 고르기	별도로 정하는 크기 구분표 [표 1]에서 무게가 다른 것이 없는 것	별도로 정하는 크기 구분표 [표 1]에서 무게가 다른 것이 없는 것	특·상에 미달하는 것
모양	품종 고유의 모양으로 윤기가 뛰어난 것	품종 고유의 모양으로 윤기가 양호한 것	특·상에 미달하는 것
신선도	꼭지가 마르지 않고 싱싱한 것	꼭지가 마르지 않고 싱싱한 것	특·상에 미달하는 것
중결점과	없는 것	없는 것	5% 이하인 것(부패·변질과는 포함할 수 없음)
경결점과	없는 것	없는 것	20% 이하인 것

[표 1] 크기 구분

구분＼호칭	2L	L	M	S
1개의 무게(kg)	2.5 이상	1.7 이상 ~ 2.5 미만	1.3 이상 ~ 1.7 미만	1.3 미만

<용어의 정의>

① 중결점과는 다음의 것을 말한다.
  ㉠ 부패, 변질과 : 과육이 부패 또는 변질된 것(과숙에 의해 육질이 변질된 것을 포함한다.)
  ㉡ 병충해과 : 병해충의 피해가 있는 것
  ㉢ 미숙과 : 경도, 색택 등으로 보아 성숙이 현저하게 덜된 것
  ㉣ 상해과 : 열상, 자상, 압상 등이 있는 것. 다만, 경미한 것은 제외한다.
  ㉤ 모양 : 모양이 심히 불량한 것
  ㉥ 기타 : 경결점과에 속하는 사항으로 그 피해가 현저한 것
② 경결점과는 다음의 것을 말한다.
  ㉠ 품종 고유의 모양이 아닌 것
  ㉡ 병해충의 피해가 과피에 그친 것
  ㉢ 상해 및 기타 결점의 정도가 경미한 것

[규격번호 : 2091]

Ⅰ. 적용 범위

본 규격은 국내에서 생산되어 신선한 상태로 유통되는 멜론에 적용하고, 가공용 또는 수출용에는 적용하지 않는다.

Ⅱ. 등급 규격

등급 항목	특	상	보통
낱개의 고르기	별도로 정하는 크기 구분표 [표 1]에서 무게가 다른 것이 섞이지 않은 것	별도로 정하는 크기 구분표 [표 1]에서 무게가 다른 것이 섞이지 않은 것	특·상에 미달하는 것
색택	품종 고유의 모양과 색택이 뛰어나며 네트계 멜론은 그물 모양이 뚜렷하고 균일한 것	품종 고유의 모양과 색택이 양호하며 네트계 멜론은 그물 모양이 양호한 것	특·상에 미달하는 것
신선도, 숙도	꼭지가 시들지 아니하고 과육의 성숙도가 적당한 것	꼭지가 시들지 아니하고 과육의 성숙도가 적당한 것	특·상에 미달하는 것
중결점과	없는 것	없는 것	5% 이하인 것(부패·변질과는 포함할 수 없음)
경결점과	없는 것	없는 것	20% 이하인 것

[표 1] 크기 구분

구분	호칭	2L	L	M	S
1개의 무게 (kg)	네트계	2.6 이상	2.0 이상 ~ 2.6 미만	1.6 이상 ~ 2.0 미만	1.6 미만
	백피계·황피계	2.2 이상	1.8 이상 ~ 2.2 미만	1.3 이상 ~ 1.8 미만	1.3 미만
	파파야계	1.0 이상	0.75 이상 ~ 1.0 미만	0.60 이상 ~ 0.75 미만	0.60 미만

<용어의 정의>

① 중결점과는 다음의 것을 말한다.
    ㉠ 이품종과 : 품종이 다른 것
    ㉡ 부패, 변질과 : 과육이 부패 또는 변질된 것
    ㉢ 과숙과 : 과육의 연화 등 성숙이 지나친 것
    ㉣ 미숙과 : 과육의 성숙이 현저하게 덜된 것
    ㉤ 병충해과 : 탄저병, 딱정벌레 등 병해충의 피해가 있는 것.
    ㉥ 상해과 : 열상, 자상, 압상 등이 있는 것. 다만 경미한 것은 제외한다.

       ⓐ 모양 : 모양이 심히 불량한 것

       ⓞ 기타 결점의 정도가 심한 것

② 경결점과는 다음의 것을 말한다.

       ㉠ 병충해, 상해의 정도가 경미한 것

       ㉡ 품종 고유의 모양이 아닌 것

       ㉢ 기타 결점의 정도가 경미한 것

[규격번호 : 2101]

Ⅰ. 적용 범위

본 규격은 국내에서 생산되어 신선한 상태로 유통되는 피망과 파프리카에 적용하며, 가공용 또는 수출용에는 적용하지 않는다.

Ⅱ. 등급 규격

항목＼등급	특	상	보통
낱개의 고르기	별도로 정하는 크기 구분표 [표 1]에서 무게가 다른 것이 5% 이하인 것	별도로 정하는 크기 구분표 [표 1]에서 무게가 다른 것이 10% 이하인 것	특·상에 미달하는 것
색택	품종 고유의 색택이 선명하고 윤기가 뛰어난 것	품종 고유의 색택이 선명하고 윤기가 양호한 것	특·상에 미달하는 것
신선도	꼭지가 시들지 아니하고 탄력이 뛰어난 것	꼭지가 시들지 아니하고 탄력이 양호한 것	특·상에 미달하는 것
중결점과	없는 것	없는 것	5% 이하인 것(부패·변질과는 포함할 수 없음)
경결점과	없는 것	5% 이하인 것	20% 이하인 것

[표 1] 크기 구분(피망)

구분＼호칭	L	M	S
1개의 무게(g)	100 이상	50 이상 ~ 100 미만	50 미만

[표 2] 크기 구분(파프리카)

구분＼호칭	2L	L	M	S	2S
1개의 무게(g)	240 이상	180 이상 ~ 240 미만	140 이상 ~ 180 미만	110 이상 ~ 140 미만	110 미만

<용어의 정의>

① 중결점과는 다음의 것을 말한다.
   ㉠ 이품종과 : 품종이 다른 것
   ㉡ 부패, 변질과 : 과육이 부패 또는 변질된 것(과숙에 의해 육질이 변질된 것을 포함한다.)
   ㉢ 병충해과 : 흑색탄저병, 담배나방 등 병해충의 피해가 있는 것

       ② 상해과 : 열상, 자상, 압상 등이 있는 것. 다만. 경미한 것은 제외한다.

       ⑩ 모양 : 모양이 심히 불량한 것

       ⑪ 기타 : 경결점과에 속하는 사항으로 그 피해가 현저한 것

   ② 경결점과는 다음의 것을 말한다.

       ㉠ 품종 고유의 모양이 아닌 것

       ㉡ 병해충의 피해가 과피에 그친 것

       ㉢ 상해 및 기타 결점의 정도가 경미한 것

[규격번호 : 3011]

I. 적용 범위

본 규격은 국내에서 생산되어 신선한 상태로 유통되는 양파에 적용하며, 가공용 또는 수출용에는 적용하지 않는다.

II. 등급 규격

항목＼등급	특	상	보통
낱개의 고르기	별도로 정하는 크기 구분표 [표 1]에서 크기가 다른 것이 10% 이하인 것	별도로 정하는 크기 구분표 [표 1]에서 크기가 다른 것이 20% 이하인 것	특·상에 미달하는 것
모양	품종 고유의 모양인 것	품종 고유의 모양인 것	특·상에 미달하는 것
색택	품종 고유의 선명한 색택으로 윤기가 뛰어난 것	품종 고유의 선명한 색택으로 윤기가 양호한 것	특·상에 미달하는 것
손질	흙 등 이물이 잘 제거된 것	흙 등 이물이 제거된 것	특·상에 미달하는 것
중결점	없는 것	없는 것	5% 이하인 것(부패·변질구는 포함할 수 없음)
경결점	5% 이하인 것	10% 이하인 것	20% 이하인 것

[표 1] 크기 구분

구분＼호칭	2L	L	M	S
1구의 지름 (cm)	9.0 이상	8.0 이상 ∼ 9.0 미만	6.0 이상 ∼ 8.0 미만	6.0 미만
1개의 무게(g)	340 이상	230 이상 ∼ 340 미만	110 이상 ∼ 230 미만	110미만

<용어의 정의>

① 중결점은 다음의 것을 말한다.
  ㉠ 부패·변질구 : 엽육이 부패 또는 변질된 것
  ㉡ 병충해 : 병해충의 피해가 있는 것
  ㉢ 상해구 : 자상, 압상이 육질에 미친 것, 심하게 오염된 것
  ㉣ 형상 불량구 : 쌍구, 열구, 이형구, 싹이 난 것, 추대된 것
  ㉤ 기타 : 경결점구에 속하는 사항으로 그 피해가 현저한 것
② 경결점은 다음의 것을 말한다.
  ㉠ 품종 고유의 모양이 아닌 것
  ㉡ 병해충의 피해가 외피에 그친 것
  ㉢ 상해 및 기타 결점의 정도가 경미한 것

농산물 표준규격
마 늘

[규격번호 : 3021]

Ⅰ. 적용 범위

본 규격은 국내에서 생산되어 신선한 상태로 유통되는 마늘(통마늘, 풋마늘)에 적용하며, 가공용 또는 수출용에는 적용하지 않는다.

Ⅱ. 등급 규격

등급 항목	특	상	보통
낱개의 고르기	별도로 정하는 크기 구분표 [표 1]에서 크기가 다른 것이 10% 이하인 것 단, 크기 구분표의 해당 크기에서 1단계를 초과할 수 없다.	별도로 정하는 크기 구분표 [표 1]에서 크기가 다른 것이 20% 이하인 것 단, 크기 구분표의 해당 크기에서 1단계를 초과할 수 없다.	특·상에 미달하는 것
모양	품종 고유의 모양이 뛰어나며, 각 마늘쪽이 충실하고 고른 것	품종 고유의 모양을 갖추고 각 마늘쪽이 대체로 충실하고 고른 것	특·상에 미달하는 것
손질	– 통마늘의 줄기는 마늘통으로부터 2.0㎝ 이내로 절단한 것 – 풋마늘의 줄기는 마늘통으로부터 5.0㎝ 이내로 절단한 것		
열구(난지형에 한한다)	20% 이하인 것	30% 이하인 것	특·상에 미달하는 것
쪽마늘	4% 이하인 것	10% 이하인 것	15% 이하인 것
중결점	없는 것	없는 것	5% 이하인 것(부패·변질구는 포함할 수 없음)
경결점	5% 이하인 것	10% 이하인 것	20% 이하인 것

[표 1] 크기 구분

구분	호칭		2L	L	M	S
1개의 지름 (cm)	한지형		5.0 이상	4.0 이상~5.0 미만	3.0 이상~4.0 미만	2.0 이상~3.0 미만
	난지형	남도종	5.5 이상	4.5 이상~5.5 미만	4.0 이상~4.5 미만	3.5 이상~4.0 미만
		대서종	6.0 이상	5.0 이상~6.0 미만	4.0 이상~5.0 미만	3.5 이상~4.0 미만

※ 크기는 마늘통의 최대 지름을 말한다.

<용어의 정의>

① 마늘의 구분은 다음과 같다.
  ㉠ 통마늘 : 적당히 건조되어 저장용으로 출하되는 마늘
  ㉡ 풋마늘 : 수확 후 신선한 상태로 출하되는 마늘(4~6월중에 출하되는 것에 한함)

② 열구 : 마늘쪽의 일부 또는 전부가 줄기로부터 벌어져 있는 것으로 포장단위 전체 마늘에 대한 개수 비율을 말한다. 단, 마늘통 높이의 3/4 이상이 외피에 싸여 있는 것은 제외한다.

③ 쪽마늘 : 포장단위별로 전체 마늘 중 마늘통의 줄기로부터 떨어져 나온 마늘쪽을 말한다.

④ 중결점은 다음의 것을 말한다.

　　㉠ 병충해구 : 병충해의 증상이 뚜렷하거나 진행성인 것

　　㉡ 부패, 변질구 : 육질이 부패 또는 변질된 것

　　㉢ 형상불량구 : 기형 및 벌마늘(완전한 줄기가 2개 이상 발생한 2차 생성구), 싹이 난 것, 뿌리가 난 것

　　㉣ 상해구 : 기계적 손상이 마늘쪽의 육질에 미친 것

⑤ 경결점은 다음의 것을 말한다.

　　㉠ 마늘쪽이 마늘통의 줄기로부터 1/4 이상 떨어져 나간 것

　　㉡ 외피에 기계적 손상을 입은 것

　　㉢ 뿌리 턱이 빠진 것

　　㉣ 기타 중결점에 속하지 않는 결점이 있는 것

농산물 표준규격
무

[규격번호 : 3041]

Ⅰ. 적용 범위

본 규격은 국내에서 생산되어 신선한 상태로 유통되는 무에 적용하며, 가공용 또는 수출용에는 적용하지 않는다.

Ⅱ. 등급 규격

항목＼등급	특	상	보통
낱개의 고르기	별도로 정하는 크기 구분표 [표 1]에서 무게가 다른 것이 10% 이하인 것	별도로 정하는 크기 구분표 [표 1]에서 무게가 다른 것이 20% 이하인 것	특·상에 미달하는 것
모양	껍질이 매끄러우며 잔뿌리가 적은 것	껍질이 매끄러우며 잔뿌리가 적은 것	특·상에 미달하는 것
신선도	뿌리가 시들지 아니하고 싱싱하며 청결한 것	뿌리가 시들지 아니하고 싱싱하며 청결한 것	특·상에 미달하는 것
잎 길이	저장 무는 3.0cm 이하(김장용은 적용하지 아니 함)		
중결점	없는 것	없는 것	5% 이하인 것(부패·변질된 것은 포함할 수 없음)
경결점	5% 이하인 것	10% 이하인 것	20% 이하인 것

[표 1] 무게 구분

구분＼호칭	2L	L	M	S
1개의 무게(kg)	3.0 이상	2.0 이상	1.5 이상	1.5 미만

<용어의 정의>

① 중결점은 다음의 것을 말한다.
　　㉠ 부패·변질 : 뿌리가 부패 또는 변질된 것
　　㉡ 병해, 충해, 냉해 등의 피해가 있는 것
　　㉢ 형상불량 : 부러진 것, 심하게 굽은 것, 원뿌리가 2개 이상인 것, 쪼개진 것, 바람들이가 있는 것, 추대된 것
　　㉣ 기타 : 기타 경결점에 속하는 사항으로 그 피해가 현저한 것
② 경결점은 다음의 것을 말한다.
　　㉠ 품종 고유의 모양이 아닌 것
　　㉡ 병해충의 피해가 외피에 그친 것
　　㉢ 상해 및 기타 결점의 정도가 경미한 것

농산물 표준규격
결구배추

[규격번호 : 3051]

Ⅰ. 적용 범위

본 규격은 국내에서 생산되어 신선한 상태로 유통되는 결구배추에 적용하며, 가공용 또는 수출용에는 적용하지 않는다.

Ⅱ. 등급 규격

등급 항목	특	상	보통
낱개의 고르기	별도로 정하는 크기 구분표 [표 1]에서 무게가 다른 것이 섞이지 않은 것	별도로 정하는 크기 구분표 [표 1]에서 무게가 다른 것이 섞이지 않은 것	특·상에 미달하는 것
결구치 밀도	양손으로 만져 단단한 정도가 뛰어난 것	양손으로 만져 단단한 정도가 양호한 것	특·상에 미달하는 것
신선도	잎이 시들지 아니하고 싱싱하며 청결한 것	잎이 시들지 아니하고 싱싱하며 청결한 것	특·상에 미달하는 것
다듬기	겉잎과 오염된 잎을 제거하고 뿌리를 깨끗이 자른 것	겉잎과 오염된 잎을 제거하고 뿌리를 깨끗이 자른 것	특·상에 미달하는 것
중결점	없는 것	없는 것	5% 이하인 것(부패·변질된 것은 포함할 수 없음)
경결점	없는 것	없는 것	20% 이하인 것

[표 1] 크기 구분

구분	호칭	2L	L	M	S
1개의 무게(kg)	일반배추	4.0이상	3.0이상 ~ 4.0미만	2.0이상 ~ 3.0미만	2.0미만
	고랭지배추	3.0이상	2.0이상 ~ 3.0미만	1.0이상 ~ 2.0미만	1.0미만

* 일반배추는 봄·가을배추, 월동배추를 말한다.

<용어의 정의>

① 중결점은 다음의 것을 말한다.
    ㉠ 부패·변질 : 배추잎이 부패 또는 변질된 것
    ㉡ 병충해 : 병해, 충해 등의 피해가 있는 것
    ㉢ 냉해, 상해 등이 있는 것. 다만, 경미한 것은 제외한다.
    ㉣ 모양 : 개열된 것, 추대된 것, 모양이 심히 불량한 것
    ㉤ 기디 : 경결점에 속하는 사항으로 그 피해가 현저힌 깃

② 경결점은 다음의 것을 말한다.
　　㉠ 품종 고유의 모양이 아닌 것
　　㉡ 병해충의 피해가 외피에 그친 것
　　㉢ 상해 및 기타 결점의 정도가 경미한 것

[규격번호 : 3061]

Ⅰ. 적용 범위

본 규격은 국내에서 생산되어 신선한 상태로 유통되는 양배추에 적용하며, 가공용 또는 수출용에는 적용하지 않는다.

Ⅱ. 등급 규격

항목 \ 등급	특	상	보통
낱개의 고르기	별도로 정하는 크기 구분표 [표 1]에서 무게가 다른 것이 섞이지 않은 것	별도로 정하는 크기 구분표 [표 1]에서 무게가 다른 것이 섞이지 않은 것	특·상에 미달하는 것
결구	양손으로 만져 단단한 정도가 뛰어난 것	양손으로 만져 단단한 정도가 양호한 것	특·상에 미달하는 것
신선도	잎이 시들지 아니하고 싱싱하며 청결한 것	잎이 시들지 아니하고 싱싱하며 청결한 것	특·상에 미달하는 것
다듬기	겉잎과 오염된 잎을 제거하고 뿌리를 깨끗하게 자른 것	겉잎과 오염된 잎을 제거하고 뿌리를 깨끗하게 자른 것	특·상에 미달하는 것
중결점	없는 것	없는 것	5% 이하인 것(부패·변질된 것은 포함할 수 없음)
경결점	없는 것	없는 것	20% 이하인 것

[표 1] 크기 구분

구분 \ 호칭	2L	L	M	S
1개의 무게(kg)	3.0 이상	2.0 이상	1.0 이상	1.0 미만

<용어의 정의>

① 중결점은 다음의 것을 말한다.
    ㉠ 부패·변질 : 양배추잎이 부패 또는 변질된 것
    ㉡ 병충해 : 병해, 충해 등의 피해가 있는 것
    ㉢ 냉해, 상해 등이 있는 것. 다만, 경미한 것은 제외한다.
    ㉣ 모양 : 개열된 것, 추대된 것, 모양이 심히 불량한 것
    ㉤ 기타 : 경결점에 속하는 사항으로 그 피해가 현저한 것
② 경결점은 다음의 것을 말한다.
    ㉠ 품종 고유의 모양이 아닌 것
    ㉡ 병충해가 외피에 그친 것
    ㉢ 상해 및 기타 결점의 정도가 경미한 것

| 농산물 표준규격 |
| 당근 |

[규격번호 : 3071]

Ⅰ. 적용 범위

본 규격은 국내에서 생산되어 신선한 상태로 유통되는 당근에 적용하며, 가공용 또는 수출용에는 적용하지 않는다.

Ⅱ. 등급 규격

항목＼등급	특	상	보통
낱개의 고르기	별도로 정하는 크기 구분표 [표 1]에서 무게가 다른 것이 10% 이하인 것	별도로 정하는 크기 구분표 [표 1]에서 무게가 다른 것이 20% 이하인 것	특·상에 미달하는 것
색택	품종 고유의 색택이 뛰어난 것	품종 고유의 색택이 양호한 것	특·상에 미달하는 것
모양	표면이 매끈하고 꼬리 부위의 비대가 양호한 것	표면이 매끈하고 꼬리 부위의 비대가 양호한 것	특·상에 미달하는 것
손질	잎은 1.0cm 이하로 자르고 흙과 수염뿌리를 제거한 것	잎은 1.0cm 이하로 자르고 흙과 수염뿌리를 제거한 것	잎은 1.0cm 이하로 자른 것
중결점	없는 것	없는 것	5% 이하인 것(부패·변질된 것은 포함할 수 없음)
경결점	5% 이하인 것	10% 이하인 것	20% 이하인 것

[표 1] 크기 구분

구분＼호칭	2L	L	M	S
1개의 무게(g)	250이상	200이상 ~ 250미만	150이상 ~ 200미만	100이상 ~ 150미만

<용어의 정의>

① 중결점은 다음의 것을 말한다.
    ㉠ 부패·변질 : 뿌리가 부패 또는 변질된 것
    ㉡ 병해, 충해, 냉해 등의 피해가 있는 것
    ㉢ 형상불량 : 부러진 것, 심하게 굽은 것, 원뿌리가 2개 이상인 것 쪼개진 것, 바람들이가 있는 것, 녹변이 심한 것
    ㉣ 기타 : 기타 경결점에 속하는 사항으로 그 피해가 현저한 것
② 경결점은 다음의 것을 말한다.
    ㉠ 품종 고유의 모양이 아닌 것
    ㉡ 병충해가 외피에 그친 것
    ㉢ 상해 및 기타 결점의 정도가 경미한 것

농산물 표준규격
녹색꽃양배추(브로콜리)

[규격번호 : 3081]

Ⅰ. 적용 범위

본 규격은 국내에서 생산되어 신선한 상태로 유통되는 녹색꽃양배추(브로콜리)에 적용하며, 가공용 또는 수출용에는 적용하지 않는다.

Ⅱ. 등급 규격

항목 \ 등급	특	상	보통
낱개의 고르기	별도로 정하는 크기 구분표 [표 1]에서 무게가 다른 것이 섞이지 않은 것	별도로 정하는 크기 구분표 [표 1]에서 무게가 다른 것이 섞이지 않은 것	특·상에 미달하는 것
결구	양손으로 만져 단단한 정도가 뛰어난 것	양손으로 만져 단단한 정도가 양호한 것	특·상에 미달하는 것
신선도	화구가 황화되지 아니하고 싱싱하며 청결한 것	화구가 황화되지 아니하고 싱싱하며 청결한 것	화구의 황화 정도가 전체 면적의 5% 이하인 것
다듬기	화구 줄기 7cm 이하에 나머지 부위는 깨끗하게 다듬은 것	화구 줄기 7cm 이하에 나머지 부위는 깨끗하게 다듬은 것	특·상에 미달하는 것
중결점	없는 것	없는 것	10% 이하인 것(부패·변질된 것은 포함할 수 없음)
경결점	없는 것	없는 것	20% 이하인 것

[표 1] 크기 구분

구분 \ 호칭	2L	L	M	S
화구 1개의 무게(g)	330 이상	330 미만	270 미만	200 미만

<용어의 정의>

① 중결점은 다음의 것을 말한다.
    ㉠ 부패·변질 : 화구와 줄기가 부패 또는 변질된 것
    ㉡ 병충해 : 병해, 충해 등의 피해가 있는 것
    ㉢ 냉해, 상해 등이 있는 것. 다만, 경미한 것은 제외한다.
    ㉣ 모양 : 화구의 모양이 심히 불량한 것
    ㉤ 기타 : 경결점에 속하는 사항으로 그 피해가 현저한 것
② 경결점은 다음의 것을 말한다.
    ㉠ 품종 고유의 모양이 아닌 것
    ㉡ 병충해가 외피에 그친 것
    ㉢ 상해 및 기타 결점의 정도가 경미한 것

농산물 표준규격
비트

[규격번호 : 3091]

Ⅰ. 적용 범위

본 규격은 국내에서 생산되어 신선한 상태로 유통되는 비트에 적용하며, 가공용 또는 수출용에는 적용하지 않는다.

Ⅱ. 등급 규격

항목＼등급	특	상	보통
낱개의 고르기	별도로 정하는 크기 구분표 [표 1]에서 무게가 다른 것이 10% 이하인 것, 단, 크기구분표의 해당 크기에서 1단계를 초과할 수 없음	별도로 정하는 크기 구분표 [표 1]에서 무게가 다른 것이 20% 이하인 것, 단, 크기구분표의 해당 크기에서 1단계를 초과할 수 없음	특·상에 미달하는 것
신선도	손으로 만져 단단한 정도가 뛰어난 것	손으로 만져 단단한 정도가 적당한 것	특·상에 미달하는 것
손질	흙, 줄기 등 이물질 제거 정도가 뛰어나고 표면이 적당히 건조된 것	흙, 줄기 등 이물질 제거 정도가 뛰어나고 표면이 적당히 건조된 것	특·상에 미달하는 것
중결점	없는 것	없는 것	5% 이하인 것(부패·변질된 것은 포함할 수 없음)
경결점	5% 이하인 것	10% 이하인 것	20% 이하인 것

[표 1] 크기 구분

구분＼호칭	2L	L	M	S
1개의 무게(g)	600 이상	500 이상 ~ 600 미만	400 이상 ~ 500 미만	400 미만

<용어의 정의>

① 중결점은 다음의 것을 말한다.
    ㉠ 부패·변질 : 비트 표면 및 과육이 부패 또는 변질된 것
    ㉡ 병충해 : 병해, 충해 등의 피해가 있는 것
    ㉢ 상해 등이 있는 것. 다만, 경미한 것은 제외한다.
    ㉣ 모양 : 열개된 것, 모양이 심히 불량한 것
    ㉤ 기타 : 경결점에 속하는 사항으로 그 피해가 현저한 것
② 경결점은 다음의 것을 말한다.
    ㉠ 품종 고유의 모양이 아닌 것
    ㉡ 병충해가 외피에 그친 것
    ㉢ 상해 및 기타 결점의 정도가 경미한 것

농산물 표준규격
감 자

I. 적용 범위

본 규격은 국내에서 생산되어 신선한 상태로 유통되는 감자에 적용하며, 가공용 또는 수출용에는 적용하지 않는다.

II. 등급 규격

등급 / 항목	특	상	보통
낱개의 고르기	별도로 정하는 크기 구분표 [표 1]에서 무게가 다른 것이 10% 이하인 것	별도로 정하는 크기 구분표 [표 1]에서 무게가 다른 것이 20% 이하인 것	특·상에 미달하는 것
손질	흙 등 이물질 제거 정도가 뛰어나고 표면이 적당하게 건조된 것	흙 등 이물질 제거 정도가 양호하고 표면이 적당하게 건조된 것	특·상에 미달하는 것
중결점	없는 것	없는 것	5% 이하인 것(부패·변질된 것은 포함할 수 없음)
경결점	5% 이하인 것	10% 이하인 것	20% 이하인 것

[표 1] 크기 구분

품종	호칭	3L	2L	L	M	S	2S
1개의 무게 (g)	수미 및 이와 유사한 품종	280 이상	220 이상 ~ 280 미만	160 이상 ~ 220 미만	100 이상 ~ 160 미만	40 이상 ~ 100 미만	40 미만
	대지 및 이와 유사한 품종	500 이상	400 이상 ~ 500 미만	300 이상 ~ 400 미만	200 이상 ~ 300 미만	40 이상 ~ 200 미만	40 미만

<용어의 정의>

① 중결점은 다음의 것을 말한다.
    ㉠ 이품종 : 품종이 다른 것
    ㉡ 부패, 변질 : 감자가 부패 또는 변질된 것
    ㉢ 병충해 : 둘레썩음병, 겹둥근무늬병, 더뎅이병, 굼벵이 등 병해충의 피해가 육질까지 미친 것
    ㉣ 상해 : 열상, 자상 등 상처가 있는 것. 다만, 경미하거나 상처 부위가 아문 것은 제외한다.
    ㉤ 기형 : 2차 생장 등 그 형상 불량 정도가 현저한 것
    ㉥ 싹이 난 것, 광선에 의해 녹변된 것 등 그 피해가 현저한 것
② 경결점은 다음의 것을 말한다.
    ㉠ 품종 고유의 모양이 아닌 것
    ㉡ 병충해가 외피에 그친 것
    ㉢ 상해 및 기타 결점의 정도가 경미한 것

농산물 표준규격
고구마

[규격번호 : 4021]

Ⅰ. 적용 범위

본 규격은 국내에서 생산되어 신선한 상태로 유통되는 고구마에 적용하며, 가공용 또는 수출용에는 적용하지 않는다.

Ⅱ. 등급 규격

등급 항목	특	상	보통
낱개의 고르기	별도로 정하는 크기 구분표 [표 1]에서 무게가 다른 것이 10% 이하인 것	별도로 정하는 크기 구분표 [표 1]에서 무게가 다른 것이 20% 이하인 것	특·상에 미달하는 것
손질	흙, 줄기 등 이물질 제거 정도가 뛰어나고 표면이 적당하게 건조된 것	흙, 줄기 등 이물질 제거 정도가 양호하고 표면이 적당하게 건조된 것	흙, 줄기 등 이물질을 제거하고 표면이 적당하게 건조된 것
중결점	없는 것	없는 것	5% 이하인 것(부패·변질된 것은 포함할 수 없음)
경결점	5% 이하인 것	10% 이하인 것	20% 이하인 것

[표 1] 크기 구분

구분 \ 호칭	2L	L	M	S
1개의 무게(g)	250 이상	150 이상 ～ 250 미만	100 이상 ～ 150 미만	40 이상 ～ 100 미만

※ 호칭과 병행하여 장폭비(길이÷두께)가 3.0 이하인 것이 80% 이상은 "둥근형", 3.1 이상인 것이 80% 이상은 "긴형"의 형태를 표기할 수 있다.

<용어의 정의>

① 중결점은 다음의 것을 말한다.
  ㉠ 이품종 : 품종이 다른 것
  ㉡ 부패, 변질 : 고구마가 부패 또는 변질된 것
  ㉢ 병충해 : 검은무늬병, 검은점박이병, 근부병, 굼벵이 등 병해충의 피해가 육질까지 미친 것
  ㉣ 자상, 찰상 등 상처가 심한 것
② 경결점은 다음의 것을 말한다.
  ㉠ 품종 고유의 모양이 아닌 것
  ㉡ 병충해가 외피에 그친 것
  ㉢ 상해 및 기타 결점의 정도가 경미한 것

[규격번호 : 5011]

Ⅰ. 적용 범위

　본 규격은 국내에서 생산되어 신선한 상태로 유통되는 참깨에 적용하며, 가공용 또는 수출용에는 적용하지 않는다.

Ⅱ. 등급 규격

등급 항목	특	상	보통
모양	품종 고유의 모양과 색택을 갖춘 것으로 껍질이 얇고, 충실하며 고르고 윤기가 있는 것		특상에 미달하는 것
수분	10.0% 이하인 것	10.0% 이하인 것	10.0% 이하인 것
용적중(g/ℓ)	600 이상인 것	580 이상인 것	550 이상인 것
이종피색립	1.0% 이하인 것	2.0% 이하인 것	5.0% 이하인 것
이물	1.0% 이하인 것	2.0% 이하인 것	5.0% 이하인 것
조건	생산 연도가 다른 참깨가 혼입된 경우나, 수확 연도로부터 1년이 경과되면「특」이 될 수 없음		

<용어의 정의>

① 백분율(%) : 전량에 대한 무게의 비율을 말한다.
② 용적중 :「별표6」「항목별 품위계측 및 감정방법」에 따라 측정한 1ℓ의 무게를 말한다.
③ 이종피색립 : 껍질의 색깔이 현저하게 다른 참깨를 말한다.
④ 이물 : 참깨 외의 것을 말한다.

농산물 표준규격
피땅콩

[규격번호 : 5021]

Ⅰ. 적용 범위

본 규격은 국내에서 생산되어 유통되는 피땅콩을 대상으로 하며, 가공용 또는 수출용에는 적용하지 않는다.

Ⅱ. 등급 규격

항목 \ 등급	특	상	보통
모양	품종 고유의 모양과 색택으로 크기가 균일하고 충실한 것		특·상에 미달하는 것
수분	10.0% 이하인 것	10.0% 이하인 것	10.0% 이하인 것
빈 꼬투리	3.0% 이하인 것	5.0% 이하인 것	10.0% 이하인 것
피해 꼬투리	3.0% 이하인 것	5.0% 이하인 것	10.0% 이하인 것
이물	0.5% 이하인 것	1.0% 이하인 것	2.0% 이하인 것

<용어의 정의>

① 백분율(%) : 전량에 대한 무게의 비율을 말한다.
② 빈 꼬투리 : 수정불량 등으로 알땅콩이 정상 발육되지 않은 것
③ 피해꼬투리 : 병해충, 부패, 변질, 파손 등 알땅콩에 영향을 현저하게 미친 것
④ 이물 : 땅콩 외의 것을 말한다.

농산물 표준규격
알땅콩

[규격번호 : 5022]

Ⅰ. 적용범위

본 규격은 국내에서 생산되어 유통되는 알땅콩을 대상으로 하며, 가공용 또는 수출용에는 적용하지 않는다.

Ⅱ. 등급 규격

항목＼등급	특	상	보통
낱개의 고르기	별도로 정하는 크기 구분표 [표 1]에서「L」인 것이 95% 이상인 것	별도로 정하는 크기 구분표 [표 1]에서「L」,「M」인 것이 90% 이상인 것	특상에 미달하는 것
모양	낱알의 모양과 크기가 균일하고 충실하며 껍질 벗겨진 것이 5.0% 이하인 것	낱알의 모양과 크기가 균일하고 충실하며 껍질 벗겨진 것이 10.0% 이하인 것	특상에 미달하는 것
수분	9.0% 이하인 것	9.0% 이하인 것	9.0% 이하인 것
피해립	3.0% 이하인 것	5.0% 이하인 것	10.0% 이하인 것
이물	0.1% 이하인 것	0.5% 이하인 것	1.0% 이하인 것

[표 1] 크기 구분

구분＼호칭	L	M	S
1립의 무게(g)	0.7 이상	0.4 이상 ~ 0.7 미만	0.4 미만

<용어의 정의>

① 백분율(%) : 전량에 대한 무게의 비율을 말한다.

② 피해립 : 부패·변질립, 병충해립, 발아립, 미숙립, 깨진립 등을 말한다. 다만, 피해 정도가 경미하여 품질에 영향을 미치지 않는 것은 제외한다.

③ 이물 : 알땅콩 외의 것을 말한다.

농산물 표준규격
들 깨

[규격번호 : 5031]

Ⅰ. 적용범위

본 규격은 국내에서 생산되어 유통되는 들깨에 적용하며, 가공용 또는 수출용에는 적용하지 않는다.

Ⅱ. 등급 규격

항목 \ 등급	특	상	보통
모양	낟알의 모양과 크기가 균일하고 충실한 것		특·상에 미달하는 것
수분	10.0% 이하인 것	10.0% 이하인 것	10.0% 이하인 것
용적중(g/ℓ)	500 이상인 것	470 이상인 것	440 이상인 것
피해립	0.5% 이하인 것	1.0% 이하인 것	2.0% 이하인 것
이종곡립	0.0% 이하인 것	0.3% 이하인 것	0.5% 이하인 것
이종피색립	2.0% 이하인 것	5.0% 이하인 것	10.0% 이하인 것
이물	0.5% 이하인 것	1.0% 이하인 것	2.0% 이하인 것
조건	생산 연도가 다른 들깨가 혼입된 경우나, 수확 연도로부터 1년이 경과되면 「특」이 될 수 없음		

<용어의 정의>

① 백분율(%) : 전량에 대한 무게의 비율을 말한다.
② 용적중 : 「별표6」「항목별 품위계측 및 감정방법」에 따라 측정한 1ℓ의 무게를 말한다.
③ 피해립 : 병해립, 충해립, 변질립, 변색립, 파쇄립 등을 말한다. 다만, 들깨 품위에 영향을 미치지 아니할 정도의 것은 제외한다.
④ 이종곡립 : 들깨 외의 다른 곡립을 말한다.
⑤ 이종피색립 : 껍질의 색깔이 현저하게 다른 들깨를 말한다.
⑥ 이물 : 들깨 외의 것을 말한다.

농산물 표준규격

수 삼

[규격번호 : 5041]

Ⅰ. 적용 범위

본 규격은 국내에서 재배·생산되어 신선한 상태로 유통되는 4년근 이상의 수삼에 적용하며, 가공용 또는 수출용에는 적용하지 않는다.

Ⅱ. 등급 규격

등급 / 항목	특	상	보통
낱개의 고르기	별도로 정하는 크기 구분표 [표 1]에서 무게가 다른 것이 10% 이하인 것. 단, 크기 구분표의 해당 무게에서 1단계를 초과할 수 없다.	별도로 정하는 크기 구분표 [표 1]에서 무게가 다른 것이 15% 이하인 것	별도로 정하는 크기 구분표 [표 1]에서 무게가 다른 것이 30% 이하인 것
모양	수삼의 고유 형태인 머리, 몸통, 다리의 모양을 갖춘 것	수삼의 고유 형태인 머리, 몸통, 다리의 모양을 갖춘 것	특·상에 미달하는 것
육질	조직이 치밀하고 탄력이 있는 것	조직이 치밀하고 탄력이 있는 것	특·상에 미달하는 것
색택	표피의 색이 연한 황색 또는 황백색인 것	표피의 색이 연한 황색 또는 황백색인 것	특·상에 미달하는 것
손질	- 수삼 : 흙 등 이물질이 적당히 제거된 것 - 세척수삼 : 흙 등 이물질이 완전히 제거된 것	- 수삼 : 흙 등 이물질이 적당히 제거된 것 - 세척수삼 : 흙 등 이물질이 완전히 제거된 것	특·상에 미달하는 것
신선도	수확당시 수준의 신선도를 유지하고 있는 것	수확당시 수준의 신선도를 유지하고 있는 것	특·상에 미달하는 것
중결점	없는 것	없는 것	10% 이하인 것(부패·변질된 것은 포함할 수 없음)
경결점	5% 이하인 것	10% 이하인 것	20% 이하인 것

[표 1] 크기 구분

구분 / 호칭	2L	L	M	S
개체(1뿌리)당 무게(g)	94 이상	68 이상 ~ 94 미만	50 이상 ~ 68 미만	50 미만
750g당 뿌리수	8 이하	9 이상 ~ 11 미만	12 이상 ~ 15 미만	16 이상

<용어의 정의>

① 중결점은 은피삼, 주름삼, 결빙된 삼, 눈(꺆)이 완전히 개열된 삼, 상해, 충해, 적변삼, 균열삼 등

으로 품위에 영향을 미치는 정도가 현저한 것을 말한다.

② 경결점은 다음의 것으로 품위에 영향을 미치는 정도가 경미한 것을 말한다.

　㉠ 상해·충해 : 피해 정도가 몸통면적의 5% 이하인 것

　㉡ 적변삼 : 표피가 몸통면적의 5% 이하로 붉게 변한 것

　㉢ 균열삼 : 균열의 길이가 1㎝ 이하인 것

　㉣ 난발삼 : 몸통이 거의 없고 뿌리가 수평으로 발달한 것("상" 이하에서는 적용하지 않음)

농산물 표준규격
느타리버섯

[규격번호 : 6011]

Ⅰ. 적용범위

본 규격은 국내에서 생산되어 신선한 상태로 유통되는 느타리버섯, 애느타리버섯에 적용하며, 가공용 또는 수출용에는 적용하지 않는다.

Ⅱ. 등급 규격

항목 \ 등급	특	상	보통
낱개의 고르기	느타리버섯, 애느타리버섯 : 별도로 정하는 크기 구분표 [표 1]에서 크기가 다른 것이 20% 이하인 것	느타리버섯, 애느타리버섯 : 별도로 정하는 크기 구분표 [표 1]에서 크기가 다른 것이 40% 이하인 것	특·상에 미달하는 것
갓의 모양	품종의 고유 형태와 색깔로 윤기가 있는 것	품종의 고유 형태와 색깔로 윤기가 있는 것	특·상에 미달하는 것
신선도	신선하고 탄력이 있는 것으로 갈변현상이 없고 고유의 향기가 뛰어난 것	신선하고 탄력이 있는 것으로 갈변현상이 없고 고유의 향기가 뛰어난 것	특·상에 미달하는 것
이물	없는 것	없는 것	없는 것
중결점	없는 것	없는 것	5% 이하인 것(부패·변질된 것은 포함할 수 없음)
경결점	3% 이하인 것	5% 이하인 것	10% 이하인 것

[표 1] 크기 구분

구분 \ 호칭	2L	L	M	S
갓의 지름(cm)	6 이상	4 이상 ~ 6 미만	2 이상 ~ 4 미만	1 이상 ~ 2 미만

※ 갓의 지름 : 갓의 최대지름을 말한다.(군생 버섯의 경우 가장 큰 갓의 최대지름을 말한다.)

<용어의 정의>

① 낱개의 고르기는 포장단위별로 크기 구분표 [표 1]에서 크기가 다른 것의 무게비율을 말한다.
② 결점 혼입률은 포장단위별로 전체 버섯 중 결점이 있는 버섯의 무게비율을 말한다.
③ 이물 : 느타리버섯 이외의 것을 말한다.
④ 중결점은 다음의 것을 말한다.
  ㉠ 병충해 : 곰팡이, 달팽이, 버섯파리 등의 피해가 현저한 것
  ㉡ 상해 : 갓 또는 자루의 손상 정도가 현저한 것

ⓒ 기형 : 버섯 모양의 변형이 현저한 것

ⓔ 부패·변질된 것, 기타 피해 정도가 현저한 것

⑤ 경결점은 병충해, 상해 및 기타 결점의 정도가 경미한 것을 말한다.

[규격번호 : 6013]

Ⅰ. 적용 범위

본 규격은 국내에서 생산되어 신선한 상태로 유통되는 큰느타리버섯(새송이버섯)에 적용하며, 가공용 또는 수출용에는 적용하지 않는다.

Ⅱ. 등급 규격

항목 \ 등급	특	상	보통
낱개의 고르기	별도로 정하는 크기 구분표 [표 1]에서 무게가 다른 것의 혼입이 10% 이하인 것. 단, 크기 구분표의 해당 무게에서 1단계를 초과할 수 없다.	별도로 정하는 크기 구분표 [표 1]에서 무게가 다른 것의 혼입이 20% 이하인 것. 단, 크기 구분표의 해당 무게에서 1단계를 초과할 수 없다.	특상에 미달하는 것
갓의 모양	갓은 우산형으로 개열되지 않고, 자루는 굵고 곧은 것	갓은 우산형으로 개열이 심하지 않으며, 자루가 대체로 굵고 곧은 것	특상에 미달하는 것
갓의 색깔	품종 고유의 색깔을 갖춘 것	품종 고유의 색깔을 갖춘 것	특상에 미달하는 것
신선도	육질이 부드럽고 단단하며 탄력이 있는 것으로 고유의 향기가 뛰어난 것	육질이 부드럽고 단단하며 탄력이 있는 것으로 고유의 향기가 양호한 것	특상에 미달하는 것
결점	5% 이하인 것	10% 이하인 것	20% 이하인 것
이물	없는 것	없는 것	없는 것

[표 1] 크기 구분

구분 \ 호칭	L	M	S
1개의 무게(g)	90 이상	45 이상 ~ 90 미만	20 이상 ~ 45 미만

<용어의 정의>

① 낱개의 고르기는 포장단위별로 전체 버섯 중 크기 구분표 [표 1]에서 무게가 다른 것의 무게비율을 말한다.

② 결점 혼입률은 포장단위별로 전체 버섯 중 결점이 있는 버섯의 무게비율을 말한다.

　㉠ 병충해 : 곰팡이, 달팽이, 버섯파리 등 병해충의 피해가 있는 것. 다만 경미한 것은 제외한다.

　㉡ 상해 : 갓 또는 자루가 손상된 것. 다만 경미한 것은 제외한다.

　㉢ 기형 : 갓 또는 자루가 심하게 변형된 것

　㉣ 오염된 것 등 기타 피해의 정도가 현저한 것

③ 이물 : 새송이버섯 이외의 것을 말한다.

④ 결점은 병충해, 상해, 기형, 오염된 것 등 피해의 정도가 현저한 것을 말한다.

농산물 표준규격
양송이버섯

[규격번호 : 6021]

Ⅰ. 적용범위

본 규격은 국내에서 생산되어 신선한 상태로 유통되는 양송이버섯에 적용하며, 가공용 또는 수출용에는 적용하지 않는다.

Ⅱ. 등급 규격

항목＼등급	특	상	보통
낱개의 고르기	별도로 정하는 크기 구분표 [표 1]에서 크기가 다른 것이 5% 이하인 것. 다만, 크기 구분표의 해당 크기에서 1단계를 초과할 수 없다.	별도로 정하는 크기 구분표 [표 1]에서 크기가 다른 것이 10% 이하인 것. 다만, 크기 구분표의 해당 크기에서 1단계를 초과할 수 없다.	특·상에 미달하는 것
갓의 모양	버섯 갓과 자루 사이의 피막이 떨어지지 아니하고 육질이 두껍고 단단하며 색택이 뛰어난 것	버섯 갓과 자루 사이의 피막이 떨어지지 아니하고 육질이 두껍고 단단하며 색택이 양호한 것	특·상에 미달하는 것
신선도	버섯 갓이 펴지지 않고 탄력이 있는 것	버섯 갓이 펴지지 않고 탄력이 있는 것	특·상에 미달하는 것
자루길이	1.0cm 이하로 절단된 것	2.0cm 이하로 절단된 것	특·상에 미달하는 것
이물	없는 것	없는 것	없는 것
중결점	없는 것	없는 것	5% 이하인 것(부패·변질된 것은 포함할 수 없음)
경결점	3% 이하인 것	5% 이하인 것	20% 이하인 것

[표 1] 크기 구분

구분＼호칭	L	M	S
갓의 지름(cm)	5.0 이상	3.0 이상 ~ 5.0 미만	3.0 미만

※ 갓의 지름 : 갓의 최대지름을 말한다.

<용어의 정의>

① 낱개의 고르기는 포장단위별로 크기 구분표 [표 1]에서 크기가 다른 것의 무게비율을 말한다.
② 자루 길이 : 피막과 자루가 접합된 지점부터 절단부위까지의 길이를 말한다.
③ 이물 : 양송이버섯 이외의 것을 말한다.
④ 결점 혼입률은 포장단위별로 전체 버섯 중 결점이 있는 버섯의 무게비율을 말한다.

⑤ 중결점은 다음의 것을 말한다.
㉠ 병충해 : 갈색무늬병, 곰팡이 또는 세균성 무늬병, 버섯모기, 진드기 등 품질에 영향을 미치
는 정도가 현저한 것
㉡ 자상, 찰상 등의 정도가 현저한 것
㉢ 기형 : 버섯 모양의 변형이 현저한 것
㉣ 부패·변질된 것, 기타 피해 정도가 현저한 것
⑥ 경결점은 병충해 및 기타 결점의 정도가 경미한 것을 말한다.

농산물 표준규격
팽이버섯

[규격번호 : 6031]

Ⅰ. 적용 범위

본 규격은 국내에서 생산되어 신선한 상태로 유통되는 팽이버섯에 적용하며, 가공용 또는 수출용에는 적용하지 않는다.

Ⅱ. 등급 규격

등급 항목	특	상	보통
갓의 모양	갓이 펴지지 않은 것	갓이 펴지지 않은 것	특·상에 미달하는 것
갓의 크기	갓의 최대 지름이 1.0cm 이상인 것이 5개 이내인 것(150g 기준)	갓의 최대 지름이 1.0cm 이상인 것이 20개 이내인 것(150g 기준)	적용하지 않음
색택	품종 고유의 색택이 뛰어난 것	품종 고유의 색택이 양호한 것	특·상에 미달하는 것
신선도	육질의 탄력이 있으며 고유의 향기가 있는 것	육질의 탄력이 있으며 고유의 향기가 있는 것	특·상에 미달하는 것
이물	없는 것	없는 것	없는 것
중결점	없는 것	없는 것	5% 이하인 것(부패·변질된 것은 포함할 수 없음)
경결점	3% 이하인 것	5% 이하인 것	10% 이하인 것

<용어의 정의>

① 이물 : 팽이버섯 이외의 것을 말한다. 다만, 부착된 배지는 제외한다.
② 결점 혼입률은 포장단위별로 전체 버섯 중 결점이 있는 버섯의 무게비율을 말한다.
③ 중결점은 다음의 것을 말한다.
　㉠ 병충해 : 세균, 곰팡이, 버섯파리 등이 품질에 영향을 미치는 정도가 심한 것
　㉡ 갓 또는 자루의 손상 정도가 현저한 것
　㉢ 기형 : 갓 모양의 변형이 현저한 것
　㉣ 부패·변질된 것, 기타 피해 정도가 현저한 것
④ 경결점은 병충해 및 기타 결점의 정도가 경미한 것을 말한다.

농산물 표준규격
영지버섯

[규격번호 : 6041]

Ⅰ. 적용 범위

본 규격은 국내에서 생산되어 건조한 상태로 유통되는 원형 및 절편 영지버섯에 적용하며, 가공용 또는 수출용에는 적용하지 않는다.

Ⅱ. 등급 규격

항목\등급	특	상	보통
낱개의 고르기	– 원형 : 별도로 정하는 크기 구분표 [표 1]에서 크기가 다른 것이 섞이지 않은 것 – 절편 : 절편길이가 9.0cm 이상인 것이 40% 이상이고, 5.0cm 이하인 것이 10% 이하인 것	– 원형 : 별도로 정하는 크기 구분표[표 1]에서 크기가 다른 것이 섞이지 않은 것 – 절편 : 절편길이가 7.0cm 이상인 것이 40% 이상이고, 5.0cm 이하인 것이 10% 이하인 것	특·상에 미달하는 것
갓의 모양	품종 고유의 모양과 색택을 갖추고 조직이 단단한 것	품종 고유의 모양과 색택을 갖추고 조직이 단단한 것	특·상에 미달하는 것
절편의 넓이	2~8mm인 것	2~8mm인 것	2~8mm인 것
갓의 두께	1.0cm 이상인 것	0.7cm 이상인 것	적용하지 않음
자루길이	2.0cm 이하인 것	3.0cm 이하인 것	3.0cm 이하인 것
수분	13.0% 이하인 것	13.0% 이하인 것	13.0% 이하
이물	없는 것	없는 것	없는 것
중결점	없는 것	없는 것	5% 이하인 것(부패·변질된 것은 포함할 수 없음)
경결점	없는 것	5% 이하인 것	10% 이하인 것

[표 1] 크기 구분

구분\호칭	L	M	S
갓의 지름(cm)	15 이상	10 이상 ~ 15 미만	5 이상 ~ 10 미만

※ 갓의 지름 : 갓의 최대지름을 말한다.

<용어의 정의>

① 낱개의 고르기는 포장단위별로 크기 구분표 [표 1]에서 크기가 다른 것의 무게비율을 말한다.
② 절편의 넓이 : 가장 넓은 곳의 크기 말한다.
③ 갓의 크기 : 갓의 가장 넓은 직경을 말한다.

④ 갓의 두께 : 정상적인 버섯 10개의 평균 두께를 말한다.

⑤ 자루길이 : 갓의 하단 부위에서 자루 절단부위까지의 길이를 말한다.

⑥ 이물 : 영지버섯 외의 것을 말한다.

⑦ 결점 혼입률은 포장단위별로 전체 버섯 중 결점이 있는 버섯의 무게비율을 말한다.

⑧ 중결점은 다음의 것을 말한다.

    ㉠ 병충해, 부패·변질 등이 품질에 영향을 미치는 정도가 현저한 것

    ㉡ 갓의 변형 정도가 심한 것

    ㉢ 기타 피해의 정도가 심한 것

⑨ 경결점은 병충해 및 기타 결점의 정도가 경미한 것을 말한다.

[규격번호 : 7011]

　쌀의 표준규격은 양곡관리법 시행규칙 제7조의3(양곡의 표시사항 등)에 따라 농림축산식품부장관이 고시하는 '쌀의 등급 및 단백질 함량기준' [별표 1] 쌀 등급 기준에 따르고, 국내에서 생산하여 유통되는 멥쌀에 적용하며, 가공용·수출용에는 적용하지 않는다.

쌀 등급 기준 (제2조제1항 관련)

항목 등급	최 고 한 도 (%)					
	수분	싸라기	분상질립	피해립	열손립	기타이물
특	16.0	3.0	2.0	1.0	0.0	0.1
상	16.0	7.0	6.0	2.0	0.0	0.3
보통	16.0	12.0	10.0	4.0	0.1	0.6

※ 기타조건
○ 열손립은 시료 1kg 중 '특'은 3립 이하, '상'은 7립 이하여야 함
○ 기타이물 중 '돌, 플라스틱, 유리, 쇳조각' 등 고형물은 시료 1kg 3반복 조사 합산하여 1개 이내여야 하며, '이종곡립(뉘 포함)'은 '특'과 '상'은 2개 이하, '보통'은 5개 이하여야 함
○ 완전립 비율이 96.0%이상인 경우에는 '특'표시와는 별도로 '완전미(Head Rice)'로 표시할 수 있음

【 용어의 정의 】
① 백분율(%) : 전량에 대한 무게비율을 말하며, 소수점 둘째자리에서 반올림한다.
② 수분 : 105℃ 건조법 또는 이와 동등한 결과를 얻을 수 있는 방법에 의하여 측정한 함수율을 말한다.
③ 싸라기 : KS A 5101-1(금속망체) 중 호칭치수 1.7㎜ 금속망체로 쳐서 체를 통과하지 아니하는 낟알 중 그 길이가 완전한 낟알 평균길이의 3/4미만인 것을 말한다.
④ 분상질립 : 체적의 1/2이상이 분상질 상태인 낟알을 말한다.
⑤ 피해립 : 오염된립, 병해립·충해립·발아립·생리장해립, 적조 및 흑조가 낟알 길이의 1/4이상 부착된 것을 말한다. 다만, 피해가 쌀의 품질에 영향을 미치지 아니할 정도의 경미한 것은 제외한다.
⑥ 열손립 : 열 등에 의하여 변색 또는 손상된 낟알을 말하며 미립표면적의 1/4 이상이 주황색(한국표준색표집 2.5Y8/4기준 이상)으로 착색된 것을 말한다. 다만, 착색 정도가 주황색 기준 이하이거나 1/4미만인 것은 피해립으로 적용한다.
⑦ 기타이물 : 쌀 이외의 것('돌, 플라스틱, 유리, 쇳조각' 등 고형물, 이종곡립)과 KS A 5101-1(금속망체) 중 호칭치수 1.7㎜의 금속망체로 쳐서 체를 통과한 것을 말한다.
　* 이종곡립 : 쌀 이외의 곡립(뉘 포함)
⑧ 완전립 : 쌀의 외관특성상 완전한 낟알 또는 완전한 낟알 평균길이의 3/4 이상의 형태를 가지고 있는 것 중 분상질립, 피해립, 열손립을 제외한 것을 말한다.
　* 낟알의 평균길이는 완전한 낟알 15개 이상을 계측하여 산출함

쌀 단백질 함량 기준 (제3조 관련)

구분	단백질 함량(%)
수	6.0 이하
우	6.1 ~ 7.0
미	7.1 이상

【용어의 정의】
- 단백질 함량 : '식품의 기준 및 규격(식품의약품안전처 고시)'에서 정한 시험방법에 따라 분석한 쌀의 조단백질 함량을 수분 15.0%로 보정하여 백분율(%)로 산출하는 것을 원칙으로 하되, 이와 동등한 결과를 얻을 수 있는 방법에 의하여 측정한 함량을 말한다.
  * 단백질함량(%)은 소수점 둘째자리에서 반올림한다.

【허용오차】
- 단백질 함량의 허용오차의 범위는 ±0.3% 포인트로 한다.

<table>
<tr><td colspan="2">농산물표준규격
찹 쌀</td></tr>
</table>

[규격번호 : 7012]

Ⅰ. 적용 범위

본 규격은 국내에서 생산하여 유통되는 찹쌀에 적용하며, 가공용 또는 수출용에는 적용하지 않는다.

Ⅱ. 등급 규격

등급 항목	특	상	보통
모양	강층이 완전히 제거되고 낟알의 윤기가 뛰어나고, 충실한 것	강층이 완전히 제거되고 낟알의 윤기가 뛰어나고, 충실한 것	특·상에 미달하는 것
냄새	곰팡이 및 묵은 냄새가 없는 것		
수분	16.0% 이하인 것		
멥쌀혼입	3.0% 이하인 것	8.0% 이하인 것	15.0% 이하인 것
싸라기	3.0% 이하인 것	7.0% 이하인 것	20.0% 이하인 것
피해립	1.0% 이하인 것	2.0% 이하인 것	6.0% 이하인 것
열손립	0.0% 이하인 것	0.1% 이하인 것	0.5% 이하인 것
기타이물	0.1% 이하인 것	0.3% 이하인 것	1.0% 이하인 것
조건	생산 연도가 다른 찹쌀이 혼입된 경우나, 수확 연도로부터 1년이 경과되면 「특」이 될 수 없음		

<용어의 정의>

① 백분율(%) : 전량에 대한 무게의 비율을 말한다.
② 수분 : 105℃ 건조법 또는 이와 동등한 결과를 얻을 수 있는 방법에 의하여 측정한 함수율을 말한다.
③ 멥쌀혼입 : 찹쌀 속에 포함된 멥쌀을 말한다.
④ 싸라기 : 1.7mm 금속망 체(KSA 5101-1 시험용체 규격)로 쳐서 체 위에 남는 것 중 완전한 낟알 평균길이의 3/4미만의 깨진 낟알을 말한다.
⑤ 피해립 : 오염된 낟알, 병해립, 충해립, 발아립, 생리장해립, 적조 및 흑조가 낟알 길이의 1/4이상 부착된 낟알을 말한다. 다만, 피해가 경미하여 쌀의 품질에 영향을 미치지 아니할 정도의 것은 제외한다.
⑥ 열손립 : 열에 의하여 변색 또는 손상된 낟알을 말하며 미립표면적 1/4이상이 주황색(한국표준색표집 2.5Y8/4기준이상)으로 착색된 것을 말한다. 다만, 착색된 정도가 주황색 기준 이하이거나 1/4미만인 것은 피해립으로 적용한다.
⑦ 기타이물 : 찹쌀 이외의 것과 1.7mm 금속망 체(KSA 5101-1 시험용체 규격)로 쳐서 통과되는 것을 말한다. 다만, 돌, 광물질의 고형물은 3반복 조사 합산하여 1개 이내이어야 한다.

농산물표준규격
현 미

[규격번호 : 7013]

Ⅰ. 적용 범위

본 규격은 국내에서 생산하여 유통되는 메·찰현미에 적용하며, 가공용 또는 수출용에는 적용하지 않는다.

Ⅱ. 등급 규격

항목＼등급	특	상	보통
모양	품종 고유의 모양으로 낟알 표면의 긁힘이 거의 없고 광택이 뛰어나며 낟알이 충실하고 고른 것	품종 고유의 모양으로 낟알 표면의 긁힘이 거의 없고 광택이 뛰어나며 낟알이 충실하고 고른 것	특·상에 미달하는 것
용적중 (g/ℓ)	810 이상인 것	800 이상인 것	7800이상인 것
정립	85.0% 이상인 것	75.0% 이상인 것	70.0%이상인 것
수분	16.0% 이하인 것		
사미	3.0% 이하인 것	6.0% 이하인 것	10.0% 이하인 것
피해립	5.0% 이하인 것	7.0% 이하인 것	10.0% 이하인 것
열손립	0.0% 이하인 것	0.1% 이하인 것	0.3% 이하인 것
메현미 혼입	3.0% 이하인 것(찰현미에만 적용)	8.0% 이하인 것(찰현미에만 적용)	15.0% 이하인 것 (찰현미에만 적용)
돌	없는 것	없는 것	없는 것
뉘,이종곡립 (1.5kg중)	없는 것	없는 것	3개 이하인 것
이물	0.0% 이하인 것	0.3% 이하인 것	0.5% 이하인 것
조건	생산연도가 다른 현미가 혼입된 경우나 수확 연도로부터 1년이 경과되면 「특」이 될수 없음		

<용어의 정의>

① 백분율(%) : 전량에 대한 무게의 비율을 말한다.

② 용적중 : [별표 6]「항목별 품위계측 및 감정방법」에 따라 측정한 1ℓ 의 무게를 말한다.

③ 정립 : 피해립, 사미, 열손립, 미숙립, 뉘, 이종곡립 및 이물을 제외한 낟알을 말한다.

④ 수분 : 105℃ 건조법 또는 이와 동등한 결과를 얻을 수 있는 방법에 의하여 측정한 함수율을 말한다.

⑤ 사미 : 체적의 4분의3 이상이 분상질 상태인 낟알을 말한다.

⑥ 피해립 : 손상된 낱알(발아립, 병해립, 충해립, 부패립, 금간 낱알, 기형립, 싸라기 등)을 말한다. 다만, 피해가 경미하여 현미의 품질에 영향을 미치지 아니할 정도의 것은 제외한다.

⑦ 열손립 : 열에 의하여 변색 또는 손상된 낱알을 말한다. 다만, 현미의 품질에 영향을 미치지 아니할 정도의 것은 제외한다.

⑧ 돌 : 돌, 콘크리트 조각 등 광물성의 고형물로서 1.7mm 금속망 체(KSA 5101-1 시험용체 규격)를 통과하지 아니하는 크기의 것을 말한다.

⑨ 이종곡립 : 현미, 뉘 외의 다른 곡립을 말한다.

⑩ 이물 : 곡립 외의 것과 1.7mm 금속망 체(KSA 5101-1 시험용체 규격)로 치면 체를 통과하는 것을 말한다.

농산물표준규격
보리쌀

[규격번호 : 7021]

Ⅰ. 적용 범위

본 규격은 국내에서 생산하여 유통되는 보리쌀(겉보리쌀, 찰보리쌀, 쌀보리쌀, 찹쌀보리쌀)에 적용하며, 가공용 또는 수출용에는 적용하지 않는다.

Ⅱ. 등급 규격

항목 \ 등급	특	상	보통
모양	강층이 완전히 제거된 것으로 품종 고유의 모양을 갖춘 것	강층이 완전히 제거된 것으로 품종 고유의 모양을 갖춘 것	특·상에 미달하는 것
냄새	곰팡이 및 묵은 냄새가 없는 것		
수분	14.0% 이하인 것		
메보리쌀 혼입	5.0% 이하인 것(찰보리쌀, 찰쌀보리쌀에 적용)	10.0% 이하인 것(찰보리쌀, 찰쌀보리쌀에 적용)	20.0% 이하인 것(찰보리쌀, 찰쌀보리쌀에 적용)
열손립	0.0% 이하인 것	0.1% 이하인 것	0.2%이하인 것

싸라기	– 겉보리쌀, 찰보리쌀
	  : 4.0% 이하인 것
	– 쌀보리쌀, 찰쌀보리쌀
	  : 2.0% 이하인 것
		– 겉보리쌀, 찰보리쌀
		  : 8.0% 이하인 것
		– 쌀보리쌀, 찰쌀보리쌀
		  : 4.0% 이하인 것
			– 겉보리쌀, 찰보리쌀
			  : 15.0% 이하인 것
			– 쌀보리쌀, 찰쌀보리쌀
			  : 10.0% 이하인 것

돌(1.5kg중)	없는 것	없는 것	없는 것
이물	0.0% 이하인 것	0.2% 이하인 것	0.4% 이하인 것

<용어의 정의>

① 백분율(%) : 전량에 대한 무게의 비율을 말한다.

② 메보리쌀 혼입 : 찰보리쌀 속에 포함된 메보리쌀을 말한다.

③ 수분 : 105℃ 건조법 또는 이와 동등한 결과를 얻을 수 있는 방법에 의하여 측정한 함수율을 말한다.

④ 열손립 : 열에 의하여 변색 또는 손상된 낱알을 말한다. 다만, 보리쌀의 품질에 영향을 미치지 아니할 정도의 것은 제외한다.

⑤ 싸라기 : 1.7mm 금속망 체(KSA 5101-1 시험용체 규격)로 쳐서 체 위에 남는 것 중 부러졌거나 깨진 낱알을 말한다.

⑥ 돌 : 1.7mm 금속망 체(KSA 5101-1 시험용체 규격)로 쳐서 체 위에 남은 돌, 콘크리트 조각 등 광물성의 고형물질을 말한다.

⑦ 이물 : 보리쌀 외의 것과 1.7mm 금속망 체(KSA 5101-1 시험용체 규격)로 치면 체를 통과하는 것을 말한다.

[규격번호 : 7031]

Ⅰ. 적용 범위

본 규격은 국내에서 생산하여 유통되는 차·메좁쌀에 적용하며, 가공용 또는 수출용에는 적용하지 않는다.

Ⅱ. 등급 규격

항목 \ 등급	특	상	보통
모양	강층이 완전히 제거된 것으로 낟알이 충실한 것	강층이 완전히 제거된 것으로 낟알이 충실한 것	특·상에 미달하는 것
냄새	곰팡이 및 묵은 냄새가 없는 것		
수분	14% 이하인 것		
피해립	5.0% 이하인 것	10.0% 이하인 것	15.0% 이하인 것
이물	0.0% 이하인 것	0.3% 이하인 것	0.5% 이하인 것
메좁쌀 혼입	5.0% 이하인 것(차좁쌀에 적용)	10.0% 이하인 것(차좁쌀에 적용)	15.0% 이하인 것(차좁쌀에 적용)
이종곡립	0.0% 이하인 것	0.3% 이하인 것	0.5% 이하인 것
조	0.3% 이하인 것	0.5% 이하인 것	1.0% 이하인 것
조건	생산연도가 다른 좁쌀이 혼입된 경우나 수확 연도로부터 1년이 경과되면 「특」이 될수 없음		

<용어의 정의>

① 백분율(%) : 전량에 대한 무게의 비율을 말한다.
② 피해립 : 오염된 립, 병해립, 충해립, 변질립, 변색립, 파쇄립 등을 말한다.
③ 수분 : 105℃ 건조법 또는 이와 동등한 결과를 얻을 수 있는 방법에 의하여 측정한 함수율을 말한다.
④ 이물 : 850㎛(0.85㎜) 금속망 체(KS A 5101-1 시험용체 규격)로 쳐서 체 위에 남은 곡립 이외의 것과 체를 통과한 것을 말한다.
⑤ 메좁쌀 혼입 : 차좁쌀 속에 포함된 메좁쌀을 말한다.
⑥ 조 : 도정되지 않은 조곡 상태인 것을 말한다.
⑦ 이종곡립 : 좁쌀 외의 곡립을 말한다.

```
┌─────────────────────────────┐
│        농산물표준규격          │
│           율무쌀             │
└─────────────────────────────┘
```

[규격번호 : 7041]

Ⅰ. 적용 범위

본 규격은 국내에서 생산하여 유통되는 율무쌀에 적용하며, 가공용 또는 수출용에는 적용하지 않는다.

Ⅱ. 등급 규격

항목 \ 등급	특	상	보통
모양	강층이 완전히 제거된 것으로 낟알이 충실한 것	강층이 완전히 제거된 것으로 낟알이 충실한 것	특·상에 미달하는 것
냄새	곰팡이 및 묵은 냄새가 없는 것		
수분	13.0% 이하인 것		
정립	75.0% 이상인 것	65.0% 이상인 것	55.0% 이상인 것
열손립	0.0% 이하인 것	0.1% 이하인 것	0.2% 이하인 것
피해립	0.2% 이하인 것	0.5% 이하인 것	1.0% 이하인 것
피율무(1.5kg중)	3립 이하인 것	5립 이하인 것	10립 이하인 것
이종곡립	0.0% 이하인 것	0.3% 이하인 것	0.5% 이하인 것
돌	없는 것	없는 것	없는 것
이물	0.3% 이하인 것	0.5% 이하인 것	1.0% 이하인 것
조건	생산연도가 다른 율무쌀이 혼입된 경우나 수확 연도로부터 1년이 경과되면 「특」이 될수 없음		

<용어의 정의>

① 백분율(%) : 전량에 대한 무게의 비율을 말한다.
② 수분 : 105℃ 건조법 또는 이와 동등한 결과를 얻을 수 있는 방법에 의하여 측정한 함수율을 말한다.
③ 정립 : 1.7mm 금속망 체(KSA 5101-1 시험용체 규격)로 쳐서 체 위에 남은 율무쌀로서 그 길이가 완전한 낟알의 3/4이상인 것
④ 열손립 : 열에 의하여 변색 또는 손상된 낟알을 말한다. 다만, 율무쌀의 품질에 영향을 미치지 아니할 정도의 것은 제외한다.
⑤ 피해립 : 오염된 낟알, 병해립, 충해립, 반점립, 흑점립, 생리장해립 등을 말한다. 다만, 피해가 경미하여 율무쌀의 품질에 영향을 미치지 아니할 정도의 것은 제외한다.
⑥ 피율무 : 율무의 껍질이 벗겨지지 아니한 것

⑦ 돌 : 1.7mm 금속망 체(KSA 5101-1 시험용체 규격)로 쳐서 체위에 남은 돌, 콘크리트 조각 등 광물성의 고형물질을 말한다.

⑧ 이물 : 1.7mm 금속망 체(KSA 5101-1 시험용체 규격)로 쳐서 체 위에 남은 돌, 콘크리트 조작 등 광물성의 고형물질을 말한다.

<table>
<tr><td colspan="2" align="center">농산물표준규격</td></tr>
<tr><td colspan="2" align="center">콩</td></tr>
</table>

[규격번호 : 7051]

Ⅰ. 적용 범위

본 규격은 국내에서 생산하여 유통되는 콩에 적용하며, 가공용 또는 수출용에는 적용하지 않는다.

Ⅱ. 등급 규격

항목＼등급	특	상	보통
모양	품종 고유의 모양과 색택을 갖춘 것으로 낱알이 충실하고 고른 것	품종 고유의 모양과 색택을 갖춘 것으로 낱알이 충실하고 고른 것	특·상에 미달하는 것
수분	14.0% 이하인 것		
발아율	85% 이상인 것(콩나물콩에 적용)	85% 이상인 것(콩나물콩에 적용)	85% 이상인 것(콩나물콩에 적용)
낱알의 굵기	콩의 굵기 구분에 따른 체위 남는 무게 비율이 80% 이상일 것. 단, 콩나물 콩은 소립종인 경우 해당	콩의 굵기 구분에 따른 체위 남는 무게 비율이 80% 이상일 것	콩의 굵기 구분에 따른 체위 남는 무게 비율이 80% 이상일 것
정립	95.0% 이상인 것	85.0%이상인 것	75.0%이상인것
피해립	5.0% 이하인 것	15.0%이하인 것	25.0%이하인것
이종곡립	0.0% 이하인 것	0.1% 이하인 것	0.3% 이하인것
이종피색립	0.0% 이하인 것	0.2% 이하인 것	0.5% 이하인것
이물	0.0% 이하인 것	0.2% 이하인 것	0.5% 이하인것
조건	생산연도가 다른 콩이 혼입된 경우나 수확 연도로부터 1년이 경과되면 「특」이 될수 없음		

<용어의 정의>

① 백분율(%) : 전량에 대한 무게의 비율을 말한다.
② 수분 : 105℃ 건조법 또는 이와 동등한 결과를 얻을 수 있는 방법에 의하여 측정한 함수율을 말한다. 찹쌀의 수분 측정 방법을 따른다.
③ 정립 : 피해립, 미숙립, 이종곡립, 이물을 제외한 건전한 낱알을 말한다.
④ 피해립 : 손상된 낱알(병해립, 충해립, 부패립, 변질립, 변색립, 파쇄립, 껍질이 갈라지거나 벗겨진 립 등)을 말한다. 다만, 성숙 도중에 자연적으로 껍질의 일부가 갈라진 것, 자반병립 중 자주색 병반의 면적이 그 콩알 표면적의 20% 이하인 것 등 피해가 경미하여 제품의 품질에 영향을 미치지 아니할 정도의 것을 제외한다.
⑤ 이종곡립 : 콩 외의 곡립을 말한다.

⑥ 이종피색립 : 다른 색의 콩을 말한다.

⑦ 이물 : 곡립 외의 것을 말한다.

⑧ 낟알의 굵기 : 콩의 굵기 구분에 따라 해당 체로 쳐서 체위에 남는 잔량에 대한 무게 비율이 80% 이상이어야 한다.

〈콩의 굵기 구분〉

구분	체 종류	구분방법
대립종	둥근 눈의 금속판 체 (KSA 5101-2 시험용체 규격)	체눈의 직경이 7.10mm인 체위에 남는 것
중립종		체눈의 직경이 6.30mm인 체위에 남는 것
소립종		체눈의 직경이 4.00mm인 체위에 남는 것

```
┌─────────────────────────┐
│      농산물표준규격        │
├─────────────────────────┤
│           팥             │
└─────────────────────────┘
```

[규격번호 : 7061]

Ⅰ. 적용 범위

본 규격은 국내에서 생산하여 유통되는 팥에 적용하며, 가공용 또는 수출용에는 적용하지 않는다.

Ⅱ. 등급 규격

항목＼등급	특	상	보통
모양	품종 고유의 모양과 색택을 갖춘 것으로 낟알이 충실하고 고른 것	품종 고유의 모양과 색택을 갖춘 것으로 낟알이 충실하고 고른 것	특·상에 미달하는 것
수분	14.0% 이하인 것		
정립	95.0% 이상인 것	85.0%이상인 것	75.0%이상인것
피해립	5.0% 이하인 것	15.0%이하인 것	25.0%이하인것
이종곡립	0.0% 이하인 것	0.1% 이하인 것	0.3% 이하인것
이종피색립	0.0% 이하인 것	0.2% 이하인 것	0.5% 이하인것
이물	0.0% 이하인 것	0.2% 이하인 것	0.5% 이하인것
조건	생산연도가 다른 팥이 혼입된 경우나, 수확 연도로부터 1년이 경과되면 「특」이 될 수 없음		

<용어의 정의>

① 백분율(%) : 전량에 대한 무게의 비율을 말한다.
② 수분 : 105℃ 건조법 또는 이와 동등한 결과를 얻을 수 있는 방법에 의하여 측정한 함수율을 말한다.
③ 정립 : 피해립, 미숙립, 이종곡립, 이물을 제외한 건전한 낟알을 말한다.
④ 피해립 : 손상된 낟알(병해립, 충해립, 부패립, 변질립, 변색립, 파쇄립, 껍질이 갈라지거나 벗겨진 립 등)을 말한다. 다만, 성숙 도중에 자연적으로 껍질의 일부가 갈라진 것, 피해가 경미하여 제품의 품질에 영향을 미치지 아니할 정도의 것은 제외한다.
⑤ 이종곡립 : 팥 외의 곡립을 말한다.
⑥ 이종피색립 : 다른 색의 팥을 말한다.
⑦ 이물 : 곡립 외의 것을 말한다.

녹 두

[규격번호 : 7071]

Ⅰ. 적용 범위

본 규격은 국내에서 생산하여 유통되는 녹두에 적용하며, 가공용 또는 수출용에는 적용하지 않는다.

Ⅱ. 등급 규격

등급 항목	특	상	보통
모양	품종 고유의 모양과 색택을 갖춘 것으로 낱알이 충실하고 고른 것	품종 고유의 모양과 색택을 갖춘 것으로 낱알이 충실하고 고른 것	특·상에 미달하는 것
수분	14.0% 이하인 것		
정립	95.0% 이상인 것	85.0%이상인 것	75.0%이상인것
발아율	85% 이상인 것(나물용에만 적용)	85% 이상인 것(나물용에만 적용)	85% 이상인 것 (나물용에만 적용)
피해립	5.0% 이하인 것	15.0%이하인 것	25.0%이하인것
이종곡립	0.1% 이하인 것	0.3% 이하인 것	0.5% 이하인것
이종피색립	0.0% 이하인 것	0.2% 이하인 것	0.5% 이하인것
이물	0.0% 이하인 것	0.2% 이하인 것	0.5% 이하인것
조건	생산연도가 다른 녹두가 혼입된 경우나, 수확 연도로부터 1년이 경과되면 「특」이 될 수 없음		

<용어의 정의>

① 백분율(%) : 전량에 대한 무게의 비율을 말한다.
② 수분 : 105℃ 건조법 또는 이와 동등한 결과를 얻을 수 있는 방법에 의하여 측정한 함수율을 말한다.
③ 정립 : 피해립, 이종곡립, 이물을 제외한 건전한 낱알을 말한다.
④ 피해립 : 오염된 낱알, 병해립, 충해립, 변질립, 변색립, 파쇄립, 부패립 등과 미숙립을 말한다. 다만, 피해가 경미하여 녹두의 품위에 영향을 미치지 아니할 정도의 것은 제외한다.
⑤ 이종곡립 : 녹두 외의 곡립을 말한다.
⑥ 이종피색립 : 다른 색의 녹두를 말한다.

```
┌─────────────────────┐
│   농산물표준규격        │
│   찰수수쌀            │
└─────────────────────┘
```

[규격번호 : 7081]

I. 적용 범위

본 규격은 국내에서 생산하여 유통되는 찰수수쌀에 적용하며, 가공용 또는 수출용에는 적용하지 않는다.

II. 등급 규격

항목＼등급	특	상	보통
모양	강층의 제거 정도가 적당하고 낟알이 충실하고 고른 것	강층의 제거 정도가 적당하고 낟알이 충실하고 고른 것	특·상에 미달하는 것
냄새	곰팡이 및 묵은 냄새가 없는 것		
수분	15.0% 이하인 것		
피해립	1.0% 이하인 것	2.0%이하인 것	3.0%이하인 것
이종곡립	0.0% 이하인 것	0.2%이하인 것	0.4%이하인 것
메수수쌀혼입	5.0% 이하인 것	10.0%이하인 것	15.0%이하인 것
싸라기	5.0% 이하인 것	10.0%이하인 것	15.0%이하인 것
이물	0.0% 이하인 것	0.3%이하인 것	0.5%이하인 것
돌(1.0kg중)	없는 것	없는 것	없는 것
조건	생산연도가 다른 찰수수쌀이 혼입된 경우나, 수확 연도로부터 1년이 경과되면 「특」이 될 수 없음		

<용어의 정의>

① 백분율(%) : 전량에 대한 무게의 비율을 말한다.

② 수분 : 105℃ 건조법 또는 이와 동등한 결과를 얻을 수 있는 방법에 의하여 측정한 함수율을 말한다.

③ 피해립 : 오염된 낟알, 병해립, 충해립, 변질립, 변색립, 흑점립, 생리장해립 등을 말한다. 다만, 피해가 경미하여 수수쌀의 품질에 영향을 미치지 아니할 정도의 것은 제외한다.

④ 이종곡립 : 수수쌀 외의 곡립을 말한다.

⑤ 메수수쌀 혼입 : 찰수수쌀 중 메수수쌀을 말한다.

⑥ 싸라기 : 1.4mm 금속망 체(KS A 5101-1 시험용 체)로 쳐서 체 위에 남은 것 중 부러졌거나 깨진 낟알을 말한다.

⑦ 이물 : 1.4mm 금속망 체(KS A 5101-1 시험용 체)로 쳐서 체 위에 남은 것 중 곡립외의 것과 체를 통과한 것을 말한다.

⑧ 돌 : 1.4mm 금속망 체(KS A 5101-1 시험용 체)로 쳐서 체 위에 남은 돌, 콘크리트조각 또는 광물성의 고형 물질을 말한다.

[규격번호 : 7091]

Ⅰ. 적용 범위

본 규격은 국내에서 생산하여 유통되는 찰기장쌀에 적용하며, 가공용 또는 수출용에는 적용하지 않는다.

Ⅱ. 등급 규격

항목 \ 등급	특	상	보통
모양	강층의 완전히 제거된 것으로 낟알이 충실한 것	강층의 완전히 제거된 것으로 낟알이 충실한 것	특·상에 미달하는 것
냄새	곰팡이 및 묵은 냄새가 없는 것		
수분	14.0% 이하인 것		
피해립	3.0% 이하인 것	5.0%이하인 것	10.0%이하인 것
이종곡립	0.0% 이하인 것	0.3%이하인 것	0.5%이하인 것
메기장쌀 혼입	5.0% 이하인 것	10.0%이하인 것	15.0%이하인 것
싸라기	5.0% 이하인 것	10.0%이하인 것	20.0%이하인 것
기장	0.0% 이하인 것	0.5%이하인 것	1.0%이하인 것
이물	0.0% 이하인 것	0.3%이하인 것	0.5%이하인 것
조건	생산연도가 다른 찰기장쌀이 혼입된 경우나, 수확 연도로부터 1년이 경과되면 「특」이 될 수 없음		

<용어의 정의>

① 백분율(%) : 전량에 대한 무게의 비율을 말한다.
② 수분 : 105℃ 건조법 또는 이와 동등한 결과를 얻을 수 있는 방법에 의하여 측정한 함수율을 말한다.
③ 피해립 : 오염된 낟알, 병해립, 충해립, 변질립, 변색립, 파쇄립 등을 말한다. 다만, 피해가 경미하여 기장쌀의 품질에 영향을 미치지 아니할 정도의 것은 제외한다.
④ 이종곡립 : 기장쌀 외의 곡립을 말한다.
⑤ 메기장쌀 혼입 : 찰기장쌀 중 메기장쌀을 말한다.
⑥ 싸라기 : 850㎛(0.85㎜) 금속망 체(KS A 5101-1 시험용체 규격)로 쳐서 체 위에 남은 것 중 부러졌거나 깨진 낟알을 말한다.
⑦ 기장 : 도정되지 아니한 기장을 말한다.
⑧ 이물 : 850㎛(0.85㎜) 금속망 체(KS A 5101-1 시험용체 규격)로 쳐서 체 위에 남은 곡립외의 것과 체를 통과한 것을 말한다.

농산물표준규격
메 밀

[규격번호 : 7101]

I. 적용 범위

본 규격은 국내에서 생산하여 유통되는 메밀에 적용하며, 가공용 또는 수출용에는 적용하지 않는다.

II. 등급 규격

등급 항목	특	상	보통
모양	품종 고유의 모양과 색택을 갖춘 것으로 낟알이 충실하고 고른 것	품종 고유의 모양과 색택을 갖춘 것으로 낟알이 충실하고 고른 것	특·상에 미달하는 것
수분	14.0% 이하인 것		
용적중(g/ℓ)	600이상인 것	560이상인 것	500이상인 것
피해립	1.0% 이하인 것	2.0%이하인 것	3.0%이하인 것
미숙립	10.0%이하인 것	20.0%이하인 것	25.0%이하인 것
이종곡립	0.1% 이하인 것	0.3%이하인 것	0.5%이하인 것
이물	0.5% 이하인 것	1.0%이하인 것	2.0%이하인 것
조건	생산연도가 다른 메밀이 혼입된 경우나, 수확 연도로부터 1년이 경과되면 「특」이 될 수 없음		

<용어의 정의>

① 백분율(%) : 전량에 대한 무게의 비율을 말한다.
② 수분 : 105℃ 건조법 또는 이와 동등한 결과를 얻을 수 있는 방법에 의하여 측정한 함수율을 말한다.
③ 용적중 : 「별표6」「항목별 품위계측 및 감정방법」에 따라 측정한 1ℓ 의 무게를 말한다.
④ 피해립 : 손상된 낟알(병해립, 충해립, 변색립, 변질립, 파쇄립 등)을 말한다. 다만, 피해가 경미하여 메밀쌀의 품질에 영향을 미치지 아니할 정도의 것은 제외한다.
⑤ 미숙립 : 성숙되지 않은 낟알을 말한다.
⑥ 이종곡립 : 메밀 외의 곡립을 말한다.
⑦ 이물 : 곡립 외의 것을 말한다.

[규격번호 : 7111]

I. 적용 범위

본 규격은 국내에서 생산하여 유통되는 팝콘용 옥수수에 적용하며, 가공용 또는 수출용에는 적용하지 않는다.

II. 등급 규격

항목 \ 등급	특	상	보통
모양	품종 고유의 모양과 색택을 갖춘 것으로 낟알이 충실하고 굵기가 고른 것	품종 고유의 모양과 색택을 갖춘 것으로 낟알이 충실하고 굵기가 고른 것	특상에 미달하는 것
수분	14.0% 이하인 것		
정립	95.0%이상인 것	90.0%이상인 것	80.0%이상인 것
피해립	2.0% 이하인 것	4.0%이하인 것	10.0%이하인 것
미숙립	2.0%이하인 것	4.0%이하인 것	6.0%이하인 것
이종곡립	0.5% 이하인 것	1.0%이하인 것	2.0%이하인 것
이물	0.0% 이하인 것	0.1%이하인 것	0.3%이하인 것
돌(500g중)	없는 것	없는 것	없는 것
조건	생산연도가 다른 팝콘용 옥수수가 혼입된 경우나, 수확 연도로부터 1년이 경과되면 「특」이 될 수 없음		

<용어의 정의>

① 백분율(%) : 전량에 대한 무게의 비율을 말한다.
② 수분 : 105℃ 건조법 또는 이와 동등한 결과를 얻을 수 있는 방법에 의하여 측정한 함수율을 말한다.
③ 정립 : 피해립, 미숙립, 이종곡립, 이물을 제외한 건전한 낟알을 말한다.
④ 피해립 : 손상된 낟알(병해립, 충해립, 부패립, 변색립, 변질립, 파쇄립 등을 말한다. 다만, 피해가 경미하여 품질에 영향을 미치지 아니할 정도의 것은 제외한다.
⑤ 미숙립 : 성숙되지 않은 낟알을 말한다.
⑥ 이종곡립 : 옥수수 외의 곡립을 말한다.
⑦ 이물 : 곡립 외의 것을 말한다.
⑧ 고형물 : 돌, 콘크리트조각 등 광물성 고형물을 말한다.

농산물표준규격
옥수수쌀

[규격번호 : 7112]

Ⅰ. 적용 범위

본 규격은 국내에서 생산하여 유통되는 메·찰옥수수쌀에 적용하며, 가공용 또는 수출용에는 적용하지 않는다.

Ⅱ. 등급 규격

등급 항목	특	상	보통
모양	강층이 완전히 제거된 것으로 낱알이 충실한 것	강층이 완전히 제거된 것으로 낱알이 충실한 것	특·상에 미달하는 것
냄새	곰팡이 및 묵은 냄새가 없는 것		
수분	15.0% 이하인 것		
정립	90.0%이상인 것	85.0%이상인 것	80.0%이상인 것
피해립	0.1%이하인 것	0.5%이하인 것	1.0%이하인 것
파쇄립	10.0%이하인 것	15.0%이하인 것	20.0%이하인 것
메옥수수쌀 혼입	10.0%이하인 것 (찰옥수수쌀에만 적용)	20.0%이하인 것 (찰옥수수쌀에만 적용)	25.0%이하인 것 (찰옥수수쌀에만 적용)
이종곡립	0.0% 이하인 것	0.3%이하인 것	0.5%이하인 것
이물	0.1% 이하인 것	0.3%이하인 것	0.5%이하인 것
돌(500g 중)	없는 것	없는 것	없는 것
조건	생산연도가 다른 옥수수쌀이 혼입된 경우나, 수확 연도로부터 1년이 경과되면 「특」이 될 수 없음		

<용어의 정의>

① 백분율(%) : 전량에 대한 무게의 비율을 말한다.

② 옥수수쌀 : 옥수수를 도정한 것으로 파쇄되지 않은 것을 말한다.

③ 수분 : 105℃ 건조법 또는 이와 동등한 결과를 얻을 수 있는 방법에 의하여 측정한 함수율을 말한다.

④ 정립 : 4.0mm 둥근 눈의 금속판 체(KS A 5101-2 시험용체 규격)로 쳐서 체위에 남은 옥수수쌀로서 그 크기가 완전한 낱알의 3/4 이상인 건전한 낱알을 말한다.

⑤ 피해립 : 손상된 낱알(병해립, 충해립, 부패립, 변색립, 변질립, 파쇄립 등)을 말한다. 다만, 피해가 경미하여 품질에 영향을 미치지 아니할 정도의 것은 제외한다.

⑥ 파쇄립 : 4.0mm 둥근 눈의 금속판 체(KS A 5101-2 시험용체 규격)로 쳐서 체위에 남은 옥수수쌀로서 부러졌거나 깨진 낱알을 말한다.

⑦ 메옥수수쌀 혼입 : 찰옥수수쌀에 포함된 메옥수수쌀을 말한다.

⑧ 이종곡립 : 옥수수쌀 외의 곡립을 말한다.

⑨ 이물 : 4.0mm 둥근 눈의 금속판 체(KS A 5101-2 시험용체 규격)로 쳐서 체를 통과한 것과 기타 곡립 이외의 것을 말한다.

⑩ 고형물 : 돌, 콘크리트조각 등 광물성 고형물을 말한다.

농산물 표준규격
국 화

[규격번호 : 8011]

Ⅰ. 적용 범위

본 규격은 국내에서 생산되어 신선한 상태로 유통되는 국화에 적용하며, 수출용에는 적용하지 않는다.

Ⅱ. 등급 규격

항목＼등급	특	상	보통
크기의 고르기	크기 구분표 [표 1]에서 크기가 다른 것이 없는 것	크기 구분표 [표 1]에서 크기가 다른 것이 5% 이하인 것	크기 구분표 [표 1]에서 크기가 다른 것이 10% 이하인 것
꽃	품종 고유의 모양으로 색택이 선명하고 뛰어난 것	품종 고유의 모양으로 색택이 선명하고 양호한 것	특·상에 미달하는 것
줄기	세력이 강하고, 휘지 않으며, 굵기가 일정한 것	세력이 강하고, 휘지 않으며, 굵기가 일정한 것	특·상에 미달하는 것
개화정도	– 스탠다드 : 꽃봉오리가 1/2정도 개화된 것 – 스프레이 : 꽃봉오리가 3~4개 정도 개화되고 전체적인 조화를 이룬 것	– 스탠다드 : 꽃봉오리가 2/3정도 개화된 것 – 스프레이 : 꽃봉오리가 5~6개 정도 개화되고, 전체적인 조화를 이룬 것	특·상에 미달하는 것
손질	마른 잎이나 이물질이 깨끗이 제거된 것	마른 잎이나 이물질 제거가 비교적 양호한 것	특·상에 미달하는 것
중결점	없는 것	없는 것	5% 이하인 것
경결점	3% 이하인 것	5% 이하인 것	10% 이하인 것

[표 1] 크기 구분

구분	호칭	1급	2급	3급	1묶음의 본수(본)
1묶음 평균의 꽃대길이(cm)	스탠다드	80이상	70이상 ~ 80미만	30이상 ~ 70미만	20
	스프레이	70이상	60이상 ~ 70미만	30이상 ~ 60미만	5 또는 10

<용어의 정의>

① 크기의 고르기는 매 포장 단위마다 상단·중단·하단에서 각각 3묶음씩 총 9묶음의 표본을 추출하여 해당 크기 구분표에서 크기가 다른 것의 개수비율을 말한다.

② 결점 혼입률은 포장 단위별로 전체 본에 대한 결점본의 개수비율을 말한다.

③ 중결점은 다음의 것을 말한다.
  ㉠ 이품종화 : 품종이 다른 것
  ㉡ 상처 : 자상, 압상 동상, 열상 등이 있는 것
  ㉢ 병충해 : 병해, 충해 등의 피해가 심한 것
  ㉣ 생리장해 : 기형화, 노심현상, 버들눈, 관생화 등이 있는 것
  ㉤ 형상불량, 파손, 굽힘, 개화 차이가 심히 불량한 것
  ㉥ 기타 결점의 정도가 현저하게 품위에 영향을 미치는 것
④ 경결점은 다음의 것을 말한다.
  ㉠ 품종 고유의 모양이 아닌 것
  ㉡ 경미한 약해, 생리장해, 상처, 농약살포 등으로 외관이 떨어지는 것
  ㉢ 손질 정도가 미비한 것
  ㉣ 기타 결점의 정도가 경미한 것

농산물 표준규격
카네이션

[규격번호 : 8021]

I. 적용 범위

본 규격은 국내에서 생산되어 신선한 상태로 유통되는 카네이션에 적용하며, 수출용에는 적용하지 않는다.

II. 등급 규격

등급 / 항목	특	상	보통
크기의 고르기	크기 구분표 [표 1]에서 크기가 다른 것이 없는 것	크기 구분표 [표 1]에서 크기가 다른 것이 5% 이하인 것	크기 구분표 [표 1]에서 크기가 다른 것이 10% 이하인 것
꽃	품종 고유의 모양으로 색택이 선명하고 뛰어난 것	품종 고유의 모양으로 색택이 선명하고 양호한 것	특·상에 미달하는 것
줄기	세력이 강하고, 휘지 않으며 굵기가 일정한 것	세력이 강하고, 휘어진 정도가 약하며 굵기가 비교적 일정한 것	특·상에 미달하는 것
개화정도	− 스탠다드 : 꽃봉오리가 1/4 정도 개화된 것 − 스프레이 : 꽃봉오리가 1~2개 정도 개화되고 전체적인 조화를 이룬 것	− 스탠다드 : 꽃봉오리가 1/2정도 개화된 것 − 스프레이 : 꽃봉오리가 3~4개 정도 개화되고 전체적인 조화를 이룬 것	특·상에 미달하는 것
손질	마른 잎이나 이물질이 깨끗이 제거된 것	마른 잎이나 이물질 제거가 비교적 양호한 것	특·상에 미달하는 것
중결점	없는 것	없는 것	5% 이하인 것
경결점	3% 이하인 것	5% 이하인 것	10% 이하인 것

[표 1] 크기 구분

구분	호칭	1급	2급	3급	1묶음의 본수 (본)
1묶음 평균의 꽃대 길이(cm)	스탠다드	70이상	60이상 ~ 70미만	30이상 ~ 60미만	20
	스프레이	60이상	50이상 ~ 60미만	30이상 ~ 50미만	10

<용어의 정의>

① 크기의 고르기는 매 포장 단위마다 상단·중단·하단에서 각각 3묶음씩 총 9묶음의 표본을 추출하여 해당 크기 구분표 [표 1]에서 크기가 다른 것의 개수비율을 말한다.
② 결점 혼입률은 포장 단위별로 전체 본에 대한 결점본의 개수비율을 말한다.
③ 중결점은 다음의 것을 말한다.

㉠ 이품종화 : 품종이 다른 것
　　㉡ 상처 : 자상, 압상, 동상, 열상 등이 있는 것
　　㉢ 병충해 : 병해, 충해 등의 피해가 심한 것
　　㉣ 생리장해 : 악할, 관생화, 수곡, 변색 등의 피해가 심한 것
　　㉤ 형상불량, 파손, 굽힘, 개화 차이가 심히 불량한 것
　　㉥ 기타 결점의 정도가 현저하게 품위에 영향을 미치는 것
④ 경결점은 다음의 것을 말한다.
　　㉠ 품종 고유의 모양이 아닌 것
　　㉡ 경미한 약해, 생리장해, 상처, 농약살포 등으로 외관이 떨어지는 것
　　㉢ 손질 정도가 미비한 것
　　㉣ 기타 결점의 정도가 경미한 것

농산물 표준규격
장 미

[규격번호 : 8031]

Ⅰ. 적용 범위

본 규격은 국내에서 생산되어 신선한 상태로 유통되는 장미에 적용하며, 수출용에는 적용하지 않는다.

Ⅱ. 등급 규격

항목＼등급	특	상	보통
크기의 고르기	크기 구분표 [표 1]에서 크기가 다른 것이 없는 것	크기 구분표 [표 1]에서 크기가 다른 것이 5% 이하인 것	크기 구분표 [표 1]에서 크기가 다른 것이 10% 이하인 것
꽃	품종 고유의 모양으로 색택이 선명하고 뛰어난 것	품종 고유의 모양으로 색택이 선명하고 양호한 것	특·상에 미달하는 것
줄기	세력이 강하고, 휘지 않으며 굵기가 일정한 것	세력이 강하고, 휘어진 정도가 약하며 굵기가 비교적 일정한 것	특·상에 미달하는 것
개화정도	－ 스탠다드 : 꽃봉오리가 1/5 정도 개화된 것 － 스프레이 : 꽃봉오리가 1〜2개 정도 개화된 것	－ 스탠다드 : 꽃봉오리가 2/5정도 개화된 것 － 스프레이 : 꽃봉오리가 3〜4개 정도 개화된 것	특·상에 미달하는 것
손질	마른 잎이나 이물질이 깨끗이 제거된 것	마른 잎이나 이물질 제거가 비교적 양호한 것	특·상에 미달하는 것
중결점	없는 것	없는 것	5% 이하인 것
경결점	3% 이하인 것	5% 이하인 것	10% 이하인 것

[표 1] 크기 구분

구분＼호칭	호칭	1급	2급	3급	1묶음의 본수(본)
1묶음 평균의 꽃대 길이(cm)	스탠다드	80이상	70이상 〜 80미만	20이상 〜 70미만	10
	스프레이	70이상	60이상 〜 70미만	30이상 〜 60미만	5 또는 10

<용어의 정의>

① 크기의 고르기는 매 포장 단위마다 상단·중단·하단에서 각각 3묶음씩 총 9묶음의 표본을 추출하여 해당 크기 구분표 [표 1]에서 크기가 다른 것의 개수비율을 말한다.

② 결점 혼입률은 포장 단위별로 전체 본에 대한 결점본의 개수비율을 말한다.

③ 중결점은 다음의 것을 말한다.

  ㉠ 이품종화 : 품종이 다른 것

ⓒ 상처 : 자상, 압상 동상, 열상 등이 있는 것

ⓒ 병충해 : 병해, 충해 등의 피해가 심한 것

ⓔ 생리장해 : 꽃목굽음, 기형화 등의 피해가 심한 것

ⓜ 형상불량, 파손, 굽힘, 개화 차이가 심히 불량한 것

ⓑ 기타 결점의 정도가 현저하게 품위에 영향을 미치는 것

④ 경결점은 다음의 것을 말한다.

ⓐ 품종 고유의 모양이 아닌 것

ⓒ 경미한 약해, 생리장해, 상처, 농약살포 등으로 외관이 떨어지는 것

ⓒ 손질 정도가 미비한 것

ⓔ 기타 결점의 정도가 경미한 것

농산물 표준규격
백 합

[규격번호 : 8041]

Ⅰ. 적용 범위

본 규격은 국내에서 생산되어 신선한 상태로 유통되는 백합에 적용하며, 수출용에는 적용하지 않는다.

Ⅱ. 등급 규격

항목＼등급	특	상	보통
크기의 고르기	크기 구분표 [표 1]에서 크기가 다른 것이 없는 것	크기 구분표 [표 1]에서 크기가 다른 것이 5% 이하인 것	크기 구분표 [표 1]에서 크기가 다른 것이 10% 이하인 것
꽃	품종 고유의 모양으로 색택이 선명하고 뛰어나며 크기가 균일 한 것	품종 고유의 모양으로 색택이 선명하고 양호한 것	특·상에 미달하는 것
줄기	세력이 강하고, 휘지 않으며 굵기가 일정한 것	세력이 강하고, 휘어진 정도가 약하며 굵기가 비교적 일정한 것	특·상에 미달하는 것
개화정도	꽃봉오리 상태에서 화색이 보이고 균일한 것	꽃봉오리가 1/3정도 개화된 것	특·상에 미달하는 것
손질	마른 잎이나 이물질이 깨끗이 제거된 것	마른 잎이나 이물질 제거가 비교적 양호하며 크기가 균일한 것	특·상에 미달하는 것
중결점	없는 것	없는 것	5% 이하인 것
경결점	3% 이하인 것	5% 이하인 것	10% 이하인 것

[표 1] 크기 구분

구분＼호칭	1급	2급	3급	1묶음의 본수 (본)
1묶음 평균의 꽃대 길이(cm)	70이상	600이상 ~ 70미만	300이상 ~ 60미만	5또는10

<용어의 정의>

① 크기의 고르기는 매 포장 단위마다 상단·중단·하단에서 각각 3묶음씩 총 9묶음의 표본을 추출하여 해당 크기 구분표 [표 1]에서 크기가 다른 것의 개수비율을 말한다.
② 결점 혼입률은 포장 단위별로 전체 본에 대한 결점본의 개수비율을 말한다.
③ 중결점은 다음의 것을 말한다.
　　㉠ 이품종화 : 품종이 다른 것
　　㉡ 상처 : 자상, 압상, 동상, 열상 등이 있는 것
　　㉢ 병충해 : 병해, 충해 등의 피해가 심한 것

   © 생리장해 : 블라스팅, 엽소, 블라인드, 기형화 등의 피해가 심한 것

   © 형상불량, 파손, 굽힘, 개화 차이가 심히 불량한 것

   © 기타 결점의 정도가 현저하게 품위에 영향을 미치는 것

 ④ 경결점은 다음의 것을 말한다.

   © 품종 고유의 모양이 아닌 것

   © 경미한 약해, 생리장해, 상처, 농약살포 등으로 외관이 떨어지는 것

   © 손질 정도가 미비한 것

   © 기타 결점의 정도가 경미한 것

```
┌─────────────────────┐
│   농산물 표준규격    │
│    글라디올러스      │
└─────────────────────┘
```

[규격번호 : 8051]

Ⅰ. 적용 범위

본 규격은 국내에서 생산되어 신선한 상태로 유통되는 글라디올러스에 적용하며, 수출용에는 적용하지 않는다.

Ⅱ. 등급 규격

등급 항목	특	상	보통
크기의 고르기	크기 구분표 [표 1]에서 크기가 다른 것이 없는 것	크기 구분표 [표 1]에서 크기가 다른 것이 5% 이하인 것	크기 구분표 [표 1]에서 크기가 다른 것이 10% 이하인 것
꽃	품종 고유의 모양으로 색택이 선명하고 뛰어난 것	품종 고유의 모양으로 색택이 선명하고 양호한 것	특·상에 미달하는 것
줄기	세력이 강하고, 휘지 않으며 굵기가 일정한 것	세력이 강하고, 휘어진 정도가 약하며 굵기가 비교적 일정한 것	특·상에 미달하는 것
개화정도	꽃봉오리 2~3개의 화색이 보이는 것	꽃봉오리 3~4개의 화색이 보이는 것	특·상에 미달하는 것
손질	마른 잎이나 이물질이 깨끗이 제거된 것	마른 잎이나 이물질 제거가 비교적 양호한 것	특·상에 미달하는 것
중결점	없는 것	없는 것	5% 이하인 것
경결점	3% 이하인 것	5% 이하인 것	10% 이하인 것

[표 1] 크기 구분

구분 \ 호칭	1급	2급	3급	1묶음의 본수 (본)
1묶음 평균의 꽃대 길이(㎝)	100이상	80이상 ~ 100미만	60이상 ~ 80미만	10
꽃의 수	14이상	11이상 ~ 14미만	11미만	

<용어의 정의>

① 크기의 고르기는 매 포장 단위마다 상단·중단·하단에서 각각 3묶음씩 총 9묶음의 표본을 추출하여 해당 크기 구분표 [표 1]에서 크기가 다른 것의 개수비율을 말한다.

② 결점 혼입률은 포장 단위별로 전체 본에 대한 결점본의 개수비율을 말한다.

③ 중결점은 다음의 것을 말한다.

    ㉠ 이품종화 : 품종이 다른 것

    ㉡ 상처 : 자상, 압상, 동상, 열상 등이 있는 것

    ㉢ 병충해 : 병해, 충해 등의 피해가 심한 것

   ⓔ 생리장해 : 수곡 현상, 잎끝마름 현상, 일소 등의 피해가 심한 것

   ⓜ 화수의 끝 부분이 심하게 휘어진 것

   ⓗ 기타 결점의 정도가 현저하게 품위에 영향을 미치는 것

 ④ 경결점은 다음의 것을 말한다.

   ㉠ 품종 고유의 모양이 아닌 것

   ㉡ 경미한 약해, 생리장해, 상처, 농약살포 등으로 외관이 떨어지는 것

   ㉢ 손질 정도가 미비한 것

   ㉣ 기타 결점의 정도가 경미한 것

```
농산물 표준규격
튜울립
```

[규격번호 : 8061]

Ⅰ. 적용 범위

본 규격은 국내에서 생산되어 신선한 상태로 유통되는 튜울립에 적용하며, 수출용에는 적용하지 않는다.

Ⅱ. 등급 규격

등급 항목	특	상	보통
크기의 고르기	크기 구분표 [표 1]에서 크기가 다른 것이 없는 것	크기 구분표 [표 1]에서 크기가 다른 것이 5% 이하인 것	크기 구분표 [표 1]에서 크기가 다른 것이 10% 이하인 것
꽃	품종 고유의 모양으로 색택이 선명하고 뛰어난 것	품종 고유의 모양으로 색택이 선명하고 양호한 것	특·상에 미달하는 것
줄기	세력이 강하고, 휘지 않으며 굵기가 일정한 것	세력이 강하고, 휘어진 정도가 약하며 굵기가 비교적 일정한 것	특·상에 미달하는 것
개화정도	꽃봉오리 상태에서 화색이 보이는 것	꽃봉오리가 1/3 정도 개화된 것	특·상에 미달하는 것
손질	마른 잎이나 이물질이 깨끗이 제거된 것	마른 잎이나 이물질 제거가 비교적 양호한 것	특·상에 미달하는 것
중결점	없는 것	없는 것	5% 이하인 것
경결점	3% 이하인 것	5% 이하인 것	10% 이하인 것

[표 1] 크기 구분

구분 \ 호칭	1급	2급	3급	1묶음의 본수 (본)
1묶음 평균의 꽃대 길이(cm)	50이상	40이상 ~ 50미만	20이상 ~ 40미만	10

<용어의 정의>

① 크기의 고르기는 매 포장 단위마다 상단·중단·하단에서 각각 3묶음씩 총 9묶음의 표본을 추출하여 해당 크기 구분표 [표 1]에서 크기가 다른 것의 개수비율을 말한다.
② 결점 혼입률은 포장 단위별로 전체 본에 대한 결점본의 개수비율을 말한다.
③ 중결점 : 약해, 일소, 상처, 형상불량 등이 품질에 심한 영향을 미치는 것
④ 경결점 : 피해 정도가 품질에 경미한 영향을 미치는 것

농산물 표준규격
거베라

[규격번호 : 8071]

Ⅰ. 적용 범위

본 규격은 국내에서 생산되어 신선한 상태로 유통되는 거베라에 적용하며, 수출용에는 적용하지 않는다.

Ⅱ. 등급 규격

항목＼등급	특	상	보통
크기의 고르기	크기 구분표 [표 1]에서 크기가 다른 것이 없는 것	크기 구분표 [표 1]에서 크기가 다른 것이 5% 이하인 것	크기 구분표 [표 1]에서 크기가 다른 것이 10% 이하인 것
꽃	품종 고유의 모양으로 색택이 선명하고 뛰어난 것	품종 고유의 모양으로 색택이 선명하고 양호한 것	특·상에 미달하는 것
줄기	세력이 강하고, 휘지 않으며 굵기가 일정한 것	세력이 강하고, 휘어진 정도가 약하며 굵기가 비교적 일정한 것	특·상에 미달하는 것
개화정도	4/5 정도 개화된 것	완전히 개화된 것	특·상에 미달하는 것
손질	이물질이 깨끗이 제거된 것	이물질 제거가 비교적 양호한 것	특·상에 미달하는 것
중결점	없는 것	없는 것	5% 이하인 것
경결점	3% 이하인 것	5% 이하인 것	10% 이하인 것
조건	꽃봉오리에 캡을 씌우고 줄기 18㎝까지 테이핑한 것		

[표 1] 크기 구분

구분＼호칭	1급	2급	3급	1묶음의 본수 (본)
1묶음 평균의 꽃대 길이(㎝)	70이상	60이상 ~ 70미만	40이상 ~ 60미만	10

<용어의 정의>

① 크기의 고르기는 매 포장 단위마다 상단·중단·하단에서 각각 3묶음씩 총 9묶음의 표본을 추출하여 해당 크기 구분표 [표 1]에서 크기가 다른 것의 개수비율을 말한다.
② 결점 혼입률은 포장 단위별로 전체 본에 대한 결점본의 개수비율을 말한다.
③ 중결점은 다음의 것을 말한다.
  ㉠ 이품종화 : 품종이 다른 것
  ㉡ 상처 : 꽃잎에 자상, 압상, 동상, 열상 등이 심한 것
  ㉢ 병충해 : 병해, 충해 등의 피해가 심한 것
  ㉣ 생리장해 : 관생화, 경활현상, 일소 등의 피해가 심한 것

    ◎ 통상화의 모양이 찌그러진 것
    ⊎ 기타 결점의 정도가 현저하게 품위에 영향을 미치는 것
  ④ 경결점은 다음의 것을 말한다.
    ㉠ 품종 고유의 모양이 아닌 것
    ㉡ 경미한 약해, 생리장해, 상처, 농약살포 등으로 외관이 떨어지는 것
    ㉢ 손질 정도가 미비한 것
    ㉣ 기타 결점의 정도가 경미한 것

농산물 표준규격
아이리스

Ⅰ. 적용 범위

본 규격은 국내에서 생산되어 신선한 상태로 유통되는 아이리스에 적용하며, 수출용에는 적용하지 않는다.

Ⅱ. 등급 규격

항목 \ 등급	특	상	보통
크기의 고르기	크기 구분표 [표 1]에서 크기가 다른 것이 없는 것	크기 구분표 [표 1]에서 크기가 다른 것이 5% 이하인 것	크기 구분표 [표 1]에서 크기가 다른 것이 10% 이하인 것
꽃	품종 고유의 모양으로 색택이 선명하고 뛰어난 것	품종 고유의 모양으로 색택이 선명하고 양호한 것	특·상에 미달하는 것
줄기	세력이 강하고, 휘지 않으며 굵기가 일정한 것	세력이 강하고, 휘어진 정도가 약하며 굵기가 비교적 일정한 것	특·상에 미달하는 것
개화정도	꽃봉오리가 1/3 정도 올라온 것	꽃봉오리가 1/2 정도 올라온 것	특·상에 미달하는 것
손질	마른 잎이나 이물질이 깨끗이 제거된 것	마른 잎이나 이물질 제거가 비교적 양호한 것	특·상에 미달하는 것
중결점	없는 것	없는 것	5% 이하인 것
경결점	3% 이하인 것	5% 이하인 것	10% 이하인 것

[표 1] 크기 구분

구분 \ 호칭	1급	2급	3급	1묶음의 본수 (본)
1묶음 평균의 꽃대 길이(㎝)	60이상	50이상 ~ 60미만	30이상 ~ 50미만	10

<용어의 정의>

① 크기의 고르기는 매 포장 단위마다 상단·중단·하단에서 각각 3묶음씩 총 9묶음의 표본을 추출하여 해당 크기 구분표 [표 1]에서 크기가 다른 것의 개수비율을 말한다.
② 결점 혼입률은 포장 단위별로 전체 본에 대한 결점본의 개수비율을 말한다.
③ 중결점 : 약해, 일소, 상처, 형상불량 등이 품질에 심한 영향을 미치는 것
④ 경결점 : 피해 정도가 품질에 경미한 영향을 미치는 것

농산물 표준규격
프리지아

[규격번호 : 8091]

I. 적용 범위

본 규격은 국내에서 생산되어 신선한 상태로 유통되는 프리지아에 적용하며, 수출용에는 적용하지 않는다.

II. 등급 규격

항목 \ 등급	특	상	보통
크기의 고르기	크기 구분표 [표 1]에서 크기가 다른 것이 없는 것	크기 구분표 [표 1]에서 크기가 다른 것이 5% 이하인 것	크기 구분표 [표 1]에서 크기가 다른 것이 10% 이하인 것
꽃	품종 고유의 모양으로 색택이 선명하고 뛰어난 것	품종 고유의 모양으로 색택이 선명하고 양호한 것	특·상에 미달하는 것
줄기	세력이 강하고, 휘지 않으며 굵기가 일정한 것	세력이 강하고, 휘어진 정도가 약하며 굵기가 비교적 일정한 것	특·상에 미달하는 것
개화정도	꽃봉오리 아래 부분의 소화가 화색이 보이는 것	꽃봉오리 아래 부분의 소화가 1~2개 개화된 것	특·상에 미달하는 것
손질	마른 잎이나 이물질이 깨끗이 제거된 것	마른 잎이나 이물질 제거가 비교적 양호한 것	특·상에 미달하는 것
중결점	없는 것	없는 것	5% 이하인 것
경결점	3% 이하인 것	5% 이하인 것	10% 이하인 것

[표 1] 크기 구분

구분 \ 호칭	1급	2급	3급	1묶음의 본수 (본)
1묶음 평균의 꽃대 길이(cm)	50이상	40이상 ~ 50미만	20이상 ~ 40미만	10 또는 20

<용어의 정의>

① 크기의 고르기는 매 포장 단위마다 상단·중단·하단에서 각각 3묶음씩 총 9묶음의 표본을 추출하여 해당 크기 구분표 [표 1]에서 크기가 다른 것의 개수비율을 말한다.

② 결점 혼입률은 포장 단위별로 전체 본에 대한 결점본의 개수비율을 말한다.

③ 중결점은 다음의 것을 말한다.

    ㉠ 이품종화 : 품종이 다른 것

    ㉡ 상처 : 꽃봉오리 혹은 꽃잎에 탈리, 열상, 자상, 압상 등이 심한 것

    ㉢ 병충해 : 병해, 충해 등의 피해가 심한 것

    ㉣ 생리장해 : 꽃띔현상, 경할현상, 일소 등의 피해가 심한 것

　　　　◎ 꽃대가 절화 길이의 10% 이상 휘어있는 것
　　　　⊎ 기타 결점의 정도가 현저하게 품위에 영향을 미치는 것
　④ 경결점은 다음의 것을 말한다.
　　　　㉠ 품종 고유의 모양이 아닌 것
　　　　㉡ 경미한 약해, 생리장해, 상처, 농약살포 등으로 외관이 떨어지는 것
　　　　㉢ 손질 정도가 미비한 것
　　　　㉣ 기타 결점의 정도가 경미한 것

농산물 표준규격
금어초

[규격번호 : 8111]

I. 적용 범위

본 규격은 국내에서 생산되어 신선한 상태로 유통되는 금어초에 적용하며, 수출용에는 적용하지 않는다.

II. 등급 규격

등급 항목	특	상	보통
크기의 고르기	크기 구분표 [표 1]에서 크기가 다른 것이 없는 것	크기 구분표 [표 1]에서 크기가 다른 것이 5% 이하인 것	크기 구분표 [표 1]에서 크기가 다른 것이 10% 이하인 것
꽃	품종 고유의 모양으로 색택이 선명하고 뛰어난 것	품종 고유의 모양으로 색택이 선명하고 양호한 것	특·상에 미달하는 것
줄기	세력이 강하고, 휘지 않으며 굵기가 일정한 것	세력이 강하고, 휘어진 정도가 약하며 굵기가 비교적 일정한 것	특·상에 미달하는 것
개화정도	전체 소화 중 1/3 정도 개화한 것	전체 소화 중 1/2 정도 개화된 것	특·상에 미달하는 것
손질	마른 잎이나 이물질이 깨끗이 제거된 것	마른 잎이나 이물질 제거가 비교적 양호한 것	특·상에 미달하는 것
중결점	없는 것	없는 것	5% 이하인 것
경결점	3% 이하인 것	5% 이하인 것	10% 이하인 것

[표 1] 크기 구분

구분	호칭	1급	2급	3급	1묶음의 본수 (본)
1묶음 평균의 꽃대 길이(cm)		80이상	70이상 ~ 80미만	40이상 ~ 70미만	10

<용어의 정의>

① 크기의 고르기는 매 포장 단위마다 상단·중단·하단에서 각각 3묶음씩 총 9묶음의 표본을 추출하여 해당 크기 구분표 [표 1]에서 크기가 다른 것의 개수비율을 말한다.
② 결점 혼입률은 포장 단위별로 전체 본에 대한 결점본의 개수비율을 말한다.
③ 중결점은 다음의 것을 말한다.
    ㉠ 이품종화 : 품종이 다른 것
    ㉡ 상처 : 꽃봉오리 혹은 꽃잎에 탈리, 열상, 자상, 압상 등이 심한 것
    ㉢ 병충해 : 병해, 충해 등의 피해가 심한 것
    ㉣ 생리장해 : 수곡현상, 꽃띔현상, 일소 등의 피해가 심한 것

㉰ 화수의 끝 부분이 심하게 휘어진 것
　　　㉱ 기타 결점의 정도가 현저하게 품위에 영향을 미치는 것
　④ 경결점은 다음의 것을 말한다.
　　　㉠ 품종 고유의 모양이 아닌 것
　　　㉡ 경미한 약해, 생리장해, 상처, 농약살포 등으로 외관이 떨어지는 것
　　　㉢ 손질 정도가 미비한 것
　　　㉣ 기타 결점의 정도가 경미한 것

농산물 표준규격
스타티스

[규격번호 : 8121]

I. 적용 범위

본 규격은 국내에서 생산되어 신선한 상태로 유통되는 스타티스에 적용하며, 수출용에는 적용하지 않는다.

II. 등급 규격

등급 항목	특	상	보통
크기의 고르기	크기 구분표 [표 1]에서 크기가 다른 것이 없는 것	크기 구분표 [표 1]에서 크기가 다른 것이 5% 이하인 것	크기 구분표 [표 1]에서 크기가 다른 것이 10% 이하인 것
꽃	품종 고유의 모양으로 색택이 선명하고 뛰어난 것	품종 고유의 모양으로 색택이 선명하고 양호한 것	특·상에 미달하는 것
줄기	세력이 강하고, 휘지 않으며 굵기가 일정한 것	세력이 강하고, 휘어진 정도가 약하며 굵기가 비교적 일정한 것	특·상에 미달하는 것
개화정도	전체 소화 중 2/3 정도 개화된 것	전체 소화 중 2/3 정도 개화된 것	특·상에 미달하는 것
손질	마른 잎이나 이물질이 깨끗이 제거된 것	마른 잎이나 이물질 제거가 비교적 양호한 것	특·상에 미달하는 것
중결점	없는 것	없는 것	5% 이하인 것
경결점	3% 이하인 것	5% 이하인 것	10% 이하인 것

[표 1] 크기 구분

구분 \ 호칭	1급	2급	3급	1묶음의본수 (본)
1묶음 평균의 꽃대 길이(cm)	70이상	60이상 ~ 70미만	30이상 ~ 60미만	10

<용어의 정의>

① 크기의 고르기는 매 포장 단위마다 상단·중단·하단에서 각각 3묶음씩 총 9묶음의 표본을 추출하여 해당 크기 구분표 [표 1]에서 크기가 다른 것의 개수비율을 말한다.
② 결점 혼입률은 포장 단위별로 전체 본에 대한 결점본의 개수비율을 말한다.
③ 중결점은 다음의 것을 말한다.
    ⊙ 이품종화 : 품종이 다른 것
    ⊙ 상처 : 꽃봉오리 혹은 꽃잎에 탈리, 열상, 자상, 압상 등이 심한 것
    ⊙ 병충해 : 병해, 충해 등의 피해가 심한 것
    ⊙ 생리장해 : 피해가 심한 것

ⓜ 형상불량, 파손, 굽힘, 개화 차이가 심히 불량한 것

ⓑ 기타 결점의 정도가 현저하게 품위에 영향을 미치는 것

④ 경결점은 다음의 것을 말한다.

  ㉠ 품종 고유의 모양이 아닌 것

  ㉡ 경미한 약해, 생리장해, 상처, 농약살포 등으로 외관이 떨어지는 것

  ㉢ 손질 정도가 미비한 것

  ㉣ 기타 결점의 정도가 경미한 것

농산물 표준규격
칼　라

[규격번호 : 8141]

Ⅰ. 적용 범위

본 규격은 국내에서 생산되어 신선한 상태로 유통되는 칼라에 적용하며, 수출용에는 적용하지 않는다.

Ⅱ. 등급 규격

등급 항목	특	상	보통
크기의 고르기	크기 구분표 [표 1]에서 크기가 다른 것이 없는 것	크기 구분표 [표 1]에서 크기가 다른 것이 5% 이하인 것	크기 구분표 [표 1]에서 크기가 다른 것이 10% 이하인 것
꽃	품종 고유의 모양으로 색택이 선명하고 뛰어난 것	품종 고유의 모양으로 색택이 선명하고 양호한 것	특·상에 미달하는 것
줄기	세력이 강하고, 휘지 않으며 굵기가 일정한 것	세력이 강하고, 휘어진 정도가 약하며 굵기가 비교적 일정한 것	특·상에 미달하는 것
개화정도	– 백색 : 꽃봉오리가 1/3 정도 개화된 것 – 유색 : 꽃봉오리가 2/3 정도 개화된 것	– 백색 : 꽃봉오리가 2/3 정도 개화된 것 – 유색 : 꽃봉오리가 완전히 개화된 것	특·상에 미달하는 것
손질	마른 잎이나 이물질이 깨끗이 제거된 것	마른 잎이나 이물질 제거가 비교적 양호한 것	특·상에 미달하는 것
중결점	없는 것	없는 것	5% 이하인 것
경결점	3% 이하인 것	5% 이하인 것	10% 이하인 것

[표 1] 크기 구분

호칭 구분	1급	2급	3급	1묶음의 본수 (본)
1묶음 평균의 꽃대 길이(cm)	80이상	70이상 ~ 80미만	40이상 ~ 70미만	5(유색), 10(백색)

<용어의 정의>

① 크기의 고르기는 매 포장 단위마다 상단·중단·하단에서 각각 3묶음씩 총 9묶음의 표본을 추출하여 해당 크기 구분표 [표 1]에서 크기가 다른 것의 개수비율을 말한다.
② 결점 혼입률은 포장 단위별로 전체 본에 대한 결점본의 개수비율을 말한다.
③ 중결점은 다음의 것을 말한다.
　　㉠ 이품종화 : 품종이 다른 것
　　㉡ 상처 : 화포에 탈리, 열상, 자상, 압상 등이 심한 것

ⓒ 병충해 : 병해, 충해 등의 피해가 심한 것

　　ⓔ 생리장해 : 겹피기현상, 녹화현상, 악할현상, 일소 등의 피해가 심한 것

　　ⓜ 줄기를 세웠을 때 90°이상 휘는 것

　　ⓗ 기타 결점의 정도가 현저하게 품위에 영향을 미치는 것

④ 경결점은 다음의 것을 말한다.

　　ⓖ 품종 고유의 모양이 아닌 것

　　ⓛ 경미한 약해, 생리장해, 상처, 농약살포 등으로 외관이 떨어지는 것

　　ⓒ 손질 정도가 미비한 것

　　ⓔ 기타 결점의 정도가 경미한 것

```
┌─────────────────────────┐
│   농산물 표준규격        │
│    리시안사스            │
└─────────────────────────┘
```

[규격번호 : 8151]

Ⅰ. 적용 범위

본 규격은 국내에서 생산되어 신선한 상태로 유통되는 리시안사스에 적용하며, 수출용에는 적용하지 않는다.

Ⅱ. 등급 규격

항목 \ 등급	특	상	보통
크기의 고르기	크기 구분표 [표 1]에서 크기가 다른 것이 없는 것	크기 구분표 [표 1]에서 크기가 다른 것이 5% 이하인 것	크기 구분표 [표 1]에서 크기가 다른 것이 10% 이하인 것
꽃	품종 고유의 모양으로 색택이 선명하고 뛰어난 것	품종 고유의 모양으로 색택이 선명하고 양호한 것	특·상에 미달하는 것
줄기	세력이 강하고, 휘지 않으며 굵기가 일정한 것	세력이 강하고, 휘어진 정도가 약하며 굵기가 비교적 일정한 것	특·상에 미달하는 것
개화정도	각 측지의 1번화가 1/2 정도 개화된 것	각 측지의 1번화가 완전히 개화된 것	특·상에 미달하는 것
손질	마른 잎이나 이물질이 깨끗이 제거된 것	마른 잎이나 이물질 제거가 비교적 양호한 것	특·상에 미달하는 것
중결점	없는 것	없는 것	5% 이하인 것
경결점	3% 이하인 것	5% 이하인 것	10% 이하인 것

[표 1] 크기 구분

구분 \ 호칭	1급	2급	3급	1묶음의 본수 (본)
1묶음 평균의 꽃대 길이(㎝)	70이상	60이상 ~ 70미만	300이상 ~ 60미만	10

<용어의 정의>

① 크기의 고르기는 매 포장 단위마다 상단·중단·하단에서 각각 3묶음씩 총 9묶음의 표본을 추출하여 해당 크기 구분표 [표 1]에서 크기가 다른 것의 개수비율을 말한다.
② 결점 혼입률은 포장 단위별로 전체 본에 대한 결점본의 개수비율을 말한다.
③ 중결점은 다음의 것을 말한다.
    ㉠ 이품종화 : 품종이 다른 것
    ㉡ 상처 : 꽃에 탈리, 열상, 자상, 압상 등이 심한 것
    ㉢ 병충해 : 병해, 충해 등의 피해가 심한 것
    ㉣ 생리장해 : 피해가 심한 것

◎ 형상불량, 파손, 굽힘, 개화 차이가 심히 불량한 것

　　　◎ 기타 결점의 정도가 현저하게 품위에 영향을 미치는 것

④ 경결점은 다음의 것을 말한다.

　　　㉠ 품종 고유의 모양이 아닌 것

　　　㉡ 경미한 약해, 생리장해, 상처, 농약살포 등으로 외관이 떨어지는 것

　　　㉢ 손질 정도가 미비한 것

　　　㉣ 기타 결점의 정도가 경미한 것

농산물 표준규격

안 개 꽃

[규격번호 : 8161]

Ⅰ. 적용 범위

본 규격은 국내에서 생산되어 신선한 상태로 유통되는 안개꽃에 적용하며, 수출용에는 적용하지 않는다.

Ⅱ. 등급 규격

항목＼등급	특	상	보통
크기의 고르기	크기 구분표 [표 1]에서 크기가 다른 것이 없는 것	크기 구분표 [표 1]에서 크기가 다른 것이 5% 이하인 것	크기 구분표 [표 1]에서 크기가 다른 것이 10% 이하인 것
꽃	품종 고유의 모양으로 색택이 선명하고 뛰어난 것	품종 고유의 모양으로 색택이 선명하고 양호한 것	특·상에 미달하는 것
줄기	세력이 강하고, 휘지 않으며 굵기가 일정한 것	세력이 강하고, 휘어진 정도가 약하며 굵기가 비교적 일정한 것	특·상에 미달하는 것
개화정도	전체의 소화 중 2/3 정도 개화된 것	전체의 소화 중 2/3 정도 개화된 것	특·상에 미달하는 것
손질	마른 잎이나 이물질이 깨끗이 제거된 것	마른 잎이나 이물질 제거가 비교적 양호한 것	특·상에 미달하는 것
중결점	없는 것	없는 것	5% 이하인 것
경결점	3% 이하인 것	5% 이하인 것	10% 이하인 것

[표 1] 크기 구분

구분＼호칭	1급	2급	3급	1묶음의본수 (본)
1묶음 평균의 꽃대 길이(cm)	60이상	50이상 ～ 60미만	30이상 ～ 50미만	20～50

<용어의 정의>

① 크기의 고르기는 매 포장 단위마다 상단·중단·하단에서 각각 3묶음씩 총 9묶음의 표본을 추출하여 해당 크기 구분표 [표 1]에서 크기가 다른 것의 개수비율을 말한다.
② 결점 혼입률은 포장 단위별로 전체 본에 대한 결점본의 개수비율을 말한다.
③ 중결점 : 약해, 일소, 상처, 형상불량 등이 품질에 심한 영향을 미치는 것
④ 경결점 : 피해 정도가 품질에 경미한 영향을 미치는 것

농산물 표준규격
스토크

[규격번호 : 8191]

I. 적용 범위

본 규격은 국내에서 생산되어 신선한 상태로 유통되는 스토크에 적용하며, 수출용에는 적용하지 않는다.

II. 등급 규격

항목 \ 등급	특	상	보통
크기의 고르기	크기 구분표 [표 1]에서 크기가 다른 것이 없는 것	크기 구분표 [표 1]에서 크기가 다른 것이 5% 이하인 것	크기 구분표 [표 1]에서 크기가 다른 것이 10% 이하인 것
꽃	품종 고유의 모양으로 색택이 선명하고 뛰어난 것	품종 고유의 모양으로 색택이 선명하고 양호한 것	특·상에 미달하는 것
줄기	세력이 강하고, 휘지 않으며 굵기가 일정한 것	세력이 강하고, 휘어진 정도가 약하며 굵기가 비교적 일정한 것	특·상에 미달하는 것
개화정도	전체의 소화 중 1/3 정도 개화된 것	전체의 소화 중 2/3 정도 개화된 것	특·상에 미달하는 것
손질	마른 잎이나 이물질이 깨끗이 제거된 것	마른 잎이나 이물질 제거가 비교적 양호한 것	특·상에 미달하는 것
중결점	없는 것	없는 것	5% 이하인 것
경결점	3% 이하인 것	5% 이하인 것	10% 이하인 것

[표 1] 크기 구분

구분 \ 호칭	1급	2급	3급	1묶음의 본수 (본)
1묶음 평균의 꽃대 길이(cm)	70이상	60이상 ~ 70미만	30이상 ~ 60미만	5 또는 10

<용어의 정의>

① 크기의 고르기는 매 포장 단위마다 상단·중단·하단에서 각각 3묶음씩 총 9묶음의 표본을 추출하여 해당 크기 구분표 [표 1]에서 크기가 다른 것의 개수비율을 말한다.
② 결점 혼입률은 포장 단위별로 전체 본에 대한 결점본의 개수비율을 말한다.
③ 중결점은 다음의 것을 말한다.
    ㉠ 이품종화 : 품종이 다른 것
    ㉡ 상처 : 꽃봉오리 혹은 꽃잎, 잎에 탈리, 열상, 자상, 압상 등이 심한 것
    ㉢ 병충해 : 병해, 충해 등의 피해가 심한 것
    ㉣ 생리장해 : 양분결핍증, 경할현상, 일소 등의 피해가 심한 것

　　　　ⓜ 줄기가 심하게 휘어진 것

　　　　ⓗ 기타 결점의 정도가 현저하게 품위에 영향을 미치는 것

　　④ 경결점은 다음의 것을 말한다.

　　　　㉠ 품종 고유의 모양이 아닌 것

　　　　㉡ 경미한 약해, 생리장해, 상처, 농약살포 등으로 외관이 떨어지는 것

　　　　㉢ 손질 정도가 미비한 것

　　　　㉣ 기타 결점의 정도가 경미한 것

농산물 표준규격
공작초

[규격번호 : 8221]

Ⅰ. 적용 범위

본 규격은 국내에서 생산되어 신선한 상태로 유통되는 공작초에 적용하며, 수출용에는 적용하지 않는다.

Ⅱ. 등급 규격

항목 \ 등급	특	상	보통
크기의 고르기	크기 구분표 [표 1]에서 크기가 다른 것이 없는 것	크기 구분표 [표 1]에서 크기가 다른 것이 5% 이하인 것	크기 구분표 [표 1]에서 크기가 다른 것이 10% 이하인 것
꽃	품종 고유의 모양으로 색택이 선명하고 뛰어난 것	품종 고유의 모양으로 색택이 선명하고 양호한 것	특·상에 미달하는 것
줄기	세력이 강하고, 휘지 않으며 굵기가 일정한 것	세력이 강하고, 휘어진 정도가 약하며 굵기가 비교적 일정한 것	특·상에 미달하는 것
개화정도	전체의 꽃봉오리 중 1/3 정도 개화된 것	전체의 꽃봉오리 중 2/3 정도 개화된 것	특·상에 미달하는 것
손질	마른 잎이나 이물질이 깨끗이 제거된 것	마른 잎이나 이물질 제거가 비교적 양호한 것	특·상에 미달하는 것
중결점	없는 것	없는 것	5% 이하인 것
경결점	3% 이하인 것	5% 이하인 것	10% 이하인 것

[표 1] 크기 구분

구분 \ 호칭	1급	2급	3급	1묶음의 본수 (본)
1묶음 평균의 꽃대 길이(cm)	80이상	70이상 ~ 80미만	30이상 ~ 70미만	10

<용어의 정의>

① 크기의 고르기는 매 포장 단위마다 상단·중단·하단에서 각각 3묶음씩 총 9묶음의 표본을 추출하여 해당 크기 구분표 [표 1]에서 크기가 다른 것의 개수비율을 말한다.
② 결점 혼입률은 포장 단위별로 전체 본에 대한 결점본의 개수비율을 말한다.
③ 중결점 : 약해, 일소, 상처, 형상불량 등이 품질에 심한 영향을 미치는 것
④ 경결점 : 피해 정도가 품질에 경미한 영향을 미치는 것

```
┌─────────────────────┐
│   농산물 표준규격    │
│    알스트로메리아    │
└─────────────────────┘
```

[규격번호 : 8231]

Ⅰ. 적용 범위

본 규격은 국내에서 생산되어 신선한 상태로 유통되는 알스트로메리아에 적용하며, 수출용에는 적용하지 않는다.

Ⅱ. 등급 규격

등급 항목	특	상	보통
크기의 고르기	크기 구분표 [표 1]에서 크기가 다른 것이 없는 것	크기 구분표 [표 1]에서 크기가 다른 것이 5% 이하인 것	크기 구분표 [표 1]에서 크기가 다른 것이 10% 이하인 것
꽃	품종 고유의 모양으로 색택이 선명하고 뛰어난 것	품종 고유의 모양으로 색택이 선명하고 양호한 것	특·상에 미달하는 것
줄기	세력이 강하고, 휘지 않으며 굵기가 일정한 것	세력이 강하고, 휘어진 정도가 약하며 굵기가 비교적 일정한 것	특·상에 미달하는 것
개화정도	– 하계(5월~10월) : 꽃봉오리 중 가장 빠른 것의 개화가 1/3 정도인 것 – 동계(11월~익년 4월) : 꽃봉오리 중 가장 빠른 것의 개화가 2/3 정도인 것	– 하계(5월~10월) : 꽃봉오리 중 가장 빠른 것의 개화가 1/3 정도인 것 – 동계(11~4월) : 꽃봉오리 중 가장 빠른 것의 개화가 2/3 정도인 것	특·상에 미달하는 것
손질	마른 잎이나 이물질이 깨끗이 제거된 것	마른 잎이나 이물질 제거가 비교적 양호한 것	특·상에 미달하는 것
중결점	없는 것	없는 것	5% 이하인 것
경결점	3% 이하인 것	5% 이하인 것	10% 이하인 것

[표 1] 크기 구분

호칭 구분	1급	2급	3급	1묶음의 본수 (본)
1묶음 평균의 꽃대 길이(cm)	80이상	70이상 ~ 80미만	50이상 ~ 70미만	5또는10

<용어의 정의>

① 크기의 고르기는 매 포장 단위마다 상단·중단·하단에서 각각 3묶음씩 총 9묶음의 표본을 추출하여 해당 크기 구분표 [표 1]에서 크기가 다른 것의 개수비율을 말한다.
② 결점 혼입률은 포장 단위별로 전체 본에 대한 결점본의 개수비율을 말한다.
③ 중결점 : 약해, 일소, 상처, 형상불량 등이 품질에 심한 영향을 미치는 것

④ 경결점 : 피해 정도가 품질에 경미한 영향을 미치는 것

농산물 표준규격
포인세티아

[규격번호 : 8251]

Ⅰ. 적용 범위

본 규격은 국내에서 생산되어 신선한 상태로 유통되는 포인세티아에 적용하며, 수출용에는 적용하지 않는다.

Ⅱ. 등급 규격

항목＼등급	특	상	보통
기본품질	잎이 풍성하며 화분의 흙이 보이지 않고, 병충해 및 상처가 없고 신선한 것	잎이 풍성하지 않고 화분의 흙이 약간 보이며 병충해 흔적 등 상처가 경미하게 있는 것	특·상에 미달하는 것
잎	잎의 색상이 선명한 것	잎의 색상의 선명도가 조금 떨어지는 것	특·상에 미달하는 것
개화정도	꽃가루가 터지지 않은 상태의 것	꽃가루가 조금 터진 상태의 것	특·상에 미달하는 것
착색정도	포엽과 착색엽이 완전히 착색된 것	포엽과 착색엽이 완전히 착색되지 않는 것	특·상에 미달하는 것
볼륨감	잎의 수가 일정수준 이상으로 30장 내외인 것	잎의 수가 일정수준 이상으로 25장 내외인 것	특·상에 미달하는 것
균형미 (초폭/초장)	1.6±0.2, 치우침 없음	1.6±0.2 초과, 치우침 없음	특·상에 미달하는 것

<용어의 정의>

① 포엽 : 하나의 꽃 또는 꽃차례를 안고 있는 소형의 잎
② 착색엽 : 잎과 포엽 사이에 줄기가 형성되는 것으로 일부만 착색이 되는 경우도 있다.
③ 초장 : 지제부로부터 식물체 선단부까지의 높이
④ 초폭 : 식물의 가로폭으로 넓은 쪽을 측정한 것
⑤ 균형미 : 분과 조화롭고, 균형잡힌 구조/꽃의 높이 차이

<최소기준>

① 잎이나 꽃, 화분에 흙이 직접 닿지 않도록 주의한다.
② 꽃대가 정상적으로 형성되어야 한다.
③ 충해에 의한 꽃대 손상이 없어야 한다.
④ 운반상자 및 포장재는 청결하게 유지하여야 한다.
⑤ 수송기간 중 물리적 상처 및 수분손실이 없어야 한다.
⑥ 시든 꽃이 없고 꽃가루 등이 떨어져 있지 않아야 한다.

[규격번호 : 8261]

Ⅰ. 적용 범위

본 규격은 국내에서 생산되어 신선한 상태로 유통되는 칼랑코에에 적용하며, 수출용에는 적용하지 않는다.

Ⅱ. 등급 규격

항목＼등급	특	상	보통
기본품질	잎이 풍성하며 화분의 흙이 보이지 않고, 병충해 및 상처가 없는 것	잎이 풍성하지 않고 화분의 흙이 약간 보이며 병충해 흔적 등 상처가 경미하게 있는 것	특·상에 미달하는 것
꽃	품종 고유의 색상으로 화색이 선명한 것	품종 고유의 색상으로 화색이 조금 떨어지는 것	특·상에 미달하는 것
잎	잎의 색상, 무늬가 선명하고 윤기가 있는 것	잎의 색상, 무늬 선명도 및 윤기가 조금 떨어지는 것	특·상에 미달하는 것
개화정도	꽃대가 균일하게 올라오고 30~50% 개화된 것	꽃대가 균일하게 올라오는 정도는 약간 다르며 50~80% 개화된 것, 또는 30% 미만으로 개화된 것	특·상에 미달하는 것
분지수/ 꽃대수	7개/15대 이상	5~7개/10~15대	특·상에 미달하는 것
균형미 (초폭/초장)	1.5±0.2, 치우침 없음	1.5±0.2 초과, 치우침 없음	특·상에 미달하는 것

<용어의 정의>

① 분지수 : 한 줄기에서 분지되어 개화 가능한 가지
② 꽃대수 : 분지된 가지에서 나온 전체 꽃대의 수
③ 초장 : 지제부로부터 식물체 선단부까지의 높이
④ 초폭 : 식물의 가로폭으로 넓은 쪽을 측정 한 것
⑤ 균형미 : 분과 조화롭고, 균형잡힌 구조/꽃의 높이 차이

<최소기준>

① 잎이나 꽃, 화분에 흙이 직접 닿지 않도록 주의한다.
② 꽃대가 정상적으로 형성되어야 한다.
③ 충해에 의한 꽃대 손상이 없어야 한다.
④ 운반상자 및 포장재는 청결하게 유지하여야 한다.
⑤ 수송기간 중 물리적 상처 및 수분손실이 없어야 한다.

농산물 표준규격
시클라멘

[규격번호 : 8271]

Ⅰ. 적용 범위

본 규격은 국내에서 생산되어 신선한 상태로 유통되는 시클라멘에 적용하며, 수출용에는 적용하지 않는다.

Ⅱ. 등급 규격

등급 항목	특	상	보통
기본품질	잎이 풍성하며 화분의 흙이 보이지 않고, 병충해 및 상처가 없는 것	잎이 풍성하지 않고 화분의 흙이 약간 보이며 병충해 흔적 등 상처가 경미하게 있는 것	특·상에 미달하는 것
꽃	품종 고유의 색상으로 화색이 선명한 것	품종 고유의 색상으로 화색이 조금 떨어지는 것	특·상에 미달하는 것
잎	잎의 색상, 무늬가 선명하고 윤기가 있는 것	잎의 색상, 무늬가 선명도 및 윤기가 조금 떨어지는 것	특·상에 미달하는 것
개화정도	꽃대가 균일하게 올라오고 8개 이상 개화된 것(전체 10~13개)	꽃대가 균일하게 올라오는 정도는 약간 다르며 4~6개 개화된 것(전체 6~8개)	특·상에 미달하는 것
기형화	전체 꽃의 15% 이하	전체 꽃의 15~30% 이하	특·상에 미달하는 것
균형미 (초폭/초장)	1.6±0.2, 치우침 없음	1.6±0.2 초과, 치우침 없음	특·상에 미달하는 것

<용어의 정의>

① 대륜 : 꽃잎의 길이가 4.5cm 이상인 것
② 소륜 : 꽃잎의 길이가 4.5cm 이하인 것
③ 기형화 : 꽃잎이 수평으로 피어 있는 비율이 25% 이상인 것
④ 초장 : 지제부로부터 식물체 선단부까지의 높이
⑤ 초폭 : 식물의 가로폭으로 넓은 쪽을 측정한 것

<최소기준>

① 잎이나 꽃, 화분에 흙이 직접 닿지 않도록 주의한다.
② 꽃대가 정상적으로 형성되어야 한다.
③ 충해에 의한 꽃대 손상이 없어야 한다.
④ 운반상자 및 포장재는 청결하게 유지하여야 한다.
⑤ 수송기간 중 물리적 상처 및 수분손실이 없어야 한다.

농산물품질관리사

기출문제

2023년도 20회
2024년도 21회
2025년도 22회

※ 단답형 문제에 대하여 답하시오.(1~10번 문제)

1. A업체가 '들깨미숫가루'라는 상품을 출시하려고 한다. 이 제품에 사용된 원료의 배합비율을 보고 농수산물의 원산지 표시 등에 관한 법령상 원산지 표시대상을 순서대로 쓰시오. (단, 원산지 표시를 생략할 수 있는 원료는 제외함) [3점]

원료	쌀	보리쌀	당류	율무	현미	들깨	기타
비율(%)	50	15	12	10	8	3	2

정답〉 쌀, 보리쌀, 율무, 들깨

해설〉 * 법 제5조제1항제3호에 따른 농수산물 가공품의 원료에 대한 원산지 표시대상은 다음 각 호와 같다. 다만, 물, 식품첨가물, 주정(酒精) 및 당류(당류를 주원료로 하여 가공한 당류가공품을 포함한다)는 배합 비율의 순위와 표시대상에서 제외한다.

ⓐ 원료 배합 비율에 따른 표시대상

a. 사용된 원료의 배합 비율에서 한 가지 원료의 배합 비율이 98퍼센트 이상인 경우에는 그 원료

b. 사용된 원료의 배합 비율에서 두 가지 원료의 배합 비율의 합이 98퍼센트 이상인 원료가 있는 경우에는 배합 비율이 높은 순서의 2순위까지의 원료

c. a목 및 b목 외의 경우에는 배합 비율이 높은 순서의 3순위까지의 원료

* 제2항을 적용할 때 원료(가공품의 원료를 포함한다. 이하 이 항에서 같다) 농수산물의 명칭을 제품명 또는 제품명의 일부로 사용하는 경우에는 그 원료 농수산물이 같은 항에 따른 원산지 표시대상이 아니더라도 그 원료 농수산물의 원산지를 표시해야 한다. 다만, 원료 농수산물이 다음 각 호의 어느 하나에 해당하는 경우에는 해당 원료 농수산물의 원산지 표시를 생략할 수 있다.

2. 농수산물 품질관리법령상 지리적표시의 등록거절 사유의 세부기준에 관한 내용의 일부이다. ( )에 들어갈 내용을 쓰시오. [3점]

> * 해당 품목의 (①)과 (②) 또는 그 밖의 특성이 본질적으로 특정지역의 생산환경적 요인과 인적 요인 모두에 기인하지 아니한 경우
> * 해당 품목이 지리적표시 대상지역에서 생산된 (③)가 깊지 않은 경우

정답〉 ① 명성, ②품질, ③ 역사

해설〉 지리적표시의 등록거절 사유의 세부기준(시행령 제15조): 법 제32조제9항에 따른 지리적표시 등록거절 사유의 세부기준은 다음 각 호와 같다.

㉠ 해당 품목이 농수산물인 경우에는 지리적표시 대상지역에서만 생산된 것이 아닌 경우

㉡ 해당 품목이 농수산가공품인 경우에는 지리적표시 대상지역에서만 생산된 농수산물을 주원료로 하여 해당 지리적표시 대상지역에서 가공된 것이 아닌 경우

㉢ 해당 품목의 우수성이 국내 및 국외에서 모두 널리 알려지지 아니한 경우

㉣ 해당 품목이 지리적표시 대상지역에서 생산된 역사가 깊지 않은 경우

㉤ 해당 품목의 명성·품질 또는 그 밖의 특성이 본질적으로 특정지역의 생산환경적 요인과 인적 요인 모두에 기인하지 아니한 경우

㉥ 그 밖에 농림축산식품부장관 또는 해양수산부장관이 지리적표시 등록에 필요하다고 인정하여 고시하는 기준에 적합하지 않은 경우

3. 노점상을 하는 A씨는 중국산으로 표시된 볶은 땅콩 15kg 1상자를 도매상으로부터 75,000원(kg당 5,000원)에 구입하였다. 이를 용기에 소분하여 K전통시장에서 kg당 8,000원씩 판매를 목적으로 5kg을 진열하여 소비자에게 원산지를 표시하지 않고 판매하다가 원산지 미표시로 적발되었다. 이 때 원산지조사 공무원이 노점상 A씨에게 부과할 과태료 금액을 쓰시오. (단, 1차위반이며, 감경사유는 없음) [3점]

정답〉 15kg × 8,000원/kg = 120,000원

해설〉 과태료 부과금액은 원산지 표시를 하지 않은 물량(판매를 목적으로 보관 또는 진열하고 있는 물량을 포함한다)에 적발 당일 해당 업소의 판매가격을 곱한 금액으로 하고, 위반행위의 횟수에 따른 과태료의 부과기준은 다음 표와 같다.

과태료 부과금액		
1차 위반	2차 위반	3차 이상 위반
1)의 금액	1)의 금액의 200퍼센트	1)의 금액의 300퍼센트

4. 국립농산물품질관리원 특별사법경찰관 L주무관은 농산물 원산지 표시를 조사하던 중 K 농산물 판매점에서 다음과 같이 콩의 원산지 표시방법 위반사례를 적발하였다. K농산물 판매점에 부과할 과태료 금액을 쓰시오. (단, 1차위반이며, 감경사유는 없음) [4점]

* 적발된 경위: 중국산 콩 1kg 포장품 40개를 진열.판매하다가 적발됨
* 소비자 판매가격: 7,000원/kg
* 원산지 표시: 글자색이 내용물의 색깔과 동일한 색깔로 선명하지 않게 표시됨

정답〉 40kg × 7,000원/kg × 0.5 = 140,000원

해설〉 * 제2호다목의 원산지의 표시방법을 위반한 경우의 세부 부과기준

가. 농수산물(통관 단계 이후의 수입농수산물등 및 반입농수산물등을 포함하며, 통신판매의 경우와 식품접객업을 하는 영업소 및 집단급식소에서 조리하여 판매ㆍ제공하는 경우는 제외한다)

1) 제3호가목의 기준에 따른 과태료 부과금액의 100분의 50을 부과한다.

2) 과태료 부과금액의 최소단위는 5만원으로 하고, 5만원 이상은 천원 미만을 버리고 부과한다.

* 과태료 부과금액은 원산지 표시를 하지 않은 물량(판매를 목적으로 보관 또는 진열하고 있는 물량을 포함한다)에 적발 당일 해당 업소의 판매가격을 곱한 금액으로 하고, 위반행위의 횟수에 따른 과태료의 부과기준은 다음 표와 같다.

과태료 부과금액		
1차 위반	2차 위반	3차 이상 위반
1)의 금액	1)의 금액의 200퍼센트	1)의 금액의 300퍼센트

5. 농수산물 품질관리법령상 지리적표시의 등록에 관한 내용이다. 밑줄 친 것 중 잘못된 부분을 모두 찾아 수정하시오.(수정 예: ① ○○○ → □□□) [4점]

> 지리적 표시의 등록은 ①특정지역에서 지리적 특성을 가진 농수산물 또는 농수산가공품을 생산하거나 ②제조.가공하는 자로 구성된 ③단체만 신청할 수 있다. 다만, 지리적 특성을 가진 농수산물 또는 농수산가공품의 생산자 또는 가공업자가 ④5인 미만인 경우에는 예외적으로 등록신청을 할 수 있다.

정답〉 ③단체 → 법인, ④ 5인 미만인 → 1인인

해설〉 지리적표시의 등록은 특정지역에서 지리적 특성을 가진 농수산물 또는 농수산가공품을 생산하거나 제조 · 가공하는 자로 구성된 법인만 신청할 수 있다. 다만, 지리적 특성을 가진 농수산물 또는 농수산가공품의 생산자 또는 가공업자가 1인인 경우에는 법인이 아니라도 등록신청을 할 수 있다.

6. 다음은 원예작물의 숙성과정에서 일어나는 일련의 대사과정에 관한 설명이다. 설명이 옳으면 ○, 옳지 않으면 ×를 쓰시오. [4점]

> ① 바나나는 숙성이 진행되면서 환원당인 포도당과 과당의 결합으로 전분이 합성되어 단맛이 증가한다. ——— (   )
> ② 사과는 적색으로 착색이 진행되면서 안토시아닌(anthocyanin)이 감소하고 엽록소가 증가한다. 이 때 측정된 Hunter 'a'값은 양에서 음으로 전환된다. ——— (   )
> ③ 포도는 숙성이 진행되면서 주요 유기산인 주석산과 말산이 감소되어 신맛이 약해진다. ——— (   )
> ④ 토마토는 polygalacturonase(PG)가 발현되어 세포벽의 펙틴(pectin)을 가수분해하여 과실의 연화를 촉진한다. ——— (   )

정답〉 ① ×, ② ×, ③ ○, ④ ○

해설〉 ① 바나나는 숙성이 진행되면서 전분이 당으로 가수분해 되면서 단맛이 증가한다.

② 사과는 적색으로 착색이 진행되면서 안토시아닌(anthocyanin)이 증가하고 엽록소가 감소한다. 이 때 측정된 Hunter 'a'값은 음에서 양으로 전환된다.

7. 증산계수란 단위무게, 단위수증기압차, 단위시간당 발생하는 수분증발을 말한다. 〈보기〉의 수확적기에 수확된 원예산물 중 증산계수가 높은 것부터 낮은 것 순서로 해당 번호를 쓰시오. (단, 온도 0℃, 상대습도 80%, 공기유동이 없는 동일조건) [4점]

| ① 셀러리 | ② 시금치 | ③ 토마토 | ④ 오이 |

정답〉 ②-①-④-③

해설〉 ① 증산계수가 클수록 증산량이 많다는 것을 의미한다.
② 동일조건에서 증산계수(mg/hr/mmHg): 시금치 31 〉 셀러리 11 〉 오이 2.5 〉 토마토 0.3
* 증산작용의 증가
  1) 온도가 높을수록 증산량은 증가한다.
  2) 상대습도가 낮을수록 증산량은 증가한다.
  3) 공기유동량이 많을수록 증산량은 증가한다.
  4) 부피 대비 표면적이 넓을수록 증산량은 증가한다.
  5) 큐티클층이 얇을수록 증가한다.
  6) 표피조직에 상처나 절단된 경우 그 부위를 통하여 증산량이 증가한다.

8. 다음 (   )에 있는 옳은 것을 선택하여 쓰시오. [4점]

원예산물에서는 일반적으로 호흡기질의 ①(합성, 분해)에 따라 수분과 ②(산소, 이산화탄소)가 생성된다. 이 때 발생한 호흡열은 생체중량의 부가적인 ③(감소, 증가)를 초래하며 호흡열에 의해 높아진 조직 내의 열은 대기 쪽으로 전이되어 수분증발을 ④(낮추, 높이)게 된다.

정답〉 ① 분해, ② 이산화탄소, ③ 감소, ④ 높이게

해설〉 호흡은 살아있는 식물체에서 발생하는 주된 물질대사 과정으로 전분, 당, 탄수화물 및 유기산 등의 저장양분(기질)이 산화(분해)되는 과정으로 같은 세포 내에 존재하는 복합물질들을 이산화탄소나 물과 같은 단순물질로 변환시키고 이와 동시에 세포가 사용할 수 있는 여러 가지 분자와 에너지를 방출하는 일종의 산화적 분해과정이다. 생성된 에너지는 일부 생명유지에 필요한 대사작용에 소모되기도 하나 수확한 과실의 경우는 대부분 호흡열로 체외로 방출된다.

9. 다음 ( )에 들어갈 올바른 내용을 〈보기〉에서 찾아 쓰시오. [3점]

> 고구마는 수확 후 상처 입은 표피조직을 아물게하여 미생물 침입을 방지하고, 저장성을 향상시키고자 (①) 처리를 하는데, 이 때 적정온도의 범위는 약 (②), 상대습도는 (③)수록 코르크층 형성에 효과적이다.

───── 〈보 기〉 ─────

예건,　　　큐어링,　　　9~12℃,　　　29~32℃,　　　낮을,　　　높을

정답〉 ① 큐어링, ② 29~32℃, ③ 높을
해설〉 큐어링 품목별 처리방법
1) 감자: 수확 후 온도 15~20℃, 습도 85~90%에서 2주일 정도 큐어링하여 코르크층이 형성되어 수분 손실과 부패균의 침입을 막을 수 있다. 큐어링 중에는 온도와 습도를 유지하여야 하기 때문에 가급적 환기를 피하고 22℃ 이상인 경우에는 호흡량과 세균의 감염이 급속도로 증가하기 때문에 주의가 필요하다.
2) 고구마: 수확 후 1주일 이내에 온도 30~33℃, 습도 85~90%에서 4~5일간 큐어링 한 후 열을 방출시키고 저장하면 상처가 잘 치유되고 당분 함량이 증가한다.

10. 다음의 원예산물에 대하여 5℃ 동일조건에서 호흡속도를 측정하였다. 각 호흡속도 ($mg\ CO_2/kg \cdot hr$)의 범위(A, B)에 해당하는 품목을 〈보기〉에서 모두 찾아쓰시오. [4점]

───── 〈보 기〉 ─────

버섯,　　　양파,　　　사과,　　　아스파라거스

* A($5~10mg\ CO_2/kg \cdot hr$: ①

* B($>60mg\ CO_2/kg \cdot hr$): ②

정답〉 * A(5~10): ① 양파, 사과
　　　　* B(>60): ② 버섯, 아스파라거스　　　A, B의 단위는 문제참고
해설〉 호흡속도에 따른 원예산물의 분류
① 매우 높음: 버섯, 강낭콩, 아스파라거스, 브로콜리 등　　② 높음: 딸기, 아욱, 콩 등
③ 중간: 서양배, 살구, 바나나, 체리, 복숭아, 자두 등　　④ 낮음: 사과, 감귤, 포도, 키위, 망고, 감자, 양파 등
⑤ 매우 낮음: 견과류, 대추야자 열매류 등

※ 서술형 문제에 대하여 답하시오.(11~20번 문제)

11. 토마토를 4℃에서 20일 동안 저장한 후 상온에서 3일 동안 유통 시 비정상적인 착색, 부패, 과일 표면이 움푹 패는 현상 등 저온장해가 발생하였다. 이 때 전기전도계로 측정된 전해질누출량이 저장 초기보다 증가되었다. 전해질누출량이 높아진 원인을 세포막의 이중층을 구성하는 막지질의 특성과 관련하여 설명하시오. [6점]

> **정답〉** 세포막은 인지질 이중층으로 구성되어 있는데 이는 지질과 단백질이 주요 성분으로 지질과 단백질은 온도에 반응하여 막의 유동성이 달라지며 한계온도 이하의 저온에 노출되면 막지질이 유동성이 있는 액정상에서 겔상으로 물리적 상전이가 발생하여 막의 세포구획 손실이 일어나 용질이 유출되는 현상이 나타난다.

12. 사과(후지)와 브로콜리를 0.03mm PE 필름으로 혼합.밀봉하여 상온에서 3일간 저장하였더니 브로콜리에서 황화현상이 발생했다. 이러한 생리장해의 원인이 되는 ①식물호르몬의 명칭과 이것을 ②흡착하여 제거할 수 있는 물질 2가지를 쓰시오. [6점]

> **정답〉** ① 에틸렌, ② 과망간산칼륨, 목탄, 활성탄
> **해설〉** 에틸렌의 제거방법에는 흡착식, 자외선 파괴식, 촉매분해식 등이 있으며 흡착제로는 과망간산칼륨($KMnO_4$), 목탄, 활성탄, 오존, 자외선 등이 이용되고 있다.

13. 다음은 생산자 A씨(양파, 생산계획량 ○○톤, 재배면적 5,000m^2 등으로 농산물 우수관리인증을 받은 자)와 B씨(담당공무원) 간의 대화 내용 중 (   )에 들어갈 답변을 간략히 쓰시오.(단, 주어진 내용 외에는 고려하지 않음) [6점]

〈대화 내용〉

A씨: 2022년 9월에 1,000m^2 농지를 타인에게 매각하여 2023년 5월부터 4,000m^2에서 양파를 우수관리인증농산물로 출하중인데 우수관리인증과 관련한 법 위반사항이 발생하여 저에게 행정처분을 한다고 연락을 받았습니다.

B씨: 귀하의 처분사유는 농수산물 품질관리법 위반사항에 해당됩니다.

A씨: 제가 위반한 행위가 무엇인지 알 수 있을까요?

B씨: 귀하게 위반한 사항은 (①)한 경우에 해당됩니다.

A씨: 아! 제가 잘못을 했네요. 그렇다면 위반행위에 대한 처분기준은 어찌되나요?

B씨: 1차 위반이고 경감사항이 없으므로 (②)입니다.

A씨: 혹시, 제가 해외에 있어 행정조치를 이행하지 못하여 2차 위반에 해당될 경우에는 어찌되나요?

B씨: 2차 위반 시에는 (③)입니다.

정답〉 ① 우수관리인증여 변경승인을 받지 않고 중요 사항을 변경
② 표시정지 1개월, ③ 표시정지 3개월

해설〉

위반행위	근거 법조문	위반횟수별 처분기준		
		1차 위반	2차 위반	3차 위반
바. 법 제7조제4항에 따른 우수관리인증의 변경승인을 받지 않고 중요 사항을 변경한 경우	법 제8조 제1항 제5호	표시정지 1개월	표시정지 3개월	인증취소

14. 사과, 배의 유관속 조직 주변이 투명해지는 수침현상을 밀증상(water core)이라고 한다. 이러한 현상이 발생하는 기작을 설명하시오. [6점]

정답〉 사과의 유관속 주변에 투명해지는 수침현상을 말하며 솔비톨이라는 당류가 과육의 특정부위에 비정상적으로 축적되어 나타나는 현상이며, 심한 경우 에탄올이나 아세트알데히드가 축적되어 조직 내 혐기상태를 형성하여 과육 갈변이나 내부조직의 붕괴를 일으킨다.

해설〉 〈밀증상〉

1) 사과의 유관속 주변에 투명해지는 수침현상을 말하며 솔비톨이라는 당류가 과육의 특정부위에 비정상적으로 축적되어 나타나는 현상이다.

2) 심한 경우 에탄올이나 아세트알데히드가 축적되어 조직 내 혐기상태를 형성하여 과육 갈변이나 내부조직의 붕괴를 일으킨다.

3) 밀증상이 있는 사과는 가급적 저장하지 않는 것이 좋으며 저온저장을 하더라도 단기간 저장하고 출하하는 것이 좋다.

4) 수확이 늦은 과실일수록 발생률이 높으며 연화될수록 정도가 심화되어 상품성이 저하되므로 적기에 수확하는 것이 중요하다.

15. 화훼농가인 B씨가 농산물 표준규격으로 출하하고자 선별한 장미(스탠다드)에 대해 농산물품질관리사 A씨가 9묶음(90본)에 대해 점검한 결과는 아래와 같다. ①~⑤에 해당하는 답을 쓰시오.(단, 주어진 항목 외에는 등급판정에 고려하지 않으며, 경결점은 소수점 한 자리까지만 기재함) [6점]

꽃대의 길이(cm)	개화정도	결점의 정도
* 31~40cm: 1본 * 41~50cm: 86본 * 51~60cm: 3본	꽃봉오리가 2/5정도 개화됨	* 품종고유의 모양이 아닌 것: 1본 * 농약살포로 외관이 떨어지는 것: 1본 * 열상의 상처가 있는 것: 1본 * 손질 정도가 미비한 것: 1본 * 생리장해로 외관이 떨어지는 것: 1본

크기의 고르기	개화정도	경결점	종합판정	
등급: (①)	등급: (②)	비율: (③)%	등급: (④)	이유: (⑤)

정답〉 ① 특, ② 상, ③ 4.4%, ④ 보통

⑤ 중결점이 1개로 1.1%이므로 상의 기준 없는 것을 초과하고 보통의 기준 5% 이하에 해당됨

해설〉

결점의 정도	
* 품종고유의 모양이 아닌 것: 1본	경결점
* 농약살포로 외관이 떨어지는 것: 1본	경결점
* 열상의 상처가 있는 것: 1본	중결점
* 손질 정도가 미비한 것: 1본	경결점
* 생리장해로 외관이 떨어지는 것: 1본	경결점

등급 / 항목	특	상	보통
크기의 고르기	크기 구분표 [표 1]에서 크기가 다른 것이 없는 것	크기 구분표 [표 1]에서 크기가 다른 것이 5% 이하인 것	크기 구분표 [표 1]에서 크기가 다른 것이 10% 이하인 것
꽃	품종 고유의 모양으로 색택이 선명하고 뛰어난 것	품종 고유의 모양으로 색택이 선명하고 양호한 것	특·상에 미달하는 것
줄기	세력이 강하고, 휘지 않으며 굵기가 일정한 것	세력이 강하고, 휘어진 정도가 약하며 굵기가 비교적 일정한 것	특·상에 미달하는 것
개화 정도	- 스탠다드 : 꽃봉오리가 1/5정도 개화된 것 - 스프레이 : 꽃봉오리가 1~2개 정도 개화된 것	- 스탠다드 : 꽃봉오리가 2/5정도 개화된 것 - 스프레이 : 꽃봉오리가 3~4개 정도 개화된 것	특·상에 미달하는 것
손질	마른 잎이나 이물질이 깨끗이 제거된 것	마른 잎이나 이물질 제거가 비교적 양호한 것	특·상에 미달하는 것
중결점	없는 것	없는 것	5% 이하인 것
경결점	3% 이하인 것	5% 이하인 것	10% 이하인 것

구분	호칭	1급	2급	3급	1묶음의 본수(본)
1묶음 평균의 꽃대 길이(cm)	스탠다드	80 이상	70이상 ~ 80미만	20이상 ~ 70미만	10
	스프레이	70 이상	60이상 ~ 70미만	30이상 ~ 60미만	5 또는 10

* 중결점은 다음의 것을 말한다.
  ㉠ 이품종화 : 품종이 다른 것
  ㉡ 상처 : 자상, 압상 동상, 열상 등이 있는 것
  ㉢ 병충해 : 병해, 충해 등의 피해가 심한 것
  ㉣ 생리장해 : 꽃목굽음, 기형화 등의 피해가 심한 것
  ㉤ 형상불량, 파손, 굽힘, 개화 차이가 심히 불량한 것
  ㉥ 기타 결점의 정도가 현저하게 품위에 영향을 미치는 것
* 경결점은 다음의 것을 말한다.
  ㉠ 품종 고유의 모양이 아닌 것
  ㉡ 경미한 약해, 생리장해, 상처, 농약살포 등으로 외관이 떨어지는 것
  ㉢ 손질 정도가 미비한 것
  ㉣ 기타 결점의 정도가 경미한 것

16. 농산물품질관리사 A씨가 농산물 도매시장에 출하된 난지형 마늘 1망(50개)에 대해서 농산물 표준규격에 따라 계측한 결과이다. 각 항목별 등급과 종합판정 등급 및 그 이유를 쓰시오.(단, 주어진 항목 외에는 등급판정에 고려하지 않음) [6점]

※ 본 문제는 시행당시에는 마늘의 크기구분이 난지형과 한지형으로만 구분되어 있어 현행 등급규격과는 상이하므로 난지형의 남도종을 기준으로 해설함.

낱개의 고르기(1개의 지름, cm)	결점의 정도
* 4.5 이상 ~ 5.0 미만: 3개 * 5.0 이상 ~ 5.5 미만: 6개 * 5.5 이상 ~ 6.0 미만: 25개 * 6.0 이상 ~ 6.5 미만: 16개	* 마늘쪽이 마늘통의 줄기로부터 1/4 이상 떨어져 나간 것: 3개 * 외피에 기계적 손상을 입은 것: 4개 * 뿌리 턱이 빠진 것: 2개

낱개의 고르기	경결점	종합판정	
등급: (①)	비율: (②)%	등급: (③)	이유: (④)

※ 이유 답안 예시: △△항목이 ○○%로 "○"등급 기준의 ○○%이하(미만) 또는 이상(초과)에 해당함

정답〉 ① 상, ② 18, ③ 보통
　　　④ 경결점 비율이 18%로 상의 기준 10%를 초과하고 보통의 기준 20% 이하에 해당함

해설〉 ① 지름이 다른 것이 9개로 낱개의 고르기: 18%
② 경결점 9개로 18%

낱개의 고르기(1개의 지름, cm)		결점의 정도	
* 4.5 이상 ~ 5.0 미만: 3개	L	* 마늘쪽이 마늘통으 줄기로부터 1/4 이상 떨어져 나간 것: 3개	경결점
* 5.0 이상 ~ 5.5 미만: 6개	L	* 외피에 기계적 손상을 입은 것: 4개	경결점
* 5.5 이상 ~ 6.0 미만: 25개	2L	* 뿌리 턱이 빠진 것: 2개	경결점
* 6.0 이상 ~ 6.5 미만: 16개	2L		

항목＼등급	특	상	보통
낱개의 고르기	별도로 정하는 크기 구분표 [표 1]에서 크기가 다른 것이 10% 이하인 것. 단, 크기 구분표의 해당 크기에서 1단계를 초과할 수 없다.	별도로 정하는 크기 구분표 [표 1]에서 크기가 다른 것이 20% 이하인 것. 단, 크기 구분표의 해당 크기에서 1단계를 초과할 수 없다.	특·상에 미달하는 것
모양	품종 고유의 모양이 뛰어나며, 각 마늘쪽이 충실하고 고른 것	품종 고유의 모양을 갖추고 각 마늘쪽이 대체로 충실하고 고른 것	특·상에 미달하는 것
손질	− 통마늘의 줄기는 마늘통으로부터 2.0㎝ 이내로 절단한 것 − 풋마늘의 줄기는 마늘통으로부터 5.0㎝ 이내로 절단한 것		
열구(난지형에 한한다)	20% 이하인 것	30% 이하인 것	특·상에 미달하는 것
쪽마늘	4% 이하인 것	10% 이하인 것	15% 이하인 것
중결점	없는 것	없는 것	5% 이하인 것(부패·변질구는 포함할 수 없음)
경결점	5% 이하인 것	10% 이하인 것	20% 이하인 것

크기 구분

구분	호칭		2L	L	M	S
1개의 지름 (cm)	한지형		5.0 이상	4.0 이상 ~5.0 미만	3.0 이상 ~4.0 미만	2.0 이상 ~3.0 미만
	난지형	남도종	5.5 이상	4.5 이상 ~5.5 미만	4.0 이상 ~4.5 미만	3.5 이상 ~4.0 미만
		대서종	6.0 이상	5.0 이상 ~6.0 미만	4.0 이상 ~5.0 미만	3.5 이상 ~4.0 미만

* 중결점은 다음의 것을 말한다.
  ㉠ 병충해구 : 병충해의 증상이 뚜렷하거나 진행성인 것
  ㉡ 부패, 변질구 : 육질이 부패 또는 변질된 것
  ㉢ 형상불량구 : 기형 및 벌마늘(완전한 줄기가 2개 이상 발생한 2차 생성구), 싹이 난 것, 뿌리가 난 것
  ㉣ 상해구 : 기계적 손상이 마늘쪽의 육질에 미친 것
* 경결점은 다음의 것을 말한다.
  ㉠ 마늘쪽이 마늘통의 줄기로부터 1/4 이상 떨어져 나간 것
  ㉡ 외피에 기계적 손상을 입은 것
  ㉢ 뿌리 턱이 빠진 것
  ㉣ 기타 중결점에 속하지 않는 결점이 있는 것

17. 단감 1상자에 20개씩 담아 농산물 표준규격품으로 공영도매시장에 출하하고자 한다. 출하 시 도매시장의 상자당 가격(특품: 30,000원 / 상품: 25,000원 / 보통품: 20,000원)을 감안하여 높은 등급부터 출하상자를 구성하고자 한다. 결점과 삽입여부가 등급에 영향을 미치지 않는 경우 정상과를 우선 사용하여 단감 모두를 출하하고자 한다. 이 농가의 최대수익을 위한 포장방법 ①~⑦에 해당하는 답을 쓰시오.(단, 주어진 항목 외에는 등급 판정에 고려하지 않음) [8점]

※ 본 문제는 시행 당시 등급규격과 현행 등급규격의 크기구분이 변경되어 현행 등급규격을 기준으로 해설함.

1과 무게(g)	총개수 (과)	색택(착색비율)			결점의 정도
		90% 이상	80% 이상	70% 이상	
310	4				A: 미숙과 1과
250	90	10과	60과	30과	B: 품종 고유의 모양이 아닌 것 1과
240	6				C: 꼭지와 과육 사이에 틈이 있는 것 1과
					D: 꼭지가 돌아간 것 1과

등급	최대상자수	상자별 구성내용 (000g 0과 + 000g 0과 ……)	상자별 결점과 포함내용 (0, A~D 중 기재)
특	(①)상자	(②)	0
상	(③)상자	(④)	(⑤)
보통	1상자	(⑥)	(⑦)

정답〉 ① 3, ② (310 4개 + 250 16개 색택 90% 10개 + 80% 10개), (250 20개 색택 80% 20개),
(250 20개 색택 80% 20개), ③ 1 ④ 250 20개 색택 80% 10개 + 70% 10개 ⑤ A
⑥ 240 6개 + 250 14개, ⑦ B, C, D

해설〉

1과 무게(g)		결점의 정도	
310-4개	2L	A: 미숙과 1과	중결점
250-90개	2L	B: 품종 고유의 모양이 아닌 것 1과	경결점
240-6개	L	C: 꼭지와 과육 사이에 틈이 있는 것 1과	경결점
		D: 꼭지가 돌아간 것 1과	경결점

등급 항목	특	상	보통
낱개의 고르기	별도로 정하는 크기 구분표 [표 1]에서 무게가 다른 것이 5% 이하인 것 단, 크기 구분표의 해당 무게에서 1단계를 초과할 수 없다.	별도로 정하는 크기 구분표 [표 1]에서 무게가 다른 것이 10% 이하인 것 단, 크기 구분표의 해당 무게에서 1단계를 초과할 수 없다.	특·상에 미달하는 것
색택	착색비율이 80% 이상인 것	착색비율이 60% 이상인 것	특·상에 미달하는 것
숙도	숙도가 양호하고 균일한 것	숙도가 양호하고 균일한 것	특·상에 미달하는 것
중결점과	없는 것	없는 것	5% 이하인 것(부패·변질과는 포함할 수 없음)
경결점과	3% 이하인 것	5%이하인 것	20% 이하인 것

크기 구분

구분 호칭	2L	L	M	S	2S
g/개	250 이상	200 이상 ~ 250 미만	165 이상 ~ 200 미만	142 이상 ~ 165 미만	142 미만

* 중결점과는 다음의 것을 말한다.
 ㉠ 이품종과 : 품종이 다른 것
 ㉡ 부패, 변질과 : 과육이 부패 또는 변질된 것(과숙에 의해 육질이 변질된 것을 포함한다.)
 ㉢ 미숙과 : 당도(맛), 경도 및 색택으로 보아 성숙이 덜된 것(덜익은 과일을 수확하여 아세틸렌, 에틸렌 등의 가스로 후숙한 것을 포함한다.)
 ㉣ 병충해과 : 탄저병, 검은별무늬병, 감꼭지나방 등 병해충의 피해가 있는 것
 ㉤ 상해과 : 열상, 자상 또는 압상이 있는 것. 다만 경미한 것을 제외한다.
 ㉥ 꼭지 : 꼭지가 빠지거나, 꼭지 부위가 갈라진 것
 ㉦ 모양 : 모양이 심히 불량한 것
 ㉧ 기타 : 경결점과에 속하는 사항으로 그 피해가 현저한 것
* 경결점과는 다음의 것을 말한다.
 ㉠ 품종 고유의 모양이 아닌 것
 ㉡ 경미한 일소, 약해 등으로 외관이 떨어지는 것
 ㉢ 그을음병, 깍지벌레 등 병해충의 피해가 과피에 그친 것
 ㉣ 꼭지가 돌아갔거나, 꼭지와 과육 사이에 틈이 있는 것
 ㉤ 경미한 찰상 등 중결점과에 속하지 않는 상처가 있는 것
 ㉥ 기타 결점의 정도가 경미한 것

18. M작목반은 양파를 수확하여 1망 8kg(50개) 단위로 포장을 마친 후 K농산물품질관리사에게 등급판정을 의뢰하였다. 이에 K농산물품질관리사가 계측한 결과는 다음과 같았다. 농산물 표준규격에 따른 ①~③에 해당하는 답을 쓰시오.(단, 주어진 항목 외에는 등급판정에 고려하지 않음) [6점]

구분	크기 구분(개)	결점내용
계측결과	2L(7개), L(43개)	병해충 피해가 외피에 그친 것: 2개

낱개의 고르기	종합판정	
등급: (①)	등급: (②)	이유: (③)

※ 이유 답안 예시: △△항목이 ○○%로 "○"등급 기준의 ○○%이하(미만) 또는 이상(초과)에 해당함

정답〉 ① 상, ② 상, ③ 낱개의 고르기가 14%로 특의 기준 10%를 초과하고 상의 기준 20% 이하에 해당함
해설〉 ① 낱개의 고르기 7개로 14% ② 경결점 2개 4%

등급 항목	특	상	보통
낱개의 고르기	별도로 정하는 크기 구분표 [표 1]에서 크기가 다른 것이 10% 이하인 것	별도로 정하는 크기 구분표 [표 1]에서 크기가 다른 것이 20% 이하인 것	특·상에 미달하는 것
모양	품종 고유의 모양인 것	품종 고유의 모양인 것	특·상에 미달하는 것
색택	품종 고유의 선명한 색택으로 윤기가 뛰어난 것	품종 고유의 선명한 색택으로 윤기가 양호한 것	특·상에 미달하는 것
손질	흙 등 이물이 잘 제거된 것	흙 등 이물이 제거된 것	특·상에 미달하는 것
중결점	없는 것	없는 것	5% 이하인 것(부패·변질구는 포함할 수 없음)
경결점	5% 이하인 것	10% 이하인 것	20% 이하인 것

① 중결점은 다음의 것을 말한다.
㉠ 부패·변질구 : 엽육이 부패 또는 변질된 것
㉡ 병충해 : 병해충의 피해가 있는 것
㉢ 상해구 : 자상, 압상이 육질에 미친 것, 심하게 오염된 것
㉣ 형상 불량구 : 쌍구, 열구, 이형구, 싹이 난 것, 추대된 것
㉤ 기타 : 경결점구에 속하는 사항으로 그 피해가 현저한 것
② 경결점은 다음의 것을 말한다.
㉠ 품종 고유의 모양이 아닌 것
㉡ 병해충의 피해가 외피에 그친 것
㉢ 상해 및 기타 결점의 정도가 경미한 것

19. 자두(대과종)을 생산하는 M씨가 농산물 도매시장에 표준규격 농산물로 출하하고자 1상자(10kg)에서 50개를 무작위 추출하여 계측한 결과가 다음과 같았다. 농산물 표준규격상 다음 ①~④에 해당하는 답을 쓰시오.(단, 주어진 항목 외에는 등급판정에 고려하지 않음) [6점]

1과의 무게(g)	색택	결점의 정도
* 150 이상 ~ 160 미만: 1개 * 130 이상 ~ 150 미만: 48개 * 120 이상 ~ 130 미만: 1개	착색비율: 45 ~ 55%	* 품종 고유의 모양이 아닌 것: 1개 * 약해 피해가 경미한 것: 1개

낱개의 고르기	착색비율	종합판정	
등급: (①)	등급: (②)	등급: (③)	이유: (④)

※ 이유 답안 예시: △△항목이 ○○%로 "○"등급 기준의 ○○%이하(미만) 또는 이상(초과)에 해당함

정답〉① 특, ② 특, ③ 상, ④ 경결점이 4%로 특의 기준 3%를 초과하고 상의 기준 5% 이하에 해당함
해설〉① 낱개의 고르기 무게가 다른 것 1개로 2%
② 경결점 2개로 4%

1과의 무게(g)		결점의 정도	
* 150 이상 ~ 160 미만: 1개	2L	* 품종 고유의 모양이 아닌 것: 1개	경결점
* 130 이상 ~ 150 미만: 48개	L	* 약해 피해가 경미한 것: 1개	경결점
* 120 이상 ~ 130 미만: 1개	L		

항목 \ 등급	특	상	보통
낱개의 고르기	별도로 정하는 크기 구분표 [표 1]에서 무게가 다른 것이 5% 이하인 것 단, 크기 구분표의 해당 무게에서 1단계를 초과할 수 없다.	별도로 정하는 크기 구분표 [표 1]에서 무게가 다른 것이 10% 이하인 것, 단, 크기 구분표의 해당 무게에서 1단계를 초과할 수 없다.	특·상에 미달하는 것
색택	착색비율이 40% 이상인 것	착색비율이 20% 이상인 것	특·상에 미달하는 것
중결점과	없는 것	없는 것	5% 이하인 것(부패·변질과는 포함할 수 없음)
경결점과	3% 이하인 것	5% 이하인 것	20% 이하인 것

크기 구분

품종 \ 호칭			2L	L	M	S
1과의 기준 무게(g)	대과종	포모사, 솔담, 산타로사, 캘시(피자두) 및 이와 유사한 품종	150 이상	120 이상 ~ 150 미만	90 이상 ~ 120 미만	90 미만
	중과종	대석조생 비유티 및 이와 유사한 품종	100 이상	80 이상 ~ 100 미만	60 이상 ~ 80 미만	60 미만

* 중결점과는 다음의 것을 말한다.
㉠ 이품종과 : 품종이 다른 것
㉡ 부패, 변질과 : 과육이 부패 또는 변질된 것(과숙에 의해 육질이 변질된 것을 포함한다.)
㉢ 미숙과 : 맛, 육질, 색택 등으로 보아 성숙이 현저하게 덜된 것
㉣ 병충해과 : 검은무늬병, 심식충 등 병해충의 피해가 있는 것

ⓜ 상해과 : 찰상, 자상, 압상 등의 상처가 있는 것. 다만 경미한 것은 제외한다.
ⓗ 모양 : 모양이 심히 불량한 것
ⓐ 기타 : 오염된 것 등 그 피해가 현저한 것
③ 경결점과는 다음의 것을 말한다.
㉠ 품종 고유의 모양이 아닌 것
㉡ 약해, 일소 등 피해가 경미한 것
㉢ 병충해, 상해의 정도가 경미한 것
㉣ 기타 결점의 정도가 경미한 것

20. K농가는 배를 수확하여 선별 후 동일 중량 200과(1과의 무게 500g) 전량에 대해 상자당 20개씩 넣어 10kg들이 상자에 포장하여 거래처로 출하하고자 선별한 결과는 다음과 같았다. 상자당 가격이 특품 90,000원 / 상품 80,000원 / 보통품 60,000원일 경우, K농가의 최대 수익을 위한 포장방법 ①~⑤에 해당하는 답을 쓰시오.(단, 주어진 항목 외에는 등급판정을 고려하지 않으며, '상'등급 상자에는 동일 경결점 유형이 포함되지 않아야 함)

선별결과		개수(과)
정상과	결점이 없는 것(A형)	191
결점과	경미한 찰상이 있는 것(B형)	2
	꼭지가 빠진 것(C형)	6
	품종이 다른 것(D형)	1

등급	상자수	1상자 구성 내용
특	(①)	(②)
상	(③)	(④)
보통	1	A형 16개 + (⑤)형 1개 + C형 3개

※ 1상자 구성 내용 예시: A형 00과 + B형 00과 + C형 00과 + ……

정답〉 ① 6 ② A형 20개 ③ 3 ④ (A형 18개 + B형 1개 + C형 1개), (A형 18개 + B형 1개 + C형 1개), (A형 19개 + C형 1개) ⑤ D

해설〉

결점과	경미한 찰상이 있는 것(B형)	경결점	2
	꼭지가 빠진 것(C형)	경결점	6
	품종이 다른 것(D형)	중결점	1

항목 \ 등급	특	상	보통
낱개의 고르기	별도로 정하는 크기 구분표 [표 1]에서 무게가 다른 것이 섞이지 않은 것	별도로 정하는 크기 구분표 [표 1]에서 무게가 다른 것이 5% 이하인 것 단, 크기 구분표의 해당 무게에서 1단계를 초과할 수 없다.	특·상에 미달하는 것
색택	품종 고유의 색택이 뛰어난 것	품종 고유의 색택이 양호한 것	특·상에 미달하는 것
신선도	껍질의 수축현상이 나타나지 않은 것	껍질의 수축현상이 나타나지 않은 것	특·상에 미달하는 것
중결점과	없는 것	없는 것	5% 이하인 것(부패·변질과는 포함할 수 없음)
경결점과	없는 것	10% 이하인 것	20% 이하인 것

① 중결점과는 다음의 것을 말한다.
㉠ 이품종과 : 품종이 다른 것
㉡ 부패, 변질과 : 과육이 부패 또는 변질된 것
㉢ 미숙과 : 당도, 경도 및 색택으로 보아 성숙이 현저하게 덜된 것(성숙 이전에 인공 착색한 것을 포함한다.)
㉣ 과숙과 : 경도, 색택으로 보아 성숙이 지나치게 된 것
㉤ 병충해과 : 붉은별무늬병(적성병), 검은별무늬병(흑성병), 겹무늬병, 심식충류, 매미충류 등 병해충의 피해가 과육까지 미친 것
㉥ 상해과 : 열상, 자상 또는 압상이 있는 것. 다만 경미한 것은 제외한다.
㉦ 모양 : 모양이 심히 불량한 것
㉧ 기타 : 경결점과에 속하는 사항으로 그 피해가 현저한 것
② 경결점과는 다음의 것을 말한다.
㉠ 품종 고유의 모양이 아닌 것
㉡ 경미한 과피흑점, 얼룩, 녹, 일소 등으로 외관이 떨어지는 것
㉢ 병해충의 피해가 과피에 그친 것
㉣ 경미한 찰상 등 중결점과에 속하지 않는 상처가 있는 것
㉤ 꼭지가 빠진 것
㉥ 기타 결점의 정도가 경미한 것

2024년도	**제21회 농산물품질관리사 2차**	1교시
		A형

※ 단답형 문제에 대하여 답하시오.(1~10번 문제)

1. 농수산물의 원산지 표시 등에 관한 법률상 수입농산물 등의 유통이력에 관한 사항이다. 유통이력 신고 의무자가 다음의 내용을 신고하는 전산시스템의 명칭을 쓰시오. [2점]

[유통이력의 범위]

- 양수자의 업체(상호)명 · 주소 · 성명(법인인 경우 대표자의 성명) 및 사업자등록번호(법인인 경우 법인등록번호)
- 양도 물품의 명칭, 수량 및 중량
- 양도일

정답〉 수입농산물 등 유통이력관리시스템

해설〉 수입 농산물 등의 유통이력 관리

① 농산물 및 농산물 가공품(이하 "농산물등"이라 한다)을 수입하는 자와 수입 농산물등을 거래하는 자(소비자에 대한 판매를 주된 영업으로 하는 사업자는 제외한다)는 공정거래 또는 국민보건을 해칠 우려가 있는 것으로서 농림축산식품부장관이 지정하여 고시하는 농산물등(이하 "유통이력관리수입농산물등"이라 한다)에 대한 유통이력을 농림축산식품부장관에게 신고하여야 한다.

② 제1항에 따른 유통이력 신고의무가 있는 자(이하 "유통이력신고의무자"라 한다)는 유통이력을 장부에 기록(전자적 기록방식을 포함한다)하고, 그 자료를 거래일부터 1년간 보관하여야 한다.

③ 유통이력신고의무자가 유통이력관리수입농산물등을 양도하는 경우에는 이를 양수하는 자에게 제1항에 따른 유통이력 신고의무가 있음을 농림축산식품부령으로 정하는 바에 따라 알려주어야 한다.

④ 농림축산식품부장관은 유통이력관리수입농산물등을 지정하거나 유통이력의 범위 등을 정하는 경우에는 수입 농산물등을 국내 농산물등에 비하여 부당하게 차별하여서는 아니 되며, 이를 이행하는 유통이력신고의무자의 부담이 최소화되도록 하여야 한다.

⑤ 제1항부터 제4항까지에서 규정한 사항 외에 유통이력 신고의 절차 등에 관하여 필요한 사항은 농림축산식품부령으로 정한다.

㉠ 법 제10조의2제1항에 따른 유통이력 신고는 법 제10조의2제1항에 따른 유통이력관리수입농산물등의 양도일부터 5일 이내에 영 제6조의2제2항에 따른 수입농산물등유통이력관리시스템에 접속하여 제1조의2 각 호의 사항을 입력하는 방식으로 해야 한다.

㉡ 법 제10조의2제3항에 따라 유통이력 신고의무가 있음을 알리는 것은 거래명세서 등 서면(전자문서를 포함한다)에 명시하는 방법으로 해야 한다.

㉢ 제1항 및 제2항에서 규정한 사항 외에 유통이력의 신고 방법 등에 관하여 필요한 세부 사항은 농림축산식품부장관이 정하여 고시한다.

2. 농수산물 품질관리법령상 지리적표시품 위반행위에 대한 행정처분 기준이다. 잘못된 부분을 모두 찾아 수정하시오(단, 일반기준과 감경조건은 고려하지 않음. 수정 예 ① ○○ ○→□□□). [4점]

---

① 등록된 지리적표시품 생산계획의 이행이 곤란하다고 인정되는 경우(1차 위반) – 등록취소
② 등록된 지리적표시품이 아닌 제품에 지리적 표시를 한 경우(1차 위반) – 표시정지 3개월
③ 지리적표시품이 등록기준에 미치지 못하게 된 경우(2차 위반) – 표시정지 3개월
④ 내용물과 다르게 과장된 표시를 한 경우(1차 위반) – 표시정지 1개월

정답〉 ② 표시정지 3개월 → 등록취소   ③ 표시정지 3개월 → 등록취소

해설〉

위반행위	근거 법조문	행정처분 기준		
		1차 위반	2차 위반	3차 위반
1) 법 제32조제3항 및 제7항에 따른 지리적표시품 생산계획의 이행이 곤란하다고 인정되는 경우	법 제40조 제3호	등록 취소		
2) 법 제32조제7항에 따라 등록된 지리적표시품이 아닌 제품에 지리적표시를 한 경우	법 제40조 제1호	등록 취소		
3) 법 제32조제9항의 지리적표시품이 등록기준에 미치지 못하게 된 경우	법 제40조 제1호	표시정지 3개월	등록 취소	
4) 법 제34조제3항을 위반하여 의무표시사항이 누락된 경우	법 제40조 제2호	시정명령	표시정지 1개월	표시정지 3개월
5) 법 제34조제3항을 위반하여 내용물과 다르게 거짓표시나 과장된 표시를 한 경우	법 제40조 제2호	표시정지 1개월	표시정지 3개월	등록 취소

3. 농수산물 품질관리법령상 농산물검사에 관한 내용이다. ①~④ 중 틀린 내용의 번호를 쓰고 옳게 수정하시오(수정 예 ① ○○○→□□□). [4점]

---

① 농산물의 검사를 받으려는 자는 국립농산물품질관리원장에게 검사를 받으려는 날의 5일 전까지 농산물 검사신청서를 제출하여야 한다.
② 재검사 결과에 이의가 있는 자는 재검사일로부터 7일 이내에 농산물검사관이 소속된 농산물검사기관의 장에게 이의신청을 할 수 있다.
③ 11월 1일에 검사를 받은 사과의 검사 유효기간은 30일이다.
④ 농산물검사관이 고의적인 위격검사를 한 경우 1회 위반일 때의 처분기준은 6개월 정지이다.

정답〉 ① 5일 전 → 3일 전 ④ 처분기준은 6개월 정지 → 처분기준은 자격취소
해설〉 * 농산물의 검사신청 절차 등

㉠ 법 제79조에 따른 농산물의 검사를 받으려는 자는 국립농산물품질관리원장, 시·도지사 또는 법 제80조제1항에 따라 지정받은 농산물검사기관(이하 "농산물 지정검사기관"이라 한다)의 장에게 검사를 받으려는 날의 3일 전까지 별지 제52호서식의 농산물 검사신청서(국립농산물품질관리원장 또는 시·도지사가 따로 정한 서식이 있는 경우에는 그 서식을 말한다)를 제출하여야 한다. 다만, 다음 각 호의 경우에는 검사신청서를 제출하지 아니할 수 있다.

ⓐ 정부가 수매하거나 영 제30조제1항제1호에 따른 생산자단체등이 정부를 대행하여 수매하는 경우
ⓑ 법 제82조제1항에 따른 농산물검사관(이하 "농산물검사관"이라 한다)이 참여하여 농산물을 가공하는 경우
ⓒ 국립농산물품질관리원장, 시·도지사 또는 농산물 지정검사기관의 장이 검사신청인의 편의를 도모하기 위하여 필요하다고 인정하는 경우

위반행위	근거 법조문	위반횟수별 처분기준		
		1회	2회	3회
가. 거짓이나 그 밖의 부정한 방법으로 검사나 재검사를 한 경우	법 제83조 제1항제1호			
1) 검사나 재검사를 거짓으로 한 경우		자격취소	–	–
2) 거짓 또는 부정한 방법으로 자격을 취득하여 검사나 재검사를 한 경우		자격취소	–	–
4) 자격정지 중에 검사나 재검사를 한 경우		자격취소	–	–
5) 고의적인 위격검사를 한 경우		자격취소	–	–
6) 1등급 착오 20% 이상, 2등급 착오 5% 이상에 해당되는 위격검사를 한 경우		6개월 정지	자격취소	
7) 1등급 착오 10% 이상 20% 미만, 2등급 착오 3% 이상 5% 미만에 해당되는 위격검사를 한 경우		3개월 정지	6개월 정지	자격취소
나. 법 또는 법에 따른 명령을 위반하여 현저히 부적격한 검사 또는 재검사를 하여 정부나 농산물검사기관의 공신력을 크게 떨어뜨린 경우	법 제83조 제1항제2호	자격취소	–	–
다. 법 제82조제7항을 위반하여 다른 사람에게 그 명의를 사용하게 하거나 자격증을 대여한 경우	법 제83조 제1항제3호	자격취소		
라. 법 제82조제8항을 위반하여 명의의 사용이나 자격증의 대여를 알선한 경우	법 제83조 제1항제4호	자격취소		

4. 국립농산물품질관리원 소속 원산지단속 공무원은 정육점과 일반음식점을 같이 운영하고 있는 K씨 정육식당의 원산지표시 위반여부에 대해 조사한 결과, 쇠고기 및 돼지고기찌개, 배추김치의 배추와 고춧가루의 원산지를 표시하지 않고 판매한 사실을 적발하였다.

정육점 조사결과	일반음식점 조사결과
판매할 목적으로 보관·진열한 쇠고기 원산지 미표시 • 물량 : 30kg • 판매단가 : 6만원/kg	돼지고기 찌개, 배추김치(배추 및 고춧가루) 원산지 미표시

농수산물의 원산지 표시 등에 관한 법률상 K씨에게 부과할 수 있는 정육점 과태료(①)와 일반음식점 과태료(②)를 각각 쓰시오(단, 각 위반횟수는 1회이며, 감경사유는 고려하지 않으며, 주어진 정보 외에는 고려하지 않음). [4점]

정답〉 ① 30kg × 6만원/kg = 180만원   ② 돼지고기 30만원 + 배추김치 30만원 = 60만원
해설〉 * 개별기준

위반행위	근거 법조문	과태료			
		1차 위반	2차 위반	3차 위반	4차 이상 위반
가. 법 제5조제1항을 위반하여 원산지 표시를 하지 않은 경우	법 제18조제1항 제1호	5만원 이상 1,000만원 이하			
나. 법 제5조제3항을 위반하여 원산지 표시를 하지 않은 경우	법 제18조제1항 제1호				
1) 쇠고기의 원산지를 표시하지 않은 경우		100만원	200만원	300만원	300만원
2) 쇠고기 식육의 종류만 표시하지 않은 경우		30만원	60만원	100만원	100만원
3) 돼지고기의 원산지를 표시하지 않은 경우		30만원	60만원	100만원	100만원
4) 닭고기의 원산지를 표시하지 않은 경우		30만원	60만원	100만원	100만원
5) 오리고기의 원산지를 표시하지 않은 경우		30만원	60만원	100만원	100만원
6) 양고기 또는 염소고기의 원산지를 표시하지 않은 경우		품목별 30만원	품목별 60만원	품목별 100만원	품목별 100만원
7) 쌀의 원산지를 표시하지 않은 경우		30만원	60만원	100만원	100만원
8) 배추 또는 고춧가루의 원산지를 표시하지 않은 경우		30만원	60만원	100만원	100만원
9) 콩의 원산지를 표시하지 않은 경우		30만원	60만원	100만원	100만원

* 과태료 부과금액은 원산지 표시를 하지 않은 물량(판매를 목적으로 보관 또는 진열하고 있는 물량을 포함한다)에 적발 당일 해당 업소의 판매가격을 곱한 금액으로 하고, 위반행위의 횟수에 따른 과태료의 부과기준은 다음 표와 같다.

과태료 부과금액		
1차 위반	2차 위반	3차 이상 위반
1)의 금액	1)의 금액의 200퍼센트	1)의 금액의 300퍼센트

5. 다음 ( )에 들어갈 올바른 내용을 쓰시오. [4점]

> 농산물의 저장유통 중 발생되는 수분 손실은 품질과 경제적 손실을 초래하므로 저장고 내부의 습도 조절은 매우 중요하다. 습도는 공기 중의 수증기량을 무게로 표시하는 (①)습도와 특정 온도에서의 포화 수증기양에 대한 실질 수증기 함량의 비율을 나타내는 (②)습도로 나타낼 수 있으며, 저장고 온도를 낮추면 포화수증기량이 낮아지므로 (②)습도는 (③)진다.

정답〉 ① 절대, ② 상대, ③ 높아

해설〉 * 절대습도(絕對濕度): 공기 1㎥ 중에 포함된 수증기의 양을 말한다. 단위는 그램으로 표시한다. 수증기 밀도 또는 수증기 농도라고도 한다.

* 상대습도(相對濕度): 절대습도와 달리 기온에 따른 습하고 건조한 정도를 백분율로 나타낸 것이다. 상대습도는 현재 대기 중의 수증기의 질량을 현재 온도의 포화 수증기량으로 나눈 비율(%)로 나타낸다. 따라서 절대 습도와는 다르게 수증기량이 같더라도 온도에 따라 습도가 다르게 나타나기 때문에 건조하고 습한 정도를 나타낼 때 사용된다. 온도가 낮을수록, 현재 수증기량이 높을수록 비율이 증가한다. 그 비율이 1:1이 되도록 조절하면 포화상태에 해당하는 이슬점이 된다. 온도를 더 낮추면 해당 온도에서의 포화 수증기량을 초과하게 되므로, 남은 양만큼이 액체 상태인 물이 되어 밖으로 튕겨나온다.

6. 다음은 수확 후에 나타나는 농산물의 생리현상에 관한 설명이다. 설명이 옳으면 ○, 옳지 않으면 ×를 순서대로 쓰시오. [4점]

> • 상추는 성숙기에 이르면 호흡이 급증한다. ─────────────── ( )
> • 배추는 수확 후 호흡열을 낮추기 위해 차압예랭을 실시한다. ───────── ( )
> • 옥수수는 수확 후 전분이 감소하고 당은 증가한다. ───────────── ( )
> • 과망가니즈산칼륨 처리 시 복숭아의 연화가 느려진다. ──────────── ( )

정답〉 ×, ○, ×, ○

해설〉 * 호흡상승과와 비호흡상승과

1) 호흡은 산소의 이용 유무에 따라 호기적 호흡과 혐기적 호흡으로 구분할 수 있다. 작물의 호흡률은 조직의 대사활성을 나타내는 좋은 지표가 되며, 따라서 작물의 잠재적인 저장 수명을 예상할 수 있게 한다.

2) 작물의 무게 단위당 호흡률은 미숙상태일 때 가장 높게 나타나며 이후 지속적으로 감소한다. 토마토, 사과와 같은 작물은 숙성과 일치하여 호흡이 현저히 증가하는 현상을 보인다. 그러한 호흡현상을 나타내는 작물을 호흡상승과라고 분류한다.

3) 호흡상승의 시작은 대략 작물의 크기가 최대에 도달했을 때와 일치하며 숙성동안 발생하는 모든 특징적인 변화가 이 시기에 일어난다. 숙성과정의 완성뿐만 아니라 호흡상승도 작물이 모체에 달려 있을 때나 수확했을 때 모두 진행한다.

4) 감귤류, 딸기, 파인애플과 같은 작물들은 호흡상승을 나타내지 않으며 이러한 작물들은 비호흡상승과로 분류한다. 비호흡상승과들은 호흡상승과에 비하여 느린 숙성과정을 보이는데 대부분의 채소류는 비호흡상승과로 분류된다.

  ① 호흡상승과: 사과, 바나나, 토마토, 복숭아, 감, 키위, 망고

  ② 비호흡상승과: 고추, 가지, 오이, 딸기, 호박, 감귤, 포도, 오렌지, 파인애플

  * 옥수수: 수확 후 시간이 지날수록 당분이 전분으로 변하여 당도가 떨어진다.

7. 다음은 농산물 선별기술에 관한 설명이다. ①~④ 중 밑줄 친 부분이 틀리게 설명된 번호 2개를 찾아 옳게 수정하여 쓰시오. [4점]

> ① 스크린 선별기는 비중 선별을 위해 사용된다.
> ② 카메라를 이용한 영상처리기술을 통해 외관 선별이 가능하다.
> ③ 분광스펙트럼 측정을 통해 당도 선별이 가능하다.
> ④ 음파센서는 과피장해 선별에 이용된다.

정답〉 ① 스크린 선별기는 크기 선별을 위해 이용된다.
  ④ 음파센서는 당도, 숙도, 색택의 선별에 이용된다.

8. 농산물품질관리사 H팀장은 APC에서 딸기 수확 후 품질관리를 담당하고 있는데, 딸기 수확 후 선도유지 상품화를 위한 일련의 올바른 조치를 A와 B 중에서 선택하여 순서대로 쓰시오. [4점]

> • 딸기 유통기간을 연장하기 위해서 수확은 (A)이른 아침에 / (B)정오 이후에 한다.
> • 수확된 딸기는 호흡 억제를 위해서 (A)상온 저장고에 / (B)예냉고에 일정시간 둔다.
> • 딸기 단단함(경도)을 유지하기 위해서 (A)열수 세척 처리 / (B)이산화탄소 처리를 한다.
> • 딸기 유통 중 미생물 제어와 호흡 억제를 위해서 (A)MA 저온유통 / (B)MA 상온유통을 한다.

정답〉 A, B, B, A
해설〉 • 딸기 유통기간을 연장하기 위해서 수확은 기온이 낮은 이른 아침에 한다.
• 딸기는 수확과 동시에 예냉을 통해 품온을 낮춰 호흡을 억제한다.
• 딸기는 수확 후 쉽게 연화되므로 이산화탄소 처리를 통해 연화를 지연시킨다.
• 딸기 유통 중 미생물 제어와 호흡 억제를 위해서 온도를 낮추어야 한다.

9. 과실 APC에서 수확 후 선도유지를 위한 품질관리 공정 중 (   )에 들어갈 올바른 용어를 [보기]에서 찾아 각각 하나씩 쓰시오. [5점]

> • 감귤 수확 후 (①)의 목적은 과피에 잔존하는 미생물 및 먼지 등을 제거함에 있다.
> • 과실 (②) 선별 방식에는 전투과식, 반사식, 반투과식 등이 있다.
> • 배의 선도유지를 위한 적정 저장 습도는 90~95% RH이고, 이와 같은 조건은 (③)억제에 효과적이다.
> • 사과 장기 저온 저장 시 저장고 내 (④) 축적에 의해 발생하는 과육 내부갈변은 환기로 완화 시킬 수 있다.
> • 포도 저온 저장(0℃) 후 출하 시에는 (⑤) 방지를 위하여 상온유통보다는 저온유통(콜드체인)을 이용하는 것이 바람직하다.

─── 〈보 기〉 ───
예랭, 습도, 결로, 예건, 세척, 비파괴, 이산화탄소, 중량, 증산, 맹아, 산소, 유황, 훈증, 큐어링(치유)

정답〉 ① 세척, ② 비파괴, ③ 증산, ④ 이산화탄소, ⑤ 결로

10. 농산물품질관리사 자격을 가지고 있는 P마트의 A팀장은 온도가 유지되는 판매대(10±2℃)에서 참외 과피에 갈변이 생긴 것을 발견하였다. 참외가 노화되기 이전에 발생되는 갈변은 과피의 하얀골과 노란 부분이 갈색으로 골고루 발생하는데 이에 대한 원인과 현상을 기술하였다. (   )에 알맞은 용어를 쓰시오. [3점]

- 참외 과피 갈변은 (①) 증상의 일종으로 일반적으로 4~5℃ 이하의 저온에서 많이 발생한다.
- 참외 과피 갈변은 과채류의 일종인 (②)의 태좌 부위에 씨가 갈변되는 원인과 비슷하다.
- 참외 과피 갈변은 7~10℃ (③)포장 조건에서 골판지 상자 유통 조건보다 덜 나타난다.

정답〉 ① 저온장해, ② 풋고추, ③ MA
해설〉 참외는 저온에 의해 과피가 갈변하거나 수침상 반점이 나타나며 조직 연화에 따른 부패가 발생하며, 풋고추의 태좌부 씨가 갈변되는 원인도 저온에 의한 현상이다.

※ 서술형 문제에 대하여 답하시오.(11~20번 문제)

11. 일반음식점 A식당을 운영하는 업주 B는 냉면에 들어가는 쇠고기의 원산지를 거짓으로 표시하여 2024년 6월 1일에 국립농산물품질관리원 소속 단속공무원에게 적발되었다. 해당 업주는 2022년 11월 1일에도 적발된 사실이 있어 농수산물의 원산지 표시 등에 관한 법률상 과징금 부과 처분대상에 해당된다. A식당의 위반행위에 의한 냉면 판매 세부내역이 다음과 같을 때 과징금 부과기준에 의한 각 위반행위에 따른 위반금액(①~②)을 산출하고, 과징금(③)을 산정하시오. [6점]

적발일	판매 세부내역
1차 (2022년 11월 1일)	• 냉면 판매가격 : 12,000원/1인분 • 냉면에 사용된 쇠고기의 원가 : 2,000원/1인분 • 냉면에 사용된 총 원료 원가 : 4,000원/1인분 • 냉면의 판매인분 수 : 1,000인분
2차 (2024년 6월 1일)	• 냉면 판매가격 : 15,000원/1인분 • 냉면에 사용된 쇠고기의 원가 : 2,000원/1인분 • 냉면에 사용된 총 원료 원가 : 5,000원/1인분 • 냉면의 판매인분 수 : 2,000인분

위반금액 산출	1차 위반에 따른 위반금액	(①)원
	2차 위반에 따른 위반금액	(②)원
과징금		(③)원

정답〉 ① 1차 위반 = 12,000원 × 2,000원/4,000원 × 1,000인분 = 6,000,000원

② 2차 위반 = 15,000원 × 2,000원/5,000원 × 2,000인분 = 12,000,000원

③ 과징금 = (6,000,000원 + 12,000,000원) × 1.5 = 27,000,000원

해설〉 * 위반금액 계산 = [음식 판매가격 × (음식에 사용된 원산지를 거짓표시한 해당 농수산물이나 그 가공품의 원가 / 음식에 사용된 총 원료 원가)] × 해당 음식의 판매인분 수

* 과징금의 부과기준(제5조의2제1항 관련)

1. 일반기준

가. 과징금 부과기준은 2년 이내 2회 이상 위반한 경우에 적용한다. 이 경우 위반행위로 적발된 날부터 다시 위반행위로 적발된 날을 각각 기준으로 하여 위반횟수를 계산한다.

나. 2년 이내 2회 위반한 경우에는 각각의 위반행위에 따른 위반금액을 합산한 금액을 기준으로 과징금을 산정·부과하고, 3회 이상 위반한 경우에는 해당 위반행위에 따른 위반금액을 기준으로 과징금을 산정·부과한다.

다. 법 제6조의2제2항에 따라 법 제6조제1항 위반 시 각 위반행위에 의한 판매금액은 해당 농수산물이나 농수산물 가공품의 판매량에 판매가격(해당 업소의 판매가격을 알 수 없는 경우에는 인근 2개 업소의 동일 품목 판매가격의 평균을 기준으로 한다. 다만, 평균가격을 산정할 수 없는 경우에는 해당 농수산물이나 농수산물 가공품의 매입가격에 30퍼센트를 가산한 금액을 기준으로 한다)을 곱한 금액으로 한다.

라. 법 제6조의2제2항에 따라 법 제6조제2항 위반 시 각 위반행위에 의한 판매금액은 다음 1) 및 2)에 따라 산출한다.

  1) [음식 판매가격 × (음식에 사용된 원산지를 거짓표시한 해당 농수산물이나 그 가공품의 원가 / 음식에 사용된 총 원료 원가)] × 해당 음식의 판매인분 수

  2) 1)에 따른 판매금액 산출이 곤란할 경우, 원산지를 거짓표시한 해당 농수산물이나 그 가공품(음식에 사용되어 판매한 것에 한정한다)의 매입가격에 3배를 곱한 금액으로 한다.

마. 통관 단계의 수입 농수산물과 그 가공품(이하 "수입농수산물등"이라 한다) 및 반입 농수산물과 그 가공품(이하 "반입농수산물등"이라 한다)의 위반금액은 세관 수입신고 금액으로 한다.

2. 세부 산출기준

가. 통관 단계의 수입농수산물등 및 반입농수산물등의 경우에는 위반 수입농수산물등 및 반입농수산물등의 세관 수입신고 금액의 100분의 10 또는 3억원 중 적은 금액

나. 가목을 제외한 농수산물 및 그 가공품(통관 단계 이후의 수입농수산물등 및 반입농수산물등을 포함한다)

위반금액	과징금의 금액
100만원 이하	위반금액 × 0.5
100만원 초과 500만원 이하	위반금액 × 0.7
500만원 초과 1,000만원 이하	위반금액 × 1.0
1,000만원 초과 2,000만원 이하	위반금액 × 1.5
2,000만원 초과 3,000만원 이하	위반금액 × 2.0
3,000만원 초과 4,500만원 이하	위반금액 × 2.5
4,500만원 초과 6,000만원 이하	위반금액 × 3.0
6,000만원 초과	위반금액 × 4.0(최고 3억원)

12. 농산물을 PE 필름 등으로 포장하여 저장 또는 유통하면 수분손실이 억제될 뿐 아니라 호흡이 억제되는 효과도 나타난다. ① 포장에 의해 농산물의 호흡이 억제되는 이유와 ② 산소 투과도가 낮은 포장재를 사용할 때 나타날 수 있는 품질의 저하 증상에 대해 쓰시오. [6점]

정답〉 ① 밀폐된 포장 내부에서 호흡에 의해 산소 농도는 감소되고 이산화탄소의 농도는 증가되기 때문이다.
② 과도한 산소농도 저하는 혐기호흡의 결과 이취가 발생할 수 있고, 혐기성미생물의 증식으로 인한 특정유형의 부패가 진행될 수 있다.

13. 성숙된 사과는 수확 후 장기 저온 저장 시 경도 저하와 푸석함이 증가하는 노화현상이 발생하고, 미숙 상태의 녹색 바나나는 식용에 적합하지 않아 후숙처리를 한다. 이와 같이 사과와 바나나에서 발생하는 미숙-성숙-후숙-노화에 관여하는 ① 식물호르몬의 명칭, ② 사과의 노화 억제 방법, ③ 바나나의 후숙 촉진 방법과 조건을 쓰시오. [6점]

정답〉 ① 에틸렌, ② 1-MCP 처리 후 CA저장, ③ 에틸렌에 노출
해설〉 * 에틸렌은 기체상태의 식물 호르몬으로
climacteric 과실의 과숙에 관여한다. 에틸렌의 영향 중 경제적으로 중요한 작용 중의 하나는 사과, 자두, 복숭아, 살구, 토마토, 바나나, 오이류 등의 Climacteric 과실류에서 과숙을 조절하는 작용이다.
* 1-MCP(1-Methylcyclopropene): 새로운 식물생장조절제로서 식물체의 에틸렌 결합부위를 차단하여 에틸렌의 작용을 무력화하는 특성을 지닌 물질이다. 따라서 과실의 연화, 식물의 노화 등을 감소시켜 수확 후 저장성을 향상시키는데 유용하게 쓰일 수 있다. 1,000ppb의 농도로 12-24시간 사용하여 호흡, 에틸렌 생성, 휘발성 물질 생성, 엽록소 소실, 색깔, 단백질, 세포막 붕괴, 연화, 산도, 당도 등에 영향을 미쳐 과일, 채소류 등의 수확 후 저장성 및 품질을 향상시킨다.
* 녹숙기의 바나나, 토마토, 떫은감, 감귤, 오렌지 등의 수확 후 미숙성 시 후숙 처리(엽록소 분해, 착색 촉진, 떫은감의 연화 등의 상품 가치 향상)를 위한 에틸렌 처리

14. 9월 중순에 수확된 고구마를 바로 큐어링한 후 12℃(80±3% RH)에서 5개월 저장하였다. 이후 세척–건조 후 다음 〈조건〉의 저온 및 CA 컨테이너를 이용하여 싱가포르에 수출하였는데, 싱가포르 도착 후 저온 컨테이너 고구마가 30% 정도 부패하였고 CA 컨테이너는 부패가 없었다. 저온 컨테이너 고구마 부패의 원인 2가지와 대책 3가지를 쓰시오. [6점]

〈조 건〉	
저온 컨테이너(12feet)	CA 컨테이너(12feet)
• 포장단위 : 골판지 상자 5kg • 온도 : 2℃ • 습도 : 90% RH	• 포장단위 : 골판지 상자 5kg • 온도 : 12℃ • 습도 : 90% RH • CA 조건 : O2 5% / CO2 12%
※ 부패의 증상 : 곰팡이 발생, 과피 및 과육의 괴사, 붕괴 ※ 부산–싱가포르 운송 소요일 : 15일	

정답〉 원인: 저온에 의한 저온장해, 대기조성의 부적절
　　　대책: 저장적온(10~13℃) 처리, CA조건으로 처리, 이산화염소 훈증처리로 소독

15. 시장에 유통되는 홍고추(물고추) 1상자(400개들이, 10kg)를 농산물품질관리사 L이 농산물 표준규격에 따라 계측한 결과가 다음과 같았다. 농산물 표준규격상의 항목별 등급(①~④)과 종합판정 등급(⑤) 및 그 이유(⑥)를 쓰시오(단, 주어진 항목 외에는 등급판정에 고려하지 않음). [6점]

낱개의 고르기	색택	신선도	결점의 정도
평균 길이에서 ±2.0cm를 초과하는 것 : 4개	품종 고유의 색깔이 선명하고 윤기가 있는 것	꼭지가 시들지 않고 신선하며, 탄력이 뛰어난 것	• 색택으로 보아 성숙이 덜된 녹색과 : 5개 • 꼭지 빠진 것 : 7개 • 갈라진 것 : 8개 • 발육이 덜 된 것 : 3개

낱개의 고르기	색택	신선도	경결점과	종합판정 등급 및 이유	
등급 : (①)	등급 : (②)	등급 : (③)	등급 : (④)	등급 : (⑤)	이유 : (⑥)

※ 이유 답안 예시 : △△항목이 ○○%로 "○"등급 기준의 ○○% 이하(미만) 또는 이상(초과)에 해당함

정답〉 ① 특, ② 상, ③ 특, ④ 보통, ⑤ 보통 ⑥ 경결점 항목이 5.8%로 상의 조건 5%를 초과하고 보통의 조건
　　　 20% 이하에 해당함
해설〉 ④ 경결점 23개로 5.75%
- 색택으로 보아 성숙이 덜된 녹색과 : 5개 ⇒ 경결점
- 갈라진 것 : 8개 ⇒ 경결점
- 꼭지 빠진 것 : 7개 ⇒ 경결점
- 발육이 덜 된 것 : 3개 ⇒ 경결점

등급 항목	특	상	보통
낱개의 고르기	평균 길이에서 ±2.0cm를 초과하는 것이 10% 이하인 것(꽈리고추는 20% 이하)	평균 길이에서 ±2.0cm를 초과하는 것이 20% 이하(꽈리고추는 50% 이하)로 혼입된 것	특·상에 미달하는 것
길이 (꽈리고추에 적용)	4.0~7.0cm인 것이 80% 이상		
색택	-풋고추, 꽈리고추 : 짙은 녹색이 균일하고 윤기가 뛰어난 것 -홍고추(물고추) : 품종 고유의 색깔이 선명하고 윤기가 뛰어난 것	-풋고추, 꽈리고추 : 짙은 녹색이 균일하고 윤기가 있는 것 -홍고추(물고추) : 품종 고유의 색깔이 선명하고 윤기가 있는 것	특·상에 미달하는 것
신선도	꼭지가 시들지 않고 신선하며, 탄력이 뛰어난 것	꼭지가 시들지 않고 신선하며, 탄력이 양호한 것	특·상에 미달하는 것
중결점과	없는 것	없는 것	5% 이하인 것(부패·변질과는 포함할 수 없음)
경결점과	3% 이하인 것	5% 이하인 것	20% 이하인 것

* 중결점과는 다음의 것을 말한다
　㉠ 부패, 변질과 : 부패 또는 변질된 것
　㉡ 병충해 : 탄저병, 무름병, 담배나방 등 병해충의 피해가 현저한 것
　㉢ 기타 : 오염이 심한 것, 씨가 검게 변색된 것
* 경결점과는 다음의 것을 말한다
　㉠ 과숙과 : 붉은색인 것(풋고추, 꽈리고추에 적용)
　㉡ 미숙과 : 색택으로 보아 성숙이 덜된 녹색과(홍고추에 적용)
　㉢ 상해과 : 꼭지 빠진 것, 잘라진 것, 갈라진 것
　㉣ 발육이 덜 된 것
　㉤ 기형과 등 기타 결점의 정도가 경미한 것

16. 농산물품질관리사 A가 농산물 도매시장에 출하된 참외(15kg들이)를 농산물 표준규격에 따라 품위를 계측한 결과가 다음과 같았다. 농산물 표준규격에 따른 항목별 등급(①~③)을 쓰고 종합판정 등급(④)과 그 이유(⑤)를 쓰시오(단, 주어진 항목 외에는 등급판정에 고려하지 않음). [6점]

낱개의 고르기(1개의 무게)	착색비율	결점의 정도
• 400g : 2개 • 370g : 7개 • 340g : 31개 • 330g : 3개 • 280g : 1개	85%	• 품종 고유의 모양이 아닌 것 : 1개 • 탄저병의 피해가 경미한 것 : 1개

낱개의 고르기	색택	경결점과	종합판정 등급 및 이유	
등급 : (①)	등급 : (②)	등급 : (③)	등급 : (④)	이유 : (⑤)

※ 이유 답안 예시 : △△항목이 ○○%로 "○"등급 기준의 ○○% 이하(미만) 또는 이상(초과)에 해당함

정답〉 ① 특, ② 상, ③ 상, ④ 상
　　　⑤ 색택이 85%로 특의 기준 90%에 미달하고 상의 기준 80% 이상에 해당하며, 경결점이 4.5%로 특의 기준 3%를 초과하고 상의 기준 5% 이하에 해당한다.

해설〉 ① L(330이상~500미만)가 43개 M(250이상 ~ 330미만) 1개로 2.2%
③ 경결점 2개로 4.5%
• 품종 고유의 모양이 아닌 것 : 1개 ⇒ 경결점
• 탄저병의 피해가 경미한 것 : 1개 ⇒ 경결점

항목＼등급	특	상	보통
낱개의 고르기	별도로 정하는 크기 구분표 [표 1]에서 무게가 다른 것이 3% 이하인 것 단 크기 구분표의 해당 무게에서 1단계를 초과할 수 없다.	별도로 정하는 크기 구분표 [표 1]에서 무게가 다른 것이 5% 이하인 것 단 크기 구분표의 해당 무게에서 1단계를 초과할 수 없다.	특·상에 미달하는 것
색택	착색비율이 90% 이상인 것	착색비율이 80% 이상인 것	특·상에 미달하는 것
신선도, 숙도	과육의 성숙 정도가 적당하며, 과피에 갈변 현상이 없고 신선도가 뛰어난 것	과육의 성숙 정도가 적당하며, 과피에 갈변 현상이 경미하고 신선도가 양호한 것	특·상에 미달하는 것
중결점과	없는 것	없는 것	5% 이하인 것(부패·변질과는 포함할 수 없음)
경결점과	3% 이하인 것	5% 이하인 것	20% 이하인 것

구분＼호칭	2L	L	M	S	2S	3S
1개의 무게(g)	500 이상	330 이상~500 미만	250 이상~330 미만	200 이상~250 미만	165 이상~200 미만	165 미만

* 중결점과는 다음의 것을 말한다.
　㉠ 이품종과 : 품종이 다른 것
　㉡ 부패, 변질과 : 과육이 부패 또는 변질된 것

ⓒ 과숙과 : 성숙이 지나치거나 과육이 연화된 것

ⓔ 미숙과 : 당도, 경도, 착색으로 보아 성숙이 현저하게 덜된 것

ⓜ 병충해과 : 탄저병 등 병해충의 피해가 있는 것. 다만, 경미한 것은 제외한다.

ⓗ 상해과 : 열상, 자상 또는 압상 등이 있는 것. 다만, 경미한 것은 제외한다.

ⓢ 모양 : 모양이 불량한 것

* 경결점과는 다음의 것을 말한다.

ⓐ 병충해, 상해의 정도가 경미한 것

ⓑ 품종 고유의 모양이 아닌 것

ⓒ 기타 결점의 정도가 경미한 것

---

17. A농가에서 생산하여 농산물 표준규격품으로 농산물 도매시장에 출하한 참다래(스위트골드) 1상자(50개들이, 5kg)에 대해 농산물품질관리사 B씨가 품위를 계측한 결과가 다음과 같았다. 농산물 표준규격상의 항목별 등급(①~④)을 쓰고 종합판정 등급(⑤)과 그 이유(⑥)를 쓰시오(단, 주어진 항목 외에는 등급판정에 고려하지 않음). [6점]

낱개의 고르기(1개의 무게)	색택	털	결점의 정도
• 95g 이상~115g 미만 : 47개 • 75g 이상~95g 미만 : 3개	품종 고유의 색택이 뛰어남	털의 탈락이 없음	• 품종 고유의 모양이 아닌 것 : 1개 • 병충해의 피해가 경미한 것 : 1개

낱개의 고르기	색택	털	경결점과	종합판정 등급 및 이유	
등급 : (①)	등급 : (②)	등급 : (③)	등급 : (④)	등급 : (⑤)	이유 : (⑥)

※ 이유 답안 예시 : △△항목이 ○○%로 "○"등급 기준의 ○○% 이하(미만) 또는 이상(초과)에 해당함

정답〉 ① 상, ② 특, ③ 특, ④ 특, ⑤ 상

⑥ 낱개의 고르기가 6%로 특의 기준 5%를 초과하고 상의 기준 10% 이하에 해당

해설〉 ① L(95 이상 ~ 115 미만) 47개, M(75 이상 ~ 95 미만) 3개로 6%

④ 결점: 경결점 2개 4%

• 품종 고유의 모양이 아닌 것 : 1개 ⇒ 경결점

• 병충해의 피해가 경미한 것 : 1개 ⇒ 경결점

항목 \ 등급	특	상	보통
낱개의 고르기	별도로 정하는 크기 구분표 [표 1]에서 무게가 다른 것이 5% 이하인 것 단 크기 구분표의 해당 무게에서 1단계를 초과할 수 없다.	별도로 정하는 크기 구분표 [표 1]에서 무게가 다른 것이 10% 이하인 것 단 크기 구분표의 해당 무게에서 1단계를 초과할 수 없다.	특·상에 미달하는 것
색택	품종 고유의 색택이 뛰어난 것	품종 고유의 색택이 양호한 것	특·상에 미달하는 것
향미	품종 고유의 향미가 뛰어난 것	품종 고유의 향미가 양호한 것	특·상에 미달하는 것
털	털의 탈락이 없는 것	털의 탈락이 경미한 것	털의 탈락이 심하지 않은 것
중결점과	없는 것	없는 것	5% 이하인 것(부패·변질과는 포함할 수 없음)
경결점과	5% 이하인 것	10% 이하인 것	20% 이하인 것

구분 \ 호칭		2L	L	M	S	2S
1개의 무게 (g)	홍양	95 이상	75 이상~95 미만	55 이상~75 미만	40 이상~55 미만	40 미만
	스위트 골드	115 이상	95 이상~115 미만	75 이상~95 미만	60 이상~75 미만	60 미만
	헤이워드, 해금	125 이상	105 이상~125 미만	85 이상~105 미만	70 이상~85 미만	70 미만
	골드원	140 이상	120 이상~140 미만	100 이상~120 미만	90 이상~100 미만	90 미만

① 중결점과는 다음의 것을 말한다.

㉠ 이품종과 : 품종이 다른 것

㉡ 부패, 변질과 : 과육이 부패 또는 변질된 것

㉢ 과숙과 : 육질, 경도로 보아 성숙이 지나치게 된 것

㉣ 병충해과 : 연부병, 깍지벌레, 풍뎅이 등 병해충의 피해가 있는 것

㉤ 상해과 : 열상, 자상 또는 압상이 있는 것. 다만 경미한 것은 제외한다.

㉥ 모양 : 모양이 심히 불량한 것.

㉦ 기타 : 바람이 들어 육질에 동공이 생긴 것, 시든 것, 기타 경결점과에 속하는 사항으로 그 피해가 현저한 것

② 경결점과는 다음의 것을 말한다.

㉠ 품종 고유의 모양이 아닌 것

㉡ 일소, 약해 등으로 외관이 떨어지는 것

㉢ 병해충의 피해가 경미한 것

㉣ 경미한 찰상 등 중결점과에 속하지 않는 상처가 있는 것

㉤ 녹물에 오염된 것, 이물이 붙어 있는 것

㉥ 기타 결점의 정도가 경미한 것

18. 농산물품질관리사 A가 시중에 유통되고 있는 현미(1포대, 10kg들이)를 농산물 표준규격에 따라 품위를 계측한 결과가 다음과 같았다. 농산물 표준규격에 따른 항목별 등급(①~③)을 쓰고, 종합판정 등급(④)과 그 이유(⑤)를 쓰시오(단, 주어진 항목 외에는 등급판정에 고려하지 않음). [6점]

구분	용적중	사미	피해립
계측결과	824g/L	4.6%	2.2%

용적중	사미	피해립	종합판정 등급 및 이유	
등급 : (①)	등급 : (②)	등급 : (③)	등급 : (④)	이유 : (⑤)

※ 이유 답안 예시 : △△항목이 ○○%로 "○"등급 기준의 ○○% 이하(미만) 또는 이상(초과)에 해당함

정답〉 ① 특, ② 상, ③ 특, ④ 상 ⑤ 사미가 4.6%로 특의 기준 3.0%를 초과하고 상의 기준 6.0% 이하에 해당
해설〉

항목 \ 등급	특	상	보통
모양	품종 고유의 모양으로 낟알 표면의 긁힘이 거의 없고 광택이 뛰어나며 낟알이 충실하고 고른 것	품종 고유의 모양으로 낟알 표면의 긁힘이 거의 없고 광택이 뛰어나며 낟알이 충실하고 고른 것	특·상에 미달하는 것
용적중 (g/ℓ)	810 이상인 것	800 이상인 것	7800이상인 것
정립	85.0% 이상인 것	75.0% 이상인 것	70.0%이상인 것
수분	16.0% 이하인 것		
사미	3.0% 이하인 것	6.0% 이하인 것	10.0% 이하인 것
피해립	5.0% 이하인 것	7.0% 이하인 것	10.0% 이하인 것
열손립	0.0% 이하인 것	0.1% 이하인 것	0.3% 이하인 것
메현미 혼입	3.0% 이하인 것(찰현미에만 적용)	8.0% 이하인 것(찰현미에만 적용)	15.0% 이하인 것(찰현미에만 적용)
돌	없는 것	없는 것	없는 것
뉘,이종곡립 (1.5kg중)	없는 것	없는 것	3개 이하인 것
이물	0.0% 이하인 것	0.3% 이하인 것	0.5% 이하인 것
조건	생산연도가 다른 현미가 혼입된 경우나 수확 연도로부터 1년이 경과되면 「특」이 될수 없음		

19. 농산물품질관리사 B가 시중에 유통되고 있는 사과(품종 : 후지, 10kg들이)를 농산물 표준규격에 따라 품위를 계측한 결과가 다음과 같았다. 농산물 표준규격에 따른 항목별 등급(①~③)을 쓰고, 이를 종합하여 판정한 등급(④)과 그 이유(⑤)를 쓰시오(단, 주어진 항목 외에는 등급판정에 고려하지 않음). [6점]

낱개의 고르기(1개의 무게)	착색비율	결점의 정도
• 300g : 1개 • 280g : 33개 • 260g : 2개	73%	• 일소의 피해로 외관이 떨어지는 것 : 1개 • 고두병이 과실표면에 있는 것 : 1개 • 품종 고유의 모양이 아닌 것 : 1개

낱개의 고르기	색택	중결점과	종합판정 등급 및 이유	
등급 : (①)	등급 : (②)	등급 : (③)	등급 : (④)	이유 : (⑤)

※ 이유 답안 예시 : △△항목이 ○○%로 "○"등급 기준의 ○○% 이하(미만) 또는 이상(초과)에 해당

정답〉 ① 상, ② 특, ③ 보통, ④ 보통
⑤ 중결점이 2.7%로 상의 기준 없는 것을 초과하고 보통의 기준 5% 이하에 해당

해설〉 ① 2L(300 이상 ~375 미만) 1개, L(250 이상 ~300 미만) 35개로 2.7%
③ 결점: 중결점 1개, 경결점 2개
• 일소의 피해로 외관이 떨어지는 것 : 1개 ⇒ 경결점
• 고두병이 과실표면에 있는 것 : 1개 ⇒ 중결점
• 품종 고유의 모양이 아닌 것 : 1개 ⇒ 경결점

항목 \ 등급	특	상	보통
낱개의 고르기	별도로 정하는 크기 구분표 [표 1]에서 무게가 다른 것이 섞이지 않은 것	낱개의 고르기 : 별도로 정하는 크기 구분표 [표 1]에서 무게가 다른 것이 5% 이하인 것 단, 크기 구분표의 해당 무게에서 1단계를 초과할 수 없다.	특·상에 미달하는 것
색택	별도로 정하는 품종별/등급별 착색비율 [표 2]에서 정하는 「특」이외의 것이 섞이지 않은 것. 단, 쓰가루(비착색계)는 적용하지 않음	별도로 정하는 품종별/등급별 착색비율 [표 2]에서 정하는 「상」에 미달하는 것이 없는 것. 단, 쓰가루(비착색계)는 적용하지 않음	별도로 정하는 품종별/등급별 착색비율 [표 2]에서 정하는 「보통」에 미달하는 것이 없는 것
신선도	윤기가 나고 껍질의 수축현상이 나타나지 않은 것	껍질의 수축현상이 나타나지 않은 것	특·상에 미달하는 것
중결점과	없는 것	없는 것	5% 이하인 것(부패·변질과는 포함할 수 없음)
경결점과	없는 것	10% 이하인 것	20% 이하인 것

구분＼호칭	3L	2L	L	M	S	2S
g/개	375 이상	300 이상~ 375 미만	250 이상~ 300 미만	214 이상~ 250 미만	188 이상~ 214 미만	167 이상~ 188 미만

* 품종별/등급별 착색비율

품종＼등급	특	상	보통
홍옥, 홍로, 화홍, 양광 및 이와 유사한 품종	70% 이상	50% 이상	30% 이상
후지, 조나골드, 세계일, 추광, 서광, 선홍, 새나라 및 이와 유사한 품종	60% 이상	40% 이상	20% 이상
쓰가루(착색계) 및 이와 유사한 품종	20% 이상	10% 이상	－

* 중결점과는 다음의 것을 말한다.
ㄱ 이품종과 : 품종이 다른 것
ㄴ 부패, 변질과 : 과육이 부패 또는 변질된 것(과숙에 의해 육질이 변질된 것을 포함한다.)
ㄷ 미숙과 : 당도, 경도, 착색으로 보아 성숙이 현저하게 덜된 것(성숙 이전에 인공 착색한 것을 포함한다.)
ㄹ 병충해과 : 탄저병, 검은별무늬병(흑성병), 겹무늬썩음병, 복숭아심식나방 등 병해충의 피해가 과육까지 미친 것
ㅁ 생리장해과 : 고두병, 과피 반점이 과실표면에 있는 것
ㅂ 내부갈변과 : 갈변증상이 과육까지 미친 것
ㅅ 상해과 : 열상, 자상 또는 압상이 있는 것. 다만 경미한 것은 제외한다.
ㅇ 모양 : 모양이 심히 불량한 것
ㅈ 기타 : 경결점과에 속하는 사항으로 그 피해가 현저한 것
* 경결점과는 다음의 것을 말한다.
ㄱ 품종 고유의 모양이 아닌 것
ㄴ 경미한 녹, 일소, 약해, 생리장해 등으로 외관이 떨어지는 것
ㄷ 병해충의 피해가 과피에 그친 것
ㄹ 경미한 찰상 등 중결점과에 속하지 않는 상처가 있는 것
ㅁ 꼭지가 빠진 것
ㅂ 기타 결점의 정도가 경미한 것

20. APC에서 B농가가 수확한 멜론(네트계)을 선별하였더니 다음과 같았다. 선별한 멜론을 포장할 때 농산물 표준규격상 '상' 등급으로 표기 가능한 최대상자수(①)와 상자별 구성 내용(②)을 쓰시오. [8점]

───────── 〈조 건〉 ─────────

- 포장 순서 : '특', '상', '보통' 순으로 포장
- 포장 단위 : 4개/상자
- 당도 적용 : 농산물 표준규격상 표준규격품의 표시방법의 '권장 표시사항' 적용
- 주어진 항목 외에는 등급에 고려하지 않음

1개의 무게(kg)	당도(°Bx)	총개수	정상과 개수	결점과 개수	결점과 정도
2.7	14	4	3	1	탄저병의 피해가 있는 것
	13	3	2	1	과육의 성숙이 지나친 것
2.3	14	7	6	1	품종고유의 모양이 아닌 것
	13	1	1		
1.9	13	4	4		
	12	4	4		
1.5	12	6	6		
	11	3	2	1	열상이 있는 것

등급	최대상자수	상자별 구성 내용
상	(①)	(②)

※ 구성 내용 예시: (○○kg 당도(△△) ◇◇개), (○○kg 당도(△△) ◇◇개+○○kg 당도(△△) ◇◇개), …

정답〉 ① 3 ② {1.9(12)–4개}, {1.5(12)–4개}, {1.5(12)–2개 + 1.5(11)–2개}

해설〉

특	2.7(14)–3개 + 2.7(13)–1개
	2.3(14)–4개
	1.9(13)–4개
상	1.9(12)–4개
	1.5(12)–4개
	1.5(12)–2개 + 1.5(11)–2개

1개의 무게(kg)	당도(°Bx)	총개수	정상과 개수	결점과 개수	결점과 정도
2.7 – 2L	14 – 특	4	3	1	탄저병의 피해가 있는 것 – 중
	13 – 특	3	2	1	과육의 성숙이 지나친 것 – 중
2.3 – L	14 – 특	7	6	1	품종고유의 모양이 아닌 것 – 경
	13 – 특	1	1		
1.9 – M	13 – 특	4	4		
	12 – 상	4	4		
1.5 – S	12 – 상	6	6		
	11 – 상	3	2	1	열상이 있는 것 – 중

항목 \ 등급	특	상	보통
낱개의 고르기	별도로 정하는 크기 구분표 [표 1]에서 무게가 다른 것이 섞이지 않은 것	별도로 정하는 크기 구분표 [표 1]에서 무게가 다른 것이 섞이지 않은 것	특·상에 미달하는 것
색택	품종 고유의 모양과 색택이 뛰어나며 네트계 멜론은 그물 모양이 뚜렷하고 균일한 것	품종 고유의 모양과 색택이 양호하며 네트계 멜론은 그물 모양이 양호한 것	특·상에 미달하는 것
신선도, 숙도	꼭지가 시들지 아니하고 과육의 성숙도가 적당한 것	꼭지가 시들지 아니하고 과육의 성숙도가 적당한 것	특·상에 미달하는 것
중결점과	없는 것	없는 것	5% 이하인 것(부패·변질과는 포함할 수 없음)
경결점과	없는 것	없는 것	20% 이하인 것

* 당도

품목	품종	등 급	
		특(°Bx)	상(°Bx)
멜론		13 이상	11 이상

* 크기 구분

구분 \ 호칭		2L	L	M	S
1개의 무게(kg)	네트계	2.6 이상	2.0 이상 ~ 2.6 미만	1.6 이상 ~ 2.0 미만	1.6 미만
	백피계·황피계	2.2 이상	1.8 이상 ~ 2.2 미만	1.3 이상 ~ 1.8 미만	1.3 미만
	파파야계	1.0 이상	0.75 이상 ~ 1.0 미만	0.60 이상 ~ 0.75 미만	0.60 미만

① 중결점과는 다음의 것을 말한다.
 ㉠ 이품종과 : 품종이 다른 것
 ㉡ 부패, 변질과 : 과육이 부패 또는 변질된 것
 ㉢ 과숙과 : 과육의 연화 등 성숙이 지나친 것
 ㉣ 미숙과 : 과육의 성숙이 현저하게 덜된 것
 ㉤ 병충해과 : 탄저병, 딱정벌레 등 병해충의 피해가 있는 것.
 ㉥ 상해과 : 열상, 자상, 압상 등이 있는 것. 다만 경미한 것은 제외한다.
 ㉦ 모양 : 모양이 심히 불량한 것
 ㉧ 기타 결점의 정도가 심한 것
② 경결점과는 다음의 것을 말한다.
 ㉠ 병충해, 상해의 정도가 경미한 것
 ㉡ 품종 고유의 모양이 아닌 것
 ㉢ 기타 결점의 정도가 경미한 것

2025년도	제22회 농산물품질관리사 2차	1교시
		A형

※ 단답형 문제에 대하여 답하시오.(1~10번 문제)

1. 다음은 농수산물의 원산지 표시 등에 관한 법령상 농산물의 원산지를 거짓으로 표시하여 적발된 경우 과징금 및 벌칙에 관한 설명이다. 설명이 옳으면 O, 옳지 않으면 X를 순서대로 쓰시오. (단, 가중이나 감경조건은 고려하지 않음) [4점]

○ 최근 2년 이내에 2회 이상 원산지를 거짓표시한 자에게 그 위반금액의 5배 이하에 해당하는 금액을 과징금으로 부과 할 수 있다. ─────────────────── ( )

○ 원산지를 거짓표시한 자에게는 10년 이상의 징역에 처할 수 있다. ───────── ( )

○ 원산지를 거짓표시한 자에게 과징금을 부과하는 경우 부과대상자에게 그 위반행위의 종류와 과징금의 금액 등을 유선으로 통보하는 것이 원칙이다. ───────── ( )

○ 원산지를 거짓표시한 자의 위반행위에 대한 판매금액 산정 시 인근업소의 최고 판매가격에 30% 가산한 금액을 기준으로 한다. ─────────────── ( )

정답》 O, X, X, X

해설》 * 농림축산식품부장관, 해양수산부장관, 관세청장, 특별시장 · 광역시장 · 특별자치시장 · 도지사 · 특별자치도지사(이하 "시 · 도지사"라 한다) 또는 시장 · 군수 · 구청장(자치구의 구청장을 말한다. 이하 같다)은 제6조제1항 또는 제2항을 2년 이내에 2회 이상 위반한 자에게 그 위반금액의 5배 이하에 해당하는 금액을 과징금으로 부과 · 징수할 수 있다. 이 경우 제6조제1항을 위반한 횟수와 같은 조 제2항을 위반한 횟수는 합산한다.

* 제6조제1항 또는 제2항을 위반한 자는 7년 이하의 징역이나 1억원 이하의 벌금에 처하거나 이를 병과(倂科)할 수 있다.

* 농림축산식품부장관, 해양수산부장관, 관세청장 또는 특별시장 · 광역시장 · 특별자치시장 · 도지사 · 특별자치도지사(이하 "시 · 도지사"라 한다)나 시장 · 군수 · 구청장(자치구의 구청장을 말한다. 이하 같다)은 법 제6조의2제1항에 따라 과징금을 부과하려면 그 위반행위의 종류와 과징금의 금액 등을 명시하여 과징금을 낼 것을 과징금 부과대상자에게 서면으로 알려야 한다.

* 법 제6조의2제2항에 따라 법 제6조제1항 위반 시 각 위반행위에 의한 판매금액은 해당 농수산물이나 농수산물 가공품의 판매량에 판매가격(해당 업소의 판매가격을 알 수 없는 경우에는 인근 2개 업소의 동일 품목 판매가격의 평균을 기준으로 한다. 다만, 평균가격을 산정할 수 없는 경우에는 해당 농수산물이나 농수산물 가공품의 매입가격에 30퍼센트를 가산한 금액을 기준으로 한다)을 곱한 금액으로 한다.

2. 식품접객업을 운영하는 음식점업주(A)와 원산지표시 담당공무원(B)의 전화통화 내용이다. ( )에 들어갈 내용을 쓰시오. (단, 대화에 제시된 항목 이외의 표시기준은 고려하지 않음) [4점]

〈대화내용〉

A: 불고기 전문점을 개업해서 원산지 표시 방법에 대해 문의하고자 합니다. 국내산 한우와 호주산 쇠고기를 섞어 불고기를 만들어 판매하려고 하는 경우 어떻게 원산지를 표시하여 판매하여야 합니까? 불고기를 만들 때 한우를 더 많이 넣어 요리 할 계획입니다.

B: 국내산의 섞음 비율이 외국산 보다 높은 경우에는 불고기(①)와 같이 표시하여야 합니다.

A: 반찬으로 제공하는 배추김치의 경우는 국내산 배추에 중국산 고춧가루를 사용하는데 원산지 표시를 어떻게 하여야 합니까?

B: 국내산 배추에 중국산 고춧가루를 사용한 배추김치의 경우 배추김치(②)와 같이 표시하여야 합니다.

정답〉 ① 불고기(쇠고기: 국내산 한우와 호주산을 섞음)   ② 배추김치(배추: 국내산, 고춧가루: 중국산)

해설〉 ① 원산지가 다른 2개 이상의 동일 품목을 섞은 경우에는 섞음 비율이 높은 순서대로 표시한다.

[예시 1] 국내산(국산)의 섞음 비율이 외국산보다 높은 경우

쇠고기: 불고기(쇠고기: 국내산 한우와 호주산을 섞음), 설렁탕(우사골: 국내산 한우, 쇠고기: 호주산), 국내산 한우 갈비뼈에 호주산 쇠고기를 접착(接着)한 경우: 소갈비(갈비뼈: 국내산 한우, 쇠고기: 호주산) 또는 소갈비 (쇠고기: 호주산)

② 배추김치의 원산지 표시방법

국내에서 배추김치를 조리하여 판매·제공하는 경우에는 "배추김치"로 표시하고, 그 옆에 괄호로 배추김치의 원료인 배추(절인 배추를 포함한다)의 원산지를 표시한다. 이 경우 고춧가루를 사용한 배추김치의 경우에는 고춧가루의 원산지를 함께 표시한다.

[예시]

– 배추김치(배추: 국내산, 고춧가루: 중국산), 배추김치(배추: 중국산, 고춧가루: 국내산)

– 고춧가루를 사용하지 않은 배추김치: 배추김치(배추: 국내산)

3. 농수산물 품질관리법령상 유전자변형농산물의 거짓표시 등의 금지에 관한 처분을 받은 자 중 공표명령의 대상자에 대한 기준·방법에 관한 내용이다. ①~③ 중 틀린 내용의 번호를 쓰고, 틀린 부분을 옳게 수정하시오. (수정 예: ① ○○○ → □□□) [3점]

---

① 표시위반물량의 판매가격 환산금액이 농산물의 경우에는 10억원 이상인 경우 공표명령 대상자이다.

② 적발일을 기준으로 최근 3년 동안 처분을 받은 횟수가 2회 이상인 경우 공표명령 대상자이다.

③ 공표명령을 받은 자는 공표문을 「신문 등의 진흥에 관한 법률」에 따라 등록한 전국을 보급지역으로 하는 2개 이상의 일반일간신문에 게재하여야 한다.

정답〉 ② 최근 3년 → 최근 1년   ③ 2개 이상의 → 1개 이상의

해설〉 ① 법 제59조제2항에 따른 공표명령의 대상자는 같은 조 제1항에 따라 처분을 받은 자 중 다음 각 호의 어느 하나의 경우에 해당하는 자로 한다.
  − 표시위반물량이 농산물의 경우에는 100톤 이상, 수산물의 경우에는 10톤 이상인 경우
  − 표시위반물량의 판매가격 환산금액이 농산물의 경우에는 10억원 이상, 수산물인 경우에는 5억원 이상인 경우
  − 적발일을 기준으로 최근 1년 동안 처분을 받은 횟수가 2회 이상인 경우

② 법 제59조제2항에 따라 공표명령을 받은 자는 지체 없이 다음 각 호의 사항이 포함된 공표문을 「신문 등의 진흥에 관한 법률」 제9조제1항에 따라 등록한 전국을 보급지역으로 하는 1개 이상의 일반일간신문에 게재하여야 한다.

4. 국립농산물품질관리원 특별사법경찰관 L주무관은 농산물 원산지 표시를 조사하던 중 K 농산물 판매점에서 '녹두'의 원산지 표시방법 위반 사례를 적발하였다. K농산물 판매점에 부과할 과태료 금액을 쓰시오. (단, 위반행위 횟수에 따른 가중사유 외의 가중 및 감경 사유는 없음) [2점]

> ○ 적발경위: 원산지 표시를 하지 아니하고 중국산 녹두 1kg 포장품 20개를 진열 · 판매하다 가 적발됨
> ○ 판매가격: 7,000원/kg
> ○ 가중사유: 동 업소는 금번 적발 이외에도 최근 2년간 녹두에 대한 원산지 미표시로 3회에 걸쳐 과태료 부과처분을 받은 적 있음

정답〉 ① (20kg × 7,000원/kg) ×3 = 420,000원
해설〉 과태료 부과금액은 원산지 표시를 하지 않은 물량(판매를 목적으로 보관 또는 진열하고 있는 물량을 포함한다) 에 적발 당일 해당 업소의 판매가격을 곱한 금액으로 하고, 위반행위의 횟수에 따른 과태료의 부과기준은 다음 표와 같다.

과태료 부과금액		
1차 위반	2차 위반	3차 이상 위반
1)의 금액	1)의 금액의 200퍼센트	1)의 금액의 300퍼센트

5. 하절기 신선 딸기 택배유통을 위한 방법으로 드라이아이스를 넣어 유통하는 사례가 늘고 있다. 이 택배유통에서 활용한 ① 드라이아이스 처리 효과와 ② 그 이유에 대해 쓰시오. [5점]

정답〉 ① 신선도 유지와 연화지연
② 드라이아이스가 기화되면서 품온을 낮게 유지하며 이산화탄소가 발생하여 호흡은 낮춘다.

6. 수확한 즉시 한 달 동안 저온 저장한 신고배에서 고습으로 인한 과피흑변이 발생하였다. 다음 물음에 답하시오. [4점]

   (1) 과피흑변의 주요 원인 물질인 멜라닌계 흑색(갈색) 색소 생성에 관여하는 산화효소의 이름을 쓰시오.

   (2) 고습으로 인한 과피흑변을 방지하기 위해 수확하여 저온저장 전에 할 수 있는 배의 수확 후 전처리 기술 명칭을 쓰시오.

정답〉① 폴리페놀산화효소   ② 예건

해설〉배의 과피흑변(果皮黑變)

1) 저온저장 초기에 발생하며 배의 표피에 흑갈색 무늬가 발생하여 차츰 확대되는 저장 생리장해이다.
2) 과피에 함유되어 있는 폴리페놀 화합물이 폴리페놀 산화효소의 작용으로 산화되어 갈변된 것으로, 과피의 조직에만 분포하고 과육에는 이상이 없다.
3) 재배 중 질소비료 과다사용으로 많이 발생하며 수확이 늦어진 과일의 저장고 입고 시, 그리고 저장고 내의 과습에 의해서도 많이 발생한다.
4) 저온저장 전에 예건하여 과피의 수분함량을 감소시켜 과피흑변을 줄일 수 있다.
5) 금촌추, 추황배, 신고와 같은 품종에서 심하게 발생한다.

---

7. 수확한 농산물의 품질관리를 위한 방법으로 옳으면 O, 옳지 않으면 X를 순서대로 쓰시오. [4점]

   ○ 농산물 소포장 시 결로 방지를 위해 방담필름을 사용한다. ─────── ( )
   ○ 녹숙 바나나는 수확 후 에틸렌을 처리하여 착색을 증진시킨다. ─────── ( )
   ○ 사과는 장기저장 시 에틸렌 발생을 억제하기 위해 1-MCP를 처리한다. ─────── ( )
   ○ 감자의 솔라닌 생성을 억제하기 위해 햇빛이 잘 드는 곳에 저장한다. ─────── ( )

정답〉 O, O, O, X

해설〉감자는 괴경(덩이줄기)이 광(光)에 노출되면 솔라닌(solanine)이 축적된다.

8. 다음은 수확 후 전처리에 관한 설명이다. (   )에 들어갈 알맞은 내용을 쓰시오. [2점]

> 수확 후 유통 혹은 저장고 입고 전에 별도의 시설에서 짧은 시간 내에 포장열 또는 품온을 낮추는 작업을 (①)이라고 하며, 일반적으로 이것의 효율은 (②)개념을 이용하여 시간으로 표시한다.

정답〉 ① 예냉, ② 반감기

해설〉 반감기

(1) 예냉효율의 지표가 되며 예냉효율은 온도가 절반으로 떨어지는데 소요되는 시간을 의미하는 반감기 개념을 이용하여 표시한다.

(2) 방사성 물질의 반감기는 방사성 물질의 양이 반으로 줄어드는데 소요되는 시간을 의미하는 것과 같이 원예산물의 온도를 목표하는 온도까지의 절반으로 줄어드는데 소요되는 시간을 말한다.

(3) 반감기가 짧을수록 예냉이 빠르게 이루어지는 것으로 해석할 수 있다.

(4) 단감의 경우 품온 반감시간은 50분 정도이며 목표온도까지 떨어지는데 6~8시간이 소요된다.

9. 원예작물의 숙성 중 일어나는 일련의 대사과정에 관한 설명이다. 설명이 옳으면 O, 옳지 않으면 X를 순서대로 쓰시오. [4점]

> ○ 포도는 숙성되면서 과피의 왁스물질이 감소하나 성분조성은 변하지 않는다. ──── (   )
> ○ 토마토는 적색으로 착색이 진행되면서 엽록소가 증가하고 라이코펜이 감소한다. 이때 측정된 Hunter 'a'값이 양에서 음으로 전환된다. ──── (   )
> ○ 바나나는 숙성이 진행되면서 환원당인 자당의 결합으로 전분이 합성되어 단맛이 증가한다. ──── (   )
> ○ 딸기는 숙성되면서 주요 유기산인 지방산이 감소되어 신맛이 약해진다. ──── (   )

정답〉 X, X, X, X

해설〉 ○ 포도는 숙성되면서 과피의 왁스물질이 증가하며, 안토시아닌 생성이 증가한다.

○ 토마토는 적색으로 착색이 진행되면서 엽록소가 감소하고 라이코펜이 증가한다. 이때 측정된 Hunter 'a'값이 음에서 양으로 전환된다.

○ 바나나는 숙성이 진행되면서 전분이 분해되어 환원당이 생성되면서 단맛이 증가한다.

○ 딸기는 숙성되면서 주요 유기산인 사과산이 감소되어 신맛이 약해진다.

10. 다음 ①~④에 들어갈 옳은 내용을 ( )에서 선택하여 쓰시오. [4점]

> 사과 저온저장 후 표피의 갈변으로 나타나는 생리장해인 ①(밀증상 / 껍질덴병)은 ②(솔비톨 / 알파–파네신)과 밀접한 관련이 있으며 이 물질의 ③(수용성 / 지용성)특성에 의해 과실 표피 조직의 큐티클층에 쉽게 축적되고 그 ④(산화물 / 환원물)은 세포를 파괴하고 갈변을 일으킨다.

정답〉 ① 껍질덴병, ② 알파–파네신, ③ 지용성, ④ 산화물
해설〉 껍질덴병
① 사과 저장 중 과피가 갈색으로 얼룩지는 현상으로 품종에 따라 나타나는 현상이 다소 다르다.
② 초기에는 과피의 녹색부분이나 미착색 부분에서 나타나 과피 전체로 확산되고 피해가 가벼운 것은 표피의 큐티 클라층 세포만 고사, 갈변하나 병징이 진행되면 바로 밑 과육까지 갈변한다.
③ 과피 내 α–farnesene의 산화에 따른 conjugated trienes와 관련이 있은 것으로 알려져 있다.
④ 저장고 내 휘발성 가스의 축적에 의한 장해이므로 환기를 잘 시켜주어야 한다.

※ 서술형 문제에 대하여 답하시오.(11~20번 문제)

11. K음식점에서 만들어 판매하는 메뉴별 주원료는 다음과 같다. 농수산물의 원산지 표시 등에 관한 법령에 따라 메뉴별 주원료에 대하여 메뉴판에 표시해야 할 옳은 원산지 표시를 각각 쓰시오. [6점]

> ① 삼겹살: 덴마크에서 수입하여 국내에서 45일간 사육한 돼지
> ② 오리탕: 브라질에서 수입하여 국내에서 40일간 사육한 오리
> ③ 소갈비찜: 호주에서 육우를 수입하여 국내에서 7개월 사육한 소

정답〉 ① 삼겹살(돼지고기: 덴마크산)
② 오리탕(오리고기: 국내산(출생국: 브라질))
③ 소갈비찜(쇠고기: 국내산 육우(출생국: 호주))

해설〉 ① 돼지고기, 닭고기, 오리고기 및 양고기(염소 등 산양 포함)
　가) 국내산(국산)의 경우 "국산"이나 "국내산"으로 표시한다. 다만, 수입한 돼지 또는 양을 국내에서 2개월 이상 사육
　　　한 후 국내산(국산)으로 유통하거나, 수입한 닭 또는 오리를 국내에서 1개월 이상 사육한 후 국내산(국산)으로
　　　유통하는 경우에는 "국산"이나 "국내산"으로 표시하되, 괄호 안에 출생국가명을 함께 표시한다.
　　－ [예시] 삼겹살(돼지고기: 국내산), 삼계탕(닭고기: 국내산), 훈제오리(오리고기: 국내산), 삼겹살(돼지고기: 국내
　　　산(출생국: 덴마크)), 삼계탕(닭고기: 국내산(출생국: 프랑스)), 훈제오리(오리고기: 국내산(출생국: 중국))
　나) 외국산의 경우 해당 국가명을 표시한다.
　　－ [예시] 삼겹살(돼지고기: 덴마크산), 염소탕(염소고기: 호주산), 삼계탕(닭고기: 중국산), 훈제오리(오리고기: 중
　　　국산)
② 쇠고기
　　－ 국내산(국산)의 경우 "국산"이나 "국내산"으로 표시하고, 식육의 종류를 한우, 젖소, 육우로 구분하여 표시한다.
　　　다만, 수입한 소를 국내에서 6개월 이상 사육한 후 국내산(국산)으로 유통하는 경우에는 "국산"이나 "국내산"으로
　　　표시하되, 괄호 안에 식육의 종류 및 출생국가명을 함께 표시한다.
　　－ [예시] 소갈비(쇠고기: 국내산 한우), 등심(쇠고기: 국내산 육우), 소갈비(쇠고기: 국내산 육우(출생국: 호주))

12. 농수산물 품질관리법상 농림축산식품부장관은 대통령령으로 정하는 바에 따라 다음과 같은 상황이 발생하면 농산물의 지리적표시품 표시 시정을 명하거나 판매의 금지, 표시의 정지 또는 등록의 취소를 할 수 있다. 다음 (　　)에 들어갈 알맞은 내용을 쓰시오. [6점]

〈상황〉
1. (　①　)
2. (　②　)
3. 해당 지리적표시품 생산량의 급감 등 지리적표시품 생산계획의 이행이 곤란하다고 인정되는 경우

정답〉 ① 등록기준에 미치지 못하게 된 경우　② 표시방법을 위반한 경우
해설〉 지리적표시품의 표시 시정 등
농림축산식품부장관 또는 해양수산부장관은 지리적표시품이 다음 각 호의 어느 하나에 해당하면 대통령령으로 정하는 바에 따라 시정을 명하거나 판매의 금지, 표시의 정지 또는 등록의 취소를 할 수 있다.
1) 제32조에 따른 등록기준에 미치지 못하게 된 경우
2) 제34조제3항에 따른 표시방법을 위반한 경우
3) 해당 지리적표시품 생산량의 급감 등 지리적표시품 생산계획의 이행이 곤란하다고 인정되는 경우

13. 신선편이 결구상추의 세척에 관한 내용이다. 다음 물음에 답하시오. [6점]

(1) 염소수로 세척하는 주된 목적을 쓰시오.

(2) 유효염소 4%가 함유되어 있는 차아염소산나트륨(NaOCl)을 이용하여 150ppm 유효염소 농도를 갖는 염소수 200L를 만들고자 할 때 필요한 차아염소산나트륨의 양(mL)을 구하시오. (단, 계산과정을 포함한다.)

정답〉 ① 살균

② 필요한 $NaOCl$의 양 $= \dfrac{\text{원하는 유효 염소 농도} \times \text{수조용량}}{NaOCl\ \%\ \text{농도} \times 10,000} = \dfrac{150ppm \times 200,000ml}{4\% \times 10,000} = 750ml$

해설〉 * 염소 세척

① 장점으로 비용이 가장 적게 들어간다.

② 살균효과가 있어 살균 소독에 가장 널리 이용되고 있다.

③ pH 농도와 온도에 따라 살균효과가 다르며 pH4.5 내외가 가장 효과적이며 높으면 점차 낮아진다. 산업에서는 장비의 부식을 피하여 pH6.5~7 정도를 사용한다.

④ 염소계 살균소독제의 종류: 차아염소산나트륨($NaClO$)과 차아염소산칼슘($Ca Cl_2 O_2$)이 사용된다.

* 필요한 $NaOCl$의 양 $= \dfrac{\text{원하는 유효 염소 농도} \times \text{수조용량}}{NaOCl\ \%\ \text{농도} \times 10,000}$

14. 후지사과를 아래와 같은 저장조건으로 4개월간 CA저장을 하였더니 내부갈변 사과가 50% 이상 발생하였다. 후지사과의 내부갈변이 발생된 ① 환경적 요인을 찾아 쓰고, 이를 ② 방지하기 위한 CA 저장 조건을 제시하시오. [6점]

〈저장 조건〉

온도 1℃, 상대습도 85 ~ 90%, 산소 1.0%, 이산화탄소 5.0%
* 단, 4개월간 CA저장고는 위의 기체조건을 유지하기 위해 환기하지 않는다.

정답〉 ① 한계 농도 이상의 이산화탄소   ② 이산화탄소의 농도를 1.0% 수준으로 낮춘다.
해설〉 후지 한계농도: 적정 CA범위 산소 1~3%, 이산화탄소 1.0%
산소 한계농도: ≥0.5%, 이산화탄소 한계농도: 1.0%

15. 농산물품질관리사 B가 시중에 유통되고 있는 '사과'(품종: 양광, 10 kg들이)의 품위를 계측한 결과가 다음과 같았다. 농산물 표준규격에 따른 항목별 등급(①~③)을 쓰고, 종합판정 등급(④)과 그 이유(⑤)를 쓰시오. (단, 주어진 항목 이외는 등급판정에 고려하지 않음) [6점]

항목	크기 구분	착색비율	결점의 정도
계측결과	○ L : 2과 ○ M : 38과	65%	○ 생리장해 등으로 외관이 떨어지는 것: 6과 ○ 꼭지가 빠진 것: 2과

낱개의 고르기	색택	경결점과	종합판정	
등급: (①)	등급: (②)	등급: (③)%	등급: (④)	이유: (⑤)

※ 이유 답안 예시: △△항목이 ○○ %로 "○"등급 기준의 ○○ %이하(미만) 또는 이상(초과)에 해당함

정답〉 ① 상, ② 상, ③ 보통, ④ 보통 ⑤ 경결점이 상의 기준 10%를 초과하고 보통의 기준 20% 이하에 해당
해설〉 ① 낱개의 고르기: 5%
② 결점: 경결점 8과로 20%
○ 생리장해 등으로 외관이 떨어지는 것: 6과 ⇒ 경결점
○ 꼭지가 빠진 것: 2과 ⇒ 경결점

항목＼등급	특	상	보통
낱개의 고르기	별도로 정하는 크기 구분표 [표 1]에서 무게가 다른 것이 섞이지 않은 것	낱개의 고르기 : 별도로 정하는 크기 구분표 [표 1]에서 무게가 다른 것이 5% 이하인 것. 단, 크기 구분표의 해당 무게에서 1단계를 초과할 수 없다.	특·상에 미달하는 것
색택	별도로 정하는 품종별/등급별 착색비율 [표 2]에서 정하는 「특」이외의 것이 섞이지 않은 것. 단, 쓰가루(비착색계)는 적용하지 않음	별도로 정하는 품종별/등급별 착색비율 [표 2]에서 정하는 「상」에 미달하는 것이 없는 것. 단, 쓰가루(비착색계)는 적용하지 않음	별도로 정하는 품종별/등급별 착색비율 [표 2]에서 정하는 「보통」에 미달하는 것이 없는 것
신선도	윤기가 나고 껍질의 수축현상이 나타나지 않은 것	껍질의 수축현상이 나타나지 않은 것	특·상에 미달하는 것
중결점과	없는 것	없는 것	5% 이하인 것(부패·변질과는 포함할 수 없음)
경결점과	없는 것	10% 이하인 것	20% 이하인 것

크기 구분

구분＼호칭	3L	2L	L	M	S	2S
g/개	375 이상	300 이상~ 375 미만	250 이상~ 300 미만	214 이상~ 250 미만	188 이상~ 214 미만	167 이상~ 188 미만

품종별/등급별 착색비율

품종＼등급	특	상	보통
홍옥, 홍로, 화홍, 양광 및 이와 유사한 품종	70% 이상	50% 이상	30% 이상
후지, 조나골드, 세계일, 추광, 서광, 선홍, 새나라 및 이와 유사한 품종	60% 이상	40% 이상	20% 이상
쓰가루(착색계) 및 이와 유사한 품종	20% 이상	10% 이상	–

* 중결점과는 다음의 것을 말한다.
  ㉠ 이품종과 : 품종이 다른 것
  ㉡ 부패, 변질과 : 과육이 부패 또는 변질된 것(과숙에 의해 육질이 변질된 것을 포함한다.)
  ㉢ 미숙과 : 당도, 경도, 착색으로 보아 성숙이 현저하게 덜된 것(성숙 이전에 인공 착색한 것을 포함한다.)
  ㉣ 병충해과 : 탄저병, 검은별무늬병(흑성병), 겹무늬썩음병, 복숭아심식나방 등 병해충의 피해가 과육까지 미친 것
  ㉤ 생리장해과 : 고두병, 과피 반점이 과실표면에 있는 것
  ㉥ 내부갈변과 : 갈변증상이 과육까지 미친 것
  ㉦ 상해과 : 열상, 자상 또는 압상이 있는 것. 다만 경미한 것은 제외한다.
  ㉧ 모양 : 모양이 심히 불량한 것
  ㉨ 기타 : 경결점과에 속하는 사항으로 그 피해가 현저한 것
* 경결점과는 다음의 것을 말한다.
  ㉠ 품종 고유의 모양이 아닌 것
  ㉡ 경미한 녹, 일소, 약해, 생리장해 등으로 외관이 떨어지는 것
  ㉢ 병해충의 피해가 과피에 그친 것
  ㉣ 경미한 찰상 등 중결점과에 속하지 않는 상처가 있는 것
  ㉤ 꼭지가 빠진 것
  ㉥ 기타 결점의 정도가 경미한 것

16. 농산물품질관리사 K가 공영도매시장에 출하된 '마른고추' 6kg들이 1포대에서 50개를 무작위 추출하여 계측한 결과가 다음과 같았다. 농산물 표준규격에 따른 항목별 등급(①~④)을 쓰고, 종합판정 등급(⑤)과 그 이유(⑥)를 쓰시오. (단, 마른고추 1개당 무게는 5g으로 가정하며, 주어진 항목 이외는 등급판정에 고려하지 않음) [7점]

항목	낱개의 고르기		이물	결점의 정도
계측결과	평균길이에서 ±1.5cm를 초과하는 것: 4개		고춧잎 등: 2g	○ 잘라진 것: 1개 ○ 꼭지가 빠진 것: 6개

낱개의 고르기	이물	중결점과	경결점과	종합판정 등급 및 이유	
등급 : (①)	등급 : (②)	등급 : (③)	등급 : (④)	등급 : (⑤)	이유 : (⑥)

※ 이유 답안 예시: △△항목이 ○○ %로 "○"등급 기준의 ○○ %이하(미만) 또는 이상(초과)에 해당함

정답〉 ① 특, ② 상, ③ 보통, ④ 상, ⑤ 보통
⑥ 중결점이 상의 조건 없는 것을 초과하고 보통의 조건 3.0% 이하에 해당됨
해설〉 ① 낱개의 고르기: 8% ⇒ 특
② 이물: 0.8% ⇒ 상
③ 결점
○ 잘라진 것: 1개 ⇒ 중결점 : 2% ⇒ 보통
○ 꼭지가 빠진 것: 6개 ⇒ 경결점 : 12% ⇒ 상

등급 항목	특	상	보통
낱개의 고르기	평균 길이에서 ±1.5cm를 초과하는 것이 10% 이하인 것	평균 길이에서 ±1.5cm를 초과하는 것이 20% 이하인 것	특 · 상에 미달하는 것
색택	품종 고유의 색택으로 선홍색 또는 진홍색으로서 광택이 뛰어난 것	품종 고유의 색택으로 선홍색 또는 진홍색으로서 광택이 양호한 것	특 · 상에 미달하는 것
수분	15% 이하로 건조된 것		
중결점과	없는 것	없는 것	3.0% 이하인 것
경결점과	5.0% 이하인 것	15.0% 이하인 것	25.0% 이하인 것
탈락씨	0.5% 이하인 것	1.0% 이하인 것	2.0% 이하인 것
이물	0.5% 이하인 것	1.0% 이하인 것	2.0% 이내인 것

① 중결점과는 다음의 것을 말한다.
㉠ 반점 및 변색 : 황백색 또는 녹색이 과면의 10% 이상인 것 또는 과열로 검게 변한 것이 과면의 20% 이상인 것
㉡ 박피(薄皮) : 미숙으로 과피(껍질)가 얇고 주름이 심한 것
㉢ 상해과 : 잘라진 것 또는 길이의 1/2 이상이 갈라진 것
㉣ 병충해 : 흑색탄저병, 무름병, 담배나방 등 병해충의 피해가 과면의 10% 이상인 것
㉤ 기타 : 심하게 오염된 것

② 경결점과는 다음의 것을 말한다.
 ㉠ 반점 및 변색 : 황백색 또는 녹색이 과면의 10% 미만인 것 또는 과열로 검게 변한 것이 과면의 20% 미만인 것(꼭지 또는 끝부분의 경미한 반점 또는 변색은 제외한다.)
 ㉡ 상해과 : 길이의 1/2 미만이 갈라진 것
 ㉢ 병충해 : 흑색탄저병, 무름병, 담배나방 등 병해충의 피해가 과면의 10% 미만인 것
 ㉣ 모양 : 심하게 구부러진 것, 꼭지가 빠진 것
 ㉤ 기타 : 결점의 정도가 경미한 것

17. K농가는 '참외'를 수확하여 200과(1과의 무게 250g) 전량에 대해 상자당 20개씩 넣어 5kg들이로 거래처에 출하하고자 다음과 같이 선별하였다. 상자당 거래처 납품가격이 특품 50,000원 / 상품 40,000원 / 보통품 20,000원일 경우, K농가의 최대 수익을 위한 <u>포장방법(①~⑥)</u>을 쓰시오. (단, 주어진 항목 이외는 등급판정에 고려하지 않음) [6점]

선별 결과		개수(과)
정상과	결점이 없는 것 (A형)	194
결점과	품종이 다른 것 (B형)	1
	병충해의 피해가 경미한 것 (C형)	5

등급	상자 수	1상자 구성 내용
특	(①)	(④)
상	(②)	(⑤)
보통	(③)	A형 15과 + (⑥)

※ 1상자 구성 내용 예시: A형 00과 또는 A형 00과 + B형 0과 + ···

정답〉 ① 8, ② 1, ③ 1, ④ A형 20과, ⑤ A형 19과 + C형 1과, ⑥ B형 1과 + C형 4과
해설〉 특: A형 20과
상: A형 19과 + C형 1과(경결점 5%)
보통: A형 15과 + B형 1과 + C형 4과(경결점 20%, 중결점 5%)

등급 항목	특	상	보통
낱개의 고르기	별도로 정하는 크기 구분표 [표 1]에서 무게가 다른 것이 3% 이하인 것. 단, 크기 구분표의 해당 무게에서 1단계를 초과할 수 없다.	별도로 정하는 크기 구분표 [표 1]에서 무게가 다른 것이 5% 이하인 것. 단, 크기 구분표의 해당 무게에서 1단계를 초과할 수 없다.	특·상에 미달하는 것
색택	착색비율이 90% 이상인 것	착색비율이 80% 이상인 것	특·상에 미달하는 것
신선도, 숙도	과육의 성숙 정도가 적당하며, 과피에 갈변현상이 없고 신선도가 뛰어난 것	과육의 성숙 정도가 적당하며, 과피에 갈변현상이 경미하고 신선도가 양호한 것	특·상에 미달하는 것
중결점과	없는 것	없는 것	5% 이하인 것(부패·변질과는 포함할 수 없음)
경결점과	3% 이하인 것	5% 이하인 것	20% 이하인 것

18. 농업인 A는 '거베라' 9묶음(90본)을 표본 추출하여 등급규격에 따라 표시하여 출하하고자 한다. 농산물 표준규격에 따른 항목별 등급(①~③)을 쓰고, 종합판정 등급(④)과 그 이유(⑤)를 쓰시오. (단, 주어진 항목 이외는 등급판정에 고려하지 않으며, 비율은 소수점 첫째짜리까지 구함) [6점]

개화의 정도	꽃대의 길이(cm)	결점의 정도
4/5 정도 개화	○ 40 이상~45 미만: 4본 ○ 46 이상~50 미만: 5본 ○ 51 이상~55 미만: 50본 ○ 56 이상~60 미만: 31본	○ 품종 고유의 모양이 아닌 것: 1본 ○ 통상화의 모양이 찌그러진 것: 1본 ○ 농약살포로 외관이 떨어지는 것: 2본 ○ 손질 정도가 미비한 것: 1본

개화정도	크기의 고르기	경결점	종합판정	
등급: (①)	등급: (②)	비율: (③)%	등급: (④)	이유: (⑤)

※ 이유 답안 예시: △△항목이 ○○%로 "○"등급 기준의 ○○%이하(미만) 또는 이상

정답) ① 특, ② 특, ③ 4.4%, ④ 보통,
⑤ 중결점이 1.1%로 상의 조건 없는 것을 초과하고 보통의 조건 5% 이하에 해당함

해설)

꽃대의 길이(cm)		결점의 정도	
○ 40 이상~45 미만: 4본	3급	○ 품종 고유의 모양이 아닌 것: 1본	경결점
○ 46 이상~50 미만: 5본	3급	○ 통상화의 모양이 찌그러진 것: 1본	중결점
○ 51 이상~55 미만: 50본	3급	○ 농약살포로 외관이 떨어지는 것: 2본	경결점
○ 56 이상~60 미만: 31본	3급	○ 손질 정도가 미비한 것: 1본	경결점

등급 항목	특	상	보통
크기의 고르기	크기 구분표 [표 1]에서 크기가 다른 것이 없는 것	크기 구분표 [표 1]에서 크기가 다른 것이 5% 이하인 것	크기 구분표 [표 1]에서 크기가 다른 것이 10% 이하인 것
꽃	품종 고유의 모양으로 색택이 선명하고 뛰어난 것	품종 고유의 모양으로 색택이 선명하고 양호한 것	특·상에 미달하는 것
줄기	세력이 강하고, 휘지 않으며 굵기가 일정한 것	세력이 강하고, 휘어진 정도가 약하며 굵기가 비교적 일정한 것	특·상에 미달하는 것
개화정도	4/5 정도 개화된 것	완전히 개화된 것	특·상에 미달하는 것
손질	이물질이 깨끗이 제거된 것	이물질 제거가 비교적 양호한 것	특·상에 미달하는 것
중결점	없는 것	없는 것	5% 이하인 것
경결점	3% 이하인 것	5% 이하인 것	10% 이하인 것
조건	꽃봉오리에 캡을 씌우고 줄기 18cm까지 테이핑한 것		

크기 구분

구분 \ 호칭	1급	2급	3급	1묶음의 본수 (본)
1묶음 평균의 꽃대 길이(cm)	70 이상	60이상~70미만	40이상~60미만	10

* 중결점은 다음의 것을 말한다.

㉠ 이품종화 : 품종이 다른 것

㉡ 상처 : 꽃잎에 자상, 압상, 동상, 열상 등이 심한 것

㉢ 병충해 : 병해, 충해 등의 피해가 심한 것

㉣ 생리장해 : 관생화, 경할현상, 일소 등의 피해가 심한 것

㉤ 통상화의 모양이 찌그러진 것

㉥ 기타 결점의 정도가 현저하게 품위에 영향을 미치는 것

* 경결점은 다음의 것을 말한다.

㉠ 품종 고유의 모양이 아닌 것

㉡ 경미한 약해, 생리장해, 상처, 농약살포 등으로 외관이 떨어지는 것

㉢ 손질 정도가 미비한 것

㉣ 기타 결점의 정도가 경미한 것

19. 농산물 표준규격품으로 출하하기 위해 여러 품목을 재배하는 농업인 K는 아래와 같이 표시가 인쇄된 상자 10,000개를 제작하여 '품목'란은 스티커로 표시하여 다른 품목에도 활용하고자 한다. 농업인 K의 재배품목 중 아래 표준규격품 표시사항을 모두 충족하면서 사용이 가능한 품목(①)을 쓰고, 공통된 낱개의 고르기 비율(②)과 경결점의 비율(③)을 각각 쓰시오. (단, 주어진 항목 이외는 등급판정에 고려하지 않음) [8점]

표준규격품					
품목		등급	상	생산자(생산자 단체)	
품종	생략	내용량(개수)	10kg	이름	농업인 K
산지	국내산			전화번호	010-1234-5678

세척 후 드세요 또는 가열조리하여 드세요

농업인 K의 재배품목별 선별결과	
크기 구분	○ 단감: L(8개), M(42개) ○ 파프리카: L(8개), M(42개) ○ 당근: 2L(8개), M(42개) ○ 고구마: 2L(8개), L(42개)
결점의 정도 (공통)	○ 품종 고유의 모양이 아닌 것: 2개 ○ 상해 및 기타 결점의 정도가 경미한 것: 2개

정답〉 ① 당근, 고구마, ② 낱개의 고르기 비율: 16%, ③ 경결점 비율: 8%

해설〉

	단감	파프리카	당근	고구마
낱개의 고르기(16%) 등급	보통	보통	상	상
품종 고유의 모양이 아닌 것: 2개	경결점	경결점	경결점	경결점
상해 및 기타 결점의 정도가 경미한 것: 2개	경결점	경결점	경결점	경결점
경결점(8%) 등급	보통	보통	상	상

* 단감

항목＼등급	특	상	보통
낱개의 고르기	별도로 정하는 크기 구분표 [표 1]에서 무게가 다른 것이 5% 이하인 것. 단, 크기 구분표의 해당 무게에서 1단계를 초과할 수 없다.	별도로 정하는 크기 구분표 [표 1]에서 무게가 다른 것이 10% 이하인 것. 단, 크기 구분표의 해당 무게에서 1단계를 초과할 수 없다.	특·상에 미달하는 것
색택	착색비율이 80% 이상인 것	착색비율이 60% 이상인 것	특·상에 미달하는 것
숙도	숙도가 양호하고 균일한 것	숙도가 양호하고 균일한 것	특·상에 미달하는 것
중결점과	없는 것	없는 것	5% 이하인 것(부패·변질과는 포함할 수 없음)
경결점과	3% 이하인 것	5%이하인 것	20% 이하인 것

* 파프리카

항목＼등급	특	상	보통
낱개의 고르기	별도로 정하는 크기 구분표 [표 1]에서 무게가 다른 것이 5% 이하인 것	별도로 정하는 크기 구분표 [표 1]에서 무게가 다른 것이 10% 이하인 것	특·상에 미달하는 것
색택	품종 고유의 색택이 선명하고 윤기가 뛰어난 것	품종 고유의 색택이 선명하고 윤기가 양호한 것	특·상에 미달하는 것
신선도	꼭지가 시들지 아니하고 탄력이 뛰어난 것	꼭지가 시들지 아니하고 탄력이 양호한 것	특·상에 미달하는 것
중결점과	없는 것	없는 것	5% 이하인 것(부패·변질과는 포함할 수 없음)
경결점과	없는 것	5% 이하인 것	20% 이하인 것

* 당근

항목＼등급	특	상	보통
낱개의 고르기	별도로 정하는 크기 구분표 [표 1]에서 무게가 다른 것이 10% 이하인 것	별도로 정하는 크기 구분표 [표 1]에서 무게가 다른 것이 20% 이하인 것	특·상에 미달하는 것
색택	품종 고유의 색택이 뛰어난 것	품종 고유의 색택이 양호한 것	특·상에 미달하는 것
모양	표면이 매끈하고 꼬리 부위의 비대가 양호한 것	표면이 매끈하고 꼬리 부위의 비대가 양호한 것	특·상에 미달하는 것
손질	잎은 1.0cm 이하로 자르고 흙과 수염뿌리를 제거한 것	잎은 1.0cm 이하로 자르고 흙과 수염뿌리를 제거한 것	잎은 1.0cm 이하로 자른 것
중결점	없는 것	없는 것	5% 이하인 것(부패·변질된 것은 포함할 수 없음)
경결점	5% 이하인 것	10% 이하인 것	20% 이하인 것

* 고구마

항목 \ 등급	특	상	보통
낱개의 고르기	별도로 정하는 크기 구분표 [표 1]에서 무게가 다른 것이 10% 이하인 것	별도로 정하는 크기 구분표 [표 1]에서 무게가 다른 것이 20% 이하인 것	특·상에 미달하는 것
손질	흙, 줄기 등 이물질 제거 정도가 뛰어나고 표면이 적당하게 건조된 것	흙, 줄기 등 이물질 제거 정도가 양호하고 표면이 적당하게 건조된 것	흙, 줄기 등 이물질을 제거하고 표면이 적당하게 건조된 것
중결점	없는 것	없는 것	5% 이하인 것(부패·변질된 것은 포함할 수 없음)
경결점	5% 이하인 것	10% 이하인 것	20% 이하인 것

20. 농산물품질관리사 B는 도매시장에서 '참다래' 5kg 1상자(45개들이)에 대해 품위를 계측한 결과 다음과 같았다. 농산물 표준규격에 따른 낱개의 고르기가 '특' 등급에 해당하는 **품종(①)**을 쓰고, **경결점 비율(②)**과 **중결점 비율(③)**을 쓰시오. (단, 주어진 항목 이외는 등급판정에 고려하지 않으며, 비율은 소수점 첫째자리까지 구함) [7점]

낱개의 고르기(g)	결점의 정도	품종
○ 75이상~80미만: 1개 ○ 95이상~100미만: 28개 ○ 105이상~110미만: 16개	○ 녹물에 오염된 것: 1개 ○ 이물이 붙어 있는 것: 2개 ○ 일소로 외관이 떨어지는 것: 3개 ○ 바람이 들어 육질에 동공이 생긴 것: 1개 ○ 시든 것: 1개	스위트골드 헤이워드 해금 골드원

정답〉 ① 스위트골드, ② 보통, ③ 보통
해설〉 ① 경결점 6개 13.3% ② 중결점 2개 4.4%

결점의 정도	
○ 녹물에 오염된 것: 1개	경결점
○ 이물이 붙어 있는 것: 2개	경결점
○ 일소로 외관이 떨어지는 것: 3개	경결점
○ 바람이 들어 육질에 동공이 생긴 것: 1개	중결점
○ 시든 것: 1개	중결점

구분	호칭	2L	L	M	S	2S
1개의 무게(g)	홍양	95 이상	75 이상 ~ 95 미만	55 이상 ~ 75 미만	40 이상 ~ 55 미만	40 미만
	스위트 골드	115 이상	95 이상 ~ 115 미만	75 이상 ~ 95 미만	60 이상 ~ 75 미만	60 미만
	헤이워드, 해금	125 이상	105 이상 ~ 125 미만	85 이상 ~ 105 미만	70 이상 ~ 85 미만	70 미만
	골드원	140 이상	120 이상 ~ 140 미만	100 이상 ~ 120 미만	90 이상 ~ 100 미만	90 미만

항목	등급	특	상	보통
낱개의 고르기		별도로 정하는 크기 구분표 [표 1]에서 무게가 다른 것이 5% 이하인 것. 단, 크기 구분표의 해당 무게에서 1단계를 초과할 수 없다.	별도로 정하는 크기 구분표 [표 1]에서 무게가 다른 것이 10% 이하인 것. 단, 크기 구분표의 해당 무게에서 1단계를 초과할 수 없다.	특·상에 미달하는 것
색택		품종 고유의 색택이 뛰어난 것	품종 고유의 색택이 양호한 것	특·상에 미달하는 것
향미		품종 고유의 향미가 뛰어난 것	품종 고유의 향미가 양호한 것	특·상에 미달하는 것
털		털의 탈락이 없는 것	털의 탈락이 경미한 것	털의 탈락이 심하지 않은 것
중결점과		없는 것	없는 것	5% 이하인 것(부패·변질과는 포함할 수 없음)
경결점과		5% 이하인 것	10% 이하인 것	20% 이하인 것

크기 구분

구분	호칭	2L	L	M	S	2S
1개의 무게(g)	홍양	95 이상	75 이상 ~ 95 미만	55 이상 ~ 75 미만	40 이상 ~ 55 미만	40 미만
	스위트 골드	115 이상	95 이상 ~ 115 미만	75 이상 ~ 95 미만	60 이상 ~ 75 미만	60 미만
	헤이워드, 해금	125 이상	105 이상 ~ 125 미만	85 이상 ~ 105 미만	70 이상 ~ 85 미만	70 미만
	골드원	140 이상	120 이상 ~ 140 미만	100 이상 ~ 120 미만	90 이상 ~ 100 미만	90 미만

① 중결점과는 다음의 것을 말한다.
 ㉠ 이품종과 : 품종이 다른 것
 ㉡ 부패, 변질과 : 과육이 부패 또는 변질된 것
 ㉢ 과숙과 : 육질, 경도로 보아 성숙이 지나치게 된 것
 ㉣ 병충해과 : 연부병, 깍지벌레, 풍뎅이 등 병해충의 피해가 있는 것
 ㉤ 상해과 : 열상, 자상 또는 압상이 있는 것. 다만 경미한 것은 제외한다.
 ㉥ 모양 : 모양이 심히 불량한 것.
 ㉦ 기타 : 바람이 들어 육질에 동공이 생긴 것, 시든 것, 기타 경결점과에 속하는 사항으로 그 피해가 현저한 것
② 경결점과는 다음의 것을 말한다.
 ㉠ 품종 고유의 모양이 아닌 것
 ㉡ 일소, 약해 등으로 외관이 떨어지는 것
 ㉢ 병해충의 피해가 경미한 것
 ㉣ 경미한 찰상 등 중결점과에 속하지 않는 상처가 있는 것
 ㉤ 녹물에 오염된 것, 이물이 붙어 있는 것
 ㉥ 기타 결점의 정도가 경미한 것

농산물품질관리사 2차 한권으로 끝내기

편 저 자	이영복 편저
제 작 유 통	메인에듀(주)
초 판 발 행	2026년 03월 20일
초 판 인 쇄	2026년 03월 20일
마 케 팅	메인에듀(주)
주 소	서울시 강동구 천중로 23, 3층
전 화	1544-8513
정 가	32,000원

I S B N 979-11-89357-87-0